JN192816

植物医科学叢書 No.5

カラー図説

増補改訂版

植物病原菌類の見分け方

～身近な菌類病を観察する～

(上巻)

編著　堀江 博道

法政大学 植物医科学センター
一般財団法人 農林産業研究所

大誠社

ネコブカビ類：根こぶ病菌〔*Plasmodiophora*〕，*Spongospora*

図 1.5　*Plasmodiophora* 属　〔本文　p 099〕

Plasmodiophora brassicae：①②根部罹病組織内の二次遊走子嚢の集塊（休眠胞子；コットンブルー染色）
③④根こぶ病の症状（③コマツナ　④ブロッコリー；根は肥大し，こぶが連続的に形成される）
⑤キャベツ圃場での発病状況（茎葉は萎凋し，外葉が枯れ，結球しない）　〔⑤飯嶋 勉〕

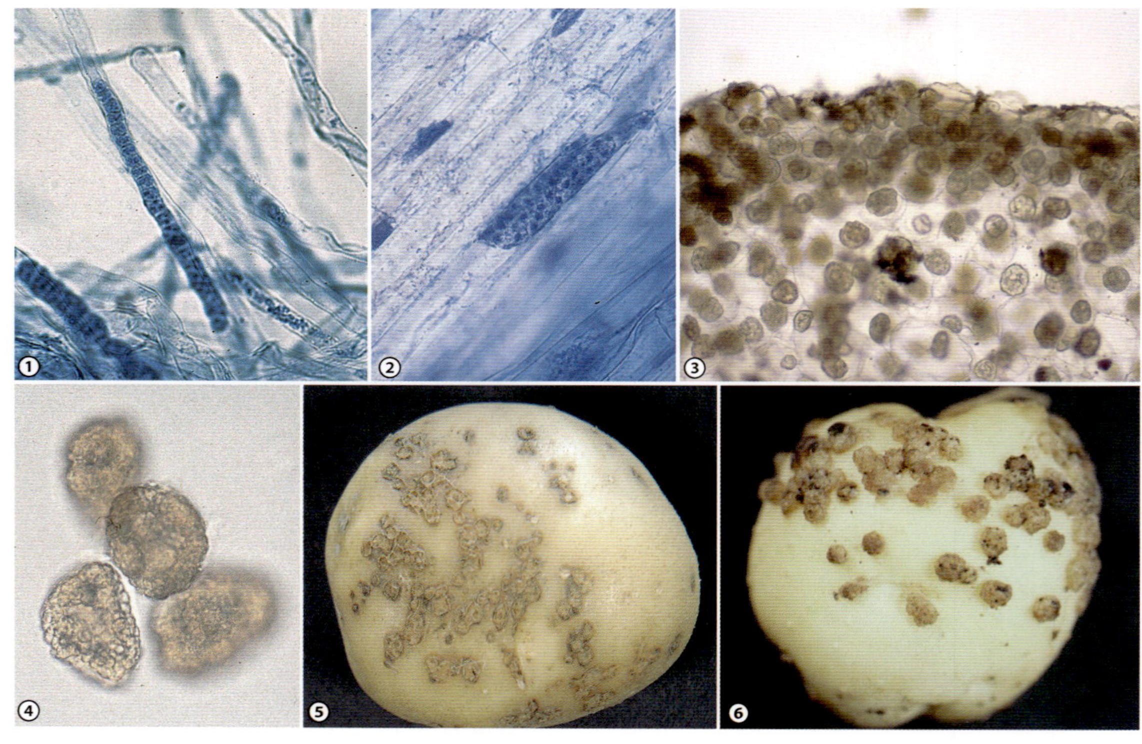

図 1.7　*Spongospora* 属　〔本文　p 100〕

Spongospora subterranea f.sp. *subterranea*：①根毛内の遊走子嚢（アニリンブルー染色）
②根表皮細胞内の変形体（同）　③塊茎隆起病斑の断面（胞子球が充満）　④胞子球
⑤ジャガイモ粉状そうか病の塊茎病斑　⑥同・病斑部が隆起した症状　〔①-⑥中山尊登〕

図 1.8　*Aphanomyces* 属　〔本文 p 102〕

Aphanomyces cochlioides：①被膜胞子の球塊状集団
②③造卵器と造精器（③ SEM 像）
④⑤ケイトウ根腐病の症状（④萎凋枯死　⑤根部の腐敗消失）

A. raphani：⑥遊走子嚢と被膜胞子塊　⑦遊走子の発芽
⑧被膜胞子の球塊状集団
⑨造卵器，卵胞子，造精器
⑩⑪ダイコン根くびれ病の症状

〔③渡辺京子　⑥ - ⑪飯嶋 勉〕

卵菌類：疫病菌〔*Phytophthora*〕

図 1.9　*Phytophthora* 属　〔本文 p 103〕

Phytophthora cactorum：①遊走子嚢　②造卵器，造精器（側着），卵胞子　③④ナシ疫病の症状
　⑤⑥チューリップ疫病の症状

P. infestans：⑦遊走子嚢柄（結節状となる；種の特徴）と遊走子嚢　⑧遊走子嚢
　⑨造卵器，造精器（底着），卵胞子　⑩⑪トマト疫病の症状　⑫ジャガイモ疫病の症状

P. nicotianae：⑬遊走子嚢（コットンブルー染色）　⑭遊走子嚢内における遊走子の分化と遊出
　⑮造卵器，造精器（底着），卵胞子　⑯厚壁胞子　⑰ユリ類 疫病の症状　⑱ニチニチソウ疫病の症状

〔⑤⑥向畠博行　⑦-⑨秋野聖之　⑭⑯竹内 純〕

図 1.10　*Pythium* 属　〔本文 p 105〕

Pythium aphanidermatum：①球嚢　②胞子嚢（膨状）　③遊走子　④造卵器，造精器，卵胞子
⑤アルストロメリア根茎腐敗病の症状　⑥⑦ホウレンソウ立枯病の症状

P. irregulare：⑧球嚢　⑨造卵器，卵胞子　⑩⑪トルコギキョウ根腐病の症状

P. spinosum：⑫球嚢　⑬造卵器，卵胞子　⑭サンセベリア腐敗病の症状

P. splendens：⑮球嚢　⑯有性器官（交雑による造卵器、卵胞子）　⑰サンダーソニア根腐病の症状

P. ultimum var. *ultimum*：⑱⑲造卵器，造精器，卵胞子　⑳チンゲンサイ腐敗病の症状

〔①-⑤⑧⑨⑫-⑳竹内 純　⑩⑪星 秀男〕

卵菌類：白さび病菌〔*Albugo*〕

図 1.12　*Albugo* 属　〔本文 p 106〕

Albugo macrospora：①胞子嚢（遊走子嚢，分生子）の連鎖　②胞子嚢　③遊走子の分化
④造卵器，造精器，卵胞子　⑤造卵器内の卵胞子　⑥卵胞子表面の疣状突起（SEM 像）
⑦コマツナの花茎肥大部に充満する有性器官　⑧同・花茎肥大部の断面の有性器官（SEM 像）
⑨同・肥大部切断面に密生する有性器官（淡褐色，点状に見える）
⑩⑪コマツナ白さび病の症状（葉裏）　⑫同・花茎の発病（花茎の肥大・奇形と表面に密生する胞子嚢）
⑬ダイコン肥大根の症状（薄墨色のリング）　〔③竹内 純〕

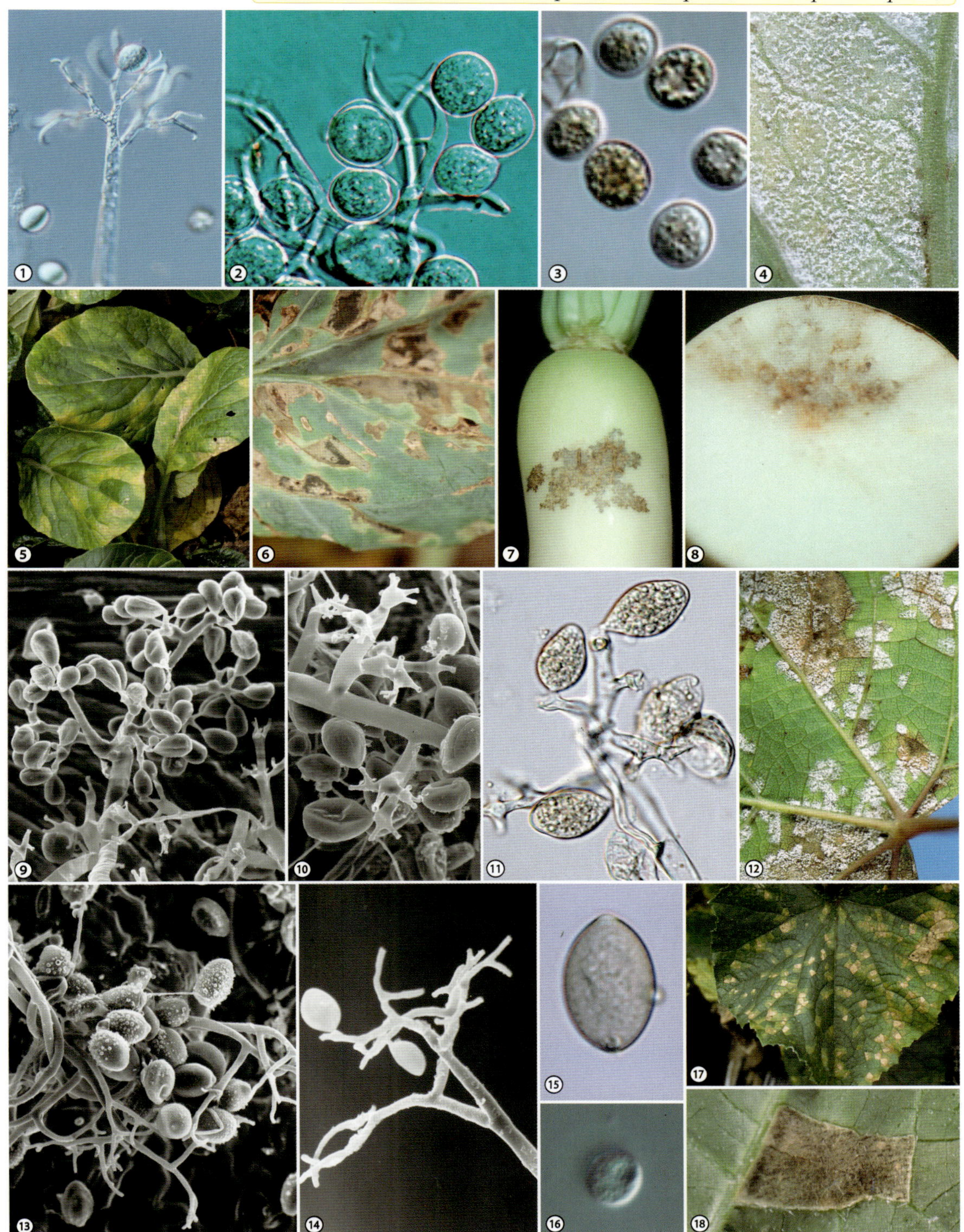

図 1.14　各種べと病菌および病徴・標徴　　〔本文 p 110〕

Peronospora parasitica：①②胞子嚢柄と胞子嚢　③胞子嚢　④⑤コマツナべと病の症状（④葉裏の霜状菌叢　⑤葉表）　⑥カリフラワーべと病の症状　⑦⑧ダイコンべと病の症状（⑦肥大根の染み状斑点　⑧内部病斑）

Plasmopara viticola：⑨ - ⑪ 胞子嚢柄と胞子嚢（⑨⑩ SEM 像）　⑫ブドウ葉裏の菌叢（胞子嚢柄と胞子嚢）

Pseudoperonospora cubensis：⑬⑭胞子嚢柄と胞子嚢（SEM 像）　⑮胞子嚢　⑯遊走子　⑰⑱キュウリべと病の症状（⑰葉表　⑱葉裏の灰褐色の菌叢）　〔① - ③⑥ - ⑧⑮⑯竹内 純　⑨⑩⑬⑭中島千晴〕

接合菌類：*Rhizopus*，*Choanephora*

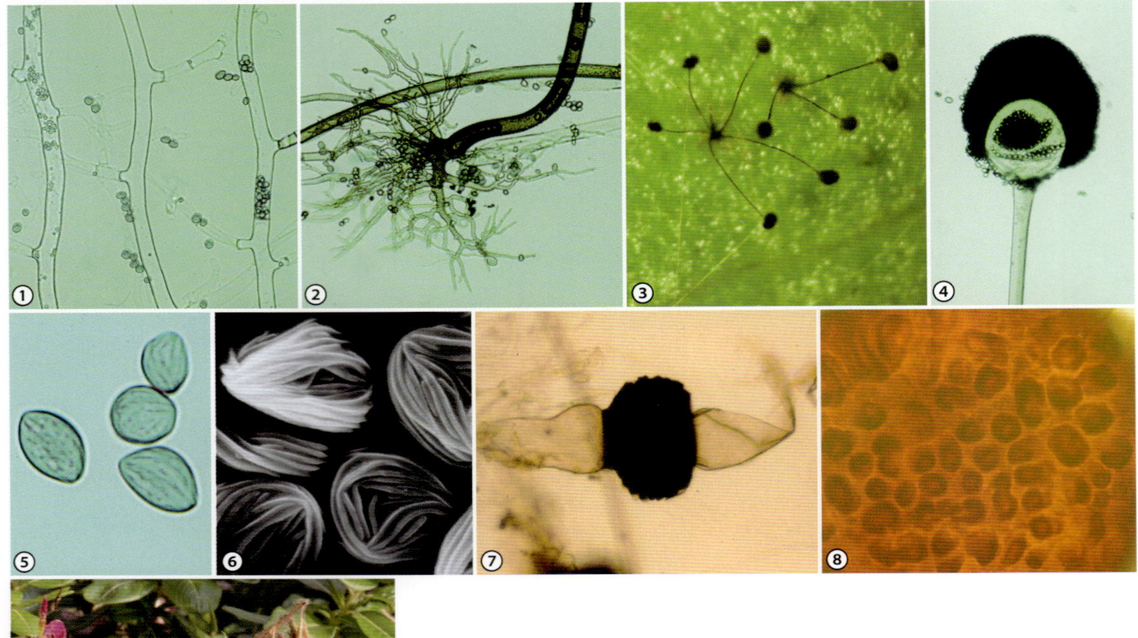

図 1.18　*Rhizopus* 属　〔本文　p 113〕
Rhizopus stolonifer var. *stolonifer*：①菌糸　②仮根
③葉上の菌体（胞子嚢，胞子嚢柄など）　④胞子嚢と柱軸
⑤⑥胞子嚢胞子（⑥ SEM 像）　⑦接合胞子と接合胞子支持柄
⑧接合胞子の表面　⑨ニチニチソウくもの巣かび病の症状
〔⑥ - ⑧佐藤豊三〕

図 1.19　*Choanephora* 属　〔本文　p 114〕
Choanephora cucurbitarum：①単胞子性胞子嚢（分生子）の集塊と単胞子性胞子嚢柄（分生子柄）
②同（拡大）　③④単胞子性胞子嚢　⑤胞子嚢　⑥胞子嚢の裂開　⑦胞子嚢胞子　⑧接合胞子
⑨⑩ペチュニアこうがいかび病の症状　〔①③ - ⑧⑩竹内 純　②佐藤豊三〕

図 1.22　*Taphrina* 属　〔本文 p 116〕

Taphrina deformans：①ハナモモ葉肥大部表面の菌体（子嚢とその内部に充満している分生子）
②③ハナモモ縮葉病の症状（②奇形果実　③葉の肥大と縮葉；表面の白色の菌体は子嚢と放出された分生子）
④モモ縮葉病の症状（樹全体に激しく発生）

T. wiesneri：⑤子嚢と子嚢胞子・分生子
⑥ - ⑨サクラ'ソメイヨシノ'てんぐ巣病の症状（⑥⑦小枝が叢生　⑧開花時に花が着かず，小葉が発生　⑨罹病葉の裏面；子嚢が全面に発生して白色を帯び，葉縁は巻くように奇形化）

〔④牛山欽司　⑤⑨柿嶌 眞　⑥星 秀男〕

子嚢菌類：うどんこ病菌〔*Blumeria*, *Cystotheca*〕

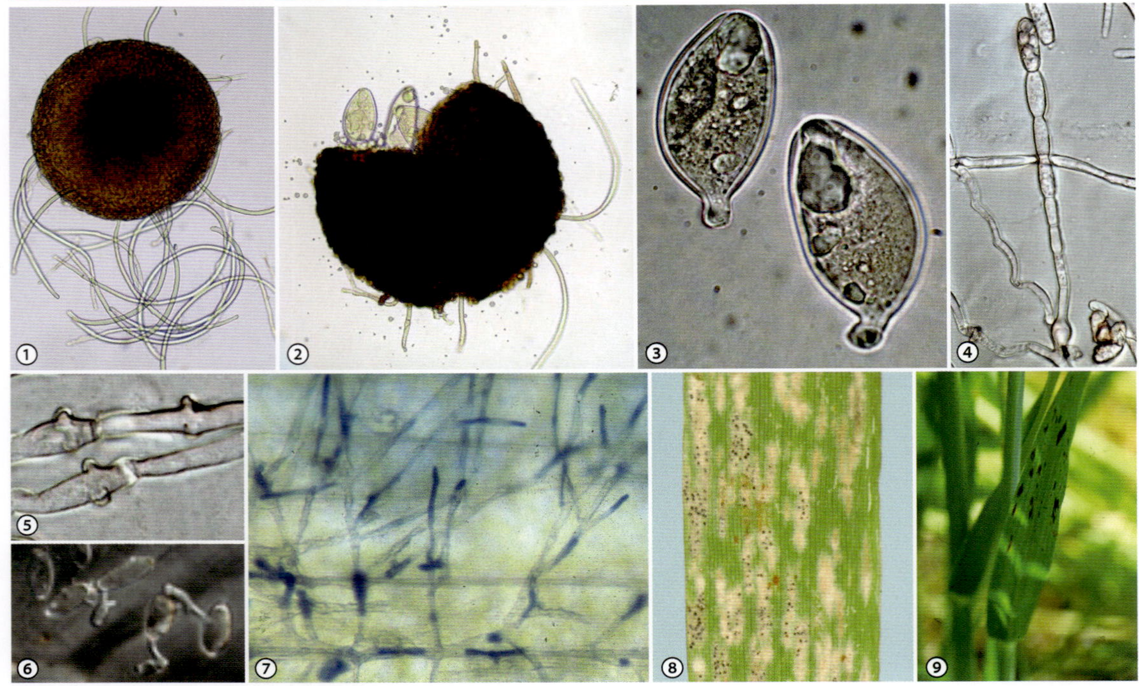

図 1.27　*Blumeria* 属　〔本文　p 126〕
Blumeria graminis：①閉子嚢殻　②閉子嚢殻と子嚢　③子嚢（子嚢胞子は未熟）④分生子柄と分生子
⑤菌糸上の付着器　⑥分生子の発芽管　⑦分生子柄と分生子形成（コットンブルー染色）
⑧コムギうどんこ病の症状（小黒点は閉子嚢殻，橙色の粉塊は赤さび病菌の夏胞子堆）
⑨抵抗性品種での病徴（褐変して進展停止；オオムギ）　〔①-③⑦⑨佐藤幸生　④-⑥中島千晴〕

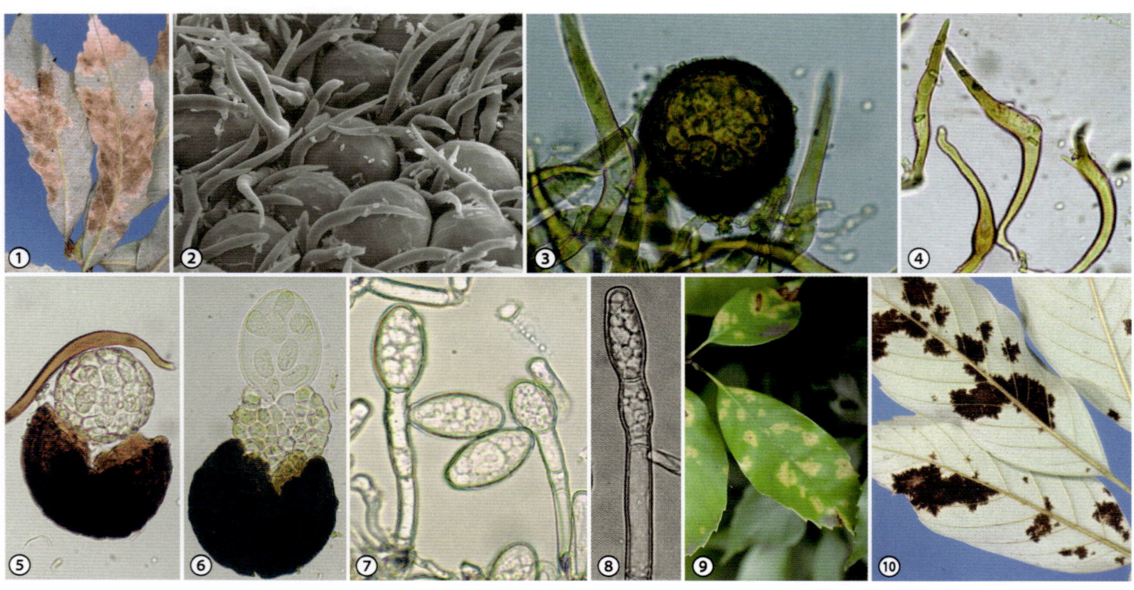

図 1.28　*Cystotheca* 属　〔本文　p 126〕
Cystotheca lanestris：①コナラ紫かび病の症状（葉裏）
C. wrightii：②閉子嚢殻と毛状細胞（アラカシ；SEM 像）　③同（③-⑧シラカシ）　④毛状細胞
⑤閉子嚢殻から分離した内壁（子嚢を含む）　⑥内壁から出る子嚢（8個の子嚢胞子を含む）
⑦⑧分生子柄と分生子　⑨⑩アラカシ紫かび病の症状（⑨葉表　⑩葉裏）　〔②高松 進　③-⑧佐藤幸生〕

図 1.29　*Erysiphe* 属 *Erysiphe* 節　〔本文　p 127〕
Erysiphe aquilegiae var. *ranunculi*：①閉子嚢殻　②子嚢と子嚢胞子　③分生子柄と分生子　④分生子の発芽管　⑤⑥デルフィニウムうどんこ病の症状　〔①-⑥佐藤幸生〕

図 1.30　*Erysiphe* 属 *Microsphaera* 節　〔本文　p 128〕
Erysiphe magnifica：①閉子嚢殻（モクレン；SEM 像）②モクレンうどんこ病の症状
E. pulchra：③閉子嚢殻（ヤマボウシ；SEM 像）　④閉子嚢殻と子嚢　⑤付属糸　⑥子嚢と子嚢胞子　⑦菌糸上の付着器　⑧⑨ハナミズキうどんこ病の症状　〔①③高松 進　④-⑦佐藤幸生〕

子囊菌類：うどんこ病菌〔*Erysiphe*（*Uncinula*），*Golovinomyces*〕

図 1.31　*Erysiphe* 属 *Uncinula* 節　〔本文　p 129〕

Erysiphe australiana〔*Uncinuliella australiana*〕：
①閉子嚢殻（SEM 像）　②閉子嚢殻と子嚢
③付属糸（先端が巻く）　④子嚢と子嚢胞子
⑤分生子柄と分生子　⑥分生子の発芽管
⑦病葉上に閉子嚢殻を群生
⑧サルスベリうどんこ病の症状（葉に厚い白色菌叢が拡大）
⑨同：花蕾に発生すると開花に影響

〔①高松 進　②-④⑥佐藤幸生　⑦竹内 純〕

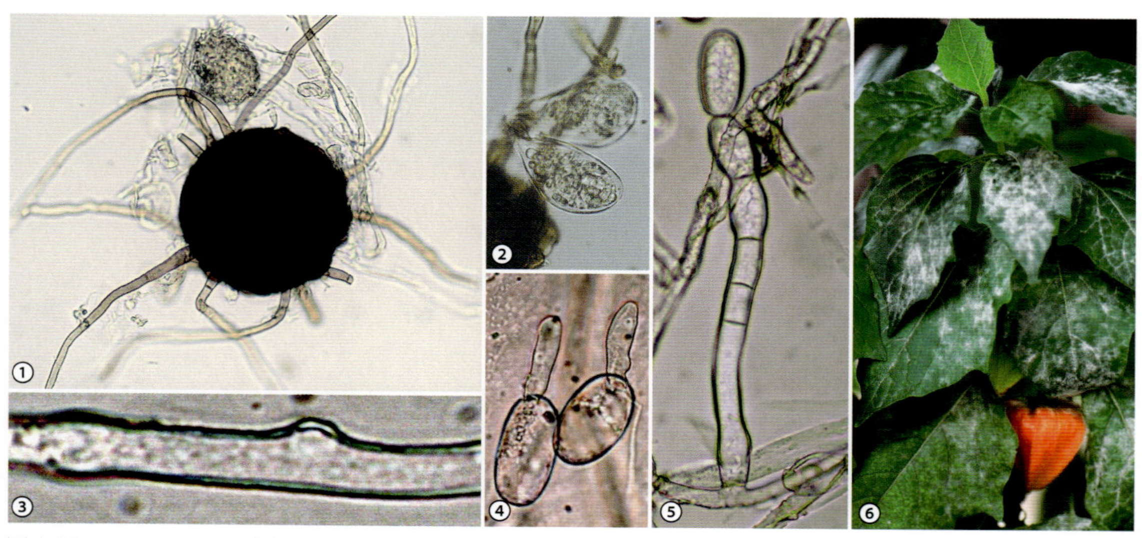

図 1.32　*Golovinomyces* 属　〔本文　p 129〕

Golovinomyces sp.（ホオズキうどんこ病菌）：①閉子嚢殻　②子嚢と子嚢胞子　③菌糸上の付着器　④分生子と発芽管　⑤分生子柄と分生子　⑥ホオズキうどんこ病の症状　〔①-⑤佐藤幸生〕

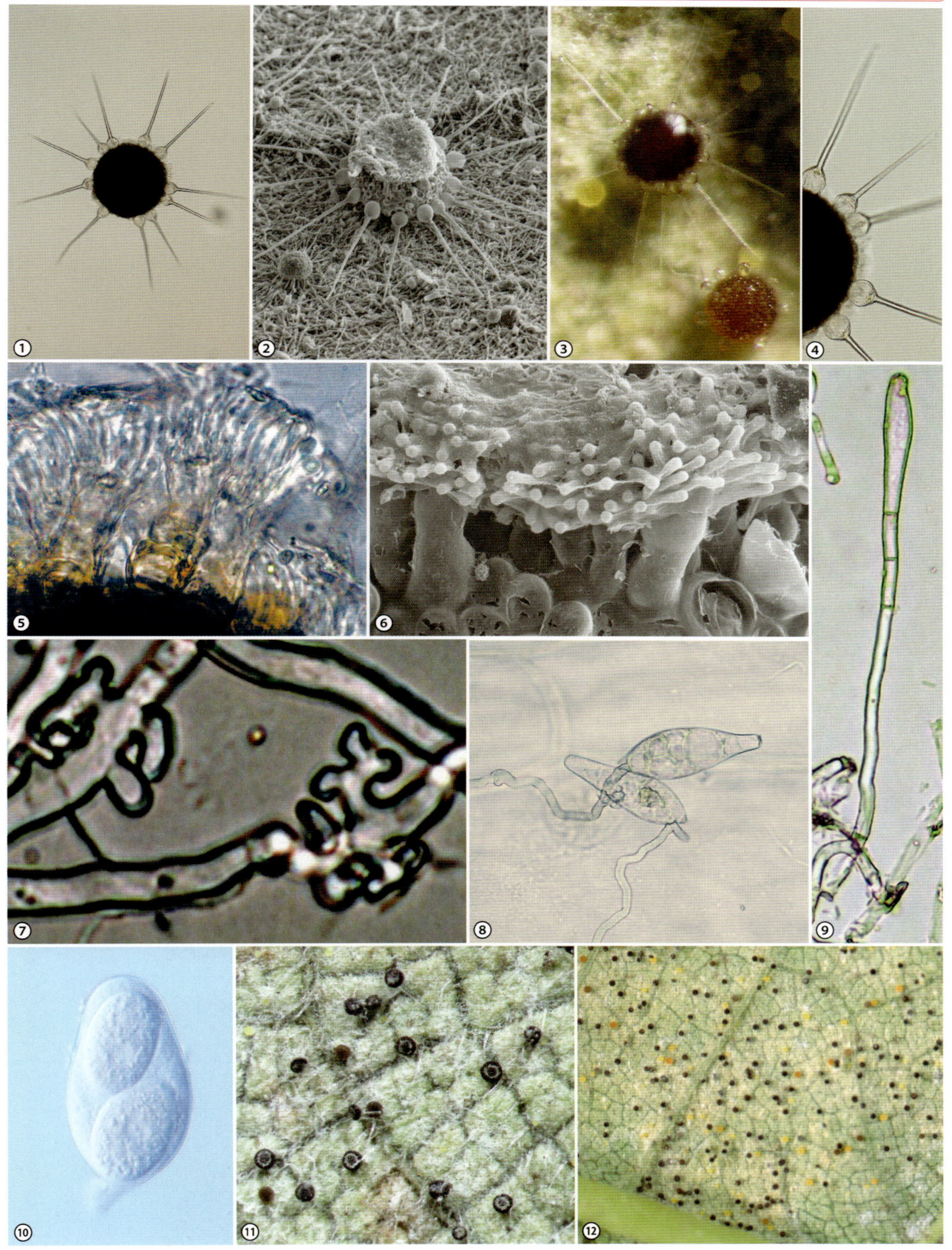

図 1.33　*Phyllactinia* 属　〔本文 p 130〕
Phyllactinia moricola：① - ④閉子嚢殻と付属糸（② SEM 像）　⑤筆状細胞
⑥筆状細胞から分泌されたのり状物質（SEM 像）　⑦菌糸上の付着器　⑧分生子と発芽管
⑨分生子柄と分生子　⑩子嚢と子嚢胞子　⑪⑫クワ裏うどんこ病の症状（菌叢上の閉子嚢殻）
〔①⑤⑦ - ⑨佐藤幸生　②⑥高松 進〕

子嚢菌類：うどんこ病菌〔*Podosphaera*（*Podosphaera*，*Sphaerotheca*）〕

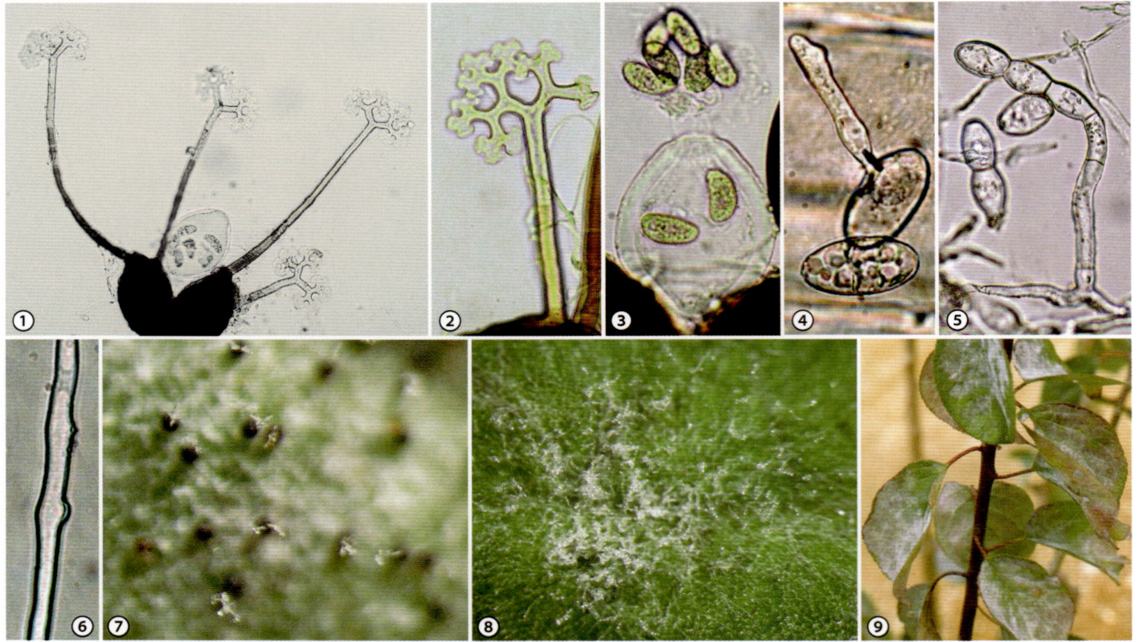

図 1.34　*Podosphaera* 属 *Podosphaera* 節 〔本文　p 131〕
Podosphaera tridactyla var. *tridactyla*：①閉子嚢殻と子嚢　②付属糸　③子嚢から放出される子嚢胞子
④分生子の発芽　⑤分生子柄と分生子　⑥菌糸上の付着器　⑦菌叢上の閉子嚢殻（付属糸が直立する）
⑧菌叢（菌糸，分生子柄，分生子）　⑨ウメうどんこ病の症状（菌叢が薄い）　〔①-⑥佐藤幸生〕

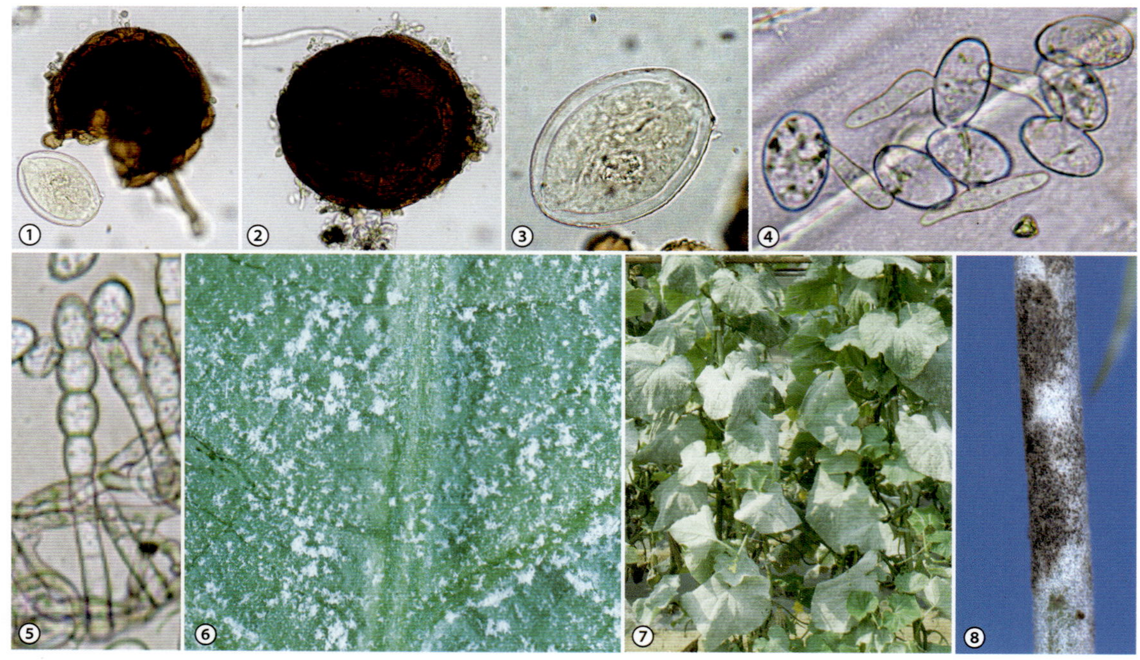

図 1.35　*Podosphaera* 属 *Sphaerotheca* 節 〔本文　p 132〕
Podosphaera xanthii〔シノニム *Sphaerotheca cucurbitae*，*S. fusca*〕：
①閉子嚢殻と子嚢　②閉子嚢殻は大型の殻壁細胞からなる　③子嚢（子嚢胞子は未熟）　④分生子の発芽
⑤分生子柄と鎖生する分生子　⑥⑦キュウリうどんこ病の症状
⑧コスモスうどんこ病の症状（暗褐色部は閉子嚢殻が密生）　〔①-⑤佐藤幸生〕

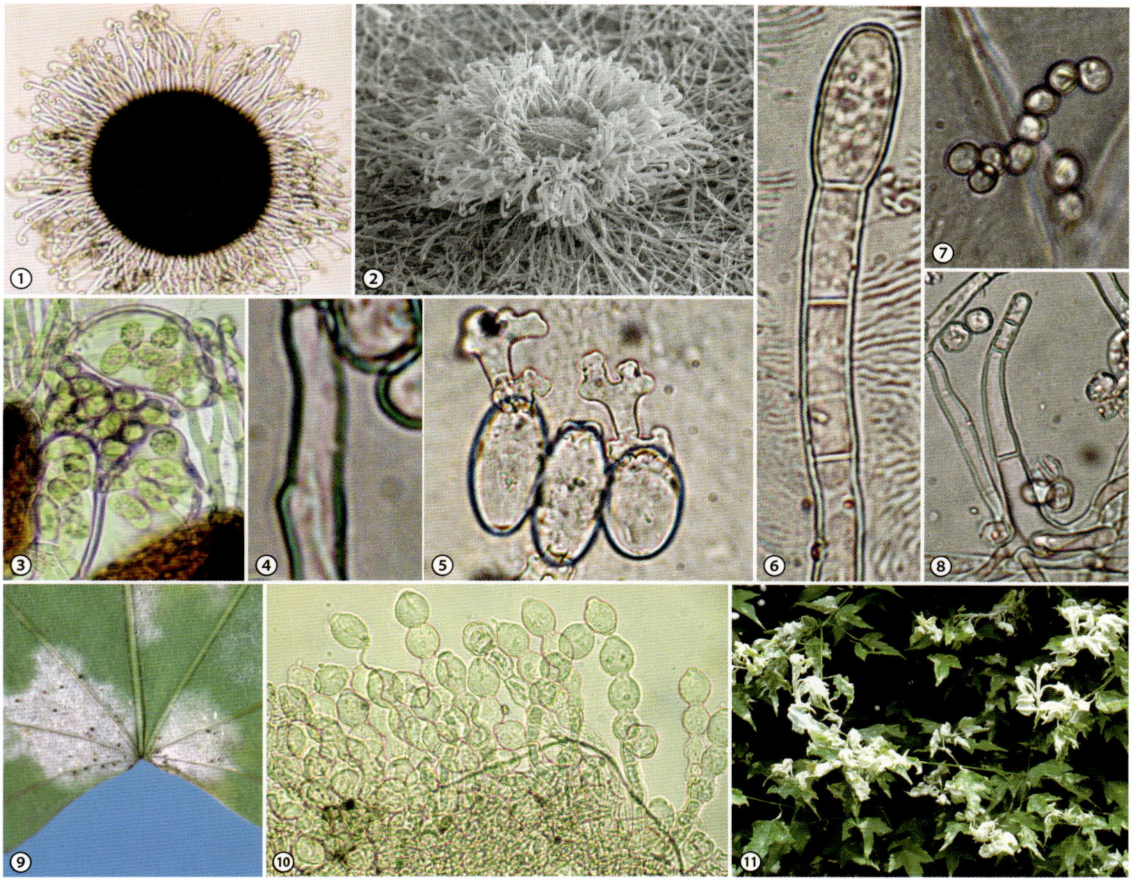

図 1.36　*Sawadaea* 属　〔本文　p 132〕

Sawadaea polyfida：①閉子嚢殻　②同（ヤマモミジ；SEM 像）　③子嚢と子嚢胞子　④菌糸上の付着器　⑤大型分生子の発芽　⑥分生子柄と大型分生子　⑦小型分生子　⑧小型分生子とその分生子柄　⑨カエデ類うどんこ病の症状（黒色の小粒点は閉子嚢殻）

Oidium sp.（*Sawadaea* sp.）：⑩トウカエデうどんこ病菌の分生子の鎖生（*Sawadaea* 属菌の特徴を有す）　⑪トウカエデうどんこ病の症状　〔①③ - ⑧佐藤幸生　②高松　進〕

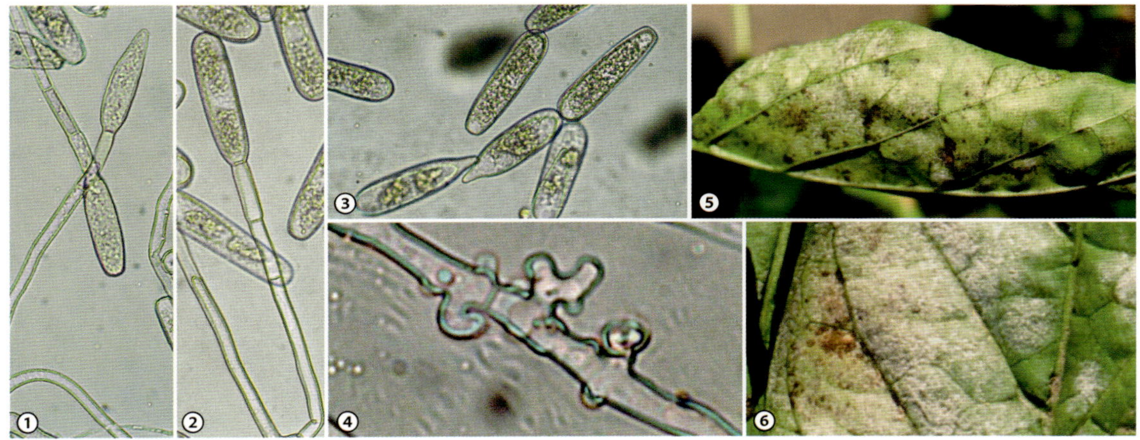

図 1.37　*Oidiopsis* 属　〔本文　p 133〕

Oidiopsis sicula：①分生子柄と第一次分生子（披針形）　②分生子柄と第二次分生子（長楕円形）　③第一次分生子と第二次分生子　④菌糸上の付着器　⑤⑥ピーマンうどんこ病の症状　〔① - ⑥佐藤幸生〕

子嚢菌類：*Ceratocystis*，ボタンタケ類〔*Bionectria*〕

図 1.38　*Ceratocystis* 属　〔本文　p 134〕

Ceratocysits ficicola：①子嚢殻頸部と子嚢胞子塊　②子嚢胞子（横は帽子型に，上は円形に見える）
③子嚢胞子の発芽　④分生子柄と分生子　⑤厚壁胞子
⑥⑦イチジク株枯病の症状（⑥主幹地際の病患部　⑦主枝の萎凋）　〔①③ - ⑦梶谷裕二　②升屋勇人〕

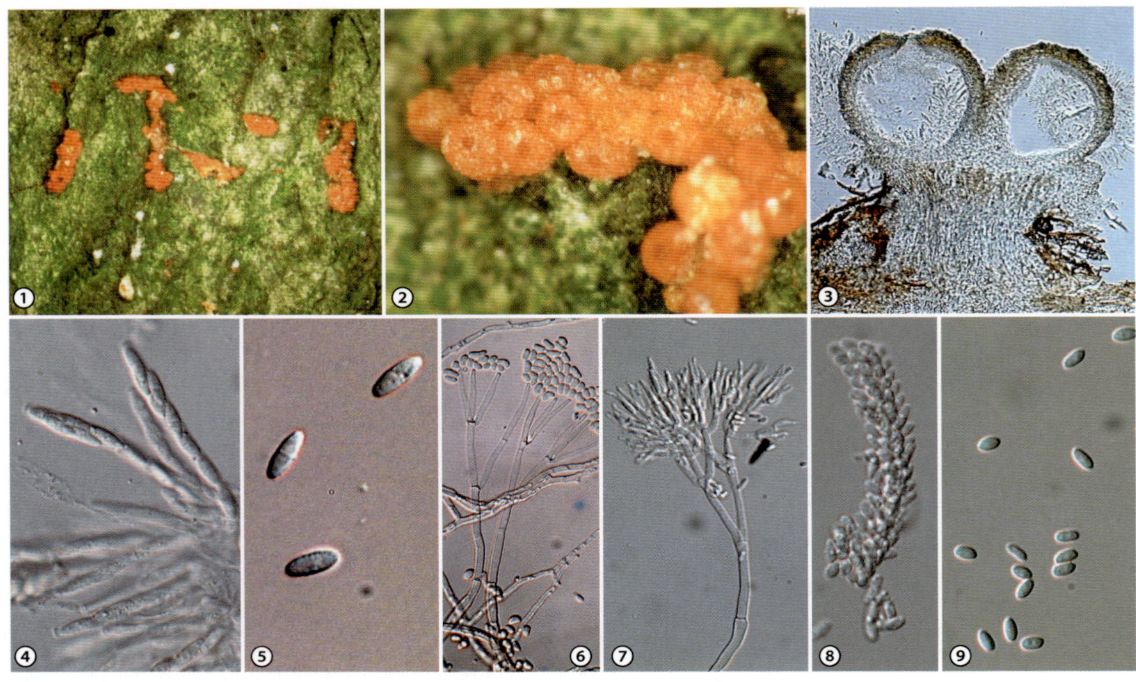

図 1.40　*Bionectria* 属　〔本文　p 140〕

Bionectria ochroleuca：①②樹皮上の子嚢殻　③子嚢殻（縦断切片）　④子嚢　⑤子嚢胞子
⑥ 第一次分生子柄と分生子　⑦第二次分生子柄　⑧連鎖状に形成された分生子　⑨分生子
〔① - ⑨廣岡裕吏〕

図 1.41　*Calonectria* 属　〔本文 p 140〕
Calonectria ilicicola〔アナモルフ *Cylindrocladium parasiticum*〕：
①子嚢殻　②子嚢殻壁（縦断切片）　③子嚢と子嚢胞子
④子嚢胞子　⑤分生子　⑥ベシクル　⑦分生子柄
⑧病斑上の分生子柄と分生子の叢生
⑨⑩ケンチャヤシ褐斑病の症状　〔①-⑧廣岡裕吏　⑨⑩竹内 純〕

図 1.43　*Claviceps* 属の標徴　〔本文 p 141〕
Claviceps virens〔*Villosiclava virens*〕：①②イネ稲こうじ病の症状（①被害穂　②同・被害粒）　〔①②近岡一郎〕

子嚢菌類：ボタンタケ類〔*Gibberella*, *Haematonectria*〕

図 1.44　*Gibberella* 属　〔本文　p 142〕

Gibberella zeae：①子嚢殻　②子嚢殻（縦断切片）　③子嚢と子嚢胞子　④子嚢胞子　⑤分生子柄と分生子　⑥分生子　⑦厚壁胞子　⑧菌叢裏面（PDA）　⑨⑩ホワイトレースフラワー萎凋病の症状（⑨株の生育不良　⑩根部の褐変腐敗）　〔①-⑩廣岡裕吏〕

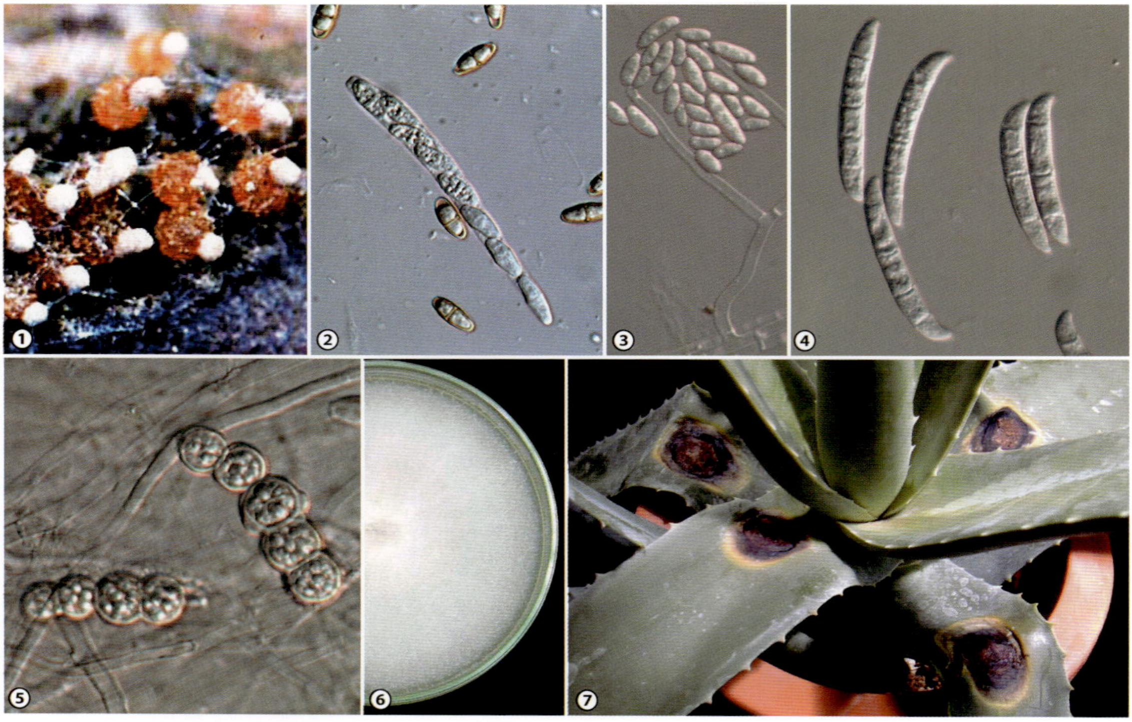

図 1.45　*Haematonectria* 属　〔本文　p 143〕

Haematonectria haematococca：①子嚢殻　②子嚢と子嚢胞子　③分生子柄と小分生子　④大分生子　⑤厚壁胞子　⑥培養菌叢（PDA）　⑦アロエ輪紋病の症状（葉の大型病斑）　〔①-⑦廣岡裕吏〕

図 1.46　*Heteroepichloë* 属　〔本文　p 143〕
Heteroepichloë sasae：①新梢の症状（黒色部が菌体；① - ⑧チシマザサ）　②同・拡大
③子座に埋没した多数の子嚢殻（小黒粒）　④⑤子座の断面　⑥⑦子嚢殻と子嚢（縦断切片）
⑧子嚢胞子　〔① - ⑧廣岡裕吏〕

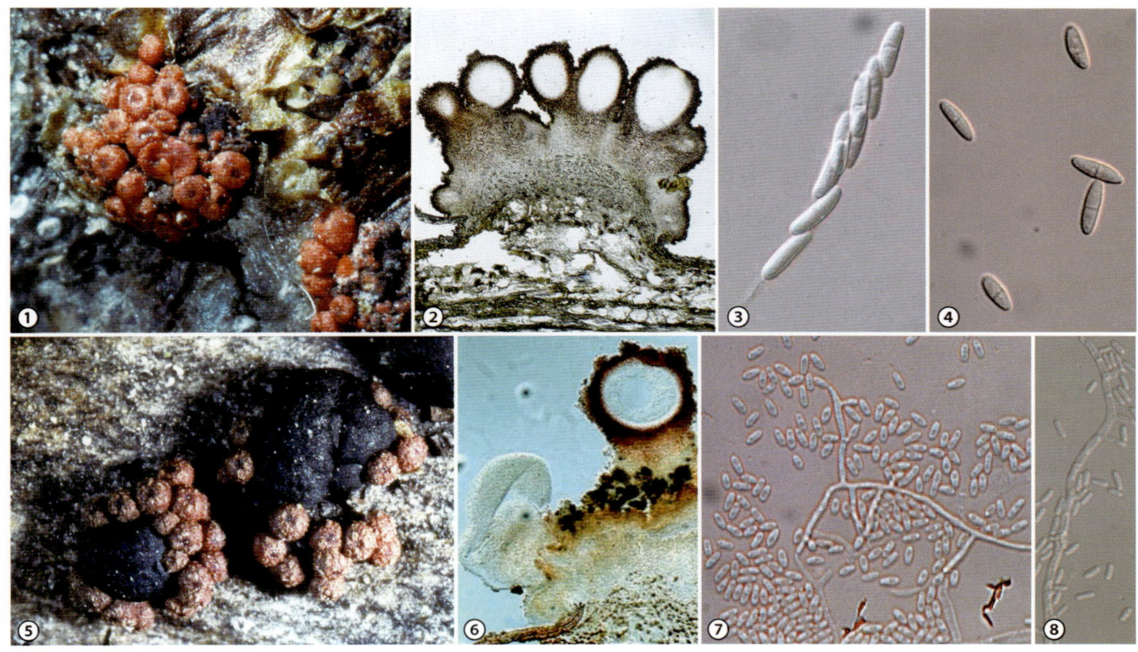

図 1.47　*Nectria* 属　〔本文　p 144〕
Nectria asiatica：①枝上の子嚢殻　②子嚢殻（縦断切片）　③子嚢と子嚢胞子　④子嚢胞子
⑤子嚢殻と分生子座の混生　⑥同（縦断切片；右上の菌体が子嚢殻，左下が分生子座）
⑦⑧分生子柄と分生子　〔①②⑤佐々木克彦　③④⑥ - ⑧廣岡裕吏〕

子嚢菌類：ボタンタケ類〔*Neonectria*，*Pleonectria*〕

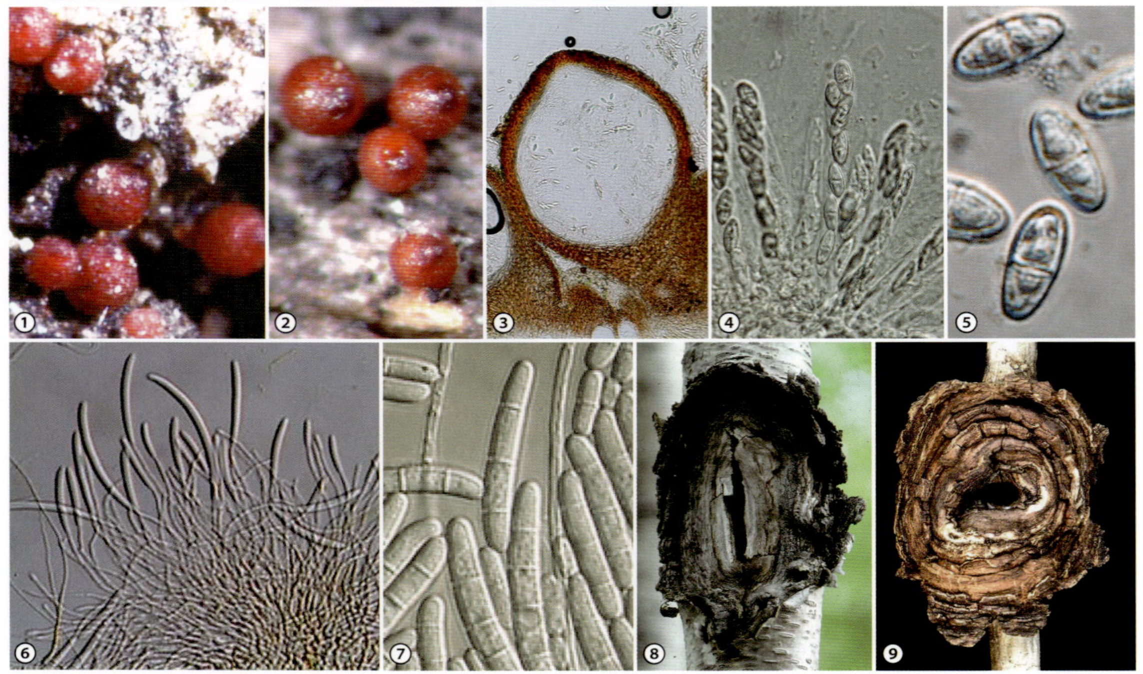

図 1.48　*Neonectria* 属　〔本文　p 144〕

Neonectria ditissima：①②トネリコ上の子嚢殻　③子嚢殻（縦断切片）　④子嚢と子嚢胞子　⑤子嚢胞子　⑥分生子柄と大型分生子　⑦大型分生子と小型分生子　⑧ヤチダモがんしゅ病の症状　⑨ウダイカンバがんしゅ病の症状　〔①-⑦廣岡裕吏　⑧⑨佐々木克彦〕

図 1.49　*Pleonectria* 属　〔本文　p 145〕

Pleonectria rosellinii：①②モミ枯死枝上の子嚢殻　③子嚢殻（縦断切片）　④子嚢殻壁（同）　⑤子嚢と子嚢胞子　⑥子嚢胞子（糸状；小楕円形の菌体は子嚢分生子）　⑦分生子殻　⑧分生子殻（縦断切片）　⑨分生子柄　⑩分生子　〔①-⑩廣岡裕吏〕

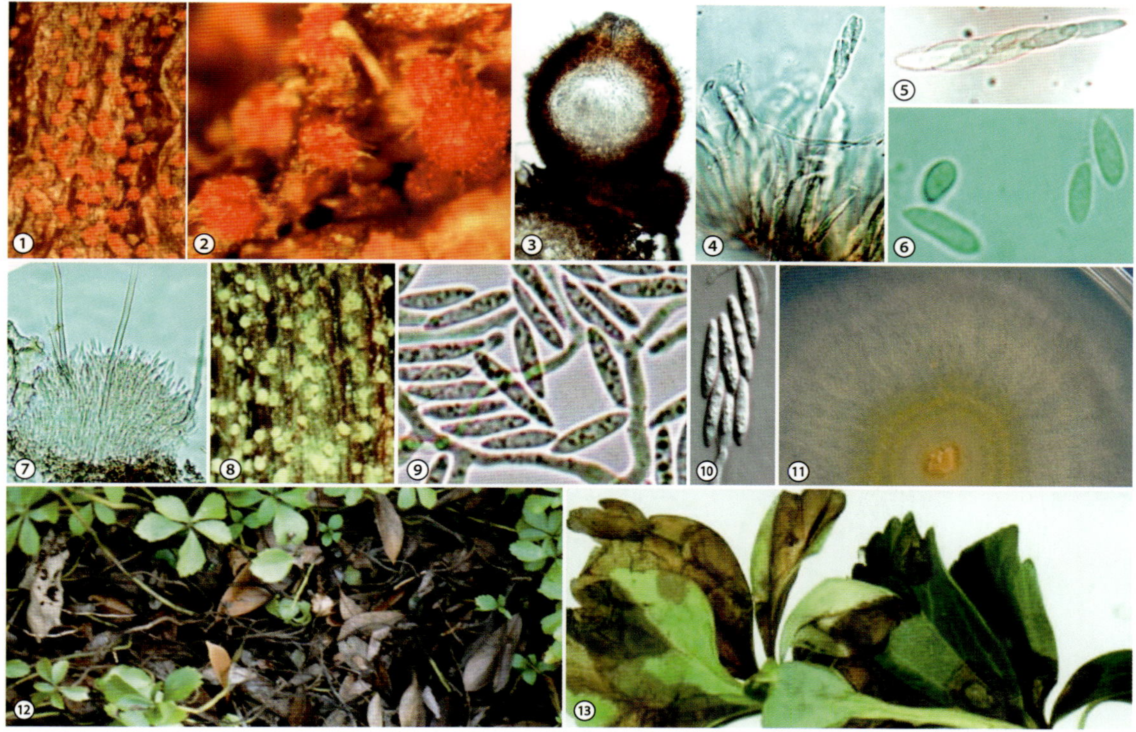

図 1.51　*Pseudonectria* 属　〔本文　p 146〕
Pseudonectria pachysandricola：①②子嚢殻（フッキソウ罹病茎上）　③子嚢殻（縦断切片）　④⑤子嚢と子嚢胞子　⑥子嚢胞子　⑦分生子座　⑧子座上の分生子の集塊（フッキソウ罹病茎上）　⑨⑩分生子柄と分生子　⑪培養菌叢（PDA）　⑫⑬フッキソウ紅粒茎枯病の症状（⑫茎枯れを生じ，植栽が坪枯れ状になる　⑬葉に水浸状の褐色病斑が拡がり，葉枯れを起こす）
〔①-⑬竹内 純〕

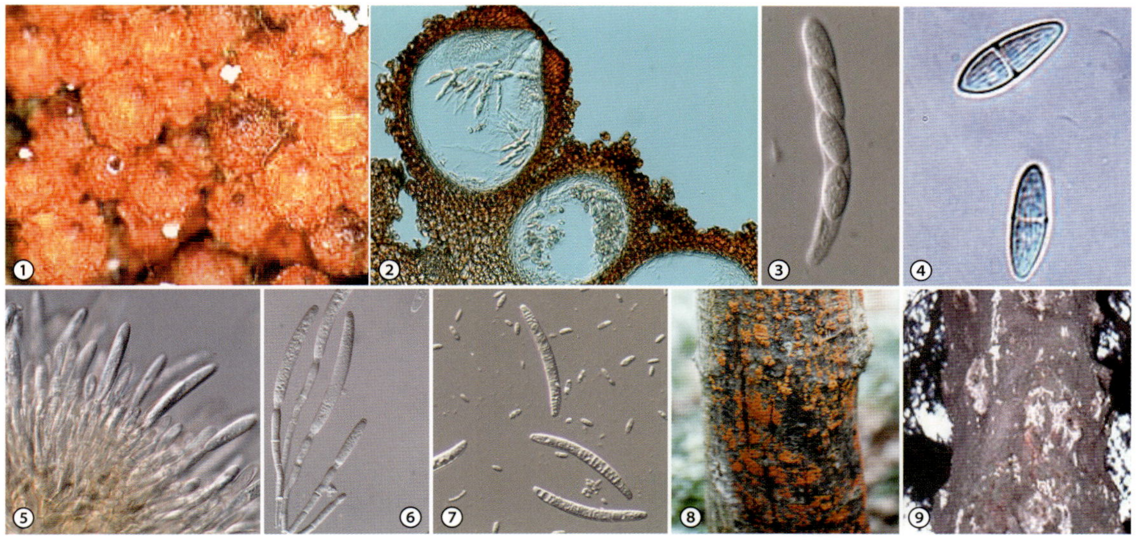

図 1.52　*Rugonectria* 属　〔本文　p 147〕
Rugonectria castaneicola：①シラベ上の子嚢殻　②子嚢殻（縦断切片）　③子嚢と子嚢胞子　④子嚢胞子　⑤分生子座（植物上）　⑥分生子柄と分生子（同）　⑦大型分生子と小型分生子　⑧ウリカエデがんしゅ病の初期症状　⑨シラベ ネクトリアがんしゅ病の症状
〔①-⑦廣岡裕吏　⑧牛山欽司　⑨小林享夫〕

子嚢菌類：炭疽病菌〔*Glomerella*〕

図 1.54　*Glomerella* 属　〔本文 p 148〕

Glomerella cingulata

〔アナモルフ *Colletotrichum gloeosporioides*〕：

①-③子嚢殻（②イチゴランナー上　③縦断切片）

④⑤子嚢と子嚢胞子　⑥子嚢胞子

⑦⑧分生子層（縦断切片）　⑨分生子　⑩付着器

⑪培養菌叢（PDA；橙色の部分は分生子の粘塊）

⑫イチゴ炭疽病（果実）の症状

⑬⑭アオキ炭疽病の症状（⑭小黒点は病斑上に形成された分生子層）

⑮⑯ヒイラギナンテン炭疽病の症状（⑯小黒点は病斑上に形成された分生子層）

〔①②⑤⑫石川成寿　③④⑥小林亨夫　⑩⑪竹内 純〕

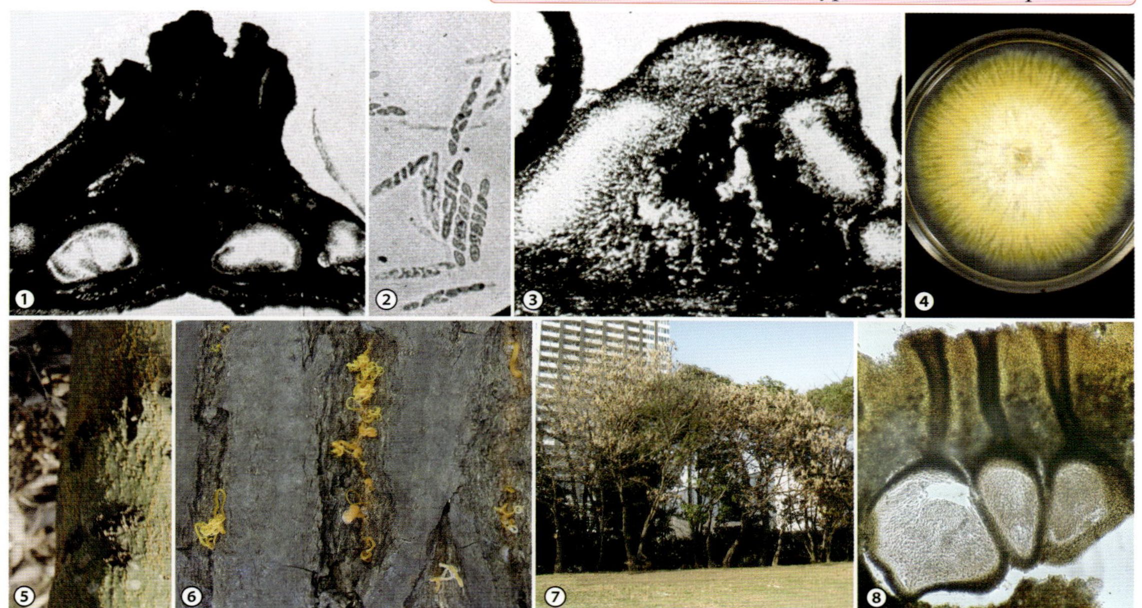

図 1.56　*Cryphonectria* 属　〔本文　p 152〕

Cryphonectria parasitica：①子嚢殻子座（縦断切片）　②子嚢と子嚢胞子　③分生子殻子座（縦断切片）　④培養菌叢（PDA）　⑤ - ⑦クリ胴枯病の症状（⑤黄色部は分生子の集塊　⑥湿潤時には分生子角となり，分生子塊が溢出　⑦ 30 年生クリ樹の株枯れ）

C. radicalis：⑧子嚢殻子座（縦断切片）　〔① - ⑤⑧小林享夫　⑦鈴木健一〕

図 1.57　*Diaporthe* 属　〔本文　p 153〕

Diaporthe kyushuegaspora〕：①子嚢殻断面　②枯枝上の子嚢殻頸部　③子嚢と子嚢胞子　④子嚢胞子（両端に付属糸がある）　⑤分生子（α胞子とβ胞子）　⑥ - ⑧ブドウ枝膨病の症状（⑥分生子殻から押し出された分生子角　⑦新梢基部の小黒点（分生子殻）の集合病斑　⑧三年生枝の枝膨れ症状）　〔①②⑥ - ⑧梶谷裕二　③④⑤兼松聡子〕

子嚢菌類：胴枯病菌〔*Gnomonia*, *Leucostoma*, *Melanconis*〕

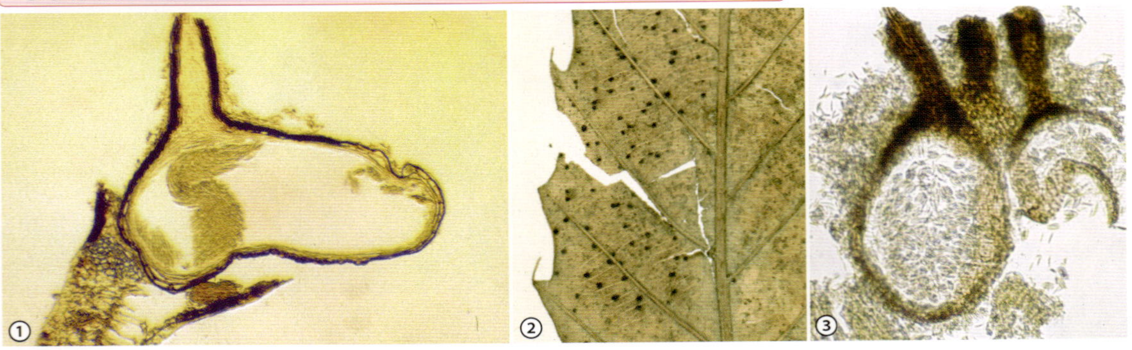

図 1.59　*Gnomonia* 属　〔本文 p 154〕

Gnomonia megalocarpa：①子嚢殻の断面と子嚢，子嚢胞子
②クヌギしみ葉枯病に罹病した越冬落葉（葉裏に子嚢殻の頸が多数突出する）
G. setacea：③子嚢殻の断面と子嚢，子嚢胞子　〔①-③小林享夫〕

図 1.60　*Leucostoma* 属　〔本文 p 155〕

Leucostoma persoonii：①子嚢殻子座の縦断面　②子嚢と子嚢胞子　③子嚢胞子　④分生子
⑤-⑧モモ胴枯病の症状（⑤病斑上の分生子殻　⑥樹皮裏側からの分生子殻子座　⑦病患部の樹皮組織の腐敗　⑧立枯れ症状）　〔①宮本善秋・兼松聡子　②-⑤兼松聡子　⑥-⑧近藤賢一〕

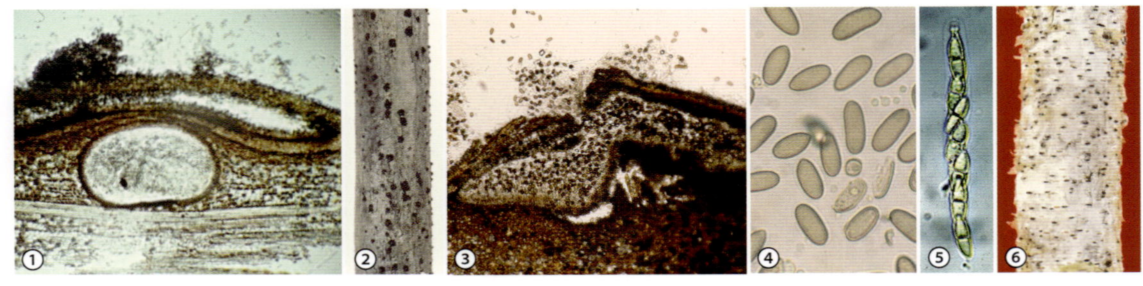

図 1.61　*Melanconis* 属　〔本文 p 156〕

Melanconis juglandis：①分生子層と子嚢殻（縦断切片）
②シナノグルミ黒粒枝枯病の症状（黒色粘塊は分生子層，小さな疣状突起は子嚢殻子座）
M. pterocaryae：③分生子層（縦断切片）　④分生子
M. stilbostoma：⑤子嚢と子嚢胞子　⑥シラカンバ黒粒枝枯病の症状（主に子嚢殻子座）　〔①-⑥小林享夫〕

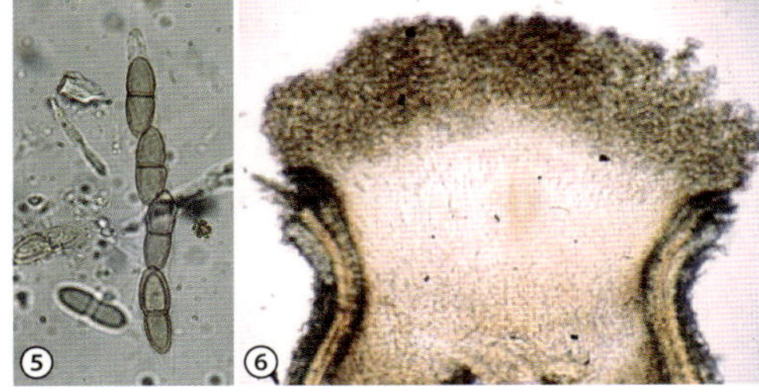

図 1.62　*Pseudovalsa* 属　〔本文 p 156〕

Pseudovalsa modonia：①分生子層と分生子（縦断切片）　②クリコリネウム枝枯病の症状　③ 同（分生子層）

P. tetraspora：④子嚢殻子座と子嚢（縦断切片）　⑤子嚢と子嚢胞子　⑥厚く発達した分生子層と分生子（縦断切片）

〔①-⑥小林享夫〕

図 1.63　*Valsa* 属　〔本文 p 157〕

Valsa ceratosperma：①子嚢殻縦断面　②③子嚢と子嚢胞子　④子嚢胞子　⑤子座と分生子角　⑥分生子（SEM 像）　⑦ 分生子の発芽（SEM 像）　⑧培養菌叢（PDA；下は裏面）　⑨-⑭リンゴ腐らん病の症状（⑨子嚢殻子座　⑩病斑上の分生子殻　⑪枝腐らん（採果痕からの感染）　⑫胴腐らん（太枝分岐部からの感染）　⑬幹の腐らん　⑭腐らん病の被害樹）

〔①-④⑨須崎浩一　⑤-⑧⑪⑫⑭雪田金助　⑩⑬兼松聡子〕

子嚢菌類：*Botryotinia*，*Ciborinia*

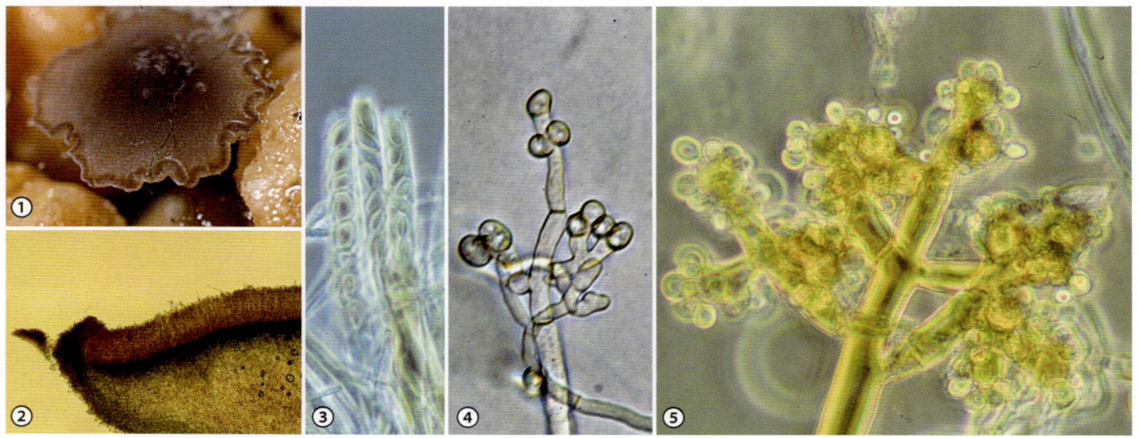

図 1.64　*Botryotinia* 属　〔本文 p 158〕

Botryotinia fuckeliana〔アナモルフ *Botrytis cinerea*〕：①子嚢盤　②子嚢盤の断面　③子嚢と子嚢胞子　④分生子柄と分生子（形成初期）　⑤ 同（盛期）　〔① - ③⑤小林享夫　④竹内 純〕

図 1.65　*Ciborinia* 属　〔本文 p 159〕

Ciborinia camelliae：①子嚢盤　②子嚢盤の断面　③子嚢と子嚢胞子　④分生子柄と小型分生子　⑤培養菌叢（PDA）　⑥ - ⑧ツバキ菌核病の症状　〔①鍵渡徳次　② - ⑥小林享夫　⑦⑧牛山欽司〕

図 1.66　*Grovesinia* 属　〔本文　p 160〕

Grovesinia pruni：①菌核上に生じた子嚢盤　②菌核の縦断面　③子嚢盤の断面（子嚢と子嚢胞子）　④分生子　⑤ウメ環紋葉枯病の症状（病斑に輪紋を形成し，古くなった病斑部が脱落する）

G. pyramidalis：⑥菌核と子嚢盤　⑦培養菌叢（PSA；左：リンゴ分離菌，右：ラッカセイ分離菌）　⑧分生子　⑨病斑上の分生子（オオバボダイジュ）　⑩ヤマブキ環紋葉枯病の症状（輪紋を形成する）

〔①-④⑥⑦原田幸雄〕

図 1.67　*Monilinia* 属　〔本文　p 160〕

Monilinia kusanoi：

①分生子　②葉脈上に連鎖した分生子の集塊　③④サクラ類 幼果菌核病の症状（③葉脈に沿って桃色の分生子塊が密生　④新葉発生時に罹病した状況）

子嚢菌類：*Ovulinia*, *Sclerotinia*

図 1.68　*Ovulinia* 属　〔本文　p 161〕

Ovulinia azaleae：①子嚢盤上の子嚢，子嚢胞子および側糸　②子嚢と子嚢胞子
③ - ⑤オオムラサキツツジ花腐菌核病の症状（③罹病花蕾上に形成された菌核　④花蕾の病斑　⑤花弁に脱色した小斑を生じる）

〔①②飯嶋 勉　④⑤近岡一郎〕

図 1.70　*Sclerotinia* 属　〔本文　p 162〕

Sclerotinia sclerotiorum：①菌核上に生じた子嚢盤　②子嚢，子嚢胞子，側糸　③④子嚢と子嚢胞子
⑤ガーベラ茎内部に形成された菌核　⑥レタス菌核病の症状（葉の表面に菌核を形成）
⑦キュウリ菌核病の症状（白色綿状の菌叢）
⑧ダイコン菌核病の症状（肥大根の表面に菌核を多数形成）

〔①③⑥竹内 純　②④星 秀男　⑦⑧近岡一郎〕

図 1.71　*Rosellinia* 属　〔本文 p 163〕

Rosellinia necatrix：①株元の綿毛状菌糸（宿主：リンゴ台木）　②扇状菌糸束（広葉樹の一種）
③洋梨状に膨らんだ菌糸　④群生する子座（子座上に分生子柄束を生じる）　⑤分生子形成細胞と分生子
⑥子座（頂部周辺に分生子柄束の残骸がある）　⑦子嚢胞子　⑧対峙培養で形成された帯線
⑨コクチナシ（ヒメクチナシ）白紋羽病の症状　⑩ハイビャクシン白紋羽病の症状
⑪ナシ白紋羽病の症状　〔①-⑧竹本周平　⑨竹内 純　⑪青野信男〕

図 1.72　*Rhytisma* 属　〔本文 p 164〕

Rhytisma ilicis-integrae：①子座が裂けて黄色の子実層が露出（葉裏）　②子実層の断面
③並列する子嚢と側糸　④子嚢から塊状に離脱した子嚢胞子とその発芽　⑤精子器の断面
⑥病斑上の精子器（葉表）　⑦モチノキ黒紋病の症状

R. prini：⑧病斑上の精子器の断面　⑨病斑上の精子器（葉表）　⑩アオハダ黒紋病の症状　〔①-⑤周藤靖雄〕

子嚢菌類：*Botryosphaeria, Cochliobolus*

図 1.73　*Botryosphaeria* 属　〔本文　p 167〕

Botryosphaeria dothidea：①子座内の子嚢室と子嚢（縦断切片；カエデ）　②子嚢と子嚢胞子
　③培養菌叢（PSA）　④子座内の分生子室と分生子（縦断切片；クリ）
　⑤ユーカリ類の被害症状（樹皮の亀裂と剥離）　⑥同（枝枯れ）
リンゴ輪紋病菌：⑦果実病斑に生じた分生子室（縦断切片）　⑧同・分生子
　⑨果実の症状（輪紋状の病斑）　⑩２～３年生枝上の“いぼ皮”病斑

〔①-⑥小林享夫　⑦-⑩尾形 正〕

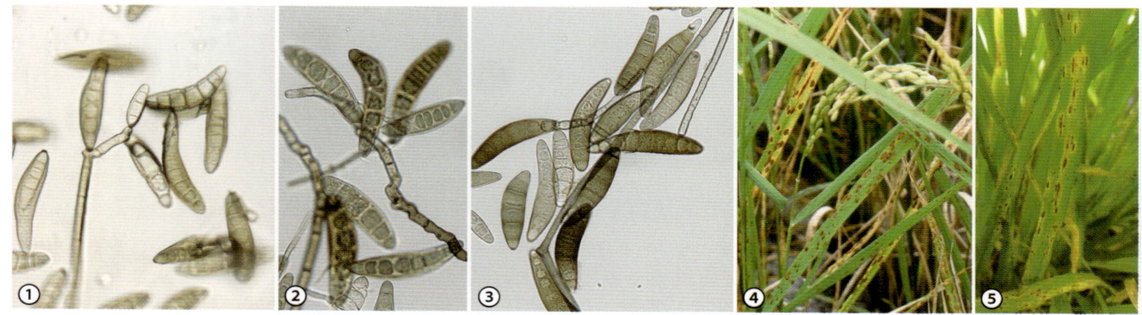

図 1.74　*Cochliobolus* 属　〔本文　p 167〕

Cochliobolus miyabeanus：①-③分生子柄と分生子　④⑤イネごま葉枯病の症状　〔④近岡一郎〕

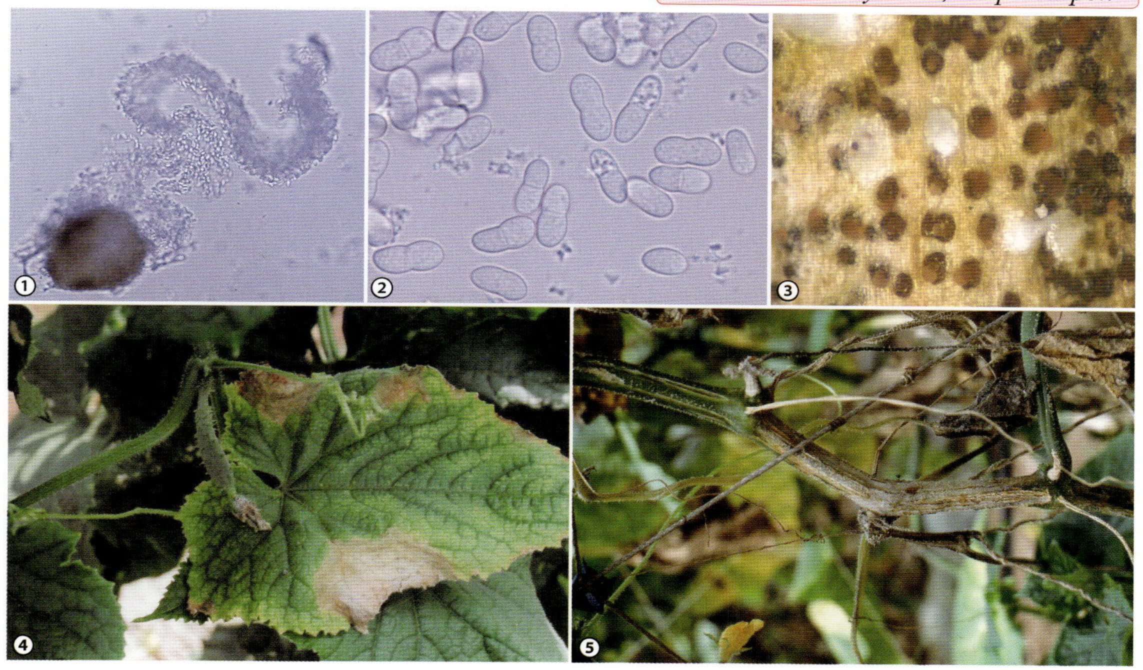

図 1.75　*Didymella* 属　〔本文 p 168〕
Didymella bryoniae：①分生子殻から溢れ出る分生子　②分生子（主に 2 胞）
③罹病茎上（キュウリ）の分生子殻と分生子の粘塊
④⑤キュウリつる枯病の症状（④葉の大型病斑　⑤蔓の病斑）　〔①-③星 秀男　④⑤近岡一郎〕

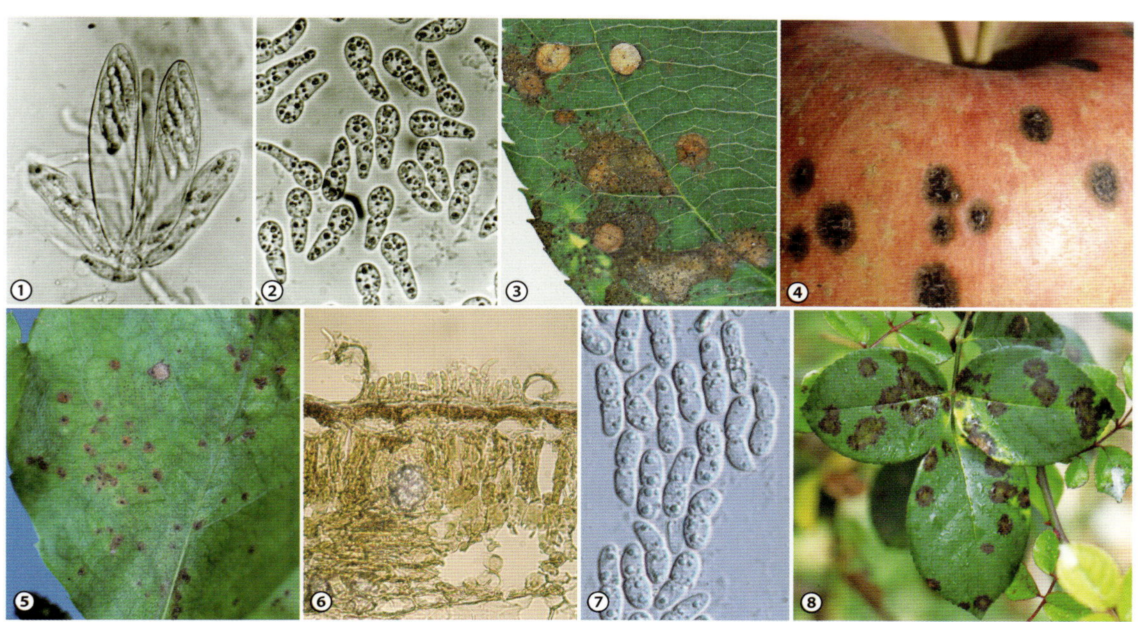

図 1.76　*Diplocarpon* 属　〔本文 p 169〕
Diplocarpon mali：①子嚢と子嚢胞子　②分生子
③④リンゴ褐斑病の症状（③葉の病斑　④果面の病斑；小黒点は分生子層）
⑤ボケ褐斑病の症状（小黒点は分生子層）
D. rosae：⑥分生子層の断面　⑦分生子　⑧バラ黒星病の症状；病斑上に小黒点（分生子層）を形成
〔①②原田幸雄　④飯島章彦〕

子嚢菌類：*Elsinoë*, *Guignardia*

図 1.77　*Elsinoë* 属　〔本文 p 170〕

Elsinoë ampelina：①数珠状の菌糸と小型分生子（PSA；コットンブルー染色）　②培養菌叢（PSA）
③分生子の溢出　④ - ⑥ブドウ黒とう病の症状（④葉の病斑　⑤蔓の病斑　⑥幼果粒・穂軸の病斑）

E. corni：⑦ハナミズキとうそう病の症状（葉の病斑）

E. fawcettii：⑧⑨カンキツ‘温州ミカン’そうか病の症状（⑧果面の病斑　⑨春葉の病斑）

〔①②⑧⑨根岸寛光　④牛山欽司　⑤青野伸男　③⑥田代暢哉〕

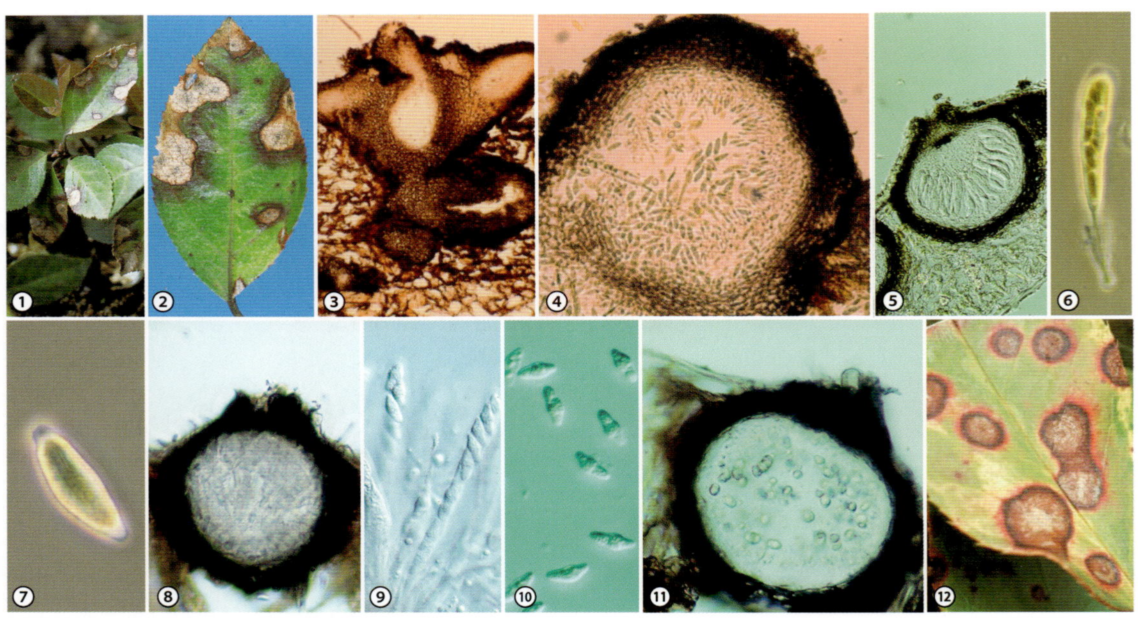

図 1.79　*Guignardia* 属　〔本文 p 171〕

Guignardia ardisiae：①②ヤブコウジ褐斑病の症状

G. cryptomeriae（スギ暗色枝枯病菌）：③分生子殻の断面　④分生子殻と分生子（Macrophoma 型）

Guignardia sp.（宿主；イヌツゲ）：⑤子嚢殻と子嚢　⑥子嚢と子嚢胞子　⑦子嚢胞子（両端に粘冠がある）

Guignardia sp.（アメリカイワナンテン褐斑病菌）：⑧子嚢殻の断面　⑨子嚢と子嚢胞子　⑩子嚢胞子
⑪分生子殻（Phyllosticta 型分生子を形成）　⑫アメリカイワナンテン褐斑病の症状

〔⑤ - ⑦小林享夫　⑧ - ⑫竹内 純〕

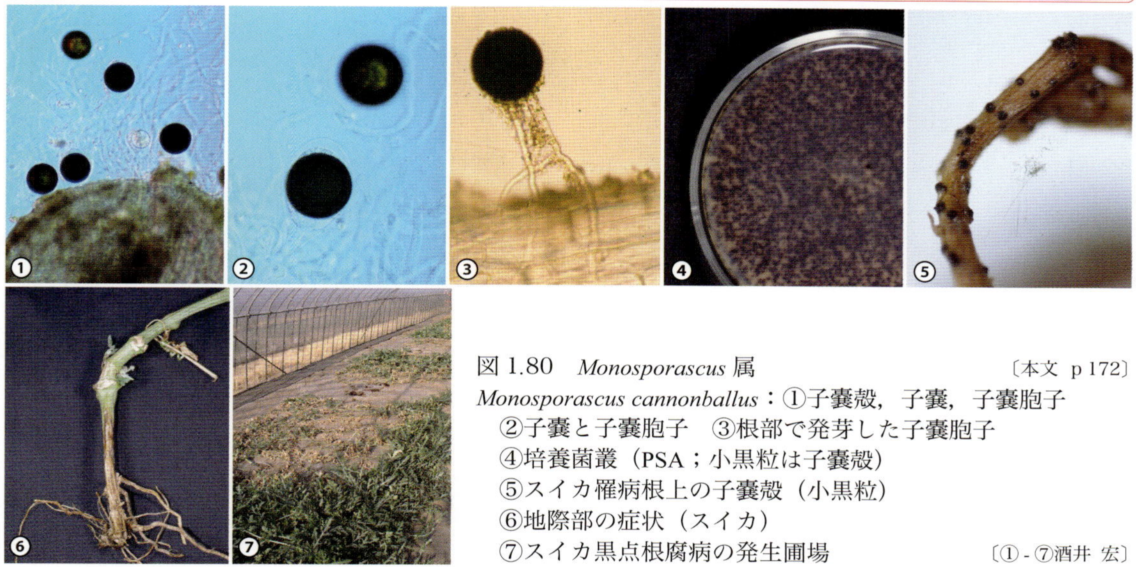

図 1.80　*Monosporascus* 属　〔本文 p 172〕

Monosporascus cannonballus：①子嚢殻，子嚢，子嚢胞子
②子嚢と子嚢胞子　③根部で発芽した子嚢胞子
④培養菌叢（PSA；小黒粒は子嚢殻）
⑤スイカ罹病根上の子嚢殻（小黒粒）
⑥地際部の症状（スイカ）
⑦スイカ黒点根腐病の発生圃場　〔①-⑦酒井 宏〕

図 1.81　*Mycosphaerella* 属　〔本文 p 173〕

Mycosphaerella allicina：①偽子嚢殻の断面　②子嚢と子嚢胞子
③ネギ黒渋病の症状（葉先から枯れ込む）　④小黒斑上に偽子嚢殻を形成

M. chaenomelis：⑤偽子嚢殻の断面　⑥植物上の偽子嚢殻（小黒点）　⑦子座と分生子　⑧分生子
⑨⑩培養菌叢（⑨子嚢胞子分離株　⑩分生子分離株；PSA）
⑪⑫カリン白かび斑点病の症状（⑪白色粘塊は分生子の集塊　⑫病斑は葉脈に区切られる）

〔①-④小林享夫　⑤-⑩周藤靖雄〕

図 1.82　*Pestalosphaeria* 属　〔本文　p 174〕

Pestalosphaeria gubae：①子嚢殻，子嚢，子嚢胞子（縦断切片）　②子嚢と子嚢胞子
③同（頂環はヨードで青染される）　④子嚢胞子　⑤分生子
⑥⑦マツ類 ペスタロチア葉枯病の症状（集団的に葉枯れを起こす）　〔①-⑤小野泰典　⑥⑦高橋幸吉〕

図 1.83 *Phomatospora* 属　〔本文　p 174〕

Phomatospora albomaculans：①子嚢と子嚢胞子　②分生子殻の断面　③アラカシ白斑病の症状（葉表）
P. aucubae：④子嚢殻の断面　⑤子嚢と子嚢胞子　⑥⑦アオキ白星病の症状（⑥葉表　⑦葉裏）
〔①②④⑤小林享夫〕

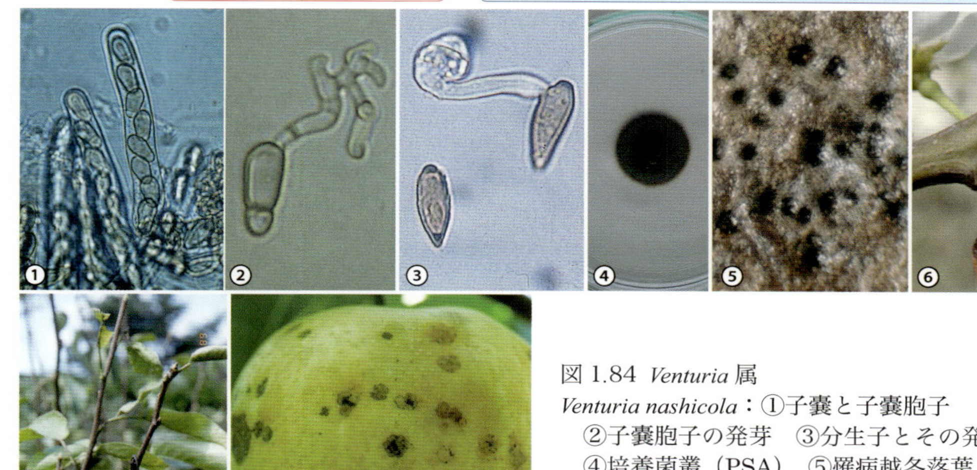

図 1.84 *Venturia* 属 〔本文 p 175〕
Venturia nashicola：①子嚢と子嚢胞子 ②子嚢胞子の発芽 ③分生子とその発芽 ④培養菌叢（PSA） ⑤罹病越冬落葉上の偽子嚢殻 ⑥ - ⑧ナシ黒星病の症状（⑥鱗片発病に基づく果叢基部の発病 ⑦若枝の激甚な発病 ⑧'幸水' 果実の陥没と亀裂を伴う病斑） 〔① - ⑧梅本清作〕

図 1.86 *Helicobasidium* 属 〔本文 p 177〕
Helicobasidium mompa：①菌糸 ②担子器 ③担子胞子（コットンブルー染色） ④培養菌叢（PDA） ⑤子実体の断面 ⑥子実体（ユリノキ） ⑦子実体上に発達した子実層（リンゴ） ⑧⑨サツマイモ紫紋羽病の症状（⑧茎地際部に菌糸マットを形成 ⑨イモ上の菌糸束） 〔② - ⑦中村 仁〕

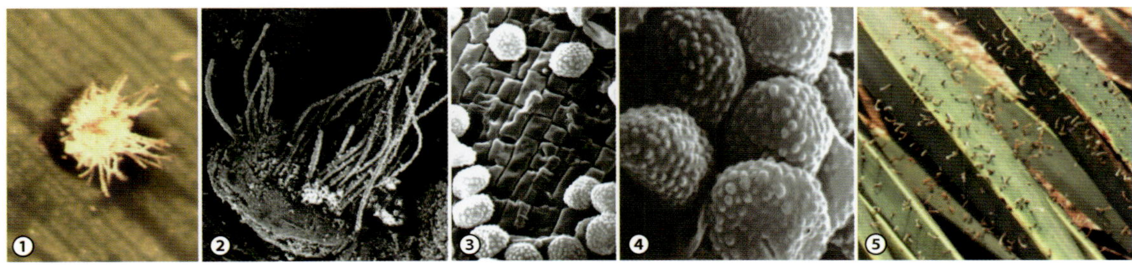

図 1.87 *Graphiola* 属 〔本文 p 178〕
Graphiola phoenicis var. *phoenicis*：①菌糸束 ②胞子堆と菌糸束（SEM 像） ③菌糸束と黒穂胞子（同） ④黒穂胞子（同） ⑤カナリーヤシ黒つぼ病の症状（菌糸束が伸長） 〔① - ④柿嶌 眞〕

担子菌類：黒穂病菌〔*Tilletia*，*Urocystis*〕

図 1.88　*Tilletia* 属　〔本文 p 178〕

Tilletia caries：
①-③黒穂胞子（②表面の網目が特徴的　③SEM 像）
④担子胞子の接合　⑤担子器と担子胞子の形成
⑥コムギ網なまぐさ黒穂病の症状（病穂は緑色を長く保ち，病粒中の黒穂胞子は脱殻まで裸出しない）
〔①-⑥柿嶌 眞〕

図 1.89　*Urocystis* 属　〔本文 p 179〕

Urocystis pseudoanemones：①②黒穂胞子および胞子団（② SEM 像）
③④ニリンソウ黒穂病の症状（③葉表　④葉裏；表皮が破れ，黒穂胞子が裸出する）
U. tranzscheliana：⑤⑥黒穂胞子および胞子団（⑥ SEM 像）
⑦サクラソウ黒穂病の症状（開花するが，子房は侵されて黒穂胞子が充満する）　〔⑤-⑦柿嶌 眞〕

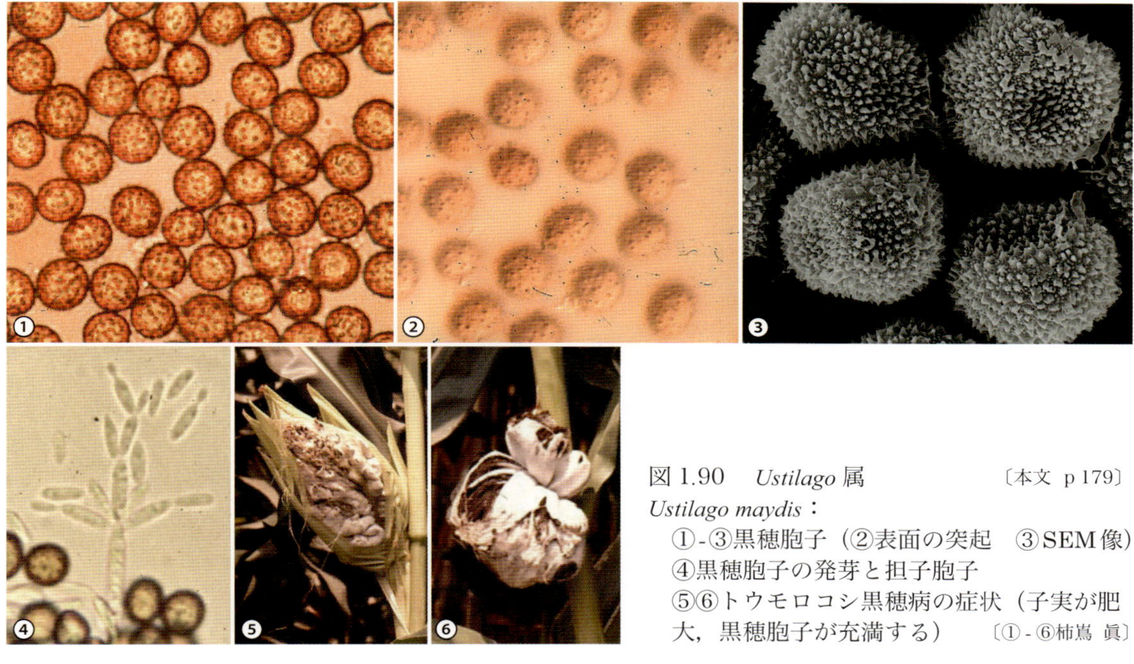

図 1.90　*Ustilago* 属　〔本文 p 179〕
Ustilago maydis：
①-③黒穂胞子（②表面の突起　③SEM像）
④黒穂胞子の発芽と担子胞子
⑤⑥トウモロコシ黒穂病の症状（子実が肥大，黒穂胞子が充満する）　〔①-⑥柿嶌 眞〕

図 1.92　*Exobasidium* 属　〔本文 p 181〕
Exobasidium camelliae：①-③ツバキもち病の症状（①②葉が展開とともに肥厚，奇形化して掌形となり，表面は子嚢や分生子により白粉状に見える　③子房が肥大し，“桃”の果実のように見える）
E. gracile：④⑤サザンカもち病の症状（葉芽が伸展とともに肥厚し，葉裏に白粉を帯びる）
E. japonicum：⑥⑦ツツジ類 もち病の症状（主に葉芽が罹病し，肥大，奇形化する．表面が子嚢や分生子により白粉状に見える）
E. vexans：⑧⑨チャもち病の症状（葉の表裏が肥厚した不整円斑となり，葉裏病斑上に白粉を生じる）
〔①②周藤靖雄　③⑧近岡一郎〕

担子菌類：さび病菌〔*Aecidium*，*Blastospora*〕

図 1.95　*Aecidium* 属　〔本文　p 186〕
Aecidium mori：①クワ赤渋病の症状（葉裏；さび胞子堆）
A. rhaphiolepidis：②銹子腔（SEM 像）　③護膜細胞　④⑤さび胞子（⑤ SEM 像）
⑥⑦シャリンバイさび病の症状（⑦葉裏の銹子腔）　〔②⑤柿嶌 眞〕

図 1.96　*Blastospora* 属　〔本文　p 186〕
Blastospora smilacis：①精子器の断面　②③さび胞子（③ SEM 像）　④ウメ変葉病の症状（さび胞子堆）
⑤⑥夏胞子（⑥ SEM 像）　⑦⑧冬胞子（⑧ SEM 像）　⑨冬胞子の発芽による担子器の形成
⑩ヤマカシュウ（中間宿主）さび病の症状（葉裏；夏胞子堆）　〔①-⑩柿嶌 眞〕

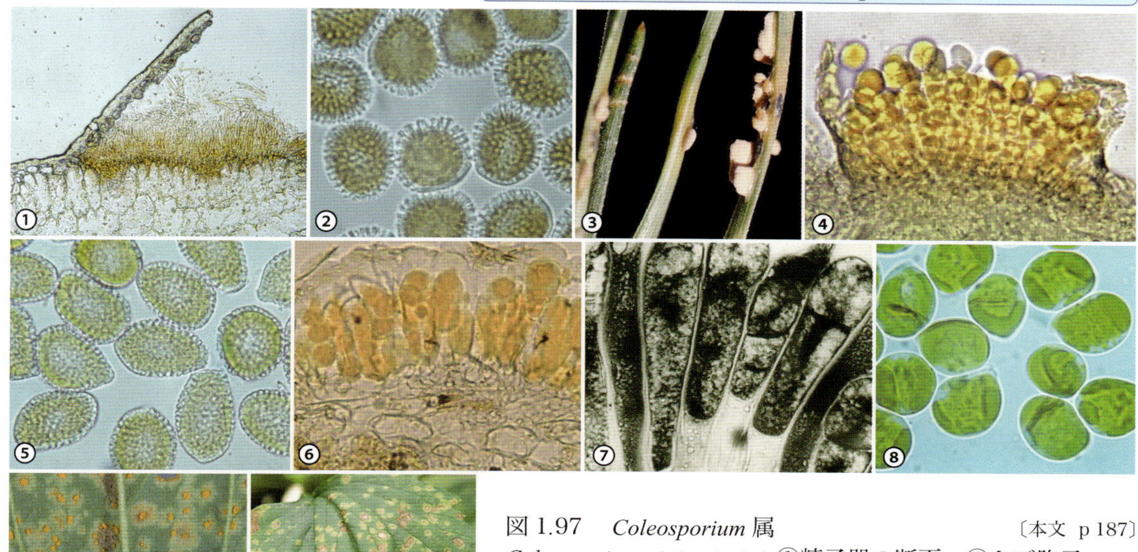

図 1.97　*Coleosporium* 属　〔本文 p 187〕
Coleosporium pini-asteris：①精子器の断面　②さび胞子
③マツ類 葉さび病の症状（さび胞子堆）　④夏胞子堆
⑤夏胞子　⑥⑦冬胞子堆（冬胞子が並立に生じている）
⑧担子胞子
⑨⑩アスターさび病の症状（⑨葉裏；夏胞子堆　⑩葉表の病斑）
〔①-③⑤⑦⑧金子 繁　④⑥柿嶌 眞〕

図 1.98　*Cronartium* 属　〔本文 p 188〕
Cronartium orientale：①②さび胞子（② SEM 像）③マツ類 こぶ病の症状（黄粉はさび胞子塊）
④夏胞子（SEM 像）　⑤クヌギ毛さび病の症状（葉裏；夏胞子堆）
⑥ナラ類 毛さび病の症状（葉裏；毛状の冬胞子堆）　⑦冬胞子堆（SEM 像）
⑧⑨冬胞子堆から担子器と担子胞子を形成（⑨ラクトフクシン染色）　⑩担子胞子
〔①④⑥⑧-⑩金子 繁　②③⑦柿嶌 眞　⑤周藤靖雄〕

担子菌類：さび病菌〔*Gymnosporangium*〕

図 1.99　*Gymnosporangium* 属　〔本文 p 189〕

Gymnosporangium asiaticum：①ビャクシンさび病の症状（冬胞子堆）　②冬胞子
③冬胞子の発芽，担子器の形成　④担子胞子の発芽　⑤冬胞子堆の膨潤（ビャクシン）　⑥護膜細胞
⑦さび胞子　⑧ボケ赤星病の症状（葉裏の銹子腔）　⑨⑩ナシ赤星病の症状（⑩葉裏の銹子腔）

G. yamadae：⑪ビャクシンさび病の症状（冬胞子堆）　⑫ - ⑭リンゴ赤星病の症状（⑫⑬精子器　⑭銹子腔）
⑮さび胞子　⑯ハナカイドウ赤星病の症状（葉表の橙色の斑点上に精子器を形成）
⑰ヒメリンゴ赤星病の症状（葉裏の銹子腔）

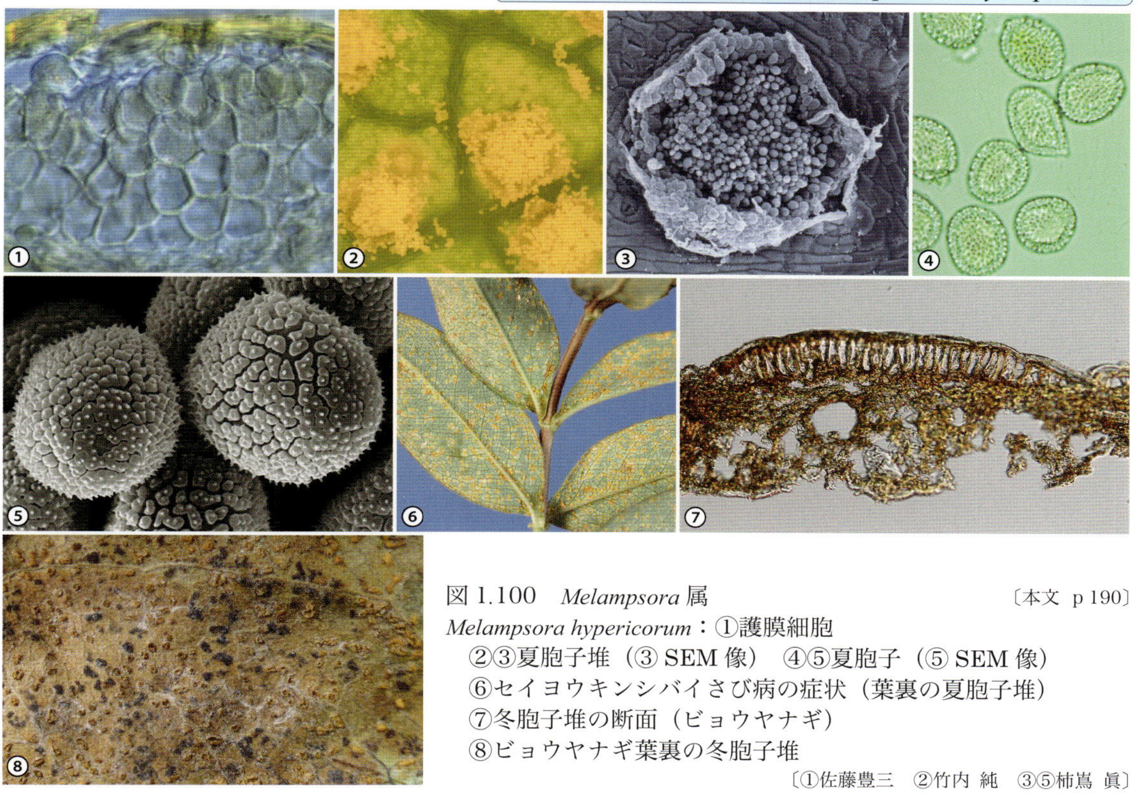

図 1.100　*Melampsora* 属　〔本文　p 190〕
Melampsora hypericorum：①護膜細胞
②③夏胞子堆（③ SEM 像）　④⑤夏胞子（⑤ SEM 像）
⑥セイヨウキンシバイさび病の症状（葉裏の夏胞子堆）
⑦冬胞子堆の断面（ビョウヤナギ）
⑧ビョウヤナギ葉裏の冬胞子堆
〔①佐藤豊三　②竹内 純　③⑤柿嶌 眞〕

図 1.101　*Nyssopsora* 属　〔本文　p 190〕
Nyssopsora cedrelae：
①-③夏胞子（②表面の刺が特徴的　③ SEM 像）
④-⑥冬胞子（⑥ SEM 像）
⑦-⑨チャンチンさび病の症状（⑦夏胞子堆　⑧⑨冬胞子堆）
〔③⑥柿嶌 眞〕

担子菌類：さび病菌〔*Phakopsora*, *Phragmidium* 〕

図 1.102　*Phakopsora* 属　〔本文 p 191〕
Phakopsora artemisiae：①②夏胞子（② SEM 像）　③④キク褐さび病の症状（夏胞子堆）
P. meliosmae-myrianthae：⑤夏胞子　⑥冬胞子堆　⑦ブドウさび病の症状（夏胞子堆）　〔②⑤ - ⑦柿嶌 眞〕

図 1.103　*Phragmidium* 属　〔本文 p 192〕
Phragmidium montivagum：①夏胞子　②③ハマナスさび病の症状（夏胞子堆）
④⑤冬胞子（⑤ SEM 像）　⑥⑦ハマナスさび病の症状（冬胞子堆）　〔①④⑤柿嶌 眞〕

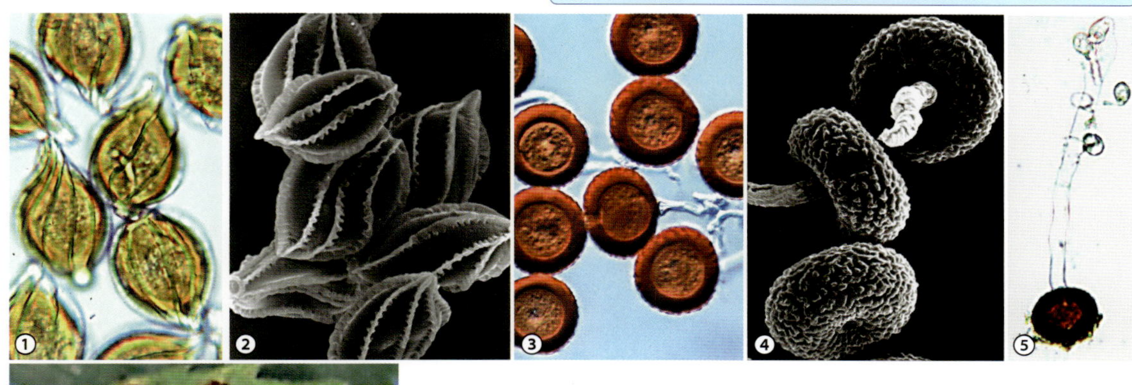

図 1.104　*Pileolaria* 属　〔本文 p 192〕
Pileolaria klugkistiana：
①②夏胞子（② SEM 像）　③④冬胞子（④ SEM 像）
⑤冬胞子の発芽（担子器と担子胞子の形成）
⑥ヌルデさび病の症状（冬胞子堆）　〔①-⑥柿嶌 眞〕

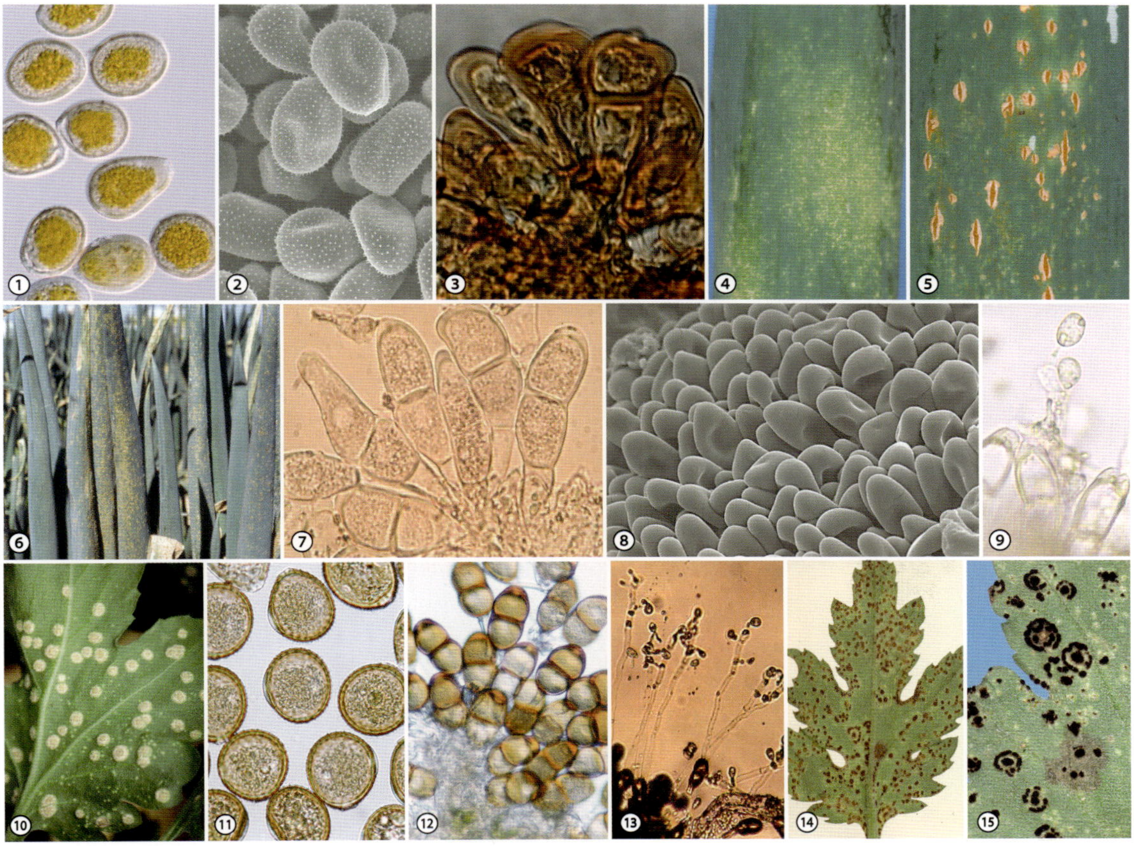

図 1.105　*Puccinia* 属　〔本文 p 193〕
Puccinia allii：①②夏胞子（② SEM 像）　③冬胞子　④-⑥ネギさび病の症状（④初期の黄色小斑点　⑤裂開した夏胞子堆　⑥多発すると葉身が赤さび状を呈する）
P. horiana：⑦⑧冬胞子（⑧ SEM 像）　⑨冬胞子の発芽と担子胞子　⑩キク白さび病の症状（冬胞子堆）
P. tanaceti var. *tanaceti*：⑪夏胞子　⑫冬胞子　⑬冬胞子の発芽と担子器上に担子胞子の形成
⑭⑮キク黒さび病の症状（葉裏；⑭夏胞子堆　⑮冬胞子堆）　〔②③⑦⑧柿嶌 眞〕

担子菌類：さび病菌〔*Stereostratum*, *Uromyces*〕

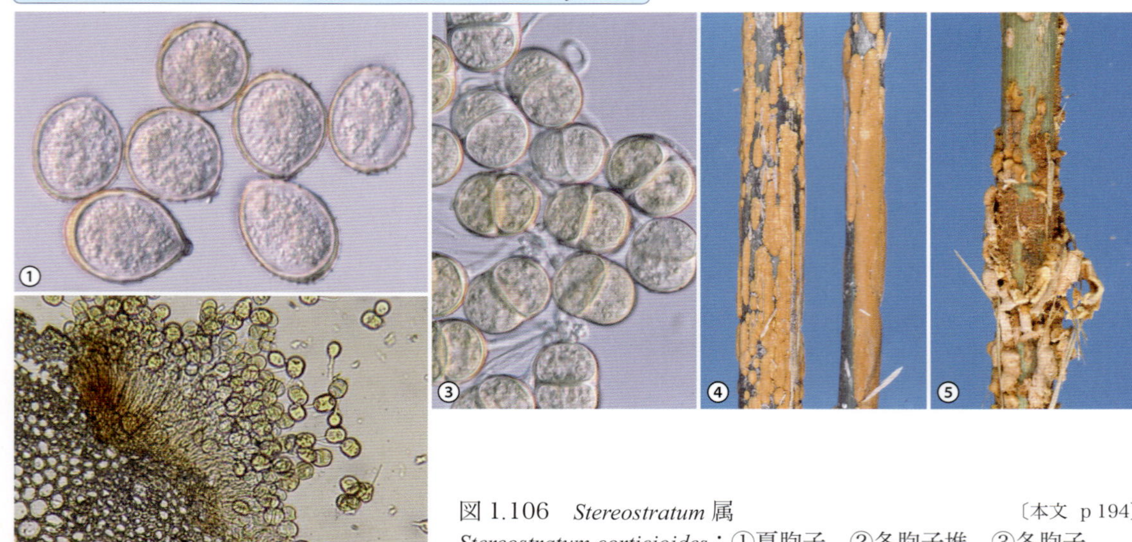

図 1.106　*Stereostratum* 属 〔本文 p 194〕
Stereostratum corticioides：①夏胞子　②冬胞子堆　③冬胞子
④ササ類 赤衣病の症状（冬胞子堆）
⑤同（冬胞子堆の下から夏胞子堆が現れる） 〔②④柿嶌 眞〕

図 1.107　*Uromyces* 属 〔本文 p 195〕
Uromyces truncicola：①冬胞子　②③エンジュさび病の症状（②葉裏；冬胞子堆　③枝幹の膨らみと亀裂）
U. viciae-fabae var. *viciae-fabae*：④ - ⑥夏胞子（⑤ SEM 像　⑥透明な円状物は発芽孔；脱色処理）
⑦⑧冬胞子（⑧ SEM 像）　⑨ソラマメさび病の症状（夏胞子堆） 〔⑤ - ⑧柿嶌 眞〕

【*Armillaria* 属】 〔本文 p 196〕

Armillaria mellea〔ナラタケ〕：①子実体（柄につばがある） ②タブノキの罹病樹に発生した子実体

A. tabescens〔ナラタケモドキ〕：③サクラの根から発生した子実体（反り返ってロート状になった傘）
④細長い柄をもち，つばを欠く子実体（サクラの罹病樹から発生）

【*Daedaleopsis* 属】 〔本文 p 196〕

Daedaleopsis tricolor〔チャカイガラタケ〕：
⑤子実体の傘表面の環紋と裏面のひだ
⑥チャカイガラタケによるサクラの幹の症状

図 1.108 木材腐朽菌（材質腐朽菌）(1)

〔①②竹内 純 ③-⑥阿部恭久〕

担子菌類：木材腐朽菌〔*Ganoderma*，*Inonotus*〕

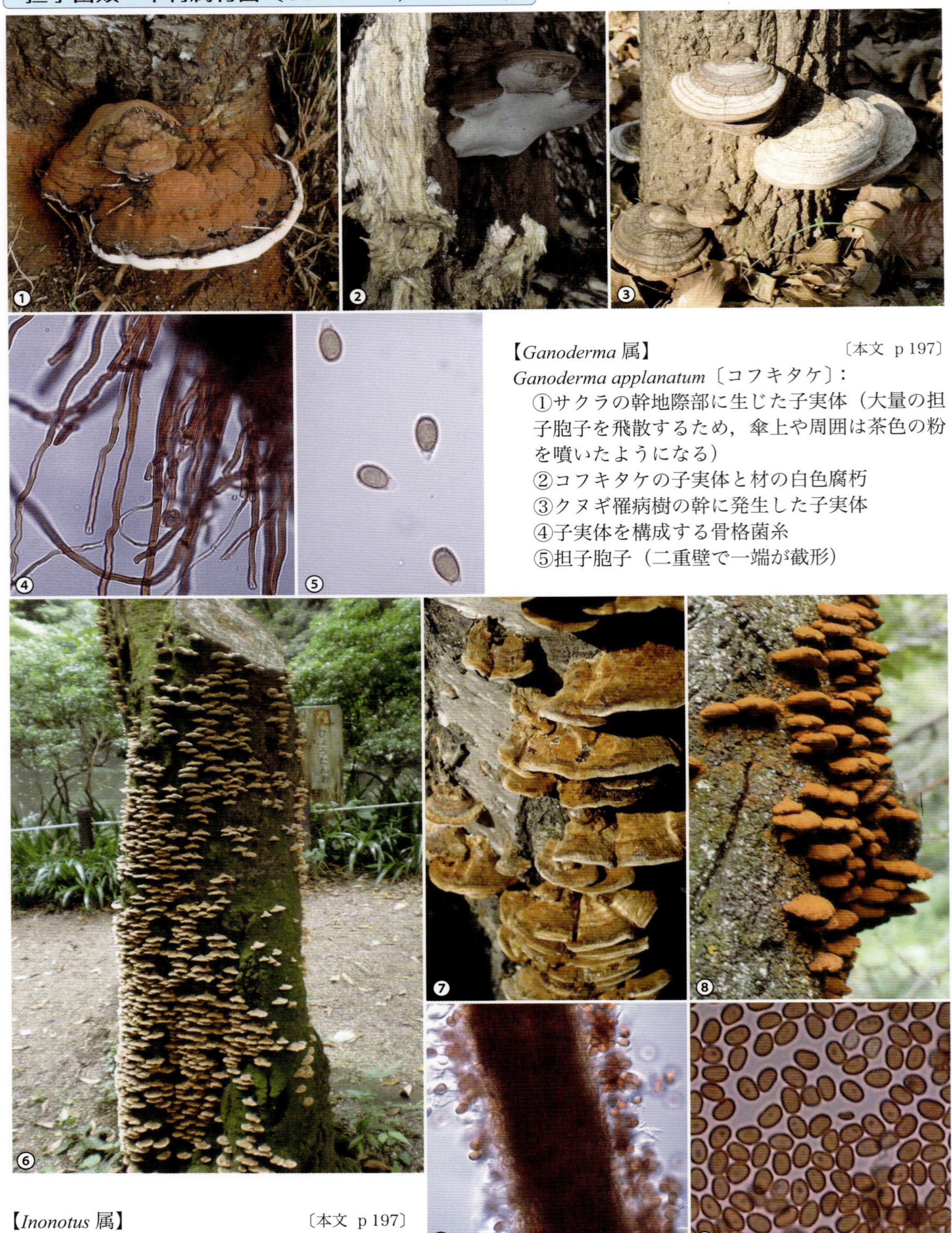

【*Ganoderma* 属】　〔本文　p 197〕

Ganoderma applanatum〔コフキタケ〕：

①サクラの幹地際部に生じた子実体（大量の担子胞子を飛散するため，傘上や周囲は茶色の粉を噴いたようになる）
②コフキタケの子実体と材の白色腐朽
③クヌギ罹病樹の幹に発生した子実体
④子実体を構成する骨格菌糸
⑤担子胞子（二重壁で一端が截形）

【*Inonotus* 属】　〔本文　p 197〕

Inonotus mikadoi〔カワウソタケ〕：

⑥サクラの幹全面に多数の子実体を発生
⑦新鮮な子実体（サクラ）　⑧古い子実体（大量の担子胞子が傘や周囲に付着し，茶色く粉状になる）
⑨子実層の担子器と担子胞子　⑩担子胞子

図 1.109　木材腐朽菌（材質腐朽菌）(2)　〔①-⑩阿部恭久〕

【*Perenniporia* 属】　〔本文 p 198〕

Perenniporia fraxinea〔ベッコウタケ〕：
①淡橙色の幼菌　②傘が十分に成長していない子実体
③傘が十分に発達した子実体　④担子胞子
⑤傘肉中の厚壁胞子と骨格菌糸　⑥ニセアカシア根株の心材腐朽
⑦ユリノキ根株が腐朽して倒伏

【*Trametes* 属】　〔本文 p 198〕

Trametes versicolor〔カワラタケ〕：
⑧トウネズミモチの幹に発生した子実体　⑨広葉樹の抜根上に形成された膨大な数の傘

図 1.110　木材腐朽菌（材質腐朽菌）(3)　〔①-⑨阿部恭久〕

担子菌類：*Thanatephorus*，*Typhula*

図 1.111　*Thanatephorus* 属　〔本文 p 199〕

Thanatephorus cucumeris：
①菌糸（ナス罹病葉内）
②③担子器，担子柄，担子胞子（SEM 像）　④担子胞子
⑤ - ⑦キャベツ株腐病の症状（⑤罹病部の菌糸　⑥葉裏の子実層　⑦尻腐れ症状）
⑧ナス褐色斑点病の症状（裏面に白色の子実層を密生）　⑨イネ紋枯病の症状
〔⑤⑥星 秀男〕

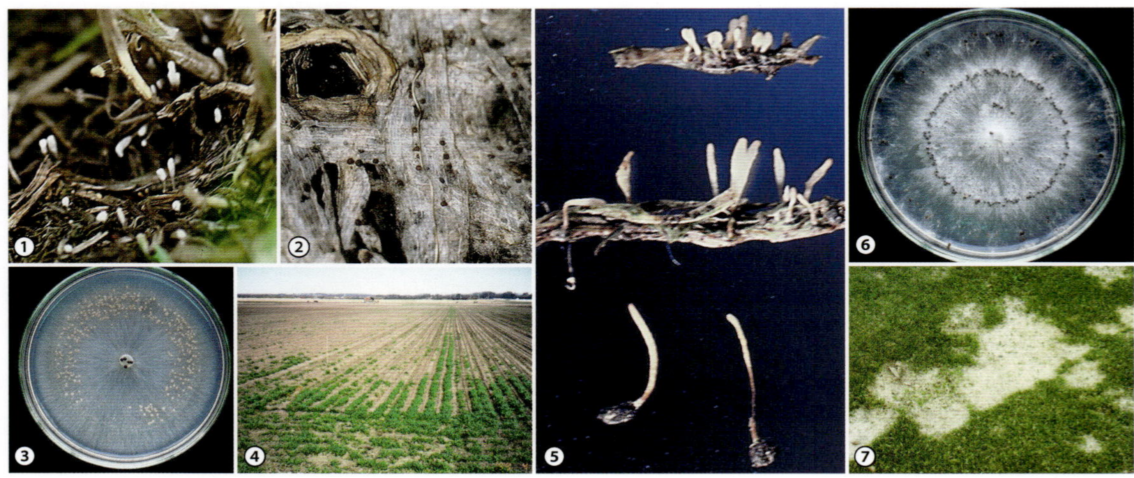

図 1.112　*Typhula* 属　〔本文 p 200〕

Typhula ishikariensis：〔生物型A〕；①子実体　②菌核（秋播きコムギ）　③培養菌叢（PDA）
④秋播きコムギにおける雪腐小粒菌核病の被害状況　〔生物型B〕；⑤子実体　⑥培養菌叢（PDA）
⑦芝生の被害状況
〔① - ⑦松本直幸〕

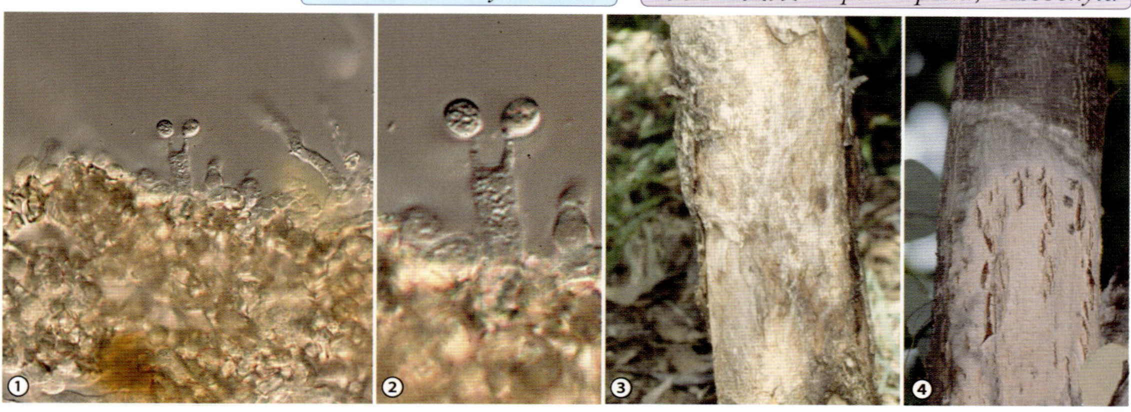

図 1.113　*Erythricium* 属　〔本文 p 200〕

Erythricium salmonicolor：①子実層と担子器，担子胞子　② 同・拡大
③樹幹に蔓延する白色菌糸膜（ビワ赤衣病）④樹幹を被う桃色〜橙色の菌糸膜（カツラ赤衣病）

〔①-④小林享夫〕

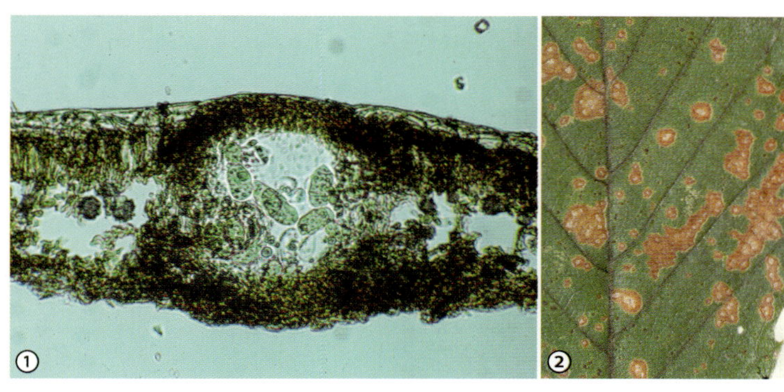

図 1.116　*Apiocarpella* 属　〔本文 p 206〕

Apiocarpella quercicola：
①分生子殻（断面）と分生子
②コナラ円斑病の症状

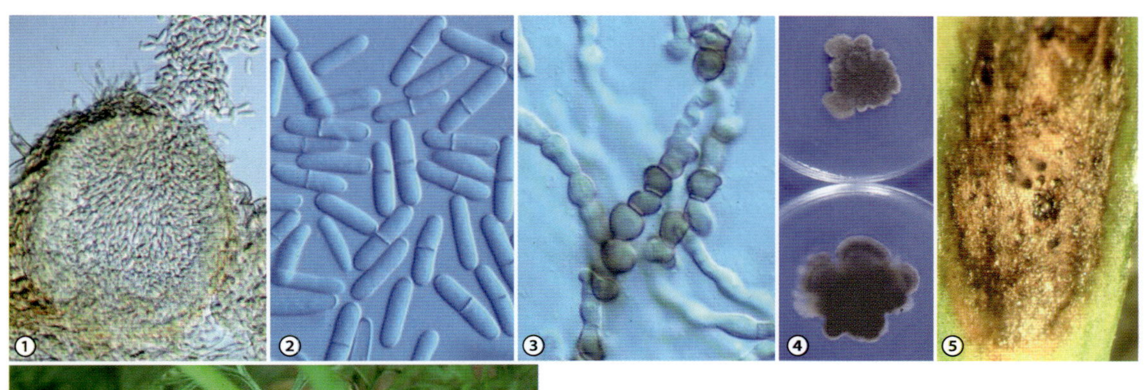

図 1.117　*Ascochyta* 属　〔本文 p 207〕

Ascochyta aquilegiae：①分生子殻（断面）と分生子
②分生子　③厚壁胞子
④培養菌叢（PDA；下は裏面）
⑤⑥デルフィニウム（チドリソウ）褐色斑点病の症状（⑤病斑上の小黒点は分生子殻　⑥末期には葉枯れを起こす）

〔①-⑥佐藤豊三〕

不完全菌類：*Lasiodiplodia*，*Macrophomina*

図 1.118　*Lasiodiplodia* 属　〔本文 p 207〕
Lasiodiplodia theobromae：①分生子殻（断面）　②無色分生子と有色分生子の混在　③成熟した２胞分生子　④⑤培養菌叢（PDA；④ 25℃２日後　⑤同５日後）　⑥マンゴー枝の分生子殻　⑦マンゴー軸腐病の症状　⑧ツピタンサスの幹腐れ症状　⑨フェニックス黒葉枯病の症状　〔①③⑧⑨竹内 純　②④ - ⑦小野 剛〕

図 1.119　*Macrophomina* 属　〔本文 p 208〕
Macrophomina phaseolina：
①分生子殻と分生子（植物上）　②分生子
③スイカ茎の地際部の症状（微小な菌核を形成）
④スイカ炭腐病の被害状況　〔① - ④藤永真史〕

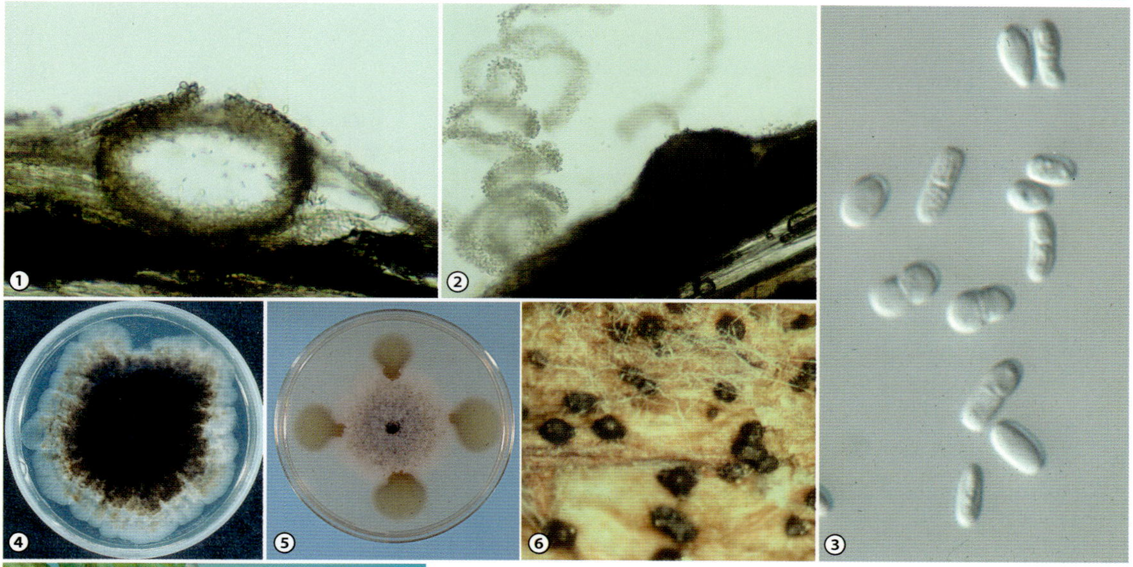

図 1.120　*Phoma* 属　〔本文 p 208〕

Phoma exigua：①分生子殻（断面）　②水封での分生子の溢出　③分生子　④レタス分離菌の培養菌叢（PDA）　⑤ NaOH 添加による培地の発色（種・変種同定の際の目安になる；MA）　⑥⑦レタス株枯病の症状（⑥罹病部の分生子殻　⑦罹病株）

〔①-⑦竹内 純〕

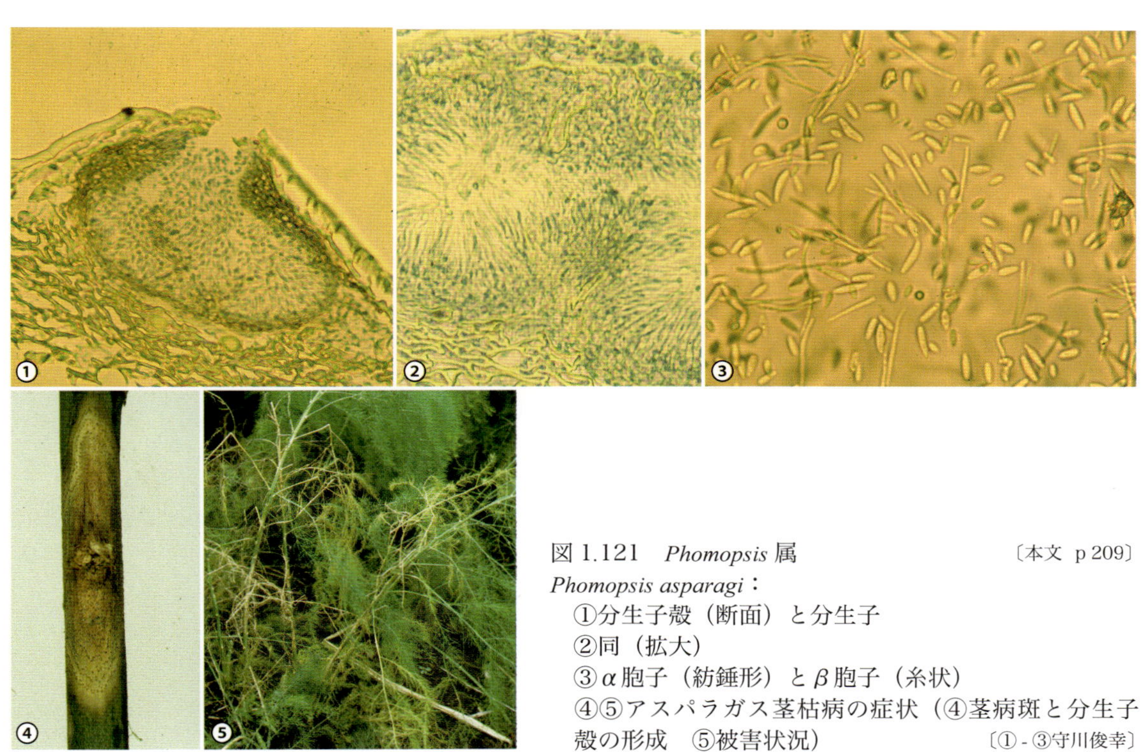

図 1.121　*Phomopsis* 属　〔本文 p 209〕

Phomopsis asparagi：

①分生子殻（断面）と分生子
②同（拡大）
③ α 胞子（紡錘形）と β 胞子（糸状）
④⑤アスパラガス茎枯病の症状（④茎病斑と分生子殻の形成　⑤被害状況）

〔①-③守川俊幸〕

不完全菌類：*Phyllosticta*

図 1.122　*Phyllosticta* 属 〔本文 p 209〕

Phyllosticta ampelicida：①分生子殻（断面）と分生子　②分生子（付属糸を有す）
③④ツタ褐色円斑病の症状（③葉表；小黒点は分生子殻）

P. concentrica：⑤分生子殻（断面）と分生子　⑥殻内の分生子形成細胞と分生子
⑦分生子（付属糸を有す）　⑧⑨コブシ斑点病の症状（⑧葉表；小黒点は分生子殻）

Phyllosticta sp.（アセビ褐斑病菌）：⑩分生子殻（断面）と分生子　⑪分生子（付属糸を有す）
⑫アセビ褐斑病の症状

〔①②⑤⑦小林享夫〕

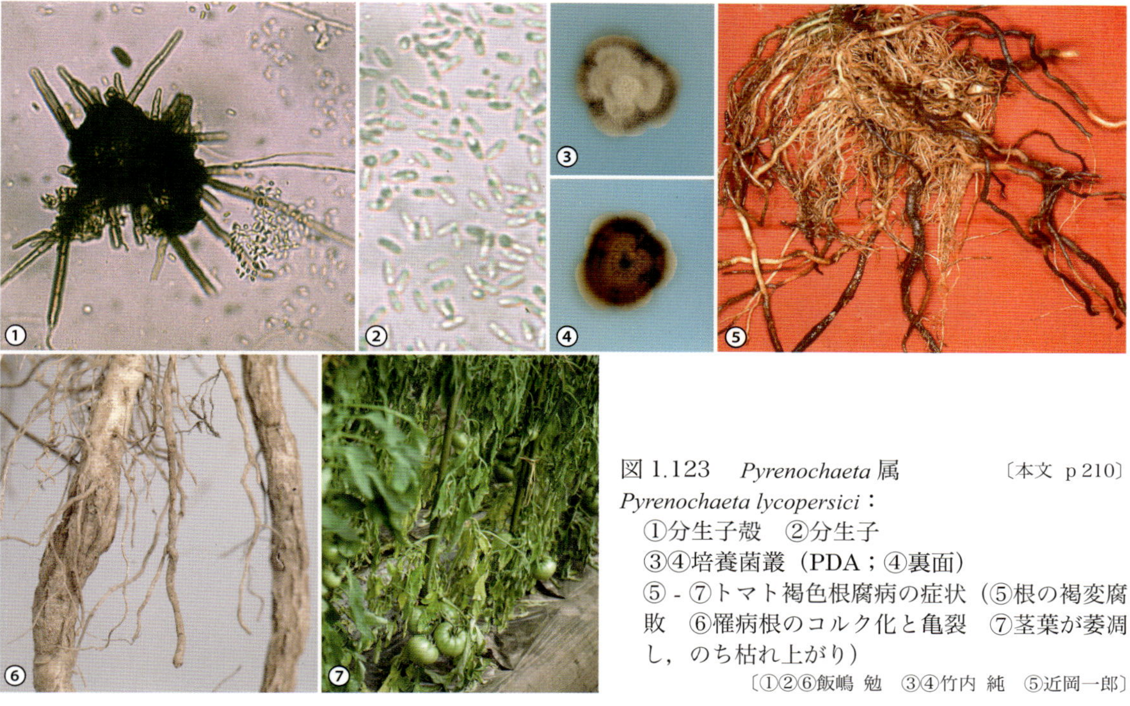

図 1.123　*Pyrenochaeta* 属　〔本文 p 210〕

Pyrenochaeta lycopersici：
①分生子殻　②分生子
③④培養菌叢（PDA；④裏面）
⑤ - ⑦トマト褐色根腐病の症状（⑤根の褐変腐敗　⑥罹病根のコルク化と亀裂　⑦茎葉が萎凋し，のち枯れ上がり）

〔①②⑥飯嶋 勉　③④竹内 純　⑤近岡一郎〕

図 1.124　*Septoria* 属　〔本文 p 211〕

Septoria azaleae：①分生子殻（断面）と分生子　②オオムラサキツツジ褐斑病の症状
S. violae：③罹病部の分生子殻　④分生子殻の断面　⑤分生子　⑥ スミレ類 斑点病の症状

〔③ - ⑥竹内 純〕

不完全菌類：*Sphaeropsis*，*Stagonospora*

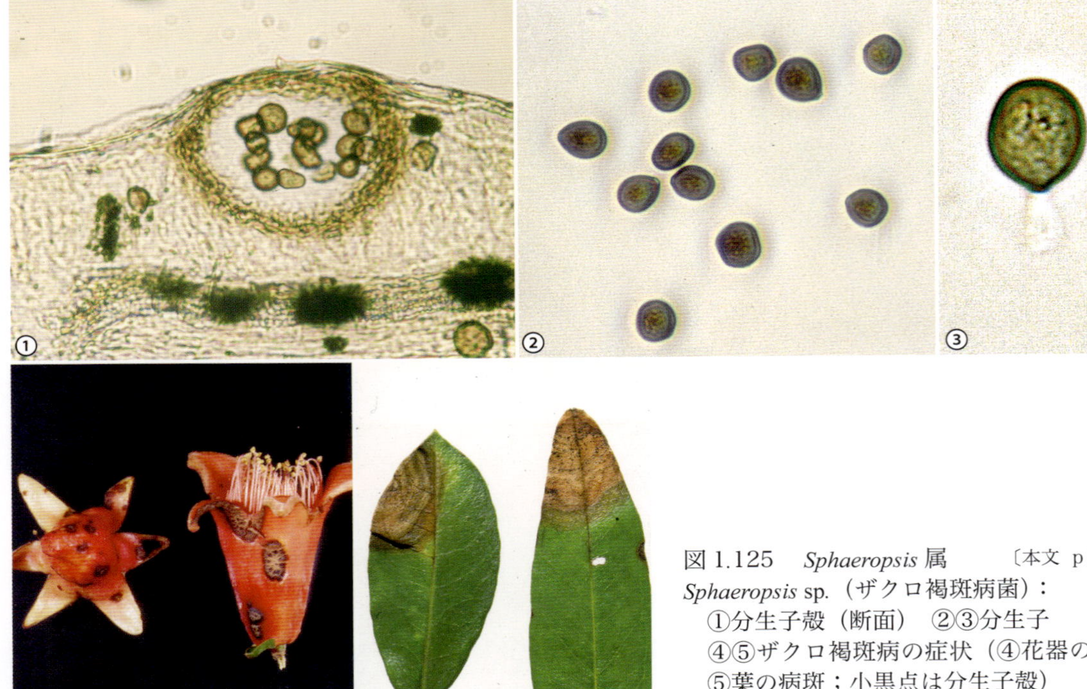

図 1.125　*Sphaeropsis* 属　〔本文 p 211〕
Sphaeropsis sp.（ザクロ褐斑病菌）：
①分生子殻（断面）　②③分生子
④⑤ザクロ褐斑病の症状（④花器の病斑
⑤葉の病斑；小黒点は分生子殻）
〔② - ④小林享夫〕

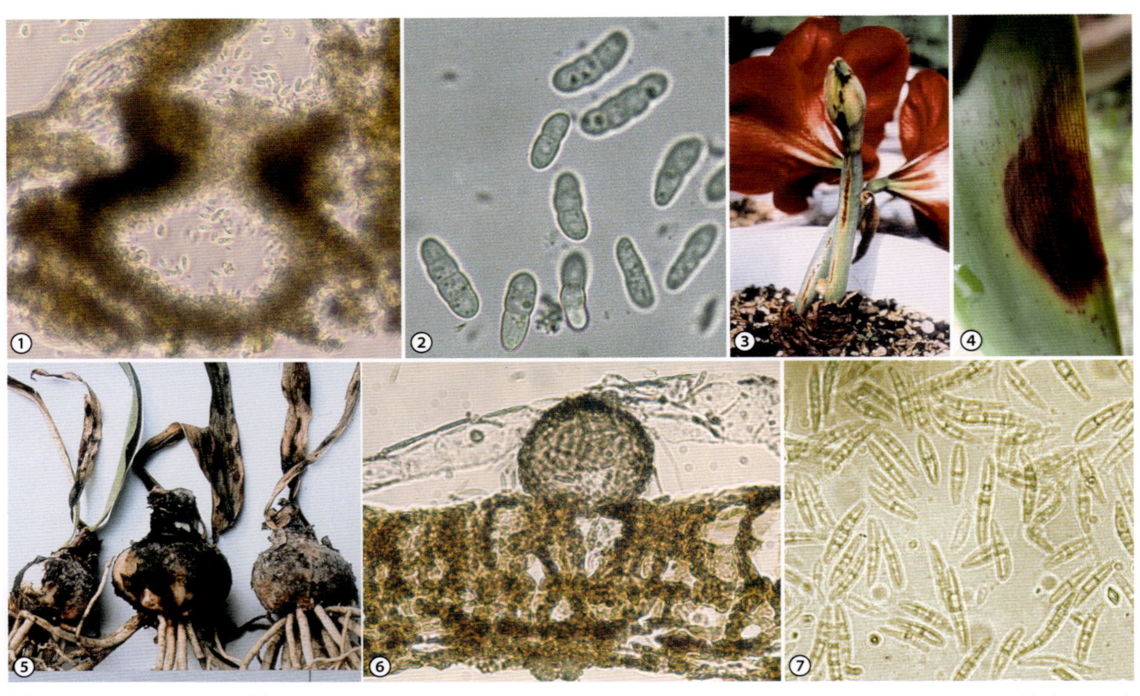

図 1.126 *Stagonospora* 属　〔本文 p 212〕
Stagonospora curtisii：①分生子殻（断面）と分生子　②分生子
③ - ⑤アマリリス赤斑病の症状（③花茎に赤褐色の条斑を生じる　④葉病斑上に小さな黒褐色の分生子殻を散生する　⑤葉枯れ・株枯れを起こす）
S. euonymicola（ニシキギ円星病菌）：⑥分生子殻の断面　⑦分生子　〔①小林享夫　②④牛山欽司　③⑤高野喜八郎〕

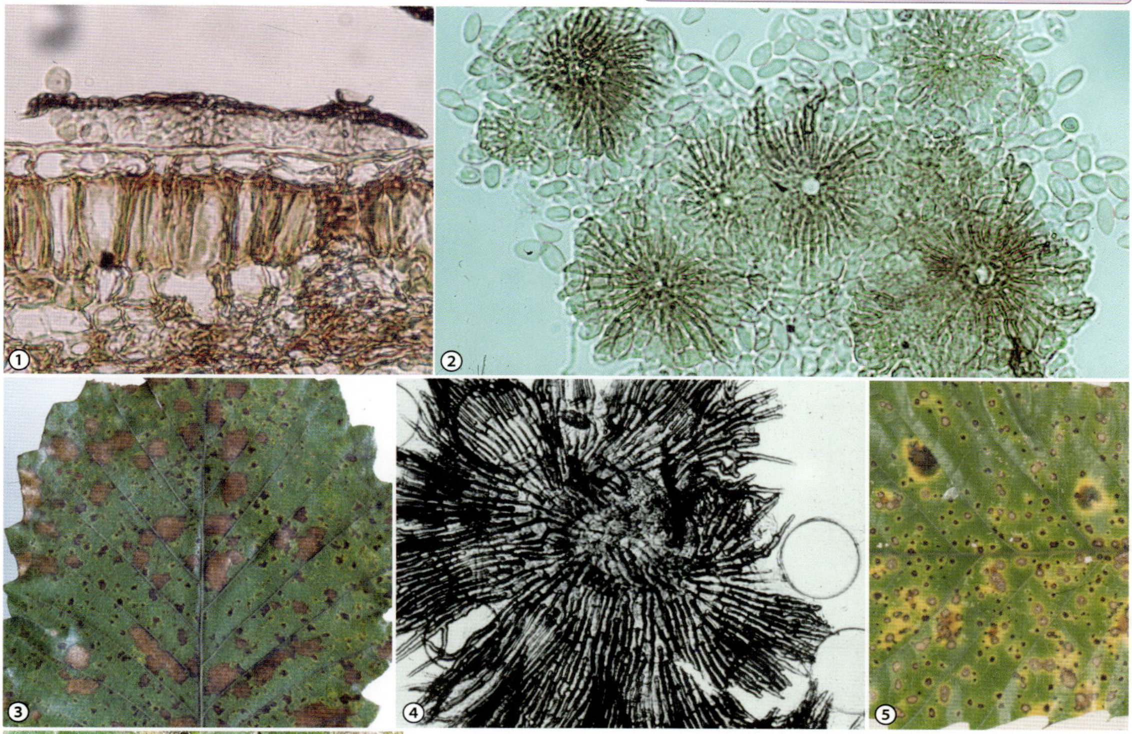

図 1.127　*Tubakia* 属　〔本文 p 212〕

Tubakia dryina：①分生子殻の断面　②分生子殻の上面と分生子
③ミズナラすす葉枯病の症状
T. japonica：④分生子殻の上面と分生子
⑤⑥クリ斑点病の症状（⑥病斑上の小黒点は分生子殻）
〔④⑥金子 繁　⑤小林享夫〕

図 1.129　*Asteroconium* 属　〔本文 p 215〕

Asteroconium saccardoi：① 分生子（メルツァー液で染色）
②③タブノキ白粉病の症状（②白色の分生子集塊　③葉裏の菌体）

不完全菌類：*Colletotrichum*

図 1.130　*Colletotrichum* 属　　〔本文 p 217〕

Colletotrichum acutatum：①分生子層と剛毛　②分生子　③菌糸上の付着器　④培養菌叢（PDA）
⑤スイートピー炭疽病の症状（橙色の部分は分生子の粘塊）

C. gloeosporioides：⑥ WA 培地上での分生子形成

C. higginsianum：⑦病斑上の分生子（SEM 像）　⑧分生子　⑨剛毛　⑩培養菌叢（PDA）
⑪コマツナ炭疽病の症状

C. liliacearum：⑫分生子層と剛毛　⑬分生子（コットンブルー染色）　⑭菌糸上の付着器
⑮コバノギボウシ炭疽病の症状　⑯ジャノヒゲ炭疽病の症状

C. orbiculare：⑰分生子層と剛毛　⑱分生子　⑲菌糸上の付着器
⑳メロン炭疽病の症状（橙色の部分は分生子の粘塊）　㉑キュウリ炭疽病の症状　〔①-④⑫-⑲㉑竹内 純〕

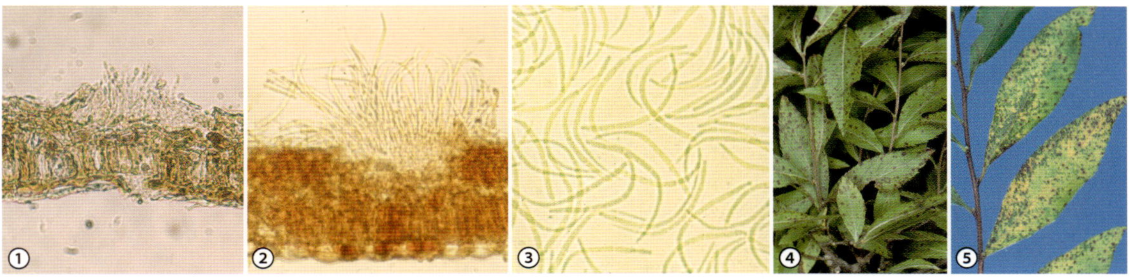

図 1.131　*Cylindrosporium* 属　〔本文　p 218〕

Cylindrosporium spiraeae-thunbergii：①② 分生子層の断面　③分生子　④⑤ユキヤナギ褐点病の症状

〔②③小林享夫〕

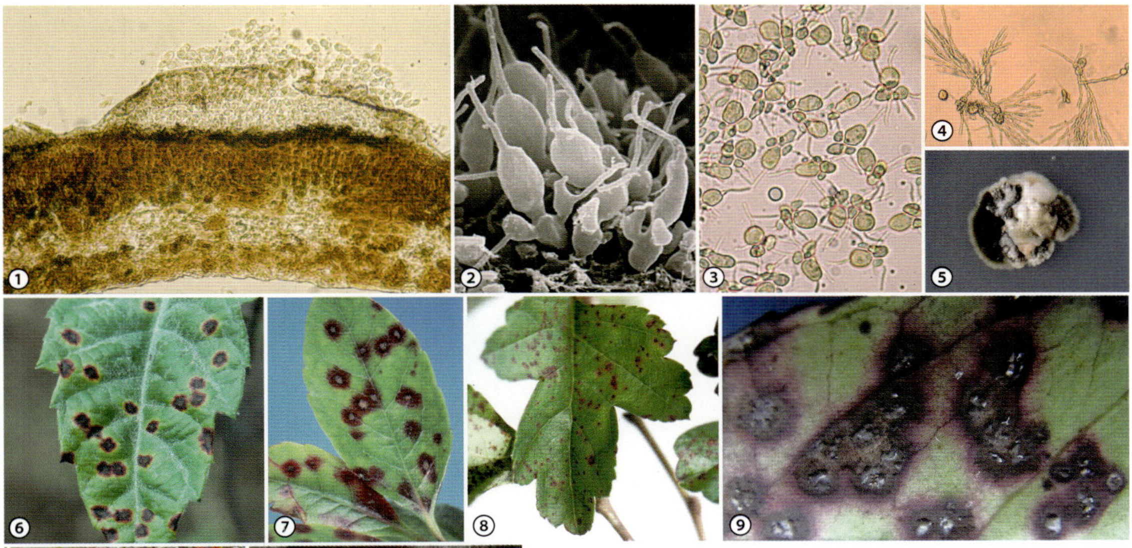

図 1.132　*Entomosporium* 属　〔本文　p 218〕

Entomosporium mespili：①分生子層の断面　②分生子層上の分生子（SEM 像）　③分生子　④分生子の発芽（WA 上）　⑤培養菌叢（麦芽培地）　⑥ - ⑪ごま色斑点病の症状（⑥ビワ　⑦シャリンバイ　⑧セイヨウサンザシ　⑨ベニカナメモチ・葉裏の分生子層と灰色の分生子塊　⑩同・罹病葉　⑪同・生垣の落葉被害）

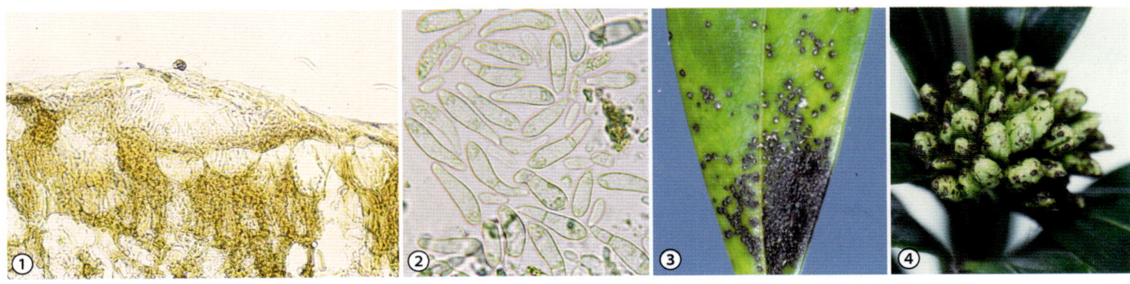

図 1.133　*Marssonina* 属　〔本文　p 219〕

Marssonina daphnes：①分生子層（断面）と分生子　②分生子　③④ジンチョウゲ黒点病の症状（③葉上の小黒点は分生子層　④花蕾の病斑）

〔①小林享夫〕

不完全菌類：*Pestalotiopsis*，*Seiridium*

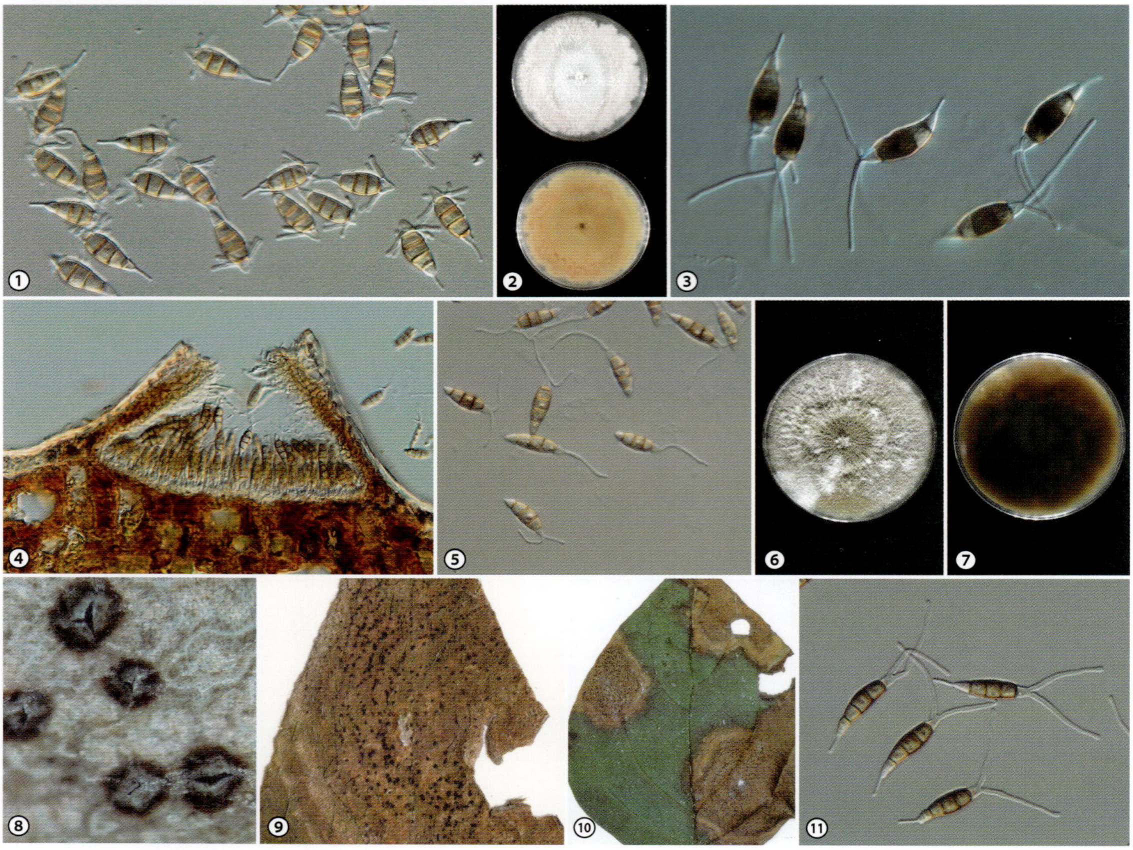

図 1.134　*Pestalotiopsis* 属　〔本文　p 220〕

Pestalotiopsis distincta：①分生子　②培養菌叢（PDA；上：表面，下：裏面）

P. glandicola：③分生子

P. maculans：④分生子層（断面）と分生子　⑤分生子　⑥⑦培養菌叢（PDA；⑥表面　⑦裏面）
⑧ツバキ病斑上の分生子層　⑨ヨドガワツツジ ペスタロチア病の症状（小黒点は分生子層；輪紋状に形成）
⑩トウゴクミツバツツジ ペスタロチア病の症状

P. theae：⑪分生子（付属糸先端部の小球状の膨らみは種の特徴）　〔①-⑧⑪小野泰典〕

図 1.135　*Seiridium* 属　〔本文　p 221〕

Seiridium unicorne：①分生子層と分生子　②培養菌叢（組織分離；PDA）
③接種によるヒノキ枝病斑部上の分生子塊
④罹病枝から樹脂の流出（ローソンヒノキ）
⑤乾固した樹脂（ヒノキ）
⑥ローソンヒノキ樹脂胴枯病の症状（枝枯れに伴って葉枯れを起こす）

〔①-⑤佐々木克彦〕

図 1.136　*Sphaceloma* 属　〔本文　p 221〕

Sphaceloma araliae：①②タラノキそうか病の症状（①新梢が奇形となる　②小斑が多数生じ，病斑部は破れる）
③④ヤツデそうか病の症状（③新葉に多数の小斑を生じる　④病斑部は成長が停止して奇形となる）

Sphaceloma sp.（アジサイそうか病菌）：⑤ - ⑦アジサイ類 そうか病の症状（⑤新茎が奇形となる　⑥葉脈に沿って小斑が連続して生じる　⑦激しく発病すると，株全体が灰白色に見える）　〔⑤ - ⑦小野 剛〕

図 1.138　*Alternaria* 属　〔本文　p 226〕

Alternaria alternata：①分生子　②分生子柄　③イチゴ黒斑病の症状
④⑤トマト アルターナリア茎枯病の症状

A. porri：⑥分生子　⑦分生子柄
⑧ - ⑩ネギ黒斑病の症状（⑧初期病斑　⑨葉枯れが顕著　⑩分生子が輪紋状に形成）
（①②⑥⑦；V8 培地上の菌体）　〔①②⑥ - ⑧西川盾士　③三澤知央　⑨星 秀男〕

不完全菌類：*Aspergillus*，*Botrytis*

図 1.139　*Aspergillus* 属　〔本文 p 226〕

Aspergillus niger：①②分生子柄，頂囊と分生子の集塊　③分生子　④培養菌叢（PDA；連鎖した分生子）
⑤⑥チューリップ黒かび病の症状（黒粉は分生子の集塊）
⑦⑧ルスカスこうじかび病の症状（⑦葉先枯れ　⑧茎枯れ）　〔①-④⑦⑧竹内 純　⑤⑥向畠博行〕

図 1.140　*Botrytis* 属　〔本文 p 227〕

Botrytis cinerea：①②分生子柄と分生子の集塊（② SEM 像）
③シクラメン灰色かび病の症状（花柄基部の罹病）　④ペチュニア灰色かび病の症状（花弁の小斑点）
⑤⑥トマト灰色かび病の症状（⑤幼果の罹病　⑥果実の“ゴーストスポット”）　⑦培養菌叢（PDA）

B. elliptica：⑧分生子柄と分生子　⑨培養菌叢（PDA）　⑩⑪サクユリ葉枯病の症状

B. squamosa：⑫分生子柄と分生子　⑬分生子柄上部の特徴　⑭分生子の集塊　⑮培養菌叢（PDA）
⑯⑰ネギ小菌核腐敗病の症状（⑯葉梢上の小黒粒は菌核　⑰白色菌糸と病患部の腐敗）

〔①牛山欽司　⑥近岡一郎　⑧⑨古川聡子　⑫-⑰竹内妙子〕

図 1.141　*Curvularia* 属　〔本文 p 229〕
Curvularia lunata：①②分生子柄と分生子　③分生子　④コウライシバ カーブラリア葉枯病の被害状況
C. trifolii f.sp. *gladioli*：⑤分生子　⑥培養菌叢（PDA）　⑦⑧アシダンセラ赤斑病の症状（⑦球茎　⑧葉）
〔①-④田中明美　⑤-⑧高野喜八郎〕

図 1.142　*Cylindrocarpon* 属　〔本文 p 229〕
Cylindrocarpon destructans：①②大型分生子（②はメルツァー液で染色）
③④厚壁細胞（③はメルツァー液で染色）　⑤⑥小型分生子　⑦培養菌叢（PDA）
⑧シャクヤク根黒斑病の症状　⑨⑩エビネ根黒斑病の症状（⑩根部は部分的に黒変するのが特徴）
⑪クリスマスローズ類（ヘレボルス）根黒斑病の症状　〔①④-⑥⑪竹内 純〕

不完全菌類：*Fusarium*

図 1.143　*Fusarium* 属　〔本文 p 230〕

Fusarium oxysporum：

①気中菌糸上に生じた小分生子（小型分生子）の集塊
②短かい分生子柄に単生した大分生子（大型分生子）
③短かい分生子柄上に生じた小分生子と大分生子
④小分生子と大分生子　⑤厚壁胞子（粗面）
⑥ 厚壁胞子（滑面）　⑦培養菌叢（PDA）
⑧⑨ナツシロギク萎凋病の症状
⑩キャベツ萎黄病の症状　⑪イチゴ萎黄病の症状
⑫⑬トマト萎凋病の症状（⑬導管褐変）
⑭⑮トマト根腐萎凋病の症状（⑮地際茎に淡桃色の分生子塊を生じる）
⑯メロンつる割病の症状
⑰ホウレンソウ萎凋病の症状

〔①-⑨廣岡裕吏　⑪近岡一郎　⑫-⑮星 秀男　⑯⑰牛山欽司〕

図 1.144　*Gonatobotryum* 属　〔本文　p 231〕

Gonatobotryum apiculatum：①子座と分生子柄（先端部の小突起）
②分生子柄中間部の膨らみと分生子形成　③分生子　④培養菌叢（PDA）
⑤ - ⑦イチョウすす斑病の症状（⑤病斑上に同心状のすす状菌体を豊富に形成　⑥葉縁から進展
⑦生垣における発生状況）　〔②③小林享夫〕

図 1.145　*Haradamyces* 属　〔本文　p 232〕

Haradamyces foliicola：① - ⑤罹病葉上に形成された菌体（分散体）（①未熟な菌体の断面　②成熟した菌体の断面　③菌体の表面　④同・SEM 像　⑤病斑上に集合して形成）
⑥子座と分生子柄（先端部の小突起），小型分生子　⑦培養菌叢（２％麦芽エキス寒天培地）
⑧組織分離による菌叢（PDA）　⑨⑩ハナミズキ輪紋葉枯病の症状（緩やかな輪紋が見られる）
⑪⑫ツバキ輪紋葉枯病の症状　〔①③⑤ - ⑦升屋勇人　④渡辺京子〕

不完全菌類：*Penicillium*，*Plectosporium*

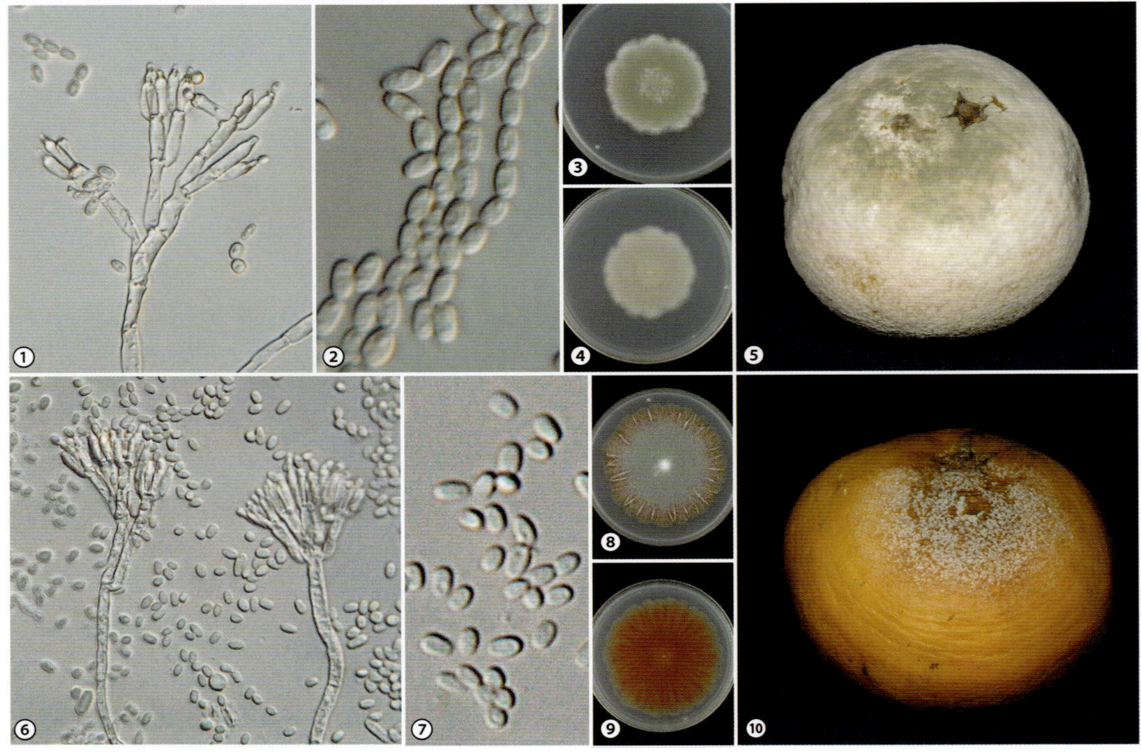

図 1.146　*Penicillium* 属　〔本文　p 233〕

Penicillium digitatum：①分生子柄，ペニシリ，メトレ，フィアライド，分生子　②分生子
③④培養菌叢（PDA；③表面　④裏面）　⑤カンキツ‘温州ミカン’緑かび病の症状（接種）
P. italicum：⑥分生子柄，ペニシリ，メトレ，フィアライド，分生子　⑦分生子
⑧⑨培養菌叢（PDA；⑧表面　⑨裏面）　⑩カンキツ‘温州ミカン’青かび病の症状（接種）

〔①-④⑥-⑨小野泰典　⑤⑩竹内 純〕

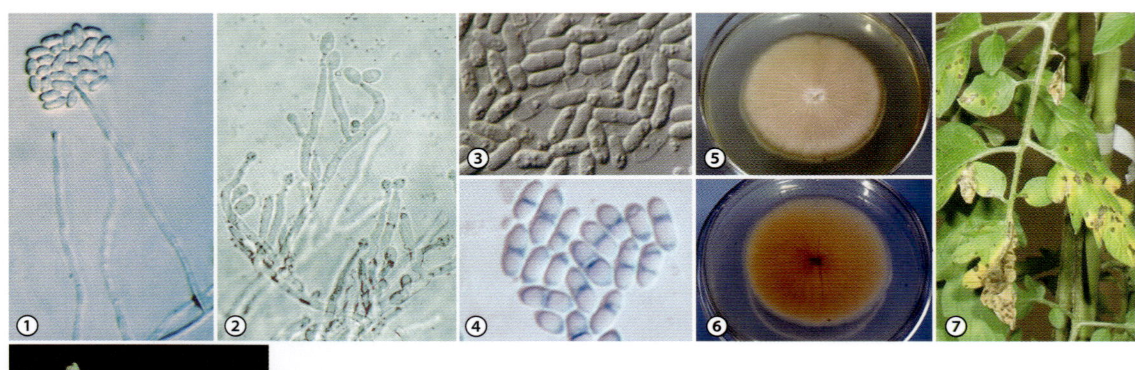

図 1.147　*Plectosporium* 属　〔本文　p 234〕

Plectosporium tabacinum：①分生子柄と分生子塊（WA 上）
②フィアライド，カラー，分生子（PDA 上）　③分生子（PDA 上）
④ 2 細胞性の分生子（PDA；アニリンブルー染色）
⑤⑥培養菌叢（PDA；⑤表面　⑥裏面）　⑦トマトさび斑病の症状
⑧クルクマさび斑病の症状（苞の褐点）

〔①-⑧竹内 純〕

図 1.148　*Pyricularia* 属　〔本文　p 234〕
Pyricularia oryzae：
①分生子柄と分生子（PDA 上）　②分生子（同）
③ - ⑤イネいもち病の症状　（③本田における“ずり込み”　④「葉いもち」　⑤「穂いもち」）
〔③ - ⑤近岡一郎〕

図 1.149　*Stemphylium* 属　〔本文　p 235〕
Stemphylium botryosum：①②分生子　③分生子柄
④ネギ葉枯病の症状（病斑上にすす状の菌叢）
S. vesicarium：⑤⑥分生子　⑦分生子柄
⑧⑨シュッコンアスター斑点病の症状（⑧葉に発生した小円斑　⑨多発すると葉枯れ・茎枯れを起こす）
（菌体はいずれもＶ８培地上）　〔① - ⑦西川盾士　⑧⑨市川和規〕

不完全菌類：*Verticillium*

図 1.150　*Verticillium* 属　〔本文　p 236〕

Verticillium dahliae：①②フィアライドの輪生と分生子の集塊　③分生子　④厚壁細胞
⑤植物組織内の菌糸（アニリンブルー染色）　⑥植物体表面上の微小菌核　⑦培地上の微小菌核
⑧培養菌叢（PDA）　⑨-⑬半身萎凋病の症状（⑨⑩トマト　⑪ナス　⑫キキョウ　⑬ルドベキア）

〔②③⑤⑥⑧⑫⑬竹内 純　④⑦⑨⑩飯嶋 勉〕

図 1.151　*Zygophiala* 属　〔本文　p 237〕

Zygophiala jamaicensis：

①培地上の分生子柄と分生子
②果実上に生じた小菌核様の菌糸組織
③リンゴすす点病；果実の症状（針先ほどの小黒点）
④ブドウすす点病；果粒の症状　〔①-④那須英夫〕

図 1.153　*Cercospora* 属　〔本文　p 240〕

Cercospora apii：

①子座と分生子　②分生子
③セルリー斑点病の症状

C. gerberae：

④子座と分生子　⑤分生子
⑥ ガーベラ紫斑病の症状（病斑上にすす状の菌叢）

〔①②中島千晴　④⑤竹内 純〕

不完全菌類：*Corynespora*, *Graphiopsis*

図 1.154　*Corynespora* 属　〔本文　p 241〕

Corynespora cassiicola：①病斑上の分生子柄と分生子　②③分生子
④⑤培養菌叢（PDA；④表面　⑤裏面）　⑥⑦キュウリ褐斑病の症状　〔①-⑤竹内 純〕

図 1.155　*Graphiopsis* 属　〔本文　p 242〕

Graphiopsis chlorocephala：
①②分生子柄と分生子　③分生子
④シャクヤク斑葉病の症状
⑤ボタンすすかび病の症状
〔②小林享夫〕

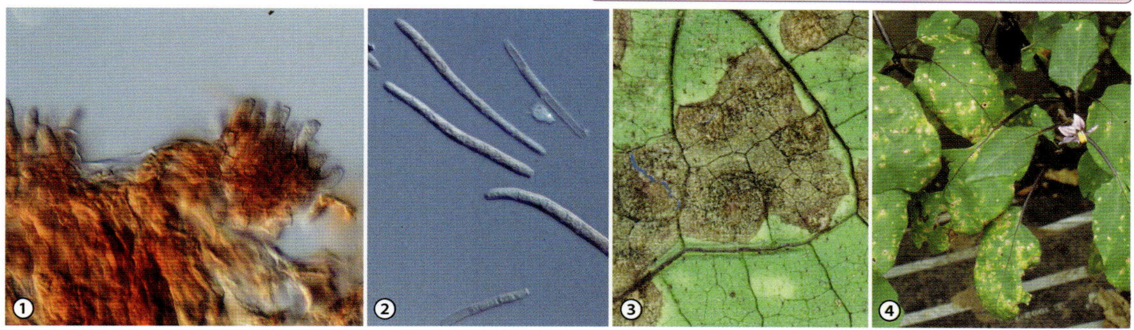

図 1.156　*Paracercospora* 属　〔本文 p 242〕

Paracercospora egenula：①子座の断面　②分生子
③④ナス褐色円星病の症状（③病斑上のすす状物は子座と分生子の集塊　④多数の小円斑を生じ，古くなると孔があく）
〔①②中島千晴〕

図 1.157　*Passalora* 属　〔本文 p 243〕

Passalora fulva：①②分生子柄と分生子（② SEM 像）
③分生子　④⑤培養菌叢（PDA；④表面　⑤裏面）
⑥ - ⑧トマト葉かび病の症状（⑥表面は黄色の斑点となる　⑦葉裏に菌体が形成される；初期症状
⑧帯紫灰色の菌叢を生じる）
P. personata：⑨子座　⑩分生子　⑪ラッカセイ黒渋病の症状　〔②⑨⑩中島千晴　⑪古川聡子〕

不完全菌類：*Pseudocercospora*，*Pseudocercosporella*

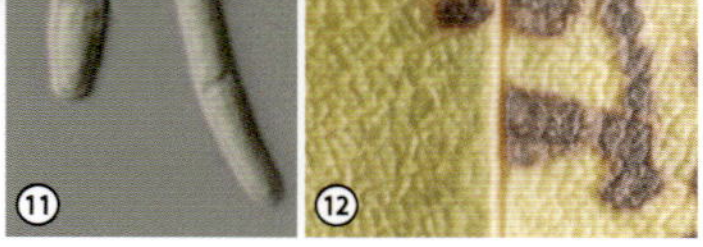

図 1.158　*Pseudocercospora* 属　〔本文　p 244〕

Pseudocercospora handelii：①子座　②③子座，分生子柄，分生子(SEM 像)
④⑤ 分生子　⑥セイヨウシャクナゲ葉斑病の症状

P. kalmiae：⑦子座の断面　⑧カルミア褐斑病の症状

P. kurimensis：⑨子座の断面　⑩菌糸と分生子柄　⑪分生子　⑫キョウチクトウ雲紋病の症状

〔①-③⑤⑩⑪中島千晴〕

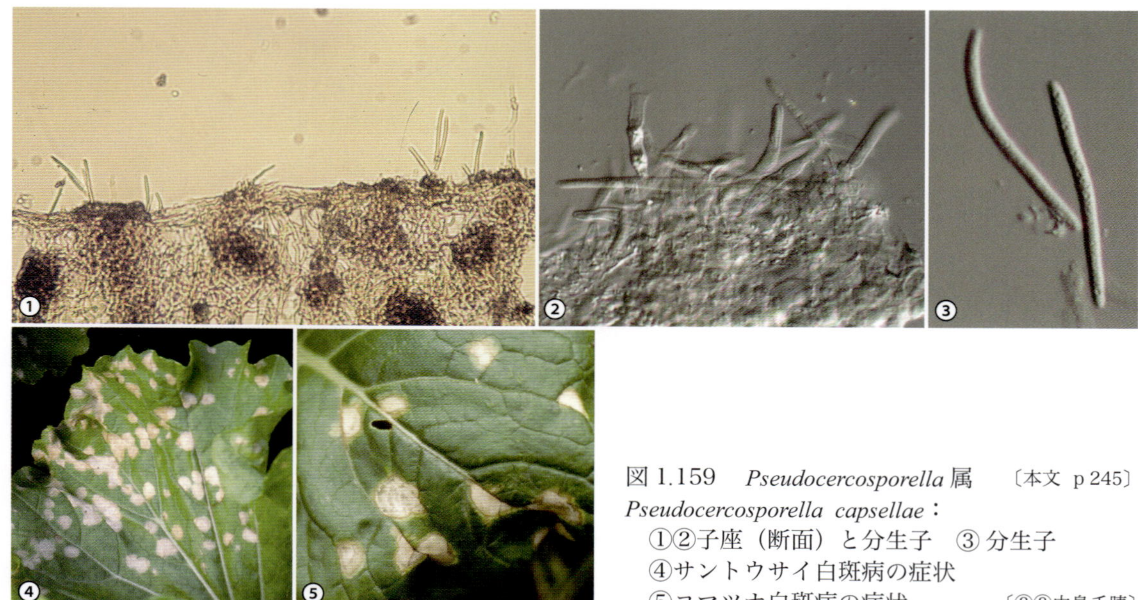

図 1.159　*Pseudocercosporella* 属　〔本文　p 245〕

Pseudocercosporella capsellae：
①②子座（断面）と分生子　③ 分生子
④サントウサイ白斑病の症状
⑤コマツナ白斑病の症状　〔②③中島千晴〕

図 1.161　*Rhizoctonia* 属　〔本文 p 246〕

Rhizoctonia solani：①②菌糸　③菌糸融合　④培養菌叢（PDA）
⑤-⑬：本菌による各種植物の症例
⑤葉腐れ症状（ニチニチソウ葉腐病）　⑥くもの巣症状（モントレートサイプレスくもの巣病）
⑦⑧茎枯れ症状（ハナショウブ紋枯病；⑧接種病斑）　⑨尻腐れ症状（チンゲンサイ尻腐病）
⑩-⑬苗立枯れ症状（⑩プリムラ苗立枯病　⑪ストック苗立枯病　⑫コマツナ苗立枯病の被害状況
⑬同・胚軸の褐変症状）　〔①-④⑦⑧竹内 純　⑥星 秀男〕

図 1.162　*Sclerotium* 属　〔本文 p 247〕

Sclerotium rolfsii：①菌糸（矢印：かすがい連結；コットンブルー染色）
②培養菌叢（淡褐色～暗褐色の菌核を形成；PDA）　③成熟した菌核の形状　④菌核の断面
⑤-⑦白絹病の症状（⑤キルタンサス：白色の菌糸　⑥サンダーソニア：罹病部からの放射状の菌糸と初期の白色菌核　⑦ギボウシ類：罹病部の腐敗枯死）　〔④-⑥竹内 純〕

第Ⅰ編

植物病原菌類の所属と形態的特徴

はじめに

植物には様々な病気が発生します。現在、野菜や果樹、イネ、花卉、樹木などの有用植物には、合計すると約 12,000 種類もの病気が記録されています。そのうち、70％近くが菌類、いわゆるカビの仲間が原因です。農作物に発生する病気は、生産阻害を起こしたり、観賞価値を低めたりするものが多くありますが、自然林や緑地には、病気といっても、自然の流れの中に、植物の世代更新を助けているように見えるものもあります。

植物の病気については、大学や公設研究機関が中心となって研究が行われています。しかし、近年は、病原菌と植物との応答や各種のメカニズムについて、遺伝子レベルの手法を用いた研究が主流となり、大学の学生実験においても、生物顕微鏡レベルでの病原菌の観察時間が激減し、植物病理学研究室の学生が、植物病原菌の代表である、うどんこ病菌やさび病菌を顕微鏡で観察せずに卒業するようなことも珍しくないといいます。

植物の病気を防ぐには的確な「診断」を行うことが絶対条件となります。すなわち、現地診断とは、病名とその病原菌の特定にとどまらず、対処法も併せて提示することにほかならないからです。最近では分子生物学的な手法も診断に応用できますが、設備・備品が必要ですし、常に経費がかかります。その点、顕微鏡での観察は、中学・高校の生物の実験に使用するレベルの顕微鏡があれば、いつでも容易に行うことができます。

菌類の形態は、構造の単純なものから幾何学的な、あるいは神秘的なものまで、じつに多様性に富んでいます。興味をもって観察すれば、生命のもつ最小単位としての機能、言い換えれば、生物体の原点をそこに発見することでしょう。

本書は、大学の菌類に関する講義・学生実験のテキストとして、また、実際に植物の病気を診断している技術者、中学・高校の生物・科学実験やクラブ活動の指導者にも利用してもらえるように、身近に存在し、観察しやすい植物の病気とその病原菌をターゲットにするとともに、診断に不可欠な症状や菌体イラスト・写真を多数掲載し、用語や技術内容の専門性を維持しながら、できるだけわかりやすく記述しました。

菌類には完全世代（有性世代、テレオモルフ世代）と不完全世代（無性世代、アナモルフ世代）がありますが、私たちの目にする菌類は多くが不完全世代の器官です。2013 年 1 月 1 日から、菌類の命名に関する規約が改定され、慣れ親しんでいた不完全菌類という区分が公式には消えることになりました。しかし、私たちの実用対応の観点から判断すれば、不完全世代の重要性が減じるものではなく、その形態を観察し、その名称を知ることは、今後も変わることなく必要であると考えています。

まず肉眼で植物の病気の全体像や病患部を観察しましょう。次に、ルーペで菌の存在を確認し、さらに顕微鏡でその姿を観察してみませんか。そして、本書に掲載されている菌類の形状・形態と見比べてください。きっと同じような形のイラストや写真があるはずです。実物と本の記述が合致したときに受ける達成感と感動は、次のステップにつながる活力となるに違いありません。

本書の企画から数年が経過しました。菌類の分類の世界も日進月歩で、次々と新しい知見が出てきます。しかし、本書は基本的な事柄を中心としているので、多くの方々からお預かりした多数の写真と図を含め、その内容がきらめきを失うことは決してないと思っています。

謝辞：

本書の刊行は財団法人農林産業研究所の出版助成により実現しました。出版環境の厳しい中、格別のご配慮をいただいた同財団理事長島田和夫氏に深甚の感謝を申し上げます。刊行にあたりご助力をいただいた独立行政法人労働政策研究・研修機構伊藤 実博士に厚く御礼申し上げます。

本書には多くの方々のご厚意、ご協力により、美しいイラストや写真を掲載することができました。写真・図表を提供していただいた皆様方に心より感謝申し上げます。菌類の図は原図著者の許可を得るとともに、株式会社全国農村教育協会のご厚意により「植物病原菌類図説」から転載させていただきました。また、「植物病原アトラス」（ソフトサイエンス社；絶版）から多くの写真と記事を転載・引用させていただきました。許諾を与えていただいたソフトサイエンス社吉田 進氏ならびに執筆者・原図提供者各位に厚く御礼申し上げます。本書の企画段階からお世話になっており、多数の精緻な菌類の図を提供いただいた故勝本 謙博士ならびに多くの貴重な写真を快く掲載させていただいた故牛山欽司博士には御礼とともに、慎んで哀悼の意を表します。

本書をまとめるにあたり、東京大学橋本光司特任教授には本書の構成について適切なご助言をいただき、かつ詳細な校閲の労をとっていただきました。深く感謝いたします。法政大学生命科学部植物医科学専修西尾 健教授をはじめ、当専修の教職員の方々には多大なご援助をいただきました。ここに本書を「植物医科学叢書 No.1」として発行できる喜びをともに分かち合いたいと思います。

編集・印刷・出版に際し、ご丁寧な助言と温かい便宜をいただいた株式会社誠晃印刷社長島田和幸氏、株式会社大誠社柏木浩樹氏、編集を担当いただいた大誠社森田浩之氏に心より感謝申し上げます。

2013 年 11 月　　　　　堀江　博道

（植物医科学叢書 No.1「植物病原菌の見分け方」から再掲）

「増補改訂版」の刊行にあたって

本書の初版本は編者の予想を超えて好評を博し、発売元の大誠社から、改訂版をという話が寄せられました。しかしながら、菌類の分類は再構築の途上であり、網羅的な改訂が不可能な現状です。そこで、本書の最終目的である「診断と防除対策」を考慮し、第Ⅱ編（下巻）に最終章として「Ⅱ–11 主な農作物・樹木類の主要病害と診断ポイントおよび対処法」を加え、既刊部分は誤記の訂正および言い回し・体裁の修正に留め、「増補改訂版」として編集しました。初版本と同様、多くの方々から写真の提供やご助言をいただきました。厚く感謝申し上げるとともに、本書が広く活用されることを願っています。

2018 年 2 月　堀江　博道

本書を活用するために（凡例に換えて）

1．本書の構成

(1) 本書の内容は第Ⅰ編（上巻）と第Ⅱ編（下巻）の二部からなります。イラストと写真を豊富に掲載し、視覚を通して理解しやすいように心がけました。写真は上下巻とも巻頭にカラー口絵として一括し、また本文中には、ほぼ同じ写真をモノクロで小さめに配置しました。

(2) 第Ⅰ編では病原菌のグループ分けと、それぞれの菌群の代表的な属種の形態を図や写真、解説により判別しやすいようにしました。主要な病原菌類は大分類ごとにほぼ網羅しましたが、画像の掲載を優先したため、画像が入手できない場合は割愛した項目があります。菌類と病気の関わりを知ってもらうために、症状の特徴や病患部に現れる病原菌の実態が分かる画像を、病原菌の顕微鏡等の画像とセットで掲載しました。そして可能な限り、身近な菌類病や重要な菌類病を選んで掲載しました。現在、菌類の分類体系が大きく動いており、また、個々の菌群も遺伝子解析などの分子生物学的手法の発展とともに改変されています。本書では、いくつかの菌群や種についてはその専門家に依頼し、新知見に基づいた分類を採用しました。一方、従来の形態分類による記述の箇所も混在しています。第Ⅰ編Ⅱ章の各項目（菌類のくくり）は表 1.3 に示した従来の菌群の分類に準じています。これは植物病名のくくりと一致するところが多く、植物病害診断に携わる方々に理解しやすいと思います。しかし、同表の脚注に示したように、分子系統分類の研究が進み、このくくり方に矛盾が生じているところもあります。そこで、同表の脚注および第Ⅱ章では病原菌の属の所属（綱・目）の名称に可能な範囲で最近の知見を反映させました。これについては、本書の目的が、必ずしも最新の分類体系を紹介することではなく、菌類に親しみを持ってもらい、植物の菌類病に興味を抱いていただくことにある点をご理解ください。

(3) 第Ⅱ編では菌類病の診断方法を、できるだけ現場の実情に即して構成しました。植物の病気を知り、最終的には植物を健全な状態に維持するために、菌類病の防除に結びつくような見方をしてほしいと願っています。読者諸氏の立場や興味のもち方により、病害診断の意味は異なりますが、野菜等の生産現場における診断の意義が理解できるように構成しました。植物の生育阻害は様々な要因で起こりますが、その中から、菌類による要因を探り出し、正確に診断するために、まず幅広い全般的な生育阻害要因を取り上げました。次いで、圃場や植栽での菌類病の診断ポイントを示してあります。診断の基礎として、菌類病とその病原菌に関与する発生要因や伝染の仕方、それらを踏まえて、防除をどのように考えるのかについても言及しました。また、野外観察でルーペがいかに威力を発揮するかを、実際に体験していただくとともに、病患部に現れる菌体の特徴、サンプル採集の方法、病患部の菌体を簡易に観察するための徒手切片の作り方、うどんこ病菌を例に、簡易で的確な観察法の解説にも誌面を割きました。このような観察は、現在の大学教育ではほとんど触れられていませんが、多くの菌類に利用できる実用的な技術です。菌類観察のポイントについては、第Ⅰ編と連携がとれるように、図・写真や解説の実際的・補完的な記述に心がけました。さらに、近年被害が多くなってきた樹木腐朽については、その診断機器を紹介してあります。菌類病にはいわゆる害虫との関連が強いものが身近に観察され、今日的問題の松枯れやナラ枯れなどについても例示しました。なお、菌類病診断に不可欠な「植物病名目録」についての解説と新病害報告の内容・項目を第Ⅱ編「Ⅱ−10」章に掲載しています。

(4) 本文の流れを補足する記事、あるいは発展・派生する記事を「ノート」として、第Ⅰ編には５話、第Ⅱ編には17話を掲載しました。ノートは１話ごとに完結させてあり、その項目だけを読んで理解できるような記述内容になっています。

(5) 索引は「植物病名の索引」と「病原体等の索引」の２項目からなり、生産・植栽現場でよく見かける病気を中心に、リストアップしてあります。

(6) 執筆者一覧には所属や主担当の分担箇所を記し、本文には執筆者名を省きました。全体の文章・構成の責任は編者が担います。図表・写真の提供者名は掲載箇所に記しました。

2. 記述について

(1) 病原菌学名については、日本植物病名目録および農業生物資源ジーンバンクの日本植物病名データベースに準拠しました。ただし、学名の命名者名については、第Ⅰ編の「観察材料」の項目に記したリストのみに付し、その他の学名記述では命名者名を割愛しました。なお、命名者名は原則、上記の文献に準拠しましたが、うどんこ病菌については高松 進（2012）に基づき、また、*Cercospora* 関連属については執筆者の整理に従い、いずれも世界的に使用されている学名（命名者名の略称を含む）を用いました。

(2) 病原菌のシノニム（異名）については、原則的に省略しましたが、とくに近年になって登録された属・種については、既刊本に掲載されているシノニムを中心に、利便性を考慮して掲載しました。しかし、必ずしも網羅的ではなく、分類学的な対応も行っていません。学術論文の執筆等のために情報が必要な場合は、文献検索を行って正確を期してください。

(3) 近年は遺伝子解析結果に基づく系統分類が整理されてきており、それに伴って属・種の大幅な改訂がされている分野が多くなりました。分担執筆をお願いした菌群以外は、最新の情報に十分対応しきれていませんので、必要な場合は、最新の文献等で確認をお願いします。

(4) 菌類の種の形態の項では、大きさの数値はできる限り引用文献を示しましたが、文献を明記していない種は、主に「植物病原アトラス」(2006) から再引用しました。ご自身の論文に引用する場合は、必ず原著の文献を確認してください。

(5) 巻末の参考文献は、本書をまとめる上で参考にさせていただいた文献、ならびに読者に有益と思われる文献です。一部の文献には内容を簡潔に記しました。適宜参考にしてください。

＊全体を通して、できるだけ間違いのないような記述に努力しましたが、まだまだ多くの誤解や誤字脱字などがあるものと思われます。今後、改善の一助とさせていただきたく、皆様からの温かいご教示、ご指摘を願っています。

＊誤記等については、法政大学植物医科学センターのウェブサイトに正誤表を掲載しています。　（堀江博道　記）

上巻 目　次

〔第Ⅰ編〕植物病原菌類の所属と形態的特徴

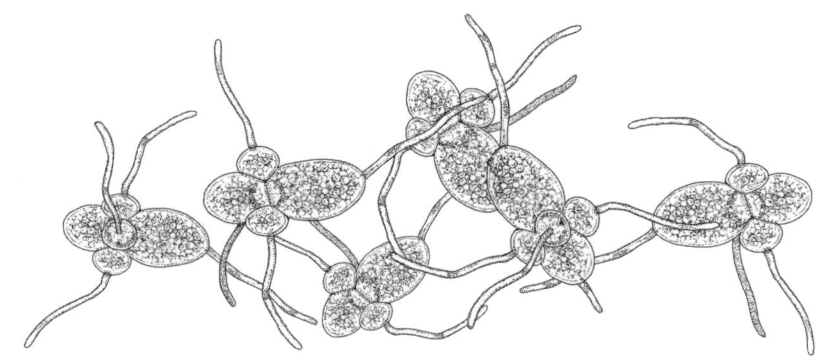

〔第Ⅱ編〕植物の病気およびその診断　～とくに菌類病の見分け方～

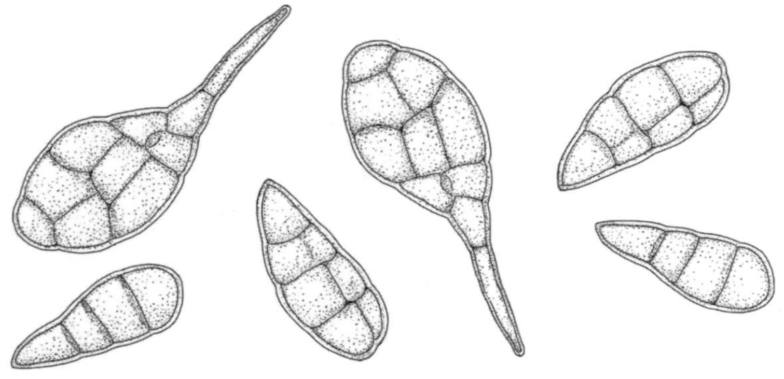

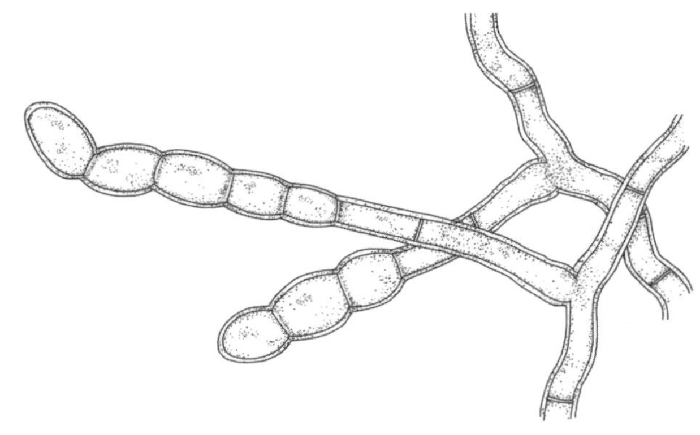

第Ⅰ章　菌類の所属と分類群

菌類は旧来の分類基準において、生物界を植物と動物に二分する「生物２界説」では植物界に含められており、その後、地球上の物質循環説を取り入れた生態的概念に基づいて提案された「生物３界説」では、植物界・動物界とは独立した第３の界である微生物界の主要素とされた。しかし、これらの生物分類は系統進化を必ずしも反映しているとはいえず、近年の細胞学、生化学、生理学、解剖学、古生物学、電子顕微鏡学、分子生物学等の様々な分野の飛躍的発展をもとに、新たな生物界分類が次々と提唱されており、それに伴って菌類の分類群の分け方も大きく変化しつつある。

本章では植物病原菌類に限定し、その分類群を概説する。とりわけ菌類分類群に関する知識は、植物病原菌類の生態的な類型化、ひいては植物菌類病の診断、防除対策を考える上で不可欠である。

Ⅰ-１　菌類の所属

菌類は他の真核生物と同様に、有性器官の形態と機能によって分類され、ツボカビ類、接合菌類、子嚢（しのう）菌類および担子（たんし）菌類に大別される。以前には、変形菌類として菌界の中に所属していたネコブカビ類は、ホイタッカー（Whittaker, 1969）提唱の生物５界説では原生生物界に、その後、キャバリエ-スミス（Cavalier - Smith, 1987, 1998）の生物８界説（のちに修正し、「6界説」とした；図1.1）では原生動物界（最近の生物分類ではリザリア界）に移され、また、鞭毛（べんもう）菌類として菌界に含まれていた、植物病原菌として重要である卵（らん）菌類（疫病菌など）は、

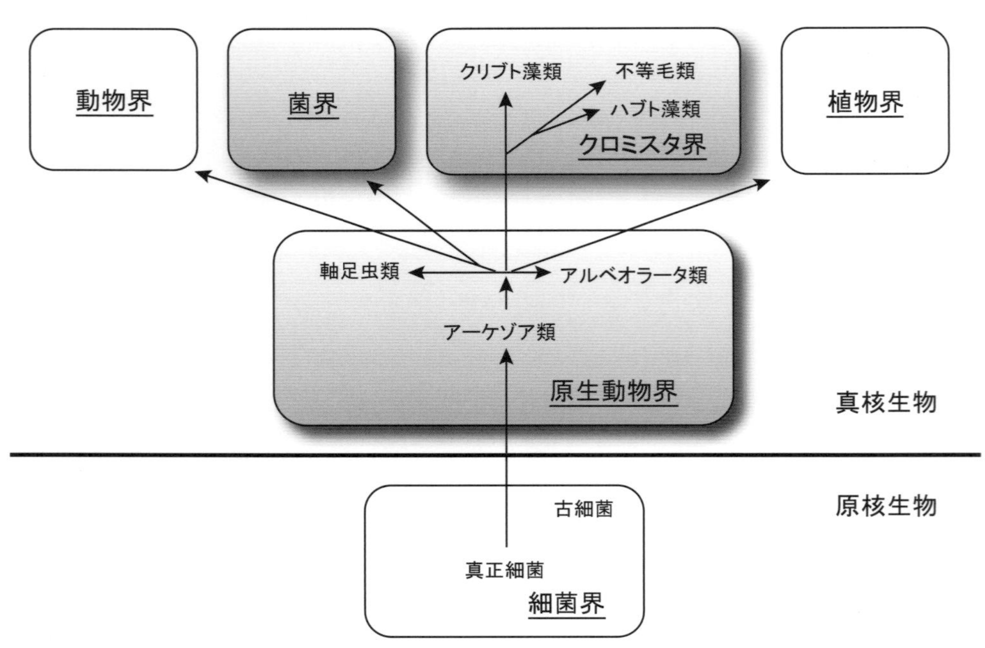

図1.1　キャバリエ-スミスの６界説　〔柿嶌 眞〕

クロミスタ界（同・ヘテロコンタ界）に移されている。すなわち、従来、菌界に含まれていた植物病原菌類は原生動物界、クロミスタ界、菌界、という系統的に異なる、３つの界に分散することになった。カークら（Kirk *et al.*，2001）の菌類の分類体系も、これらの説にしたがって構築されたものであり、その高次分類の概略および特徴を表 1.1 - 1.2 に示した。一方、ウーズ（Woese，1990）は界の上位にドメインという分類階級を設け、古細菌、真正細菌、真核生物の３つのドメインに分類することを提唱している。なお、本書ではネコブカビ類および卵菌類を「広義の菌類」として扱うこととした。ま

表 1.1　菌類の高次分類の例

【原生動物界，Kingdom Protozoa】
アクラシス菌門（Acrasiomycota）
　アクラシス菌綱（Acrasiomycetes）
変形菌門（Myxomycota）
　タマホコリカビ綱（Dictyosteliomycetes）
　プロトステリウム菌綱（Protosteliomycetes）
　変形菌綱（Myxomycetes）
ネコブカビ門（Plasmodiophoromycota）
　ネコブカビ綱（Plasmodiophoromycetes）

【クロミスタ界，Kingdom Chromista】
サカゲツボカビ門（Hyphochytriomycota）
　サカゲツボカビ綱（Hyphochytriomycetes）
卵菌門（Oomycota）
　卵菌綱（Oomycetes）
ラビリンチュラ菌門（Labyrinthulomycota）
　ラビリンチュラ菌綱（Labyrinthulomycetes）

【菌界，Kingdom Fungi】
ツボカビ門（Chytridiomycota）
　ツボカビ綱（Chytridiomycetes）
接合菌門（Zygomycota）
　接合菌綱（Zygomycetes）
　トリコミケス綱（Trichomycetes）
子嚢菌門（Ascomycota）
　子嚢菌綱（Ascomycetes）
　ヒメカンムリタケ綱（Neolectomycetes）
　プニュウモキスチス綱
　　（Pneumocystidomycetes）
　サッカロミケス綱（Saccharomycetes）
　スキゾサッカロミケス綱
　　（Schizosaccharomycetes）
　タフリナ綱（Taphrinomycetes）
担子菌門（Basidiomycota）
　担子菌綱（Basidiomycetes）
　クロボキン綱（Ustilaginomycetes）
　サビキン綱（Urediniomycetes）

アナモルフ菌類（不完全菌類）
〔栄養胞子形成菌類〕

〔Kirk *et al.*（2001）より柿嶌 眞 作成〕

表 1.2　高次分類群の特徴

【原生動物界の菌類】
　栄養体：アメーバ状
【クロミスタ界の菌類】
　栄養体：菌糸状，嚢状，無隔壁
　菌糸壁組成：セルロース
　核：複相で多核
　無性胞子：遊走子
　　（羽型鞭毛，羽型鞭毛＋鞭型鞭毛）
　有性胞子：休眠胞子，卵胞子
【菌界の菌類】
　栄養体：菌糸状，嚢状，単細胞
　菌糸壁組成：キチン
　核：単相
〔ツボカビ門〕
　隔壁：無
　無性胞子：遊走子（鞭型鞭毛）
　有性胞子：休眠胞子
〔接合菌門〕
　隔壁：無
　無性胞子：胞子嚢胞子，分生子
　有性胞子：接合胞子
〔子嚢菌門〕
　隔壁：有（小孔）
　無性胞子：分生子
　有性胞子：子嚢胞子
〔担子菌門〕
　隔壁：有（小孔，樽型孔）
　無性胞子：分生子
　有性胞子：担子胞子
〔アナモルフ菌類〕
　無性胞子：分生子
　有性胞子：不明または形成しない

〔柿嶌 眞 作成〕

た、本章では、診断・同定場面の現状において実用的で活用しやすい、カークら（2001）の分類に沿って、各分類群の形態的特徴等について解説する。表 1.3 では主要な植物病原菌類を中心に整理し、各属には農作物等の主な病気および身近な観察材料となる病気を付記した。

1　原生動物界

粘菌類や変形菌類は、形態や栄養の獲得方法とともに、系統的にも他の菌類とはまったく異なることが明らかとなり、原生動物界の一群とされたが、この界における粘菌類や変形菌類の位置付けは、未だ十分に解明されていない現状にある。

これらの栄養体は、細胞壁をもたない単核または多核のアメーバ状であり、アメーバ運動により、多くは細菌や固形物などを摂取して細胞内消化を行うが、一部のものは植物の細胞内に寄生して、アメーバ状の体表から栄養分を吸収する。形態や生活環などにより３分類群（門）が存在する（表 1.1）が、ネコブカビ門の菌類（ネコブカビ類）は植物の根などに寄生する。

2　クロミスタ界

クロミスタ界に属する生物は鞭毛をもつ遊走子を形成するが、この鞭毛の１つには毛状の付属物があり、羽型鞭毛と呼ばれる（図 1.2）。

この毛状を呈する付属物は内部が空洞となっており、ちょうど麦藁（むぎわら）のような形態を示すことから、羽型鞭毛を有する生物群は、麦藁の毛という意味で「ストラメノパイル」とも呼ぶ。

この鞭毛は、その推進力を逆転させる働きがあって、きわめて特異的なものである。この界には多様な生物群が存在し、褐藻類や珪藻類などの黄色植物とともに、サカゲツボカビ類、卵菌類、ラビリンチュラ菌類が、それぞれ「門」のレベルの分類群として含まれている（表 1.1）。栄養体は菌糸状または嚢状で、隔壁はなく、核は複相で多核が存在し、その壁はセルロースで構成されている（表 1.2）。これら３つの門の中で、植物に寄生することが知られているのは、卵菌門の菌類のみである。

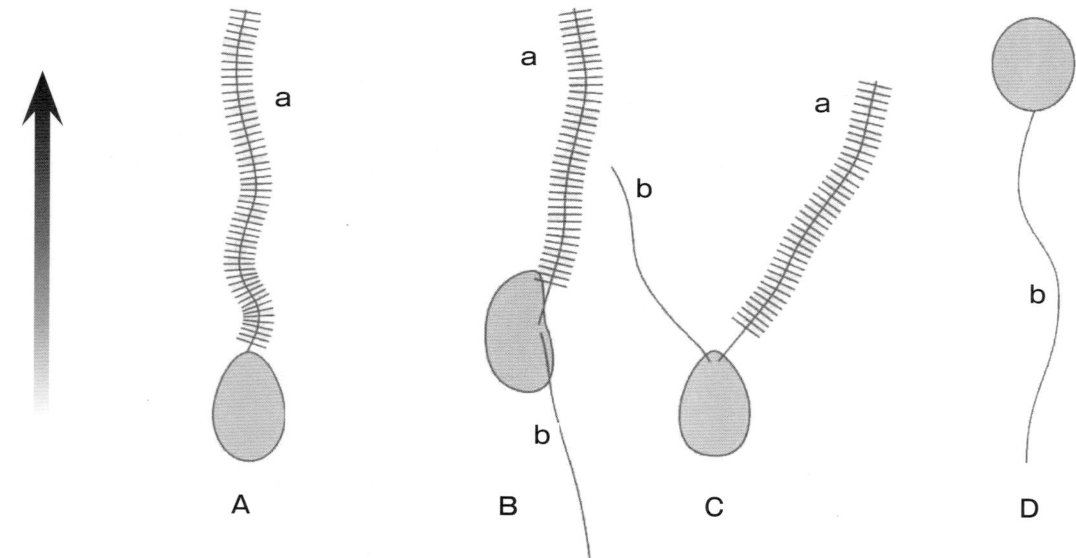

図 1.2　遊走子の鞭毛の模式図
A：サカゲツボカビ類（クロミスタ界）　BC：卵菌類（クロミスタ界）　D：ツボカビ類（菌界）
a. 羽型鞭毛（管状小毛が生えている）　b. 鞭型鞭毛
（注）矢印は泳ぐ方向を示す
〔稲葉重樹（2008）；「菌類のふしぎ」より転記〕

3 菌 界

菌界は菌類のみで構成されている界である。栄養体は菌糸状または嚢状で、無隔壁と有隔壁のものがある。隔壁には小孔があり、その形態は変化に富む。菌糸壁はキチンで構成されており、菌糸内には単相の核を有する。また、単細胞で出芽増殖するものもある。無性的および有性的に多種多様な胞子を形成し、主にテレオモルフ（完全世代、有性世代）の機能と形態等に基づいて、ツボカビ門、接合菌門、子嚢菌門および担子菌門の４つの門に分類されている（表1.1）。しかし、最近の分子系統解析では、これらの分類群は、必ずしも系統を反映していないことから、接合菌門を解体するなど、分類学的再構築が進められている。

なお、子嚢菌門や担子菌門に所属する菌類の中で、アナモルフ（不完全世代、無性世代）のみが知られ、完全世代が未確認または不明の種類も多くあるが、これらは不完全菌類、アナモルフ菌類（anamorphic fungi）あるいは栄養胞子形成菌類（mitosporic fungi）のカテゴリーに一括され、特別な分類群は設けられていない。

近年、それぞれの界内における分類群の系統解析が進められているが、従来の形態的・生態的特徴を主眼とした分類体系と分子系統とは、完全には一致しないことが明らかになり、最近は、より系統を重視した分類体系が提案されるようになってきている（Hibbett *et al.*, 2007）。とくに菌界内の分類体系は、これまでのカークら(2001)の分類とは大きく異なってきている。しかし、未だ十分に整理された分類体系が提案されておらず、また、今後の系統解析データの蓄積により、大幅に変化する可能性が大きい。

表1.3のマル数字（同表の脚注を参照）は最近の知見に基づき、従来の「目」以上の分類の変更点を例示したものである。さらに2013年1月1日から「二重命名法の廃止と統一命名法の採用」（ノート1.1）が発効した。これによると、従来併用されていた不完全世代と完全世代の学名が統合され、「不完全菌類」というグループは消滅することになる。しかし、上述のように、これらの整理には多くの時間と論議が必要になる。したがって、本章では、それぞれの種の高次分類群の所属あるいは大きな系統群単位で扱い、「科」などの詳細な所属は今後の成果を待つこととしたい。

表1.3　主要植物病原菌類の所属と各属種による病気の例

1　原生動物界（Protozoa）①

ネコブカビ門（Plasmodiophoromycota）

ネコブカビ綱（Plasmodiophoromycetes）

ネコブカビ目（Plasmodiophorales）

Plasmodiophora 属…アブラナ科野菜根こぶ病

Polymyxa 属…*P. graminis*（ウイルス媒介）

Spongospora 属…ジャガイモ粉状そうか病

2　クロミスタ界（Chromista）②

卵菌門（Oomycota）

卵菌綱（Oomycetes）

ミズカビ目（Saprolegniales）

Achlya 属…イネ苗腐病

Aphanomyces 属…ホウレンソウ・ケイトウ根腐病，カブ・ダイコン根くびれ病

フハイカビ目（Pythiales）

Phytophthora 属…イチゴ・ジャガイモ・タマネギ・トマト・ピーマン・リンゴ・ニチニチソウ・バラ・ユリ類疫病，ナス綿疫病

Pythium 属…各種植物 苗立枯病，キュウリ綿腐病，ニンジンしみ腐病，ホウレンソウ立枯病，ショウガ・ミョウガ・アルストロメリ

ア根茎腐敗病，サンダーソニア・トルコギキョウ根腐病，ダイコン・チンゲンサイ・サンセベリア腐敗病

ササラビョウキン目（Sclerosporales）

Sclerophthora 属③…イネ・コムギ黄化萎縮病

Sclerospora 属③…アワしらが病，イネささら病

ツユカビ目（Peronosporales）

Albugo 属④…アブラナ科野菜白さび病

Bremia 属…レタスべと病

Peronospora 属…アブラナ科野菜・シュンギク・ダイズ・タマネギ・ネギ・ホウレンソウ・スミレ類・バラべと病

Plasmopara 属…ブドウ・ヒマワリべと病

Pseudoperonospora 属…ウリ科野菜 べと病

3　菌　界（Fungi）

（1）ツボカビ門（Chytridiomycota）

ツボカビ綱（Chytridiomycetes）

コウマクノウキン目（Blastocladiales）⑤

Physoderma 属…トウモロコシ斑点病，レンゲこぶ病

スピゼロミケス目（Spizellomycetales）

Olpidium 属⑥…ソラマメ・シロクローバ火ぶくれ病，*O. brassicae*（ウイルスを媒介）

ツボカビ目（*Chytridiales*）

Synchytrium 属…クズ赤渋病

（2）接合菌門（Zygomycota）⑦

接合菌綱（Zygomycetes）⑦

ケカビ目（Mucorales）

Mucor 属…イネ苗立枯病

Rhizopus 属…イチゴ・サツマイモ軟腐病，モモ黒かび病，ニチニチソウくもの巣かび病

Choanephora 属…エンドウ・ペチュニアこうがいかび病

（3）子嚢菌門（Ascomycota）

タフリナ綱（Taphrinomycetes）

タフリナ目（Taphrinales）

Taphrina 属…ウメ・モモ縮葉病，スモモふくろ実病，サクラ類てんぐ巣病

子嚢菌綱（Ascomycetes）

ウドンコカビ目（Erysiphales）⑧

Blumeria 属［*Oidium*］…ムギ類うどんこ病

Cystotheca 属［*Setoidium*］…カシ類・ナラ類・シイノキ紫かび病

Erysiphe 属［*Pseudoidium*］…アブラナ科野菜・ニンジン・パセリ・ケムリノキ・サルスベリ・ハナミズキうどんこ病，コナラ・ナラガシワ・ミズナラ裏うどんこ病

Leveillula 属［*Oidiopsis*］… ピーマンうどんこ病

Golovinomyces 属［*Euoidium*］…ホオズキ・モナルダうどんこ病

Phyllactinia 属［*Ovulariopsis*］…クワ裏うどんこ病，カキ・ナシ・コブシうどんこ病

Pleochaeta 属［*Doulariopsis*］…エノキ・ムクノキ裏うどんこ病

Podosphaera 属［*Fibroidium*］…イチゴ・ウリ科野菜・ナス・ウメ・モモ・リンゴ・バラ・コスモス・サクラ類・シモツケうどんこ病

Sawadaea 属［*Octagoidum*］…カエデ類うどんこ病

ミクロアスカス目（Microascales）⑨

Ceratocystis 属…サツマイモ黒斑病，イチジク株枯病，マツ類青変病

ソルダリア目（Sordariales）⑨

表 1.3（続）

Monosporascus 属⑩…スイカ・メロン黒点根腐病

ボタンタケ目（Hypocreales）⑨

Claviceps 属…イネ稲こうじ病，コムギ麦角病

Epichloë 属…ササ類てんぐ巣病，ヤマカモジグサ類がまの穂病

Calonectria 属［*Cylindrocladium*］…ダイズ・ラッカセイ黒根腐病，ケンチャヤシ褐斑病

Gibberella 属［*Fusarium*］…イネばか苗病，ムギ類赤かび病，カーネーション立枯病，ホワイトレースフラワー萎凋病

Haematonectria 属［*Fusarium*］…インゲンマメ・エンドウ根腐病，アロエ輪紋病

Nectria 属［*Tubercularia* 他］…クリ・ナシ・リンゴ・チャ・ツバキ紅粒がんしゅ病

Neocosmospora 属［*Acremonium*］…クワ根腐病，ネムノキ苗立枯病

Neonectria 属［*Cylindrocarpon*］…ナシ・リンゴ・カンバ類がんしゅ病，クリ幹枯病

Pseudonectria 属［*Volutella*］…フッキソウ紅粒茎枯病

Bionectria 属［*Clonostachys*］…エキザカム株枯病，ファレノプシス乾腐病

Mycocitrus 属［*Acremonium*］…マダケ類小だんご病

ディアポルテ目（Diaporthales）⑨

Cryphonectria 属…クリ胴枯病，ナシ黄色胴枯病

Cryptodiaporthe 属…クリ黒斑胴枯病

Diaporthe 属［*Phomopsis*］…セイヨウナシ・ナシ・リンゴ・カエデ類胴枯病，カンキツ類黒点病・軸腐病，ブドウ枝膨病

Gnomonia 属…イチゴ グノモニア輪斑病，クリ・ナラ類にせ炭疽病，ハシバミ類グノモニア葉枯病

Leucostoma 属［*Leucocytospora*］…アンズ・オウトウ・モモ胴枯病

Valsa 属［*Cytospora*］…ナシ・リンゴ・ポプラ類腐らん病，サクラ類胴枯病

Melanconis 属［*Melanconium*］…クリ・カンバ類・クルミ類黒粒枝枯病

Pseudovalsa 属［*Coryneum*］…クリ コリネウム枝枯病

クロカワキン目（Phyllachorales）⑨

Phyllachora 属…ササ類黒やに病

Sphaerodothis 属…ビロウ黒やに病

クロサイワイタケ目（Xylariales）⑨

Phomatospora 属［*Phomatosporella*］…アオキ白星病，アラカシ白斑病

Pestalosphaeria 属［*Pestalotiopsis*］…キウイフルーツ・イチョウ・マサキペスタロチア病，マツ類ペスタロチア葉枯病

Rosellinia 属…ウメ・ナシ・リンゴ・ジンチョウゲ・ハナミズキ白紋羽病

リチスマ目（Rhytismatales）⑧

Hypoderma 属…ツガ葉ふるい病

Lophodermium 属…ヒノキ・マツ類葉ふるい病

Rhytisma 属［*Melasmia*］…モチノキ黒紋病

ビョウタケ目（Helotiales）⑧

Botryotinia 属［*Botrytis*］…ダイジョ・イチョウ灰色かび病

Ciborinia 属…サザンカ・ツバキ菌核病

Grovesinia 属［*Hinomyces*］…アンズ・ウメ・スモモ・モモ・カエデ類・サルスベリ・ヤマブキ環紋葉枯病

Monilinia 属［*Monilia*］…アンズ・ウメ・モモ灰星病，オウトウ・サクラ類幼果菌核病

Ovulinia 属［*Ovulitis*］…ツツジ類花腐菌核病

Sclerotinia 属［*Sclerotium* 他］…キャベツ・キュウリ・トマト・ガーベラ・ストック菌核病

Septotinia 属［*Septotis*］…ポプラ汚斑病（セプトチス葉枯病）

Dermea 属［*Foveostroma*］…サクラ類デルメア枝枯病，マツ類デルメア枝枯病

Diplocarpon 属［*Entomosporium*，*Marssonina*］…マルメロごま色斑点病，リンゴ・ボケ褐斑病，バラ黒星病（テレオモルフは日本では未確認）

ミリアンギウム目（Myriangiales）⑪

Elsinoë 属［*Sphaceloma*］…ウド・タラノキ・カンキツ類そうか病，ブドウ黒とう病

ドチデア目（Dothideales）⑪

Botryosphaeria 属⑫［*Botryodiplodia*，*Fusicoccum*，*Lasiodiplodia*，*Sphaeropsis*］…ウメ・ナシ枝枯病，ナシ・リンゴ・モモ輪紋病

Guignardia 属⑫［*Phyllosticta*］…ブドウ黒腐病，アメリカイワナンテン・ヘデラ・ヤブコウジ褐斑病，スギ・ヒノキ暗色枝枯病

Vestergrenia 属…ヒメユズリハ褐紋病

プレオスポラ目（Pleosporales）⑪

Cochliobolus 属［*Bipolaris*，*Curvularia*］…イネ・トウモロコシごま葉枯病

Didymella 属［*Ascochyta*］…キュウリ・スイカつる枯病，トマト茎腐病，ヤマモモ褐斑病

Pleospora 属［*Stemphylium*］…タマネギ・ネギ葉枯病

Pyrenophora 属［*Drechslera*］…オオムギ斑葉病・すす紋病，コムギ黄斑病

Venturia 属［*Fusicladium*，*Spilocaea*］…ナシ・リンゴ黒星病

コタマカビ目（Mycosphaerellales）⑪

Mycosphaerella 属⑬［*Ascochyta*，*Cercospora*，*Phyllosticta*，*Septoria*］…ネギ黒渋病，カリン白かび斑点病

Sphaerulina 属⑬…イネすじ葉枯病，クルミ類白かび葉枯病

所属不詳

Glomerella 属⑨［*Colletotrichum*］…イチゴ・リンゴ・アオキ・ツバキ炭疽病，ブドウ晩腐病，チャ赤葉枯病

Magnaporthe 属⑨［*Pyricularia*］…イネいもち病

（4）担子菌門（Basidiomycota）

プラチグロエア目⑭（Platygloeales）（綱不詳）

Helicobasidium 属⑮…クワ・サツマイモ・ニンジン・ナシ・リンゴ紫紋羽病

クロボキン綱（Ustilaginomycetes）

クロボキン目（Ustilaginales）

Urocystis 属⑯…タマネギ・グラジオラス・サクラソウ・ニリンソウ・スミレ類黒穂病

Melanopsichium 属…タデ属植物黒穂病

Moesziomyces 属…イヌビエ黒穂病

Sporisorium 属…キビ黒穂病，モロコシ・トウモロコシ糸黒穂病

Ustilago 属…オオムギ・コムギ裸黒穂病，トウモロコシ黒穂病

ドアッサンシア目（Doassansiales）

Doassansia 属…オモダカ・クワイ黒穂病

エンティロマ目（Entylomales）

Entyloma 属…ダリア斑葉病

ナマグサクロボキン目（Tilletiales）

Tilletia 属⑰…オオムギ・コムギなまぐさ黒穂病

モチビョウキン目（Exobasidiales）⑰

Graphiola 属…シュロ・ビロウ・フェニックス

表 1.3（続）

類黒つぼ病

Exobasidium 属…チャ・サザンカ・ツバキ・ツツジ類もち病，チャ網もち病

サビキン綱（Urediniomycetes）⑭

コウヤクビョウキン目（Septobasidiales）⑭

Septobasidium 属…広葉樹褐色こうやく病・灰色こうやく病

サビキン目（Urediniales）⑱

Chrysomyxa 属…イソツツジ・シャクナゲ類さび病，エゾマツ葉さび病

Coleosporium 属…アスターさび病，マツ類葉さび病

Cronartium 属…マツ類こぶ病，クリ・クヌギ・コナラ毛さび病

Melampsora 属…イイギリ・セイヨウキンシバイさび病，ヤナギ類葉さび病

Crossopsora 属…アカメガシワさび病

Phakopsora 属…キク褐さび病，ダイズ・ブドウ・イチジクさび病

Physopella 属…ツタさび病

Melampsorella 属…モミ・トドマツてんぐ巣病

Melampsoridium 属…カンバ類・ヤシャブシさび病

Naohidemyces 属…ツガ葉さび病，ウスノキさび病

Pucciniastrum 属…ベゴニア・サルナシさび病

Thekopsora 属…オウトウ・サクラ類さび病

Hamaspora 属…キイチゴ類さび病

Kuehneola 属…バラさび病

Phragmidium 属…キイチゴ類・ハマナス・バラ類さび病

Pileolaria 属…ウルシ・ハゼノキさび病

Coleopucciniella 属…ビワさび病

Gymnosporangium 属…カリン・ナシ・リンゴ・カイドウ・ボケ赤星病，シノブヒバ・ビャクシン類サワラ・さび病

Puccinia 属…コムギ・オオムギ黒さび病，ネギさび病，キク白さび病・黒さび病

Stereostratum 属…タケ・ササ類赤衣病

Uromyces 属…インゲンマメ・エンドウ・ソラマメ・カーネーション・エンジュさび病

Zaghouania 属…モクセイ類さび病

Ravenelia 属…ネムノキさび病

Nyssopsora 属…タラノキ・チャンチンさび病

Blastospora 属…ウメ変葉病

Aecidium 属…クワ赤渋病，シャリンバイさび病

Uredo 属…クチナシ・ミヤマザクラさび病

担子菌綱（Basidiomycetes）

ケラトバシディウム目（Ceratobasidiales）

Thanatephorus 属⑲⑳…イネ紋枯病，ジャガイモ黒あざ病，キャベツ株腐病，ナス褐色斑点病，ダイズ・トマト葉腐病，リンゴ・樹木類くもの巣病

ハラタケ目（Agaricales）⑲

Armillaria 属…ナラタケ：樹木類ならたけ病，ナラタケモドキ：樹木類ならたけもどき病

Marasmius 属…ツツジ類髪毛病

Typhula 属…コムギ雪腐小粒菌核病

多孔菌目（Polyporales）⑲

Erythricium 属㉑…アンズ・イチジク・ビワ・リンゴ・チャ・サザンカ・アブラギリ赤衣病

Amyloporia 属…チョークアナタケ：ツガ類・モミ幹心腐病

Fomes 属…ツリガネタケ：カエデ類・ナラ類・サクラ類・ポプラ幹心腐病

Perenniporia 属…ベッコウタケ：ケヤキ・エン

表 1.3（続）

ジュベっこうたけ病

Phaeolus 属…カイメンタケ：カラマツ根株心腐病

Trametes 属…シロアミタケ：カエデ類幹辺材腐朽病

*Ganoderma*属…コフキタケ：カエデ類・ケヤキ・サクラ類こふきたけ病

(5) 不完全菌類（Anamorphic fungi, Mitosporic fungi, Imperfect fungi）

（分生子果の形態的特徴や分生子の形状と色調に基づいて配列した）

分生子果不完全菌類（Coelomycetes）

分生子殻菌類

分生子：単細胞無色

Phoma 属…ダイズ茎枯病，レタス株枯病，アジサイ輪紋病

Phyllosticta 属…コブシ斑点病，ツタ褐色円斑病

Macrophomina 属…スイカ・ダイズ・キク炭腐病，グミ・樹木類微粒菌核病

Pyrenochaeta 属…トマト褐色根腐病，ネギ・タマネギ・トマト紅色根腐病

Phomopsis 属…アスパラガス茎枯病，イチジク・リンゴ胴枯病，スターチス褐紋病

Gloeodes 属…リンゴすす斑病

分生子：単細胞有色

Microsphaeropsis 属…キミガヨラン斑点病

Sphaeropsis 属…アズキ葉焼病，ザクロ褐斑病

Tubakia 属…クリ・カシ類・ナラ類すす葉枯病，クリ斑点病

分生子：２胞無色

Ascochyta 属…ナス・ピーマン輪紋病，シネラリア褐斑病，デルフィニウム褐色斑点病

Apiocarpella 属…コナラ円斑病

分生子：２胞有色

Lasiodiplodia 属…ラッカセイ茎腐病，パパイア・マンゴー軸腐病

分生子：多胞無色

Stagonospora 属…アマリリス・ハマオモト赤斑病，スイセン斑点病

分生子：糸状

Septoria 属…レタス斑点病，キク黒斑病，ツツジ類褐斑病

分生子層菌類

分生子：単細胞無色

Colletotrichum 属…アブラナ科野菜・イチゴ・ウリ科野菜・ビワ・コスモス・トルコギキョウ・ユリ類炭疽病

Sphaceloma 属…アケビ・サンシュユとうそう病，イチジク・スミレ類・ツワブキ・アジサイ・ケヤキそうか病

分生子：２胞無色

Marssonina 属…ジンチョウゲ黒点病

分生子：多細胞付属糸あり

Entomosporium 属…ビワ・カナメモチ・シャリンバイ・セイヨウサンザシごま色斑点病

Monochaetia 属…クヌギ葉枯病

Pestalotiopsis 属…イチョウ・サザンカ・ツバキペスタロチア病

Seiridium 属…サワラ・ヒノキ・ビャクシン樹脂胴枯病

分生子：糸状

Cylindrosporium 属…ユキヤナギ褐点病

分生子：星状

Asteroconium 属…タブノキ白粉病

表 1.3（続）

糸状不完全菌類（Hyphomycetes）

分生子：単細胞無色

Botrytis 属…イチゴ・トマト・シクラメン・スミレ類灰色かび病，ネギ小菌核腐敗病，ユリ類葉枯病

Gliocladium 属…テーブルヤシ類茎腐病

Oidiopsis 属…オクラ・トウガラシ・ピーマンうどんこ病

Oidium 属…ミント類・パパイア・ベゴニア・マサキうどんこ病

Plectosporium 属…カボチャ白斑病，クルクマさび斑病，ラナンキュラス株枯病

Verticillium 属…トマト・ナス・キク・バラ半身萎凋病，ダイコン バーティシリウム黒点病，ハクサイ黄化病

分生子：単細胞有色

Aspergillus 属…チューリップ黒かび病，モモ・リンゴ・ルスカスこうじかび病

Gonatobotryum 属…イチョウすす斑病

Penicillium 属 …カンキツ類青かび病・緑かび病

分生子：２胞

Zygophiala 属…カキ・ブドウ・リンゴすす点病

分生子：２胞～多胞

Cercospora 属…ダイズ・ガーベラ紫斑病，セルリー斑点病，モロヘイヤ黒星病

Cladosporium 属…サトイモ汚斑病

Corynespora 属…キュウリ・メロン褐斑病，トマト褐色輪紋病

Curvularia 属…グラジオラス赤斑病，シバ カーブラリア葉枯病

Cylindrocarpon 属…ダイコン黒しみ病，シャクヤク根黒斑病，ユリ類りん片先腐病

Cylindrocladium 属…ソラマメ黒根病，ラッカセイ根腐病，ルピナス・ユーカリ褐変病

Fusarium 属…ウリ科野菜つる割病，キャベツ萎黄病，トマト・ホウレンソウ萎凋病，レタス根腐病

Graphiopsis 属…シャクヤク斑葉病，ボタンすすかび病

Passalora 属…トマト葉かび病，ナスすすかび病，ラッカセイ黒渋病

Pseudocercospora 属…ナス褐色円星病，ビワ角斑病，シャクナゲ類葉斑病

Pseudocercosporella 属…アブラナ科野菜白斑病

分生子：石垣状

Alternaria 属…ジャガイモ夏疫病，トマト アルターナリア茎枯病・輪紋病，ネギ・ナシ黒斑病，リンゴ斑点落葉病

無胞子菌類

Rhizoctonia 属…ホウレンソウ株腐病，リンゴくもの巣病，各種植物苗立枯病

Sclerotium 属…各種植物白絹病，ネギ・タマネギ黒腐菌核病

(注)本表の全体の構成は小林享夫（2006）植物病原アトラス p 80-84 に拠り，科名は除いた．表中のマル数字は最近の文献により変更された所属であり，その内容を以下に示す．なお，和名は研究者や文献により異なることがあり，確定されたものではない．①リザリア界 Rhizaria　ケルコゾア門 Cercozoa　②ヘテロコンタ界 Heterokonta　③ツユカビ目 Peronosporales　④シロサビキン目 Albuginales　⑤コウマクノウキン綱 Blastocladiomycetes　⑥オルピディウム目 Olpidiales　⑦接合菌門および接合菌綱は解体することが提案されている　⑧ズキンタケ綱 Leotiomycete　⑨フンタマカビ綱 Sordariomycetes　⑩クロサイワイタケ目 Xylariales　⑪クロイボタケ綱 Dothideomycetes　⑫ボトリオスファエリア目 Botryosphaeriales　⑬カプノディウム目 Capnodiales　⑭プクシニア綱 Pucciniomycetes　⑮ヘリコバシディウム目 Helicobasidiales　⑯ウロシステス目 Urocystidales　⑰モチビョウキン綱 Exobasidiomycetes　⑱プクシニア目 Pucciniales　⑲ハラタケ綱 Agaricomycetes　⑳アンズタケ目 Cantharellales　㉑コウヤクタケ目 Corticiales；菌類の分類体系に関しては次々と新たな提案がされており，今後の研究の進展により，分類体系のさらなる改変や所属の学名や和名が変更されることが考えられる

ノート 1.1

二重命名法の廃止と統一命名法の採用

菌類には不完全世代と完全世代に異なる学名が付けられているものが多い。はじめて菌類の学名に接するとまぎらわしく、煩雑と感じるゆえんでもある。一般に、自然界では菌類の完全世代の形成期間が短期間であり、しかも観察が困難である。一方、病気の蔓延は主として無性胞子である分生子の飛散により起こされる。このため、観察が容易な不完全世代でまず名前が付けられることが多くなる。しかし、最近の系統分類の体系では、不完全菌類という区分を体系の中に組み込まず、末尾に、属のアルファベット順に記載されている。

この菌類学名一本化の流れに沿い、第 18 回国際植物学会議（IBC2011；2011 年 7 月、オーストラリア・メルボルンで開催）において、植物・菌類などの命名について定めた従来の国際植物命名規約（International Code of Botanical Nomenclature）が大幅に改訂された(メルボルン規約)。この中でとくに注目されるのは、菌類の不完全世代名と完全世代名が併存する、従来の「二重命名法」が廃止となり、「統一命名法」が採用されるに至ったことである（2013 年 1 月 1 日発効）。

これにより、菌類の学名は 1 つでなければならなくなり、不完全世代と完全世代の属の先命権や過去の事例についてもさかのぼって整理されることになる。具体的には、国際植物学会議内の各種委員会において、菌類の科や属レベルの検討がされ、今後統一して使用すべき菌類の属や種の「学名リスト」が作られ、論議を加えて決定される。

しかし、この対応には数年かかるとされ、新規の属種の記載は規約を遵守しなければならないが、既存の完全世代と不完全世代の学名は当面は有効である。今後は、過渡期の混乱を最小限にするため、国内学会においても、掲載論文や新病害発表、病名目録において学名の整理が早急に求められる。

〈参考〉中島千晴・青木孝之（2012）植物病原糸状菌の命名法の改定 －二重命名法の否定－．植物防疫 66（9）：471 - 475．；岡田 元（2011）第 18 回国際植物学会議（IBC2011，Melbourne）で採択されたアナモルフ菌類および多型的生活環をもつ菌類の統一命名法．日菌報 52：82 - 97．

Ⅰ-2　菌類の分類群

1　分類群

菌類の種名は属名と種小名（種形容語）の組み合わせからなり、末尾に著者（命名者）を付ける。以下に、ジャガイモ疫（えき）病菌 *Phytophthora infestans* (Montagne) de Bary を例として所属を示す。また、ノート 1.2 には菌類の主な分類群と接尾辞の使い方に関する基準を記載した。

種名：*Phytophthora infestans* (Montagne) de Bary
所属：クロミスタ界（Chromista）
　　卵菌門 (Oomycota)
　　卵菌綱 (Oomycetes)
　　フハイカビ目 (Pythiales)
　　フハイカビ科 (Pythiaceae)
　　属名；*Phytophthora*
　　種小名；*infestans*
　　著者（命名者）；(Montagne) de Bary

＊ Montagne はジャガイモ疫病菌の初記載された種名の著者。本菌は当初、*Peronospora infestans* Montagne と記載されたが、のちに de Bary が *Phytophthora* 属を創設し、*Phytophthora infestans* を基準種とした。de Bary は転属された現種名の著者として示す。

2　種内分類群

種以下の分類単位を種内分類群という。種内分類群は以下の順となる。

　　亜 種（subspecies；略称 subsp., ssp.）
　　変 種（varietas；略称 var.）
　　品 種（forma；略称 f.）

種（基本種）と比較して、いくつかの小さな形質が異なる場合は、亜種または変種として命名される。学名は種名の後に var. を付けて、変種名を続ける。例えば、*Phoma exigua* には変種 *Phoma exigua* var. *inoxydabilis* が記載されている。

3　その他の分け方

植物に対する寄生性や菌株間の菌糸融合などにより、種以下のグループを類別する場合がある。これらの病原菌はたとえ同じ属種であっても、宿主範囲（植物間・品種間の差異）、あるいは生理的・生態的性質が著しく異なることがあり、下記の分類基準は、いずれも植物病害の診断および防除、抵抗性育種などの場面において、きわめて重要な意味をもっている。

(1) 分化型（forma specialis；略称 f. sp.）

植物に対する寄生性の差異、すなわち寄生における宿主特異性に基づいて分類される。一般的には宿主植物の属や種レベルの寄生性の違いによって判別する場合が多いが、菌類の中には同一植物（同一種）に対して複数の分化型が存在するものもある。

分化型が認知されている菌類には、*Alternaria alternata*、*Fusarium oxysporum* および *Verticillium dahliae*、*Puccinia graminis* などがある。このうち *Fusarium oxysporum* には世界で 120 種類以上の分化型が存在し、日本国内では 40 を越える分化型が報告されている。例えば、アブラナ科野菜萎黄（いおう）病菌には、キャベツなどに寄生性がある *F. oxysporum* f. sp. *conglutinans*、カブ・コマツナに寄生性が高いとされる *F. oxysporum* f. sp. *rapae*、ダイコンでの寄生性が高い *F. oxysporum* f. sp. *raphani* が記載され、また、トマトの場合は萎凋（いちょう）病菌 *F. oxysporum* f. sp. *lycopersici* と根腐萎凋（ねぐされいちょう）病菌 *F. oxysporum* f. sp. *radicis-lycopersici* の異なる分化型がある（表 1.4）。

一般に、病原菌の分化型は検定植物を用いた接種試験を行い、病原性の差異によって判別されてきた。しかし、近年は宿主特異的病原力遺伝子に基づく PCR 法が開発され、例えば、近似の症状を示す、上記のトマト萎凋病菌と根腐萎凋病菌を本法により高精度で容易に判別できるようになった。

(2) レース

病原菌が植物の同一種の中において、品種レベルで寄生性が分化している場合、これをレースと称する。例えば、アブラナ科野菜根こぶ病菌（*Plasmodiophora brassicae*）、ジャガイモ疫病菌（*Phytophthora infestans*）、ホウレンソウべと病菌（*Peronospora farinosa*）、トマト葉かび病菌（*Passalora fulva*）、イネいもち病菌（アナモルフ *Pyricularia oryzae*）などにレースが存在する。また、トマト萎凋病菌（*Fusarium oxysporum* f. sp. *lycopersici*）のように、分化型の中にさらにレースが認められるものがある。

植物病原菌のレース判定は、抵抗性因子が明確にされている特定の判別品種群に接種し、それぞれの品種が示す症状から感受性（罹病性）または抵抗性を類別し、判別品種群全体の反応結果から決定される。

(3) 交配型

有性器官（テレオモルフの器官）が形成されるときに、種または分化型の中で、交配群（交配型）が分化している場合がある。この交配型は疫病菌の多くの種（*Phytophthora infestans*、*P. nicotianae*、*P. palmivora* など）、こうがいかび病菌（*Choanephora cucurbitarum*）などで明らかにされている。これらの菌種では、種および交配

ノート 1.2

菌類の主な分類群と接尾辞

菌類の分類群には共通的な語尾（接尾辞）が使われる。したがって、この語尾から分類群のランクが分かる。ランクを細分化する場合は、分類群に「亜」（sub - ）を付ける。また、亜科の下位に「連」（ - eae）、「亜連」（ - inae）を設ける場合がある。なお、分類群は「国際植物命名規約」に準拠するため、一般の植物も同様の分類群であり、接尾辞は「目」以下は同一である。下記表の分類群のカッコ内はラテン語、英語の順。

分類群	接尾辞
界（regnum；kingdom）	
門（divisio；division）	- mycota
亜門（subdivisio；subdivision）	- mycotina
綱（classis；class）	- mycetes
亜綱（subclassis；subclass）	- mycetidae
目（ordo；order）	- ales
亜目（subordo；suborder）	- ineae
科（familia；family）	- aceae
亜科（subfamilia；subfamily）	- oideae
属（genus；genus）	
亜属（subgenus；subgenus）	

表 1.4　*Fusarium oxysporum* の主な分化型

宿主植物			病　名	分化型（f. sp.）
区　別	科　名	植　物　名		
イモ類	ヒルガオ	サツマイモ	つる割病	*batatas*
マメ類	マ　メ	ダイズ（エダマメ）	立枯病	*tracheiphilum*
		インゲンマメ	萎凋病	*phaseoli*
野菜類	アオイ	オクラ	立枯病	*vasinfectum*
	アカザ	ホウレンソウ	萎凋病	*spinaciae*
	アブラナ	キャベツ	萎黄病	*conglutinans*
		コマツナ	萎黄病	*conglutinans*
		〃	〃	*rapae*
		ダイコン	萎黄病	*raphani*
	ウ　リ	キュウリ	つる割病	*cucumerinum*
		スイカ・トウガン	つる割病	*lagenariae*
		〃	〃	*niveum*
		メロン・マクワウリ	つる割病	*melonis*
	キ　ク	ゴボウ	萎凋病	*arctii*
		レタス	根腐病	*lactucae*
	セ　リ	ミツバ	株枯病	*apii*
	ナ　ス	トマト	萎凋病	*lycopersici*
		〃	根腐萎凋病	*radicis-lycopersici*
		ナ　ス	半枯病	*melongenae*
	バ　ラ	イチゴ	萎黄病	*fragariae*
	ユ　リ	アスパラガス	立枯病	*asparagi*
		タマネギ	乾腐病	*cepae*
		ネ　ギ	萎凋病	*cepae*
		ラッキョウ	乾腐病	*allii*
花卉類	アブラナ	ハボタン	萎黄病	*conglutinans*
		ストック	萎凋病	*conglutinans*
	アヤメ	グラジオラス・クロッカス	乾腐病	*gladioli*
		フリージア	球根腐敗病	*gladioli*
	キ　ク	アスター	萎凋病	*callistephi*
	サクラソウ	シクラメン	萎凋病	*cyclaminis*
	ナデシコ	カーネーション・ナデシコ	萎凋病	*dianthi*
	ヒガンバナ	スイセン	乾腐病	*narcissi*
	ヒルガオ	ソライロアサガオ	つる割病	*batatas*
	マ　メ	ルピナス	立枯病	*lupini*
	ユ　リ	チューリップ	球根腐敗病	*tulipae*
		ユリ類	乾腐病	*lilli*

型が判明している基準菌株と検定したい菌株をV8ジュース寒天およびCMAなどの平板培地において3～4cm隔てて対峙(たいじ)培養することにより、検定菌株が基準菌株と同一種の異交配型であれば、交雑により有性器官を形成させることができ、その結果に基づいて検定菌株の種の同定と交配型の確定が可能となる。

(4) 菌糸融合群および培養型

*Rhizoctonia*属菌などでは、菌株間の菌糸の融合の有無を基準として類別を行うことができる(菌糸融合群)。例えば、*Rhizoctonia*属菌は主要な菌群が10種類ほどに分けられ、菌群間で寄生性や発病部位・症状、発生生態などが著しく異なる場合が多い。

また、*Rhizoctonia*属菌では、培養菌叢の形状(菌叢の状況、菌核の形態や形成状況など)により類型化できる(培養型)。この形質は菌糸融合群と合わせて、菌群の判別、あるいは該当種の特性や生態などが類推可能な、実用的分類基準である。多核*Rhizoctonia*属菌(1細胞内に4個以上の核が存在する)の菌糸融合群ならびに、渡辺・松田による培養型の類別、各菌群の代表的な病害の例を表1.5に示す。

菌糸融合群は菌群が既知の標準菌株と被検する菌株をWA平板培地で対峙培養し、菌糸が誘引され接触しているか、接触している菌糸細胞が死んでいるかを顕微鏡下で観察する。一つのシャーレで数か所の融合が確認できれば、両者は同一の菌糸融合群に属すると判定できる。

表1.5　多核*Rhizoctonia*属菌の菌糸融合群および培養型による類別

菌糸融合群	名称	培養型	代表的な病害
AG－1　ⅠA	イネ紋枯病系	ⅠA	イネ紋枯病，ダイズ葉腐病
AG－1　ⅠB	樹木苗くもの巣病系	ⅠB	樹木苗くもの巣病，テンサイ葉腐病
AG－1　ⅠC			テンサイ立枯病
AG－2－1	アブラナ科低温系	Ⅱ	イチゴ芽枯病，チューリップ葉腐病，アブラナ科野菜苗立枯病
AG－2－2　ⅢB	イグサ紋枯病系	ⅢB	イグサ紋枯病，イネ疑似紋枯病，ゴボウ黒あざ病，ダイコン根腐病
AG－2－2　Ⅳ	テンサイ根腐病系	Ⅳ	テンサイ根腐病，テンサイ葉腐病，シバ葉腐病（ラージパッチ）
AG－3	ジャガイモ低温系		ジャガイモ黒あざ病，トマト葉腐病
AG－4	苗立枯病系	ⅢA	各種作物苗立枯病，エンドウ茎腐病
AG－5			ダイズ根腐病
AG－7			カーネーション茎腐病
AG－8			ムギ類ベアパッチ病

〔生越 明（1995）植物病理学事典 p 227より作成；空欄は記載なし；菌糸融合群には，他にAG - 6，AG - BIなどが報告されている〕

ノート 1.3

学名の意味を知る

生物の種には必ず学名が付けられている。例えば、私たち人間の学名は *Homo sapiens* Linnaeus（ラテン語で「知恵のある人」の意味）、和名は「ヒト」である。

学名は属名と種小名、それに著者名（命名者）の組み合わせで、属名と種小名はラテン語の表記である。記載文（菌の形態や特徴を現し、新属や新種の公表時などに論文として公表される）も従来はラテン語であったが、「メルボルン規約」においてラテン語以外に英語の記載も認められることになった（2012 年 1 月 1 日発効）。ただし、学名は従来どおり、ラテン語表記である。

学名の読み方はローマ字の読みに準じてよいが、ときに英語的な読みや、適宜ローマ字読みや英語読みなどを混ぜている人もいる。例えば、*Alternaria* はアルテルナリア、アルタナリア、アルターナリアなどと読む。

属名は家族名（名字）、種小名は家族ひとりひとりの名のようなものである。初めて学名に会うと取り付きにくい。そこで、そのスペルがもつ意味を調べながら覚えると、学名に親しみがわいてこよう。以下に属や種の学名とその意味を例示する。

① *Aspergillus*（図 1.139）：aspergi ＝「聖職器（聖水刷毛）」に似ている。
② *Asteroconium saccardoi*（タブノキ白粉病菌；図 1.129）：「星形の胞子」astero - (aster) ＝星、conium (conidia) ＝胞子；種小名は菌類学者 Saccardo に由来（献名という；敬意を表して学名に名を残す）。
③ *Botrytis cinerea*（灰色かび病菌；図 1.140）：botryo - ＝（ブドウの）房状の；分生子の集塊がブドウの「房状」にみえる。cinereo - ＝灰色の。
④ *Cylindrocarpon*（図 1.142）：「円筒形の果実」の意。分生子が長い円筒形を呈する。
⑤ *Entomosporium mespili*（カナメモチごま色斑点病菌；図 1.132）：entomo - ＝昆虫の、昆虫型の、spore ＝胞子、*Mespilus* ＝最初に記録した宿主のバラ科植物の属名。
⑥ *Monosporascus cannonballus*（メロン黒点根腐病菌；図 1.80）：mono ＝ 1 個、spore ＝胞子、ascus ＝子嚢・袋、cannonball ＝砲弾。「子嚢に砲弾型の胞子が 1 つある」の意。
⑦ *Phytophthora*（図 1.9）：phyton ＝植物、phthoeiro ＝破壊。
⑧ *Pythium*（図 1.10）：physo - ＝腐敗する。

〈参考〉勝本 謙（1996）菌学ラテン語と命名法．日本菌学会関東支部．

第Ⅱ章　植物病原菌類を中心とした菌類群の特徴

植物病原菌類に親しむには、何はともあれ、多くの種類の菌類を観察することである。顕微鏡下での菌類はきわめて多様な姿を形づくっていることが分かる。はじめて見ると、うどんこ病菌の付属糸の幾何学的な美しさに感動さえしよう。さび病菌の表面構造の緻密さにも芸術性を感じよう。

本章では、主要な植物病原菌群ごとに、特徴的な器官と生態の概略、所属する主な植物病原菌について、所属分類群、形態や培養上の特徴、観察に適した入手しやすい材料等を記述した。形態は、主に生物顕微鏡観察に便利なように、属や種を類別するポイントを、豊富な写真や図とともに示した。

Ⅱ-1　ネコブカビ類

ネコブカビ門は原生動物界に所属し、1綱1目1科からなる。遊走子で移動し、細胞壁のない多核の変形体として成長する。宿主植物に根部の肥大化などの奇形を起こす。絶対寄生菌であり、人工培地上での培養が困難である。

a. 器官と生態：

遊走子（一次遊走子、二次遊走子）、変形体（一次変形体、二次変形体）、休眠胞子など。遊走子は、不等長の鞭型の鞭毛を2本有する。変形体はアメーバ運動を行わない。休眠胞子は発

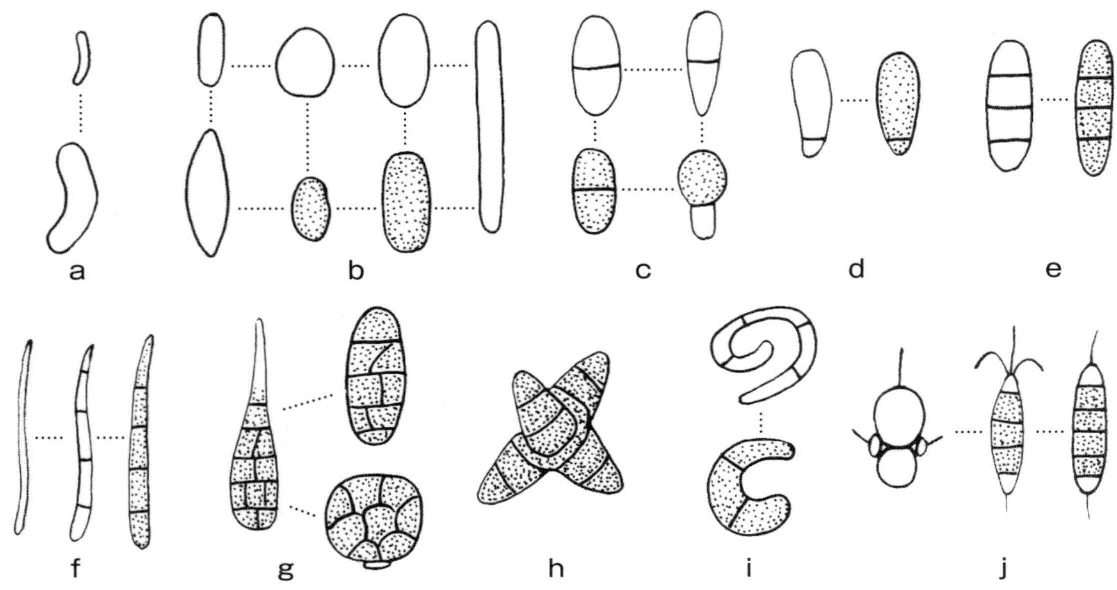

図 1.3　胞子の形状による分類
a. 腸詰形　b. 単胞（単細胞）　c. 2胞（2細胞，中央に隔壁）　d. 2胞（2細胞，隔壁は上端または下端に偏在）
e. 多胞（多細胞，横の隔壁のみ）　f. 糸状（隔壁は0から多数）　g. 俵形（縦横の隔壁をもつ多細胞）
h. 星形，掌形など　i. らせん形　j. 虫状
〔小林享夫〕

芽して宿主に侵入したのち、変形体を形成し、成熟すると休眠胞子となる。植物組織の崩壊後は休眠胞子が土壌中に裸出される。

b. 主要な植物病原菌：

菌群内では属によって、休眠胞子の集合の有無、休眠胞子やその集塊の形状などが異なる。*Spongospora* 属は球形の休眠胞子が集合して、ところどころ隙間があるスポンジ状（海綿状）の塊（休眠胞子球、休眠胞子堆）となる。一方 *Plasmodiophora* 属では塊状とならず、病患部の宿主細胞の全体に存在する。前者にはジャガイモ粉状そうか病菌 *Spongospora subterranea* f.sp. *subterranea*、後者にはアブラナ科野菜に寄生する *Plasmodiophora brassicae* が植物病原菌として広く分布する。

なお、植物病原菌ではないが、*Polymyxa* 属にはウイルスを伝搬する種が含まれており、ウイルス病防除対策の対象となる。

1　根こぶ病菌（*Plasmodiophora* 属）

a. 所属：ネコブカビ綱、ネコブカビ目

b. 特徴（図 1.4 - 5）：

絶対寄生菌。菌糸体を欠く。多核の変形体をつくり、変形体内で減数分裂を起こし、単相・単核の休眠胞子（一次遊走子囊）となり、発芽して1個の遊走子を遊出する。

c. 観察材料：

Plasmodiophora brassicae Woronin（図 1.5 ① - ⑤）

＝アブラナ科野菜（ハクサイ・カブ・コマツナ・ノザワナ・ブロッコリーなど）根(ね)こぶ病

〔形態〕変形体は球形、厚壁で、表面に刺(とげ)を生じ、直径は約 3 µm。休眠胞子（一次遊走子囊）は発芽し、のち一次遊走子を放出する。一次遊走子は不定形で2本の鞭毛を有し、アブラナ科植物の根毛に感染し、その細胞内で一次変形体

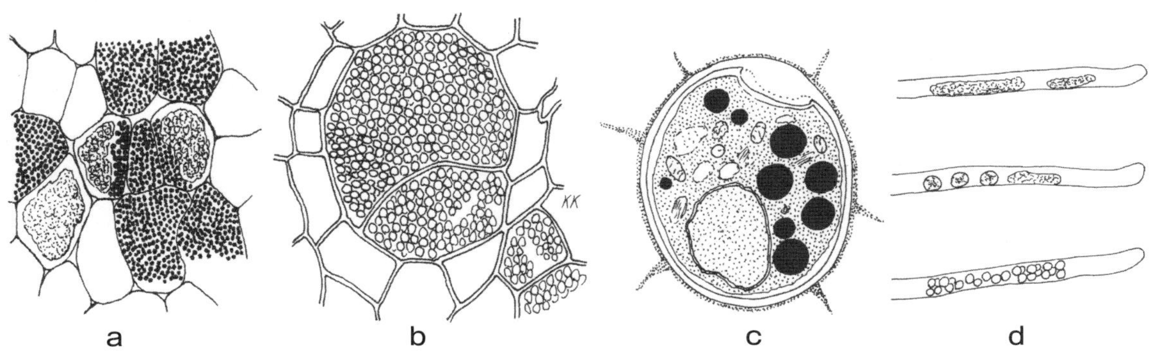

図 1.4　*Plasmodiophora* 属（1）

Plasmodiophora brassicae：a. 根部罹病組織内の変形体と二次遊走子囊　b. 細胞内に充満した二次遊走子囊（休眠胞子）　c. 二次遊走子囊　d. 根毛内の変形体と一次遊走子囊　〔勝本 謙〕

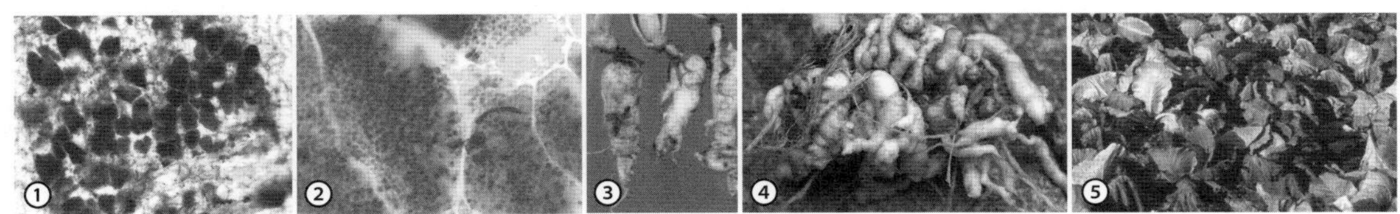

図 1.5　*Plasmodiophora* 属（2）　〔口絵 p 002 参照〕

Plasmodiophora brassicae：①②根部罹病組織内の二次遊走子囊（休眠胞子）
③④こぶの発生状況（③コマツナ　④ブロッコリー）　⑤キャベツ圃場での発病状況　〔⑤飯嶋 勉〕

となる。その後、二次遊走子を放出して、皮層感染し、二次変形体を経て休眠胞子となり、このサイクルを繰り返す。罹病株の根こぶの内部を掻き取って検鏡すると、夥しい数の休眠胞子が観察できる。

〔症状と伝染〕キャベツ・ハクサイ根こぶ病：根が侵される。被害株は葉が萎れ、結球不良となる。根には大小の平滑なこぶが多数発生し、ときに根部は腐敗・消失する。こぶの細胞組織には休眠胞子が詰まっている。罹病根残渣中の休眠胞子が、長期間土壌中に生存して伝染源となる。生育期には、アブラナ科植物の根部からの分泌物に刺激されて一次遊走子が発芽し、水媒伝染により蔓延する。

2　粉状そうか病菌（*Spongospora* 属）

a. 所属：ネコブカビ綱、ネコブカビ目

b. 特徴（図 1.6 - 7）：

絶対寄生菌。菌糸体を欠く。属名の由来である、スポンジ様の胞子球（休眠胞子の集塊）の他には、遊走子、変形体などの器官を有する。遊走子は長短計２本の鞭毛をもつ。本属には３種が含まれ、そのうち植物病原菌として重要な *Spongospora subterranea* は２つの分化型（f. sp. *subterranea* および f. sp. *nasturtii*）に分けられる。前者はナス科植物に、そして、後者はクレソン（*Nasturtium* 属；アブラナ科）に寄生する。

c. 観察材料：

Spongospora subterranea (Wallroth) Lagerheim f.sp. *subterranea* J.A. Tomilinson（図 1.7 ① - ⑥）
＝ジャガイモ粉状(ふんじょう)そうか病

〔形態〕ナス科植物の根に寄生する絶対寄生菌で、菌糸体を欠く。塊茎表面の病斑や、根部のゴール中に休眠胞子の集塊（胞子球）を形成する。胞子球は淡褐色、楕円形～卵円形で、内部に空隙があり、直径 19 - 85μm。１個の休眠胞子（直径約４μm）からは１個の遊走子を生じる。遊走子は球形～卵形で、長短の２本の鞭毛を有し、土壌水中を遊泳して宿主に感染する。宿主内で変形体、次いで二次遊走子嚢となる。二次遊走子はさらに根部、塊茎に感染し、二次変形体、休眠胞子へと分化する過程で病斑が形成される。宿主侵入適温は 17 - 19℃で、20℃以上

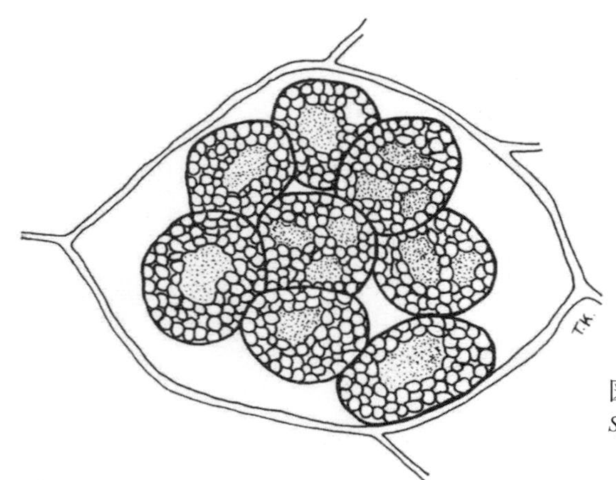

図 1.6　*Spongospora* 属（1）
Spongospora subterranea f.sp. *subterranea*：ジャガイモ粉状そうか病罹病塊茎組織内の休眠胞子球　〔我孫子和雄〕

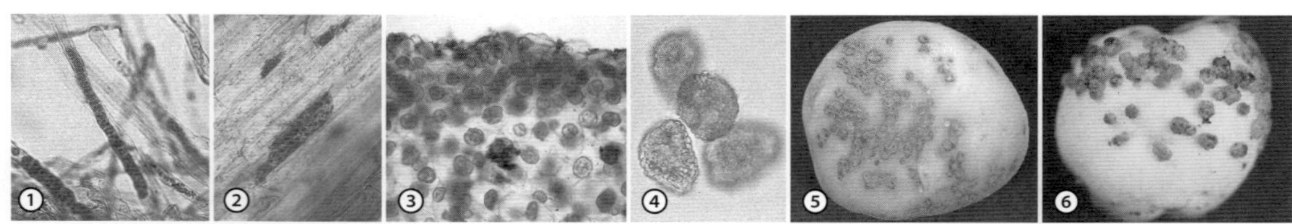

図 1.7　*Spongospora* 属（2）　〔口絵 p 002〕
Spongospora subterranea f.sp. *subterranea*（ジャガイモ粉状そうか病菌）：①根毛内の遊走子嚢　②根表皮細胞内の変形体　③隆起病斑の断面（胞子球が充満）　④胞子球　⑤塊茎病斑　⑥同・病斑部が隆起した症状　〔① - ⑥中山尊登〕

では抑制される。ジャガイモ塊茎褐色輪紋病の原因ウイルス（ジャガイモモップトップウイルス；PMTV）を媒介する。

＊中山尊登（2006）植物病原アトラス p 86.

〔症状と伝染〕ジャガイモ粉状そうか病：塊茎の肥大初期から感染し、肥大に伴って表皮が裂け、いぼ状の隆起病斑となる。塊茎が成熟すると、隆起病斑組織は褐変崩壊し、病斑は陥没して、病斑周囲には表皮の断片がひだ状に残る。病原菌は罹病塊茎残渣とともに、あるいは胞子球が土壌中で生存して伝染源となる。生育期には遊走子が水媒伝染する。

Ⅱ-2　卵菌類

卵菌類はクロミスタ界に所属する。外部形態や生活様式が狭義の菌類（真菌類）と類似しており、藻菌類あるいは鞭毛菌類に含めて扱われていた。しかし、細胞壁組成にセルロースを含むなど、真菌類とは異なることから、菌界からは除外され、クロミスタ界創設に伴い、同界に移された。生活環のある時期に、鞭毛をもつ細胞（遊走子）を形成する特徴がある。

a. 器官と生態：

器官は菌糸体、厚壁胞子、胞子嚢、遊走子嚢、遊走子、造卵器、造精器、卵胞子など。遊走子は一般に腎臓形（インゲンマメ形）をしており、側面の前方に羽型の鞭毛、後方に鞭型（尾型）の鞭毛を1本ずつ有す（図 1.2）。菌糸は通常は無隔壁である。遊走子嚢を形成するグループは、水中（水滴中）で遊走子を遊出する。胞子嚢を形成するグループは、胞子嚢が離脱して風や水で伝搬される。遊走子を生じる種類が多いが、胞子嚢から直接に発芽するものもあり、この場合は胞子嚢を分生子、あるいは分生胞子と呼ぶことがある。有性生殖は、菌糸上に形成された造卵器と造精器が密着して、造精器から受精管が造卵器内に挿入され、単相の核が送り込まれて受精する。受精により形成された卵胞子は、厚壁で耐久性がある。卵胞子から発芽管が伸長して、遊走子嚢などを形成する。

b. 主要な植物病原菌：

ミズカビ目の *Aphanomyces* 属、フハイカビ目の *Pythium* 属、*Phytophthora* 属、ツユカビ目の *Albugo* 属およびべと病菌類が植物に大きな被害を起こす。このうち、ツユカビ目の所属種は絶対寄生菌であり、人工培養ができない。

1　*Aphanomyces* 属

a. 所属：卵菌綱、ミズカビ目

b. 特徴（図 1.8）：

菌糸は隔壁を欠く。遊走子嚢は円筒形、菌糸と同幅で、遊走子を1列に内包する。遊走子は遊走子嚢の頂孔から出て集団で停止し、被膜胞子となる。造卵器は柄に頂生、造精器は1～数個生じ、長円形、棍棒形など。交配は異菌糸性または同菌糸性。造卵器に1個の卵胞子を生じる。人工培地上での菌糸生育は良好。種は遊走子嚢など各器官の形態、造精器の接着様式などにより類別される。

c. 観察材料：

Aphanomyces cochlioides Drechsler（図 1.8 ①-⑤）

＝ホウレンソウ・ケイトウ根腐（ねぐされ）病

〔形態〕遊走子嚢は糸状。被膜胞子は直径 8 - 10µm。造卵器は頂生し、球形～亜球形、直径 18 - 29µm。造精器柄は分岐し、造卵器を渦巻（うずまき）状に取り囲み、造精器付着数は4個（まれに5個）。卵胞子は球形、直径 15 - 20µm。培地上での菌糸生育は良好で、適温は 29 - 33℃。多犯性。

＊飯嶋 勉ら（1989）日植病報 55（1）：120.

〔症状と伝染〕ケイトウ根腐病：地際部が淡褐

色〜オリーブ色、水浸状となり、地上部は萎凋し、地際部から倒伏して枯死する。根部は軟化腐敗し、のち消失する。厚壁胞子や卵胞子が罹病株残渣とともに土壌中で生存して伝染源となる。生育期には遊走子が水媒伝染する。

Aphanomyces euteiches Drechsler

＝エンドウ アファノミセス根腐病

A. euteiches Drechsler f. sp. *phaseoli* W.F. Pfender & D.J. Hagedorn

＝インゲンマメ アファノマイセス根腐病

Aphanomyces raphani J.B. Kendrick（図 1.8 ⑥ - ⑩）

＝カブ・ダイコン・ハクサイ根(ね)くびれ病

〔形態〕遊走子嚢は無色、無隔壁で、糸状〜らせん状となり、その太さは基部 4.8 - 8.5μm、先端 3.6 - 6.1μm と先細りし、内部にはソーセージ形の遊走子が 1 列に形成される。遊走子は次々と遊出し、すぐに被嚢胞子となり、遊走子嚢先端に球塊状に集合する。被膜胞子は直径 8.5 - 10.9μm。造卵器は短枝に頂生、球形、表面平滑、内部は不整一、直径 23 - 33.9μm。造精器は短枝に頂生し、無色、クラブ形、造卵器柄に巻き付くことはなく、造卵器に 1 - 3（主に 1 - 2）個が付着し、起源は多くが diclinous である。卵胞子は造卵器内に 1 個がやや偏在し、球形、壁は厚く、直径 16.9 - 27.8μm。菌糸生育適温は 23 - 25℃。遊走子形成適温 20 - 23℃、遊走子発芽適温 23 - 25℃。アブラナ科植物（カブ、キャベツ、ダイコン、ハクサイなど）に病原性を有する。

＊平野寿一・飯嶋 勉（1980）東京農試研報 13：14 - 30.

〔症状と伝染〕ダイコン根くびれ病：主として肥大根が侵される。根の肥大期に褐変した軽度の陥没斑が帯状に拡大し、病斑部には亀裂を生じる。また、高温期には褐変が肥大根内部にまで進展することが多い。病原菌は罹病株残渣とともに、卵胞子の形態で土壌中に生存し、最初の伝染源となる。生育期には遊走子が水媒伝染して蔓延する。

2　疫病菌（*Phytophthora* 属）

a. 所属：卵菌綱、フハイカビ目

b. 特徴（図 1.9）：

菌糸は隔壁を欠く。遊走子、卵胞子、厚壁胞子などを形成する。*Pythium* 属菌の遊走子は球嚢内で分化するのに対し、*Phytophthora* 属菌の

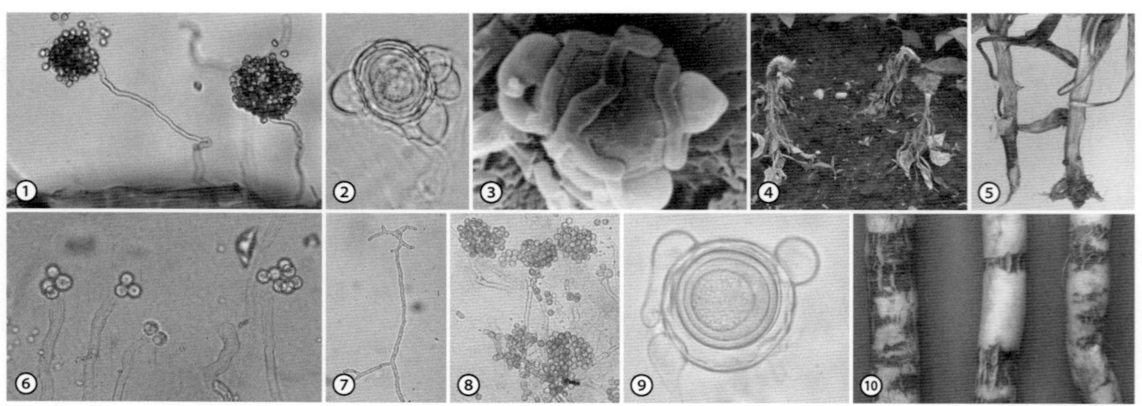

図 1.8　*Aphanomyces* 属　〔口絵 p 003〕

Aphanomyces cochlioides：①被膜胞子の球塊状集団　②③造卵器と造精器（③ SEM 像）　④⑤ケイトウ根腐病の症状

A. raphani：⑥遊走子嚢と被膜胞子塊　⑦遊走子の発芽　⑧被膜胞子の球塊状集団　⑨造卵器，卵胞子，造精器　⑩ダイコン根くびれ病の症状

〔③渡辺京子　⑥ - ⑩飯嶋 勉〕

遊走子は遊走子嚢（胞子嚢、分生子）内で分化することから両属を区別できる。遊走子は鞭毛を有す。種により遊走子嚢の形成様式と形態、乳頭突起（パピラ）の有無と形態、造卵器への造精器の付着部位、交雑様式（交配型の有無）、造卵器内での卵胞子の充満性（充満か非充満か）、菌糸の生育温度、宿主範囲などが異なる。培地上での菌糸生育は一般に良好である。本属の植物病原菌を「疫病菌」と総称し、本属菌に起因する病害の多くは「疫病」と呼ばれる。

〈参考〉景山幸二 (2013) 分子系統から見た *Phytophthora* 属菌の新分類体系. 植物防疫 67：517 - 520.

c. 観察材料：

Phytophthora cactorum (Lebert & Cohn) J. Schröter（図 1.9 ① - ⑥）＝ナシ・ビワ・リンゴ・キク・チューリップ・カナメモチ疫病

〔形態〕遊走子嚢柄の先端に遊走子嚢を単生する。遊走子嚢は無色、顕著な乳頭突起を有し、広楕円形〜卵形、25 - 50 × 20 - 40μm。厚壁胞子は黄色、直径 25 - 35μm。同株性で、造精器は造卵器に側着する。卵胞子は造卵器内に 1 個生じ、淡橙色、球形、直径は約 15 - 30μm。培地上の菌糸生育は良好で、生育適温は 25℃。発病適温は 20℃前後。多犯性。

Phytophthora capsici Leonian
＝カボチャ・ピーマン疫病、キュウリ灰色疫病、ナス褐色腐敗病

Phytophthora infestans (Montagne) de Bary（図 1.9 ⑦ - ⑫）＝ジャガイモ・トマト疫病

〔形態〕葉では気孔から遊走子嚢柄を生じ、先端に遊走子嚢（胞子嚢）を単生する。柄は遊走

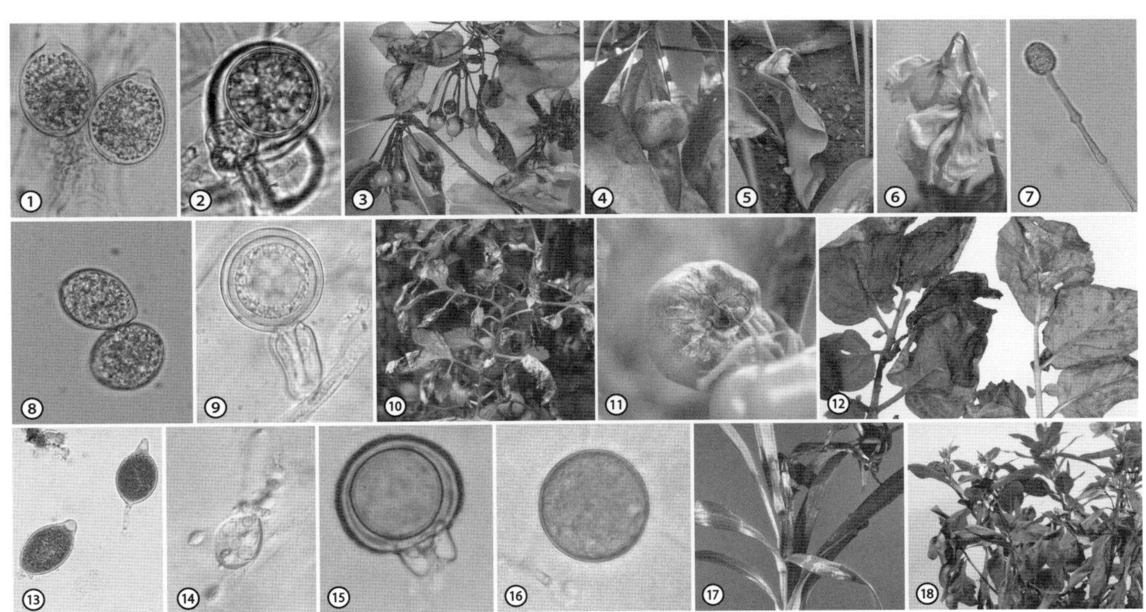

図 1.9　*Phytophthora* 属　〔口絵 p 004〕

Phytophthora cactorum：①遊走子嚢　②造卵器，造精器（側着），卵胞子　③④ナシ疫病の症状　⑤⑥チューリップ疫病の症状

P. infestans：⑦遊走子嚢柄と遊走子嚢　⑧遊走子嚢　⑨造卵器，造精器（底着性），卵胞子　⑩⑪トマト疫病の症状　⑫ジャガイモ疫病の症状

P. nicotianae：⑬ 遊走子嚢　⑭遊走子嚢内での遊走子の分化と遊出　⑮造卵器，造精器（底着），卵胞子　⑯厚壁胞子　⑰ユリ疫病の症状　⑱ニチニチソウ疫病の症状

〔⑤⑥向畠博行　⑦ - ⑨秋野聖之　⑭⑯竹内 純〕

子嚢脱落後に先端が膨れて伸長し、次々と遊走子嚢を形成するため結節状となる。遊走子嚢は乳頭突起を有し、大きさの平均値の範囲は、29×19μm から 36×22μm。造精器は底着性、造卵器は黄褐色、直径 31 - 50（平均 38）μm。卵胞子は造卵器に 1 個生じ、充満性で、直径 24 - 35（平均 30）μm、人工培養では 24 - 56μm。有性世代は異菌株間の交配によって形成されるが、自然界での記録は少ない。本菌には寄生性の異なる系統がある。

＊ Erwin & Ribeiro（1966）Phythopthora disease worldwide p 346.

〔症状と伝染〕トマト疫病：葉、茎、果実に発生する。葉には灰緑色の水浸状病斑を生じ、高湿度状態が続くと、急速に進展して腐敗枯死する。茎には暗褐色病斑が形成され、病斑部から上方は萎凋枯死する。果実は果梗下部やへた部から発病しやすく、水浸状に腐敗する。罹病葉の裏面や茎・果実の罹病部には霜のような白い菌叢（遊走子嚢など）が生じる。病原菌は罹病株残渣とともに、土壌中で生存して第一次伝染源となる。生育期には遊走子嚢が風や雨で飛散し、遊走子により水媒伝染する。

Phytophthora nicotianae Breda de Haan（図 1.9 ⑬ - ⑱）＝オクラ・キンギョソウ・ドラセナ・ニチニチソウ・ユリ類・ジンチョウゲ疫病

〔形態〕遊走子嚢柄の先端に遊走子嚢を単生する。遊走子嚢は無色、顕著な乳頭突起を有し、卵形〜長円形で、20 - 50×20 - 40μm。異株性で、異なる交配型の株と交雑する。造精器は底着性。卵胞子は造卵器内に 1 個生じ、黄色〜淡橙色、球形で、直径約 20 - 30μm。菌糸生育温度は 10 - 35℃、適温 30℃前後。多犯性。

〔症状と伝染〕ニチニチソウ疫病：茎葉に灰緑色〜暗緑色の水浸状病斑が生じて、のち腐敗する。茎発病の場合は、病斑部から上位の茎葉が萎凋枯死する。病斑上には無色〜白色の薄い菌叢が生える。病原菌は土壌中で生存して伝染源となり、生育期には分生子（遊走子嚢）が風や雨で飛散し、遊走子により水媒伝染する。

3 ***Pythium* 属**

a. 所属：卵菌綱、フハイカビ目

b. 特徴（図 1.10）：

菌糸は隔壁を欠く。胞子嚢は球状もしくは膨状、糸状。遊走子は胞子嚢の原形質が外部へ移動して発達した球嚢内で分化し、腎臓形、2 本の鞭毛を有す。造卵器は球形、薄壁、無色〜淡黄色、表面は平滑または突起がある。卵胞子は無色〜淡黄色、球形、平滑。ほとんどの種が同株性で、造精器は造卵器と同一菌糸または異菌糸に生じ、1 〜数個が造卵器に付着する。種により胞子嚢の形状、造卵器（突起の有無やその形態など）、卵胞子ほか各器官の形態、有性生殖の様式、生育温度、宿主範囲などが異なる。我が国では約 30 種が記録されている。本属種は遺伝子解析による系統分類が進むとともに、属の新設と再編成が提案されている。また、分子系統（クレード）により、病原性の強弱や胞子嚢の形態、湿潤（または水中）環境への適応度が異なることが示されている。

〈参考〉東條元昭 (2011) 総論：ピシウム菌の病原菌としての特徴 . 植物防疫 65：71 - 76；埋橋志穂美 (2011) 分子系統に基づく *Pythium* 属の新分類システム. 植物防疫 65：587 - 592.

c. 観察材料：

Pythium aphanidermatum (Edson) Fitzpatrick（図 1.10 ① - ⑦）＝インゲンマメ・トマト・カボチャ・キュウリ・スイカ綿腐病（わたぐされ）、トウモロコシ腰折病（こしおれ）、ダイコン・ホウレンソウ立枯病（たちがれ）、アルストロメリア根茎腐敗病（こんけいふはい）、ベントグラス赤焼病（あかやけ）

〔形態〕胞子嚢は無色、膨状、棍棒状あるいは分枝状、一端が伸長して先端に球嚢を生じる。遊走子は球嚢内で分化し、腎臓形、10 - 13.5

× 6 - 8μm、2鞭毛をもち、遊泳後に被嚢化して発芽管を生じる。一般に同株性、造卵器は頂生し、無色〜淡黄色、亜球形、表面平滑、直径 23 - 30μm。卵胞子は造卵器内に1個生じ、未充満で、球形、淡黄褐色、厚壁、直径 16 - 25μm。造精器を1個着生する。菌糸生育適温は 35°C前後。多犯性。

＊竹内 純 (2007) 東京農総研研報 2：1 - 106.

〔症状と伝染〕アルストロメリア根茎腐敗病：茎の地際部と根が褐変腐敗し、地上部の茎葉が生気を失って萎凋し、倒伏して枯死する。罹病株残渣中や土壌中に、卵胞子の形態で生存して伝染源となる。生育期には遊走子が雨水や灌水などにより水媒伝染する。

Pythium irregulare Buisman（図 1.10 ⑧ - ⑪）

＝カーネーション・サンダーソニア・チューリップ・トルコギキョウ根腐病

〔形態〕菌糸の膨大部（hyphal swelling）は楕円形、洋梨形、直径 25μm 以内。発芽管発芽する。球嚢は無色、亜球形〜球形で、直径 10 - 34μm。球嚢中に遊走子が形成される。同株性で、造卵器は頂生あるいは中間生、無色〜淡黄褐色、亜球形、表面に不規則な突起を1 - 6本有し、直径 14 - 28.5μm。卵胞子は造卵器内に1個生じ、充満または未充満、淡黄褐色、球形、厚壁、直径 11 - 23.5μm。造精器は無色、鉤形〜棍棒形、4.5 - 6.5 × 2.5 - 9μm、1 - 2個が側着する。菌糸生育適温は 25 - 30°C。多犯性。

＊竹内 純 (2007) 東京農総研研報 2：1 - 106.

〔症状と伝染〕トルコギキョウ根腐病：下葉から上位葉に黄化が進み、やがて株全体が黄褐色となり、萎凋枯死する。罹病株の根部は褐変腐敗し、あるいは脱落・消失する。病原菌は罹病

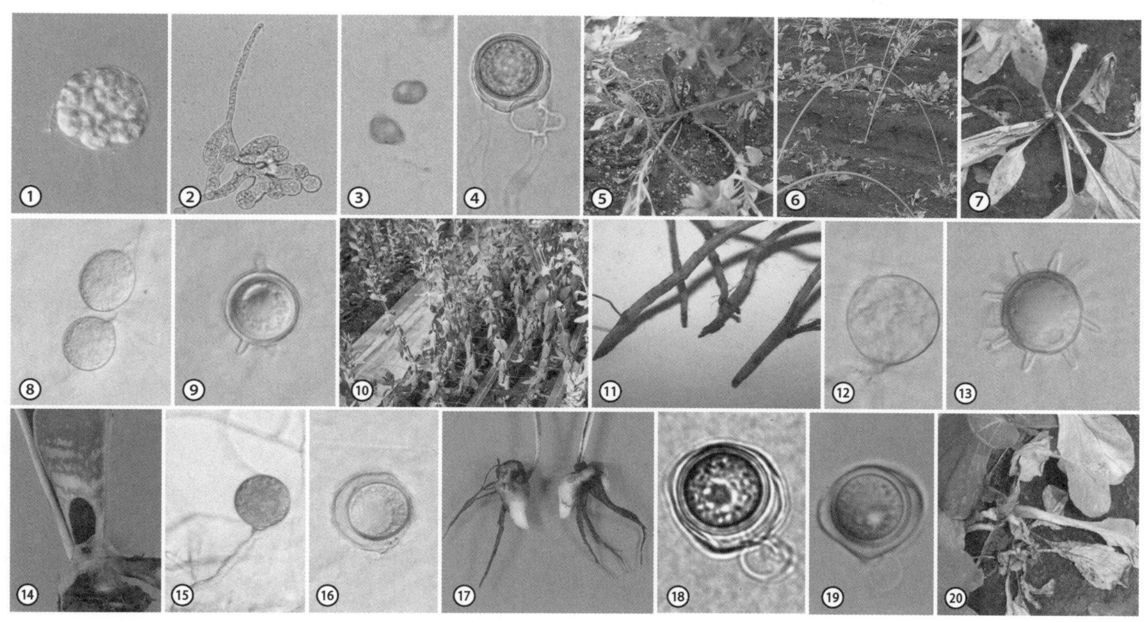

図 1.10　*Pythium* 属　〔口絵 p 005〕

Pythium aphanidermatum：①球嚢　②胞子嚢　③遊走子　④有性器官（造卵器，造精器，卵胞子）　⑤アルストロメリア根茎腐敗病の症状　⑥⑦ホウレンソウ立枯病の症状

P. irregulare：⑧球嚢　⑨有性器官（造卵器，卵胞子）　⑩⑪トルコギキョウ根腐病の症状

P. spinosum：⑫球嚢　⑬有性器官（造卵器，卵胞子）　⑭サンセベリア腐敗病の症状

P. splendens：⑮球嚢　⑯有性器官（交雑による造卵器、卵胞子）　⑰サンダーソニア根腐病の症状

P. ultimum var. *ultimum*：⑱⑲有性器官（造卵器，造精器，卵胞子）　⑳チンゲンサイ腐敗病の症状

〔① - ⑤⑧⑨⑫ - ⑳竹内 純　⑩⑪星 秀男〕

株残渣中や土壌中に卵胞子の形態で生存して伝染源となる。生育期には遊走子が雨水や灌水などにより水媒伝染する。

Pythium spinosum Sawada（図 1.10 ⑫ - ⑭）
　＝キンギョソウ・チューリップ根腐病、サンセベリア腐敗病、ジニア立枯病

〔形態〕菌糸の膨大部（hyphal swelling）は、球形～レモン形、頂生または中間生。発芽管発芽する。球状胞子嚢は無色、亜球形～球形、直径 14 - 33μm。通常は遊走子を生じない。同株性、同菌糸性で、造卵器は頂生または中間生、無色～淡黄色、亜球形、直径 13 - 25μm、表面に指形～刺形で、長さ 4.5 - 17μm の突起を多数有する。卵胞子は造卵器内に 1 個生じ、充満性、無色～淡黄褐色、球形、壁の厚さは 0.7 - 2μm、直径 11.5 - 24μm。造精器は無色～淡黄色、棍棒形、4 - 7 × 3.3 - 6.5μm、1 個が側着または底着する。培地上での菌叢生育は旺盛である。菌糸生育適温は 30℃。多犯性。

＊竹内 純（2007）東京農総研研報 2：1 - 106.

Pythium splendens Hans Braun（図 1.10 ⑮ - ⑰）
　＝メロン根腐萎凋病、サンダーソニア根腐病

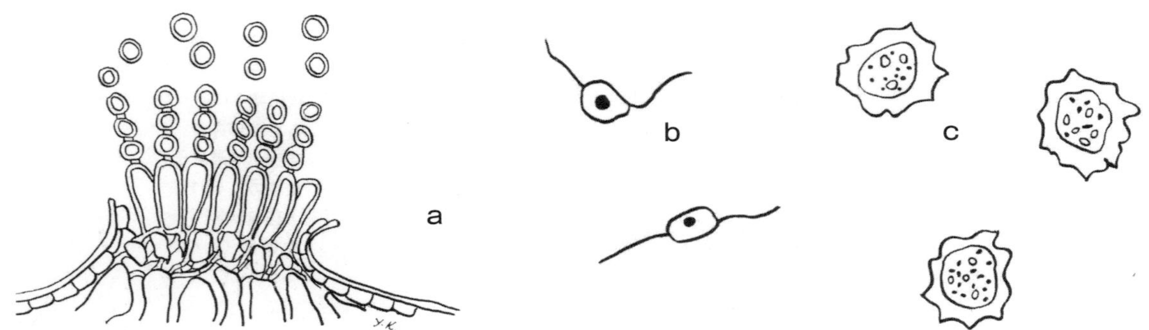

図 1.11　*Albugo* 属（1）
Albugo macrospora：a. 胞子嚢柄と連鎖する胞子嚢（遊走子嚢）　b. 遊走子　c. 卵胞子　〔我孫子和雄〕

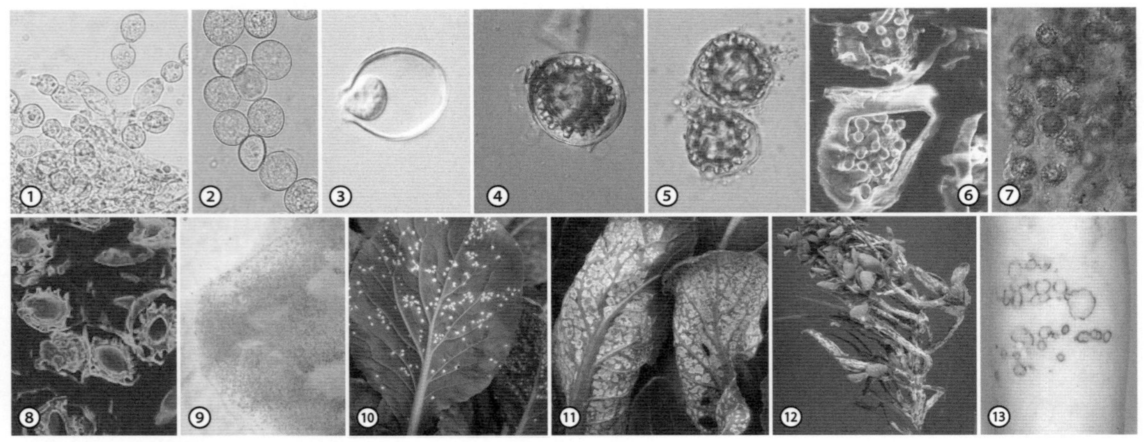

図 1.12　*Albugo* 属（2）　〔口絵 p 006〕
Albugo macrospora：①胞子嚢（分生子）の連鎖　②胞子嚢　③遊走子の分化
④有性器官（造卵器，造精器，卵胞子）　⑤造卵器内の卵胞子　⑥卵胞子表面の疣状突起（SEM 像）
⑦花茎（コマツナ）肥大部に充満する有性器官　⑧同・断面の有性器官（SEM 像）
⑨同・肥大部切断面に密生する有性器官　⑩ - ⑫コマツナ白さび病の症状　⑬ダイコン肥大根の症状　〔③竹内 純〕

P. ultimum Trow var. *ultimum*（図 1.10 ⑱ - ⑳）＝各種植物の苗立枯病、ダイコン・チンゲンサイ腐敗病、ハクサイ ピシウム腐敗病

4　白さび病菌（*Albugo* 属）

a. 所属：卵菌綱、ツユカビ（シロサビキン）目

b. 特徴（図 1.11 - 12）：

絶対寄生菌で、菌糸には隔壁を欠く。胞子嚢柄（分生子柄）は無色、棍棒形～円筒形、叢生し、胞子嚢（分生子）を鎖生する。胞子嚢は球形～亜球形で、連鎖する分生子間には間細胞が存在する。胞子嚢内で遊走子が分化し、遊走子は２本の鞭毛を有す。卵胞子は罹病組織内（花茎など）に集塊となって形成され、球形、黄色で角張った壁をもつ。寄生性の分化が顕著である。草本植物に「白さび病」を起こす。宿主、標徴および菌体の形態などから種を同定する。「さび病菌」（担子菌類）による病気にも白さび病と呼ぶものがあるが、分類学的位置が大きく隔たる。近年 *Albugo* 属の遺伝子解析が進み、属・種名の変更などが行われている。

c. 観察材料：

Albugo macrospora（Togashi）S. Ito（図 1.12 ① - ⑬）＝カブ・コマツナ・ダイコン・チンゲンサイ・ハクサイなどアブラナ科野菜 白さび病

〔形態〕胞子嚢は無色～淡黄色、球形～亜球形で、大きさは 13.5 - 24 × 10 - 22.5μm。胞子嚢を水滴中に置くと内部で遊走子を分化し、のち胞子嚢から遊出する。有性器官は主に肥大・奇形化した花茎等の組織内部に生じる。その花茎組織内における有性器官の形成は、維管束系の組織で少ないが、基本組織系の表皮に向かうほど多量に形成される傾向を示す。造卵器は無色、球形～亜球形で、大きさは 51 - 68 × 46.5 - 62μm、造卵器の壁は 0.8 - 1.5μm と薄い。造精器は無色、楕円形で、大きさは 19.2 - 31.8 × 10.5 - 19.8μm、造卵器の壁に 1 - 2 個側着する。卵胞子は球形、黄色、壁は厚く、金平糖様の突起を全面に有する。卵胞子の大きさは突起を含めて 40.5 - 56 × 40 - 55μm、突起を除いた大きさは 31.2 - 46.4 × 30 - 44.3μm（以上の数値はコマツナ白さび病菌の測定値）。

〔症状と伝染〕アブラナ科野菜 白さび病：葉表には黄緑色で数 mm ～ 5mm 大の円斑が多数生じ、その裏面に表皮に被われた白色の発疱（胞子嚢の層）を形成する。成熟すると表皮は破れ胞子嚢が風により飛散する。開花期には茎、花茎、花柄が肥大し、捩れや湾曲などによって奇形となる。肥大部分は淡黄色になり、のち表皮に縦の亀裂を生じ、亀裂部分から褐色に変色した組織が見える。肥大部位の内部は有性器官の多量形成によって淡褐色～褐色に変色する。

また、ダイコンの根部表面には 1 cm 大、リング状の薄墨状斑を生じる。 病原菌は罹病茎葉残渣等とともに土壌中で生存して伝染源となる。生育期には胞子嚢（分生子）が風により飛散したり、雨水により流出する。降雨時や湿潤時には、胞子嚢内で遊走子が分化・遊出して、水媒伝染する。本種には寄生性の分化が認められ、①カブ・ハクサイ等、②タカナ等、③ダイコンに寄生する系統等に分けられる。遊走子の感染適温は 10 - 18°C。人工培養はできない。

Albugo candida（Persoon）Roussel
＝ナズナ白さび病

A. ipomoeae-hardwickii Sawada
＝アサガオ・セイヨウアサガオ類 白さび病

A. wasabiae Hara ＝ワサビ白さび病

＊他にアオビユ・スベリヒユ白さび病も発生が多いが、菌名は *Wilsoniana portulacae* (de Candolle) Thines〔シノニム *Albugo portulacae* (de Candolle) kuntze〕である。

5　べと病菌

a. 所属：卵菌綱、ツユカビ目

b. 特徴（表 1.6，図 1.13 - 14）：

絶対寄生菌。菌糸隔壁を欠く。胞子嚢柄（分生子柄）は植物体裏面の気孔から生じる（属により発生本数の多少がある）。属種は胞子嚢柄の分枝の状態、先端の形態（先鋭、皿状など）、胞子嚢（分生子）から遊走子が遊出するか、あるいは胞子嚢が直接発芽するか、卵胞子は造卵器内に 1 個生じるが、属により形態に特徴があることなどに基づき類別される。属種によって宿主が限定されているので、宿主植物との組み合わせで種を特定できる場合が多い。病名は一般に「べと病」と名付けられている。近年「べと病菌」は遺伝子解析が進み、属の再吟味が行われて、新属の提案もされているが、本項では形態観察に便利な従来型の簡易分類検索表（表 1.6）および形態の図・写真を示す。

【*Peronospora* 属】（図 1.13a）

菌糸は隔壁を欠く。胞子嚢柄（分生子柄、遊走子嚢柄）は気孔から 1 ～数本生じ、細長く、無色、樹状で、二叉に数回分岐し、先端は尖り、胞子嚢（分生子、遊走子嚢）を形成する。胞子嚢は無色～灰色、主に卵形、亜球形、広楕円形など、乳頭突起はない。卵胞子は黄色～褐色。胞子嚢、卵胞子とも直接発芽する。絶対寄生菌である。種は分生子柄の形状、分生子の大きさ、宿主植物などにより区別できる。

【*Plasmopara* 属】（図 1.13c）

菌糸には隔壁を欠く。胞子嚢柄は気孔から 1 ～数本あるいは 20 本程度生じ、細長く、無色、樹状で、主軸から直角に分枝、さらに数回分枝し、先端には分岐した鈍頭な突起を有する。胞子嚢は突起の先端に単生し、無色、主に卵形、亜球形、広楕円形などで、先端に乳頭突起をもつ。胞子嚢は発芽後に遊走子を生じるか、あるいは球状の被嚢胞子となったのちに発芽して菌糸となる。卵胞子は球形、黄褐色、外壁は網状または波状を呈する。絶対寄生菌。種は胞子嚢柄・胞子嚢・卵胞子の形状、宿主植物などにより区別できる。

【*Pseudoperonospora* 属】（図 1.13d）

菌糸には隔壁を欠く。胞子嚢柄は気孔から 1 ～数本生じ、細長く、無色、樹状で、主軸から分枝、さらに数回二叉に分枝し、先端に尖った突起をもつ。胞子嚢は突起の先端に単生し、淡灰色、レモン形～楕円形。卵胞子は球形、黄褐色、平滑、薄壁。絶対寄生菌。種は胞子嚢柄、胞子嚢、卵胞子の形状、宿主植物などにより区別できる。

表 1.6　べと病菌の主要な「属」の簡易分類検索表

1	－ 胞子嚢柄は直角に近い角度で分枝し，先端は尖らない．胞子嚢から遊走子を放出する	*Plasmopara*
	－ 胞子嚢柄はやや鋭角に二叉に分枝する	2
2	－ 枝の先端は尖る	3
	－ 枝の先端は尖らない	4
3	－ 胞子嚢から遊走子を出す	*Pseudoperonospora*
	－ 胞子嚢が直接発芽管を出して発芽する	*Peronospora*
4	－ 枝の先端は皿状～杯状で，その周縁に突起（小柄）を生じて胞子嚢を形成し，胞子嚢は発芽管で発芽する，またはまれに遊走子を放出する	*Bremia*
	－ 枝の先端は小さく膨れるが，杯状ではなく，突起はなく，その頂端に 1 個の胞子嚢を形成し，胞子嚢は発芽管で発芽する	*Bremiella*

c. 観察材料：

Bremia lactucae Regel ＝サラダナべと病

〔形態〕胞子嚢柄（分生子柄）は気孔から生じて二叉に数回分岐し、先端は掌状となり、その周囲に生じる小柄(しょうへい)の先端は尖り、それぞれ胞子嚢を単生する。胞子嚢は無色、楕円形～広楕円形、平滑、薄壁で、大きさ 5 - 24 × 12 - 20µm、発芽管を出して発芽する。卵胞子は罹病組織内部に形成され、亜球形～球形である。

＊岸 國平・我孫子和雄 (2002) 野菜病害の見分け方 p 141.

Peronospora chrysanthemi-coronarii (Sawada) Ito & Tokunaga〕＝シュンギクべと病

〔形態〕胞子嚢柄は気孔から１～数本が直立し二叉に数回分岐する。柄の先端には２～数本の小柄を生じ、小柄の先端は丸みを帯びて膨らみを有し、それぞれに胞子嚢を単生。胞子嚢は無色、卵形～広楕円形で、38 - 56 × 18 - 28µm。胞子嚢は直接発芽する。発芽適温は 15 - 20℃。卵胞子は、未だ確認されていない。本種名には *Paraperonospora chrysanthemi-coronarii* (Sawada) Constantinescu が提案されている。

＊岸 國平・我孫子和雄 (2002) 野菜病害の見分け方 p 125.

Peronospora destructor (Berkeley) Caspary ＝ネギ・タマネギべと病

P. farinosa (Fries) Fries f.sp. *spinaciae* Byford ＝ホウレンソウべと病

P. manshurica (Naumov) Sydow ex Gäumann ＝ダイズべと病

Peronospora parasitica (Persoon) Fries（図 1.14 ① - ⑧）＝キャベツ・コマツナ・ダイコン・ハクサイなどアブラナ科野菜 べと病

〔形態〕胞子嚢柄は 200 - 600 × 9 - 20µm、主軸は長さ 100 - 450µm、規則的に 4 - 8 回二叉に分岐する。小柄の先端は先細り、それぞれに胞子嚢を単生する。胞子嚢は無色、卵形～広楕円形、15 - 29 × 14 - 24µm。胞子嚢の発芽は 7 - 13℃で認められる。卵胞子は罹病組織に形成される。寄生性が分化し、①カブ・コマツナ・ハクサイなど、②ダイコンなど、③キャベツ・ブロッコリーなどを侵す系統がある。本種はべと病菌の新分類では *Hyaloperonospora brassicae* (Gäumann) Göker, Voglmayr, Riethmüller, Weiss & Oberwinkler に移されている。

〔症状と伝染〕アブラナ科野菜 べと病：葉表に淡黄緑色～黄色の斑点を生じ、その裏面は小葉

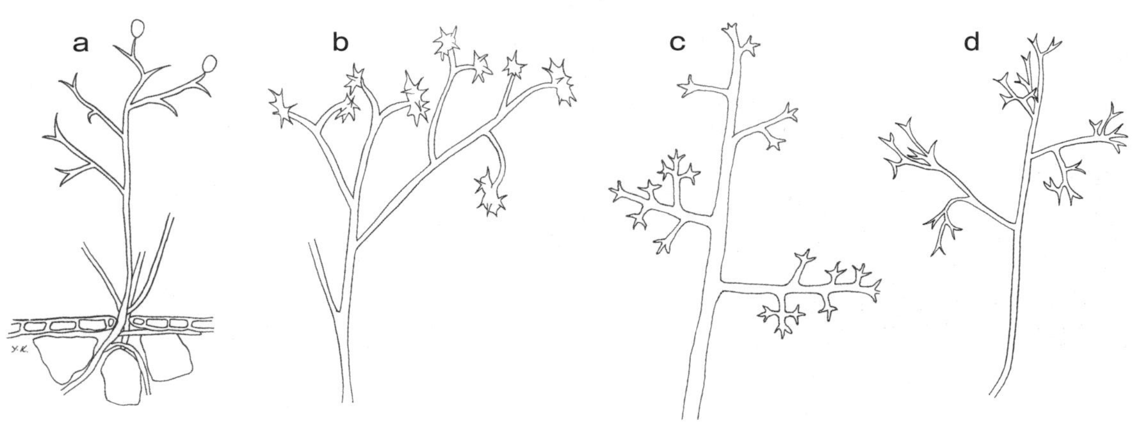

図 1.13　べと病菌主要属の胞子嚢柄の比較

a. *Peronospora* 属　b. *Bremia* 属　c. *Plasmopara* 属　d. *Pseudoperonospora* 属

Peronospora 属 と *Pseudoperonospora* 属は形態的に類似するが，発芽様式が異なる

〔abd. 我孫子和雄　c. 勝本 謙　表 1.6 参照〕

脈に明瞭に区切られ、汚白色、霜状のカビが密生する。ダイコンの根部では表面が暗灰色〜黒褐色、染み状の病斑となり、内部にも染みが拡がる。菌糸や卵胞子が罹病葉残渣中で越冬し、湿潤下で胞子嚢（遊走子嚢）を形成する。胞子嚢は空気伝染し、また、遊走子は水媒伝染により蔓延する。種子伝染の可能性もある。

Peronospora sparsa Berkeley ＝バラべと病

Plasmopara halstedii (Farlow) Berlese & DE Toni
＝ヒマワリべと病

Plasmopara viticola (Berkeley & M.A. Curtis) Berlese & De Toni（図 1.14 ⑨ - ⑫）
＝ブドウべと病

〔形態〕胞子嚢柄は 240 - 870 × 7 - 9μm、叢生して樹枝状に 4 - 5 回分岐。枝は主軸からほぼ直角に分岐し、さらに数回分岐後、各枝の先端は先細り、その先端に胞子嚢を単生する。胞子嚢は無色、楕円形〜卵形、乳頭突起があり、9 - 39 × 8 - 20μm、水中で発芽して 6 - 8 個の遊走子を生じる。造卵器は無色、薄壁。卵胞子は球形、褐色、厚壁、直径 27 - 38μm。菌糸生育適温は 10℃。胞子嚢の発芽適温は 20 - 22℃。

＊横山竜夫（1978）菌類図鑑（上） p 256.

〔症状と伝染〕ブドウべと病：葉表に淡黄緑色のち褐色の小斑が多数生じ、その裏面には白色で、霜のようなカビが密生する。激しい場合には葉枯れを起こし、落葉する。若い蔓や幼果にも発生する。罹病した落葉内で、卵胞子が越冬して最初の伝染源となる。生育期には胞子嚢が風や雨で飛散し、遊走子は水媒伝染する。

Pseudoperonospora cubensis (Berkeley & M.A. Curtis) Rostovzev（図 1.14 ⑬ - ⑱）

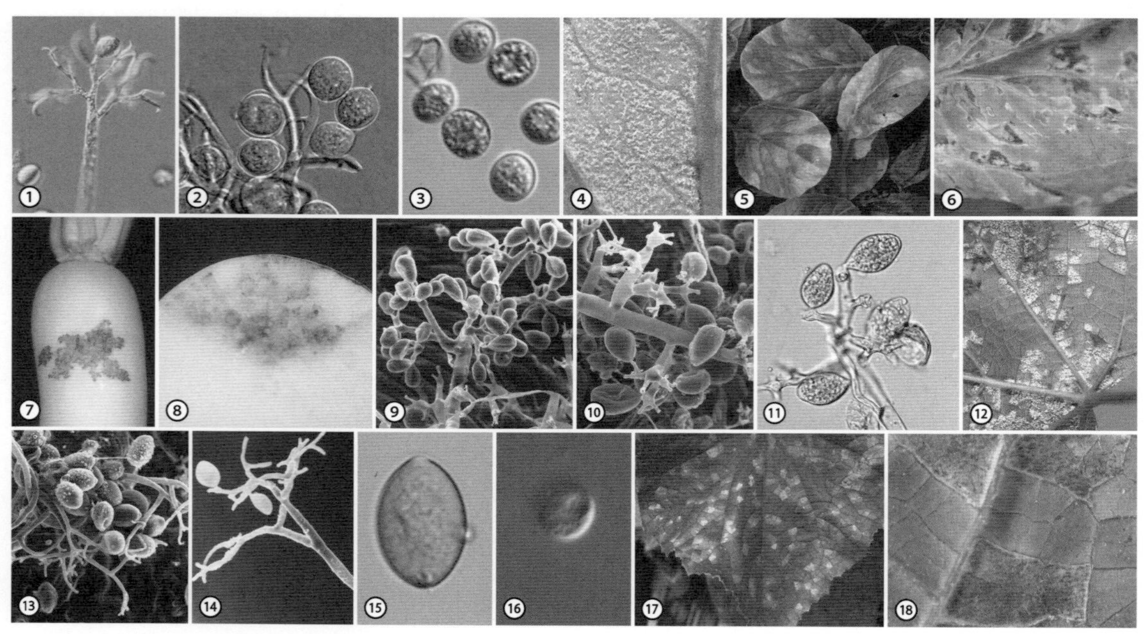

図 1.14　各種べと病菌および病徴・標徴　〔口絵 p 007〕

Peronospora parasitica：①②胞子嚢柄と胞子嚢　③胞子嚢　④⑤コマツナべと病の症状（④葉裏　⑤葉表）⑥カリフラワーべと病の症状　⑦⑧ダイコンべと病の症状（⑦肥大根の表面　⑧同・内部）
Plasmopara viticola：⑨ - ⑪ 胞子嚢柄と胞子嚢（⑨⑩ SEM 像）　⑫ブドウべと病の症状（葉裏）
Pseudoperonospora cubensis：⑬⑭胞子嚢柄と胞子嚢（SEM 像）　⑮胞子嚢　⑯遊走子
⑰⑱キュウリべと病の症状（⑰葉表　⑱葉裏）
〔① - ③⑥ - ⑧⑮⑯竹内 純　⑨⑩⑬⑭中島千晴〕

＝キュウリ・カボチャ・スイカなどウリ科野菜べと病

〔形態〕胞子嚢柄は気孔から数本発生し、140 - 580 × 4 -10μm、二叉状に 3 - 5 回分岐、主軸の長さは全高の 2/3 ～ 4/5、主軸からの分岐は *Plasmopara* 属菌の分岐に比べて鋭角である。胞子嚢は無色～淡灰色、レモン形、乳頭突起があり、大きさ 17 - 32 × 13 - 22μm。水中で発芽して遊走子を生じる。遊走子は球形～洋梨形、直径 7 - 11μm。卵胞子は球形、褐色、厚壁、平滑、直径 22 - 42μm。菌糸生育適温は 10℃。胞子嚢の形成適温 15 - 20℃、発芽適温は 21 - 24℃、感染適温は 20 - 25℃。寄生性の分化があり、キュウリ菌はカボチャを侵さない。

＊横山竜夫 (1978) 菌類図鑑（上） p 258.

〔症状と伝染〕キュウリべと病：葉のみに発生する。葉表では小葉脈に囲まれた淡黄緑色～淡褐色の角斑を多数生じる。激発すると葉枯れを起こすことがある。高湿度条件下では、病斑裏面に淡灰褐色～紫褐色でススのような毛羽立った菌叢 (胞子嚢柄と胞子嚢) が一面に発生する。罹病葉残渣あるいは卵胞子が伝染源となる。生育期には胞子嚢 (遊走子嚢) が風や雨で飛散し、遊走子は水媒伝染する。

Ⅱ - 3　ツボカビ類

ツボカビ類は菌界に所属する。植物病原菌類は比較的少ないが、植物寄生性ウイルスを媒介する土壌生息菌が含まれる。

a. 器官と生態：

ツボカビ目の菌類は真の菌糸を欠く。多くの種は遊走子を生じ、遊走子は鞭型（尾型）の鞭毛をもつ。有性生殖の結果として形成される接合子は、厚壁の休眠胞子あるいは休眠胞子嚢になり、後熟したのちに発芽する。

b. 主要な植物病原菌：

植物病原菌類は *Physoderma* 属、*Olpidium* 属、*Synchytrium* 属に含まれる。

1　*Physoderma* 属

a. 所属：コウマクノウキン綱、コウマクノウキン目

b. 特徴（図 1.15）：

菌糸の先端や中間に集合細胞を形成し、ときに集合細胞上に冠状細胞を生じる。休眠胞子は発芽して、尾型鞭毛をもつ遊走子を生じる。

c. 観察材料：

Physoderma alfalfae (Patouillard & Lagerheim) Karling〔シノニム *Urophlyctis alfalfae* (Lagerheim) Magnus〕＝レンゲこぶ病

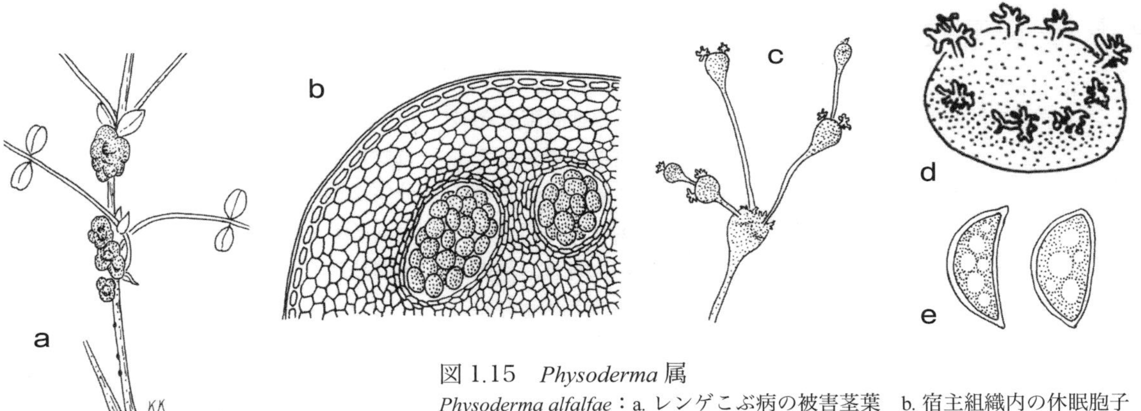

図 1.15　*Physoderma* 属

Physoderma alfalfae：a. レンゲこぶ病の被害茎葉　b. 宿主組織内の休眠胞子　c. 菌糸と集合細胞　d. 集合細胞と冠状細胞　e. 休眠胞子　〔勝本 謙〕

P. maydis (Miyabe) Miyabe ex Ideta
　＝トウモロコシ斑点病

2　*Olpidium* 属

a. 所属：ツボカビ綱、フクロウカビ目

b. 特徴（図 1.16）：

　菌糸および仮根を形成しない。遊走子は尾型鞭毛をもち、接合したのちに宿主細胞内で休眠胞子となる。*Olpidium verulentus* (Sahtiy) Karling〔シノニム *O. brassicae* (Woronin) P.A. Dangeard、非アブラナ系〕は、タバコえそ D ウイルス（TNV-D）、レタスビッグベインミラフィオリウイルス（MiLBVV）などの土壌伝搬性ウイルスを媒介する。

c. 観察材料：

Olpidium trifolii J. Schröter
　＝シロクローバ火ぶくれ病

O. viciae Kusano
　＝ソラマメ・ナンテンハギ火ぶくれ病

3　*Synchytrium* 属

a. 所属：ツボカビ綱、ツボカビ目

b. 特徴（図 1.17）：

　葉や茎の細胞内に厚壁で赤褐色など、鮮やかな色調の胞子嚢堆をつくる。胞子嚢は鞭型（尾型）鞭毛を 1 本もつ遊走子を生じるか、同型の動配偶子をつくる。動配偶子は接合して接合子となり、これが宿主細胞に侵入し、休眠胞子を形成する。

c. 観察材料：

Synchytrium minutum (Patouillard) Gäumann
　＝クズ赤渋病

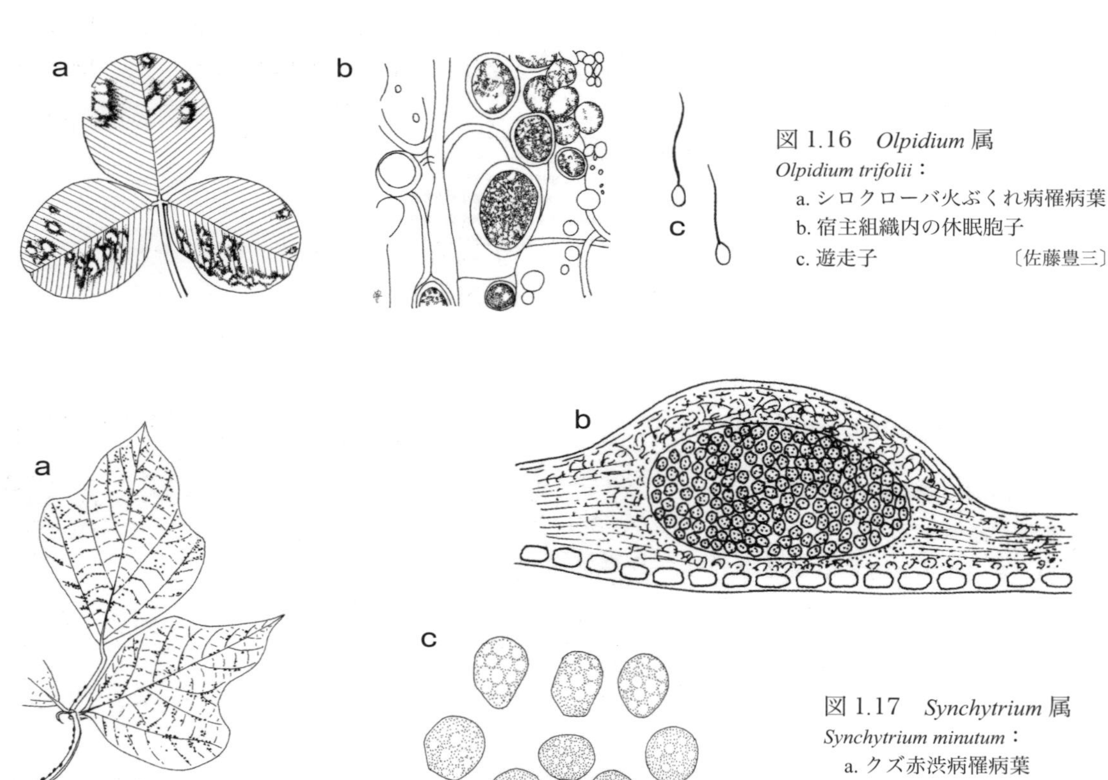

図 1.16　*Olpidium* 属
Olpidium trifolii：
　a. シロクローバ火ぶくれ病罹病葉
　b. 宿主組織内の休眠胞子
　c. 遊走子　〔佐藤豊三〕

図 1.17　*Synchytrium* 属
Synchytrium minutum：
　a. クズ赤渋病罹病葉
　b. 宿主組織内の休眠胞子
　c. 休眠胞子　〔勝本 謙〕

Ⅱ-4　接合菌類

接合菌類は菌界に所属し、そのうち、植物病原菌類はケカビ目に含まれており、テレオモルフ（完全世代、有性世代）は接合胞子を形成する特徴がある。鞭毛をもつ細胞はない。なお、接合菌門および接合菌綱は古くから認められていた分類群であるが、近年の分子系統学的研究により、門を解体することが提案されている。

a. 器官と生態：

菌糸体（菌糸は無隔壁）、胞子嚢、胞子嚢柄、胞子嚢胞子、柱軸、仮根、接合胞子などを形成する。無性繁殖は胞子嚢胞子により、有性生殖は配偶子嚢接合による。ケカビ類の胞子嚢は柱軸をもち、壁は薄く、消失性または破れて、胞子を飛散する。コウガイカビ(コウガイケカビ)類は仮根を欠くが、小胞子嚢または胞子嚢を、胞子嚢柄の先端の肥大部に着生する。

b. 主要な植物病原菌：

Mucor 属、*Rhizopus* 属、*Choanephora* 属に植物病原菌類が含まれる。これらの菌による病害は、常発することは少ないが、発病の好適条件下では蔓延が急速に進行して、壊滅的な被害を及ぼすことがある。

1　*Rhizopus* 属

a. 所属：ケカビ目

b. 特徴（図 1.18）：

菌糸は隔壁を欠く。匍匐菌糸の節に仮根を形成する。胞子嚢は頂生し、柱軸が顕著である。これらの器官はルーペや実体顕微鏡で観察できる。接合胞子は接合支持柄間に形成され、表面に微細な刺または疣をもつ。生育はきわめて早く、培養は容易である。種は胞子嚢、胞子嚢胞子、接合胞子の形状や交雑の可否などにより類別される。同科の *Mucor* 属とは仮根の有無が大きな相違点である。

c. 観察材料：

Rhizopus stolonifer (Ehrenberg) Vuillemin

var. *stolonifer*（図 1.18 ①-⑨）＝イチゴ・サツマイモ軟腐病、ピーマンへた腐病、ユリ類腐敗病、メロン・イチジク・オウトウ・モモ黒かび病、ニチニチソウくもの巣かび病

〔形態〕仮根は褐色で、鳥の足様。胞子嚢胞子柄は淡褐色～褐色、長さは 2 - 5mm。胞子嚢は黒色～暗褐色、亜球形、直径 117 - 330μm。柱

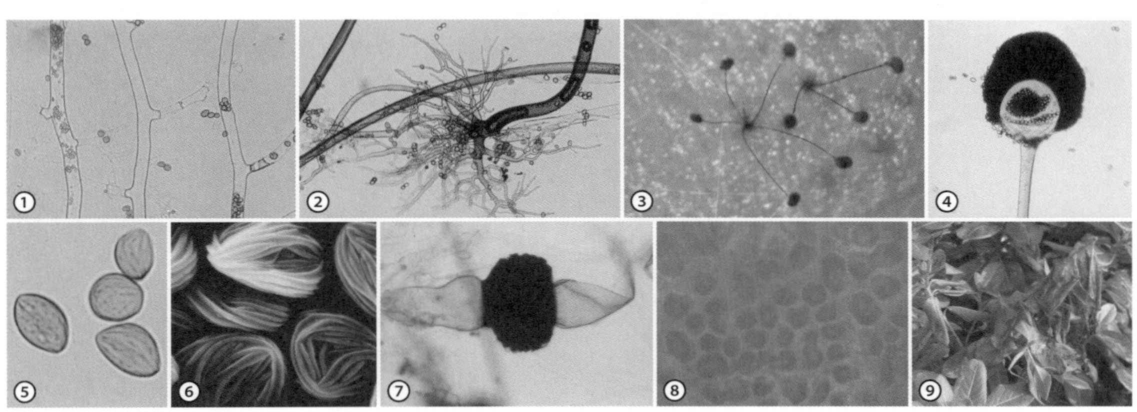

図 1.18　*Rhizopus* 属　〔口絵 p 008〕

Rhizopus stolonifer var. *stolonifer*：①菌糸　②仮根　③葉上の菌体（胞子嚢，胞子嚢柄など）　④胞子嚢と柱軸　⑤⑥胞子嚢胞子（⑥ SEM 像）　⑦接合胞子と接合胞子支持柄　⑧接合胞子の表面　⑨ニチニチソウくもの巣かび病の症状

〔⑥-⑧佐藤豊三〕

軸は淡褐色、亜球形、直径 85 - 183μm。胞子嚢胞子は淡褐色～暗褐色、単胞、やや角ばった亜球形～卵形で、表面には多数の筋状の隆起をもち、6.5 - 17 × 6.5 - 17.5μm。接合胞子は淡褐色～黒色、亜球形～扁球形、粗面で、直径 92 - 188μm。ヘテロタリック。多犯性。

＊竹内 純 (2007) 東京農総研研報 2：1 - 106.

〔症状と伝染〕ニチニチソウくもの巣かび病：葉縁から水浸状の腐敗を生じ、急速に茎が侵され、萎凋や株枯れを起こす。病患部にくもの巣様のカビが被い、多数の微小黒粒（胞子嚢）が形成される。高湿度条件下では菌糸が速やかに伸長し、蔓延する。伝染経路の詳細は不明であるが、生育期には胞子嚢胞子が雨風や昆虫により伝搬される。モモ、イチジク、メロンなどは収穫後の過熟した果実に腐敗を起こす。

＊他にイネ苗立枯病の病原菌として *Rhizopus arrhizus* A. Fischer、*R. chinensis* Saito、*R. javanicus* Y. Takeda が記録されている。

2　*Choanephora* 属

a. 所属：ケカビ目

b. 特徴（図 1.19）：

菌糸は隔壁を欠き、匍匐するが、仮根を形成しない。胞子嚢柄は先端近くでワラビの芽のように巻いて湾曲する。胞子嚢は単生し、柱軸がある。これらの器官はルーペや実体顕微鏡で観察できる。胞子嚢胞子は両端に繊細な付属糸をもち、表面に縦の条線がある。単胞子性胞子嚢（分生子）は頂嚢から放射状に伸びた短枝上の副嚢表面に多産される。接合胞子形成様式はクギヌキ形。接合胞子は表面が条線状となる。

c. 観察材料：

Choanephora cucurbitarum (Berkeley & Ravenel) Thaxter（図 1.19 ① - ⑩）＝エンドウ・キャベツ・ホウレンソウ・ペチュニアこうがいかび病、カボチャこうがい毛かび病

〔形態〕単胞子性胞子嚢は、球形の副嚢上に形成され、褐色、単胞、楕円形～紡錘形、表面に縦縞状の条線があり、11 - 23 × 8 - 13μm。胞子嚢柄は上方で湾曲し、明瞭なカラーを有し、胞子嚢を頂生する。胞子嚢は類球形、粗面、直径 36 - 136μm。胞子嚢膜は半球形に裂開し、胞子嚢胞子を放出する。胞子嚢胞子は単褐色～褐色、単胞、楕円形、不明瞭な縦縞条線があり、14 - 24 × 9 - 14μm、両極にある付属糸は各 10 数本。異菌株との交配によって有性器官を形成する。接合胞子は黒褐色で、単胞、類球形、直

図 1.19　*Choanephora* 属　〔口絵 p 008〕

Choanephora cucurbitarum：①単胞子性胞子嚢（分生子）の集塊と単胞子性胞子嚢柄（分生子柄）　②同（拡大）　③④単胞子性胞子嚢　⑤胞子嚢　⑥胞子嚢の裂開　⑦胞子嚢胞子　⑧接合胞子　⑨⑩ペチュニアこうがいかび病の症状
〔①③ - ⑧⑩竹内 純　②佐藤豊三〕

径 42 - 62μm。PDA 培地上の菌糸生育適温は30℃、好適条件下の生育は極めて旺盛で、24時間に 40mm 以上伸長する。多犯性。

＊竹内 純 (2007) 東京農総研研報 2：1 - 106.

〔症状と伝染〕ペチュニアこうがいかび病：はじめ老化した花弁などが、水浸状に腐敗して萎れ、次いで花蕾、萼、茎葉などに進展して暗緑色に軟化腐敗する。病患部には微小黒粒（単胞子性胞子嚢）と菌糸が豊富に形成される。罹病植物の残渣中で、菌糸や胞子嚢が越冬する。生育期には胞子が飛散し、あるいは菌糸が伸長して急速に蔓延する。

Ⅱ - 5　子嚢菌類

子嚢菌類は、菌界では担子菌類と並ぶ大きな群であり、３千数百の属に３万数千種が記載されている。子嚢菌類の特徴として、有性世代の形態（テレオモルフ）と無性世代の形態（アナモルフ）は明確に区別され、有性生殖は子嚢の内部に子嚢胞子を生じ、無性生殖は分生子によるものが多い。

a. 器官と生態：

菌糸体、分生子果（分生子殻、分生子層）、分生子座、分生子、子嚢果、子嚢胞子などを形成する。菌糸は隔壁をもつ。子嚢世代（テレオモルフ、完全世代、有性世代）を生じる器官で特別に発達した菌糸の集合体を子嚢果と総称する。子嚢果はその構造から、閉子嚢殻、子嚢殻、

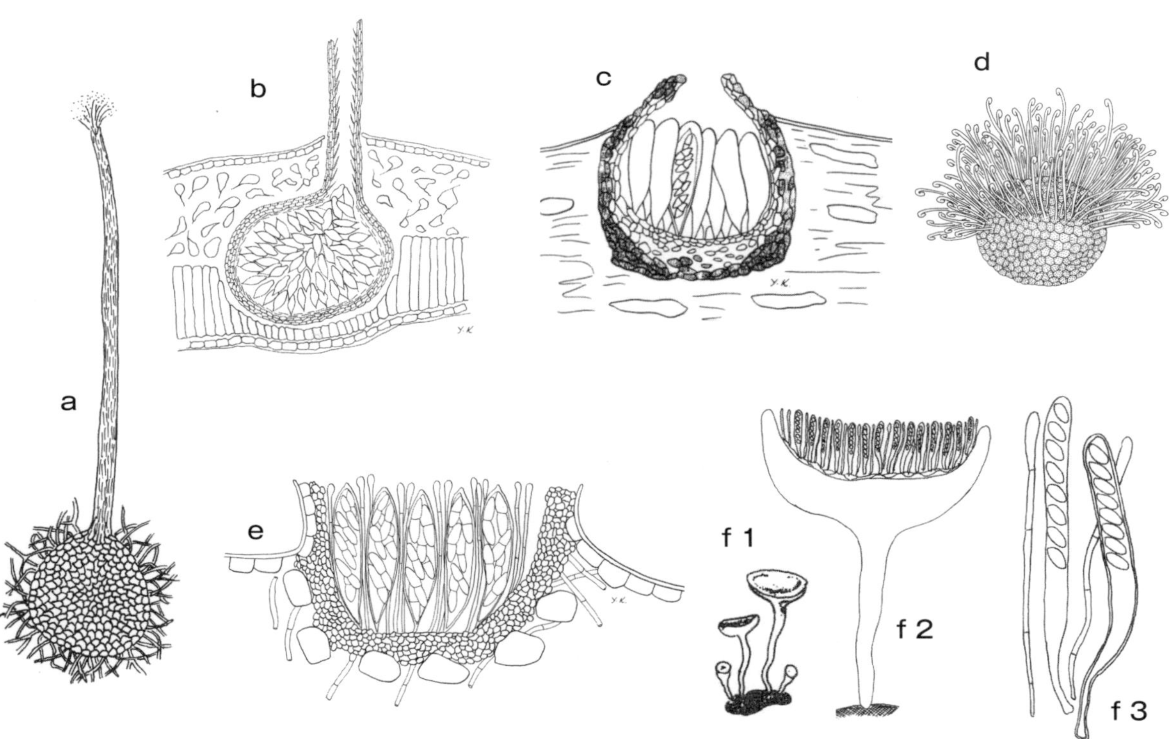

図 1.20　子嚢果の種類

子嚢殻：a. *Ceratocystis coerulescens*　b. *Gnomonia setacea*　偽子嚢殻：c. *Mycosphaerella pinodes*
閉子嚢殻：d. *Pleochaeta shiraiana*（うどんこ病菌）　子嚢盤：e. *Diplocarpon rosae*
f. *Botryotinia fuckeliana*（f 1：菌核と子嚢盤　f 2：子嚢盤の断面　f 3：子嚢と子嚢胞子，側糸）

〔ab. 小林享夫　ce. 我孫子和雄　d. 勝本 謙　f. 高野喜八郎〕

偽子嚢殻、子嚢盤などに分類される(図 1.20)。閉子嚢殻は子嚢の集団が、球状～亜球状の殻で囲まれて閉じた構造で、うどんこ病菌が代表例である。子嚢殻は殻の頂部に、子嚢胞子の噴出口である孔口を有する構造で、胴枯病菌などで形成される。偽子嚢殻は子嚢が殻に囲まれることなく、子座の腔室内で発達し、腔室が子嚢殻状となった構造で、*Mycosphaerella* 属などに見られる。子嚢盤は盃状、釘の頭状あるいは皿状で、微小なキノコ様の構造であり、上面に子嚢を裸出して並列に生じるもので、菌核病菌、灰色かび病菌などのテレオモルフに見られる。無性生殖は分生子を形成して行われる。有性生殖の様式はグループによって異なり、造精器と造嚢器による配偶子嚢の接触ならびに配偶子嚢接合、不動精子による受精、あるいは体細胞接合などに基づく。受精による核融合に引き続いて減数分裂が行われ、通常は3回の減数分裂により、子嚢内に8個の子嚢胞子が形成されるが、属種によっては 16 個、32 個あるいは1個、4

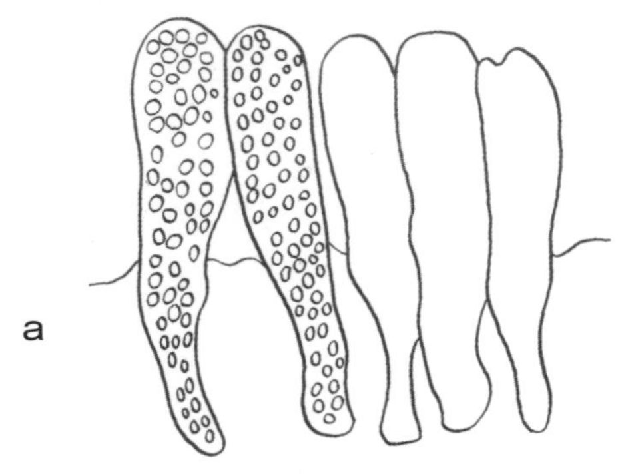

図 1.21　*Taphrina* 属（1）
Taphrina johansonii：a. 脚胞をもたない子嚢と子嚢内に充満する分生子
T. epiphylla：b. 脚胞をもつ子嚢と子嚢胞子
〔田中 潔〕

図 1.22　*Taphrina* 属（2）　〔口絵 p 009〕
Taphrina deformans：①ハナモモ葉肥大部表面の菌体
②③ハナモモ縮葉病の症状：②奇形果実　③葉の肥大，縮葉　④モモ縮葉病の症状
T. wiesneri：⑤子嚢と子嚢胞子・分生子
⑥-⑨サクラ‘ソメイヨシノ’てんぐ巣病の症状：⑥⑦小枝が叢生　⑧開花時に花が着かず，小葉が発生
⑨罹病葉の裏面
〔④牛山欽司　⑤⑨柿嶌 眞　⑥星 秀男〕

個などのものがある。

b. 主要な植物病原菌：

子嚢菌類には多くの植物病原菌を含む。タフリナ綱は子嚢果をもたず、子嚢が宿主植物の外表（葉の表面など）に現れて柵状に並ぶ。従来の子嚢菌綱はズキンタケ綱などに分割されている（表 1.3)。ウドンコカビ目は、植物病原菌の中で最大のグループである。ボタンタケ目には重要な植物病原菌群が含まれ、*Gibberella* 属菌（アナモルフ *Fusarium* 属）は、多数種の主要な農作物等に著しい被害をもたらす。ディアポルテ目には、果樹・樹木類の枝枯れや胴枯れ（幹の枯れ）を起こす菌類が含まれる。目不詳の炭疽病菌（*Glomerella* 属；アナモルフ *Colletotrichum* 属）は広範囲の植物に炭疽病を起こす。ビョウタケ目には、灰色かび病菌（*Botryotinia* 属；アナモルフ *Botrytis* 属）や菌核病菌（*Sclerotinia* 属；アナモルフ *Sclerotium* 属）など、宿主範囲が広く、農作物に大きな被害をもたらす病原菌が所属する。ドチデア目には *Elsinoë* 属（そうか病菌；アナモルフ *Sphaceloma* 属）などが含まれる。

1　*Taphrina* 属

a. 所属：タフリナ綱、タフリナ目

b. 特徴（図 1.21 - 22）：

菌糸には隔壁がある。子嚢は罹病した植物組織表面に、柵状に露出して形成される。子嚢胞子を８個生じるが、その後、すぐに出芽を繰り返すため、観察時には子嚢内が分生子で充満していることが多い。

c. 観察材料：

Taphrina deformans (Berkeley) Tulasne（図 1.22 ① - ④）＝ハナモモ・モモ 縮葉病

〔形態〕子嚢は棍棒状、頂部はやや平坦で、大きさ 25 - 50 × 8 - 12µm、短い脚胞を有し、子嚢内には８個の子嚢胞子を含む。子嚢胞子は無色単細胞、球形で、大きさ 3 - 5µm。出芽法により、子嚢内あるいは子嚢外で、多数の分生子を形成する。分生子は球形、2.5 - 6 × 4 - 8µm。

＊高梨和雄（1998）日本植物病害大事典 p 819.

〔症状と伝染〕モモ縮葉病：主に展葉期の新葉に発生し、まれに果実・枝に発病することもある。展葉直後から、葉が黄色～淡紅色あるいは淡緑色を呈するとともに、罹病部位が肥大して火膨れ状となる。のち、被害葉は肥厚、捩れ、縮れ等の奇形を起こし、のち白粉（子嚢胞子および分生子）に被われ、やがて腐敗して黒褐色に変わり、落葉する。枝や芽の付近に分生子が付着して越冬し、翌春の伝染源となる。

Taphrina farlowii Sadebeck
＝シウリザクラ・ウワミズザクラふくろ実病

T. mume Nishida ＝ウメ縮葉病

Taphrina pruni Tulasne ＝ウメ・スモモふくろ実病

〔症状と伝染〕スモモふくろ実病：主に果実に発生する。落花後間もなく、幼果が黄緑色のままで、長楕円形～莢状に異常肥大し、表面に多数の小じわができ、白粉（子嚢）で被われる。罹病果は肉厚で、内部に空洞ができる。５月下旬頃になると、罹病果は白粉が消失するとともに、黒褐色に萎縮し、やがて落果する。まれに葉に発生することもある。前年枝の芽や樹皮に分生子が潜入して伝染源となる。

Taphrina wiesneri (Ráthay) Mix（図 1.22 ⑤ - ⑨）
＝サクラ類 てんぐ巣病

〔症状と伝染〕サクラ類 てんぐ巣病：枝の一部が膨らみ、そこに多数の小枝が叢生し箒状（てんぐ巣状）となる。これらの小枝には花芽がほとんど着かず、開花期には小葉を密生する。罹病葉の裏には薄い白色粉状の菌体（病原菌の子嚢など）が確認できる。病巣は古くなると枯死して材が腐朽し、激害木は衰弱する。病原菌は罹病枝芽内部において、葉の葉肉細胞の細胞間隙に、菌糸の形で越冬する。‘ソメイヨシノ’は感受性が高く、放置すると被害が大きい。

2　うどんこ病菌

a. 所属：ズキンタケ綱、ウドンコカビ目

b. 特徴（図 1.23 - 37）：

菌糸は有隔壁で、①表生、②表生または細胞間隙に生育、③内生、に大別される。分生子形成様式が単生か鎖生かは属の特徴である。分生子の発芽管の形態は、タマネギの鱗片を使用した発芽法により観察し、Graminis 型、Polygoni 型、Cichoracearum 型、Pannosa 型、Fuliginea 型に大別される（図 1.25）。子嚢果は閉子嚢殻。分生子と分生子柄に、フィブロシン体を有する菌と、フィブロシン体を欠く菌がある。フィブロシン体を有する菌は、すべて分生子を鎖生する。一方、フィブロシン体を欠く菌は、分生子を鎖生する菌と単生する菌に分かれる。また、付属糸の形態が、①菌糸状、②先端が規則的に二叉に分枝する、③先端が巻く、④針状で基部が膨らむ、などの特徴は属や節を見分ける有力なポイントである（図 1.26）。その他、分生子発芽管の形態、菌糸や発芽管上の付着器の形態などを観察して類別する。近年、うどんこ病菌は遺伝子解析結果を基礎に、分類体系が大きく変わって属が改変され、一部の属では属の中に節が設けられた。ただし、分類形質の形態的特徴は、新分類体系でも重視されているので、従来の形態に基づいた分類が生かせるような検索が可能である（表 1.7 - 8）。

【*Blumeria* 属】（図 1.27）

アナモルフは *Oidium* 属（*Oidium* 属 *Oidium* 亜属）。菌糸は表生し、無色のち褐色、有隔壁。菌糸上の付着器は乳頭突起状。閉子嚢殻は鎌形の剛毛様菌糸中に埋生し、付属糸は菌糸状、殻内には子嚢を多数生じる。子嚢は子嚢胞子を 8 個含むが、子嚢胞子は梅雨期を経過しないと成熟しない。分生子柄は菌糸上に直立し、基部細胞が膨大し、分生子を鎖生する。フィブロシン体を欠く。分生子の発芽管は突起状で短いものと、先端に突起状の付着器を形成する長いものがある。絶対寄生菌。外部寄生性。

【*Cystotheca* 属】（図 1.28）

本属のアナモルフは *Setoidium* 属（*Oidium* 属 *Setoidium* 亜属）。菌糸は表生し、有隔壁で、はじめ無色、すぐに灰褐色〜紫褐色。閉子嚢殻の殻壁は二層、子嚢を 1 個形成し、内に子嚢胞子を 8 個含む。鎌形の特徴的な剛毛（毛状細胞）を生じる。分生子は分生子柄上に鎖生。フィブロシン体を有す。子嚢胞子と剛毛の形態、宿主で類別できる。絶対寄生菌。外部寄生性。

【*Erysiphe* 属】（図 1.29 - 31）

アナモルフの属は *Pseudoidium* 属（*Oidium* 属 *Pseudoidium* 亜属）。菌糸は表生で無色、有隔壁。閉子嚢殻は数層の殻壁からなり、節により特徴的な付属糸を生じ、殻内に数個の子嚢を含む。子嚢胞子数は数個。分生子は表生菌糸から直立した、分生子柄上に単生する。フィブロシン体を欠く。菌糸上の付着器は拳状。分生子の発芽管は、先端に拳状の付着器を形成する Polygoni 型。付属糸の形状から、*Erysiphe* 節（従来分類の *Erysiphe* 属；付属糸は菌糸状）、*Microsphaera* 節（従来の *Microsphaera* 属；付属糸の先端部が規則正しく二叉に分岐）、*Uncinula* 節（従来の *Uncinula* 属と *Uncinuliella* 属；付属糸は渦巻き状）、*Typhulochaeta* 節（従来の *Typhulochaeta* 属；付属糸は棍棒状）などに分類される。絶対寄生菌。外部寄生性。

【*Golovinomyces* 属】（図 1.32）

本属のアナモルフは *Euoidium* 属（*Oidium* 属 *Reticuloidium* 亜属）。菌糸は表生し、無色のち灰色〜褐色、有隔壁。閉子嚢殻の付属糸は単純な菌糸状、無色または褐色。子嚢は殻内に 8 - 15 個生じ、子嚢胞子 2 - 3 個を含む。分生子は

菌糸上に直立した分生子柄上に鎖生する。フィブロシン体を欠く。菌糸上の付着器は乳頭突起状、分生子の発芽管は Cichoracearum 型。種は各器官の形態、子嚢胞子数、付属糸の発生部位（殻の基部または上半球）、宿主などから区別できる。絶対寄生菌。外部寄生性。

【*Phyllactinia* 属】（図 1.33）

アナモルフは *Ovulariopsis* 属。菌糸は有隔壁、無色のち灰色～褐色、あるいは消失性で、表生するものと、植物内に侵入して細胞間隙を生育するものとがある。閉子嚢殻は頂端に筆状細胞をもち、付属糸は針状で先端が尖り、基部は半球形。子嚢は殻内に多数生じ、子嚢胞子を 2 - 3 個内蔵する。分生子は菌糸上に直立した、分生子柄上に単生する。フィブロシン体を欠く。分生子の発芽管および菌糸上の付着器は拳状。種は各器官の形態と、子嚢ならびに子嚢胞子の数、宿主などにより区別できる。絶対寄生菌。半内部寄生性。

【*Podosphaera* 属】（図 1.34 - 35）

アナモルフの属は *Fibroidium* 属（*Oidium* 属 *Fibroidium* 亜属）。菌糸は表生し、隔壁があり無色、のちに灰白色～黒褐色の二次菌糸を生じる。閉子嚢殻の付属糸は菌糸状（*Sphaerotheca* 節）、あるいは真直で先端が規則的に二叉に分岐（*Podosphaera* 節）。子嚢は殻内に 1 個生じて、子嚢胞子を数個含む。また、分生子は菌糸上に直立した、分生子柄上に鎖生する。フィブロシン体を有す。分生子の発芽管と菌糸上に形成される付着器は、比較的単純な突起または膨らみをもつ。絶対寄生菌。外部寄生性。

【*Sawadaea* 属】（図 1.36）

アナモルフの属は *Octagoidium* 属（*Oidium* 属 *Octagoidium* 亜属）。菌糸は表生し、無色で隔壁をもつ。閉子嚢殻は多数の子嚢を含み、付属糸は殻の上部に環状に多数生じ、二叉～三叉に分岐し、先端は軽く渦状あるいは鉤（かぎ）状に曲がる。子嚢胞子は 8 個。また、分生子は菌糸上に直立した、分生子柄上に鎖生する。フィブロシン体を有する。分生子には大小の 2 型があって、大型分生子の発芽管は、途中に単純な付着器を生じ、菌糸上の付着器は単純な突起状。種は付属糸の数・形態（分岐部位、無分枝の多少など）で類別できる。絶対寄生菌。外部寄生性。

【*Oidiopsis* 属】（図 1.37）

テレオモルフは *Leveillula* 属。菌糸は隔壁をもち、無色で、通常は植物内に侵入後、細胞間隙を伸長し、葉肉細胞に吸器を形成するが、一部の菌糸は葉裏面上で生育する。分生子柄は気孔から叢生し、あるいは葉面の菌糸上に生じてその頂部に分生子を単生する。分生子は無色、単胞、大型で 2 種類ある（第一次分生子は一端が尖った披針形、第二次分生子は長楕円形）。絶対寄生菌。内部寄生性。

c. 観察材料：

＊学名および宿主（抜粋）は高松 進（2012）による。

Blumeria graminis (DC.) Speer〔シノニム *Erysiphe graminis* DC.〕（図 1.27 ① - ⑨）

＝オオムギ・コムギなどムギ類、イタリアンライグラス、カモジグサ類 うどんこ病

〔形態〕菌糸は無色、薄壁、幅 5 - 10μm。鎌形の剛毛様菌糸は灰色～淡褐色、厚壁で、200 - 400 × 4 - 8μm。閉子嚢殻は黒色～黒褐色、球形～扁球形、直径 170 - 230μm、付属糸は菌糸状で分岐せず、基部は淡褐色で隔壁はなく、8 - 16 本生じ、長さ 110 - 145μm。子嚢は殻内に 8 - 14 個あり、無色、単胞、広楕円形、有柄、70 - 90 × 24 - 42μm、子嚢胞子を 8 個含む。子嚢胞子は無色、単胞、広楕円形、14 - 22 × 9 - 16μm。分生子柄は菌糸上に直立し、5 - 8 隔壁、90 - 200 × 6 - 10μm、基部は球形～紡錘形に膨れ、幅 12 - 16μm。分生子は鎖生し、無色、単胞、楕円形～長楕円形、26 - 50 × 10 - 22μm。フィブロシン体を欠く。子嚢胞子は梅雨後に成熟する。本菌には寄生性の分化がある。

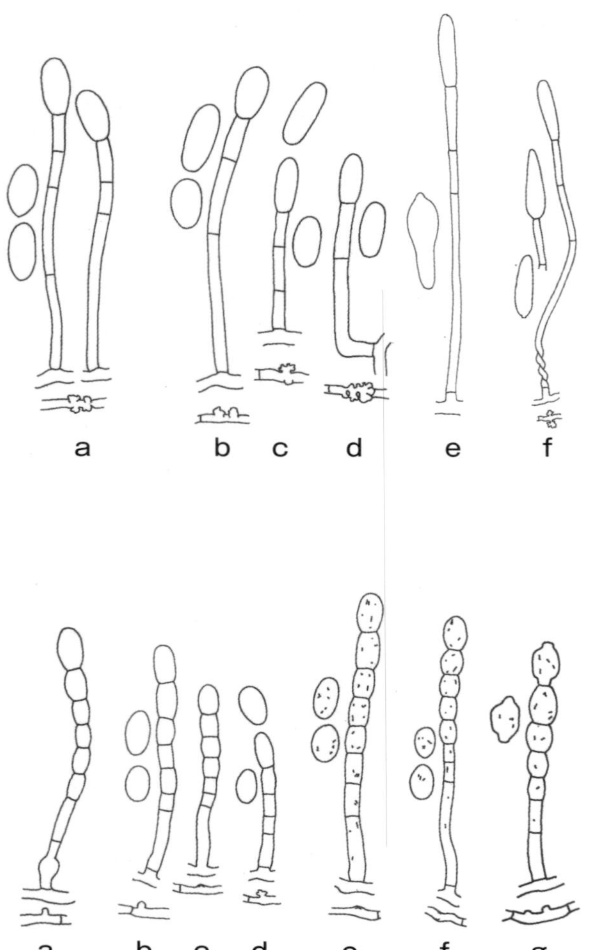

図 1.23　単生するうどんこ病菌の分生子，分生子柄および菌糸上の付着器の形態的特徴

a. *Erysiphe* sp.　b. *Erysiphe buckleyae*
c. *Erysiphe heraclei*　d. *Erysiphe simulans*
e. *Leveillula* sp.
f. *Pleochaeta shiraiana*
いずれもフィブロシン体を欠き，菌糸上に拳状の付着器を形成する　〔佐藤幸生〕

図 1.24　鎖生するうどんこ病菌の分生子，分生子柄および 菌糸上の付着器の 形態的特徴

a. *Blumeria graminis*　bc. *Golovinomyces* sp.
d. *Neoërysiphe galeopsidis*
e. *Podosphaera fusca*
f. *Podosphaera aphanis* var. *aphanis*　g. *Sawadaea* sp.
a - d はフィブロシン体を欠き，e - g はフィブロシン体をもつ．a - c と e - g はそれぞれ菌糸上に乳頭突起状の付着器あるいはわずかな膨大部を形成し，d は拳状の付着器を形成する　〔佐藤幸生〕

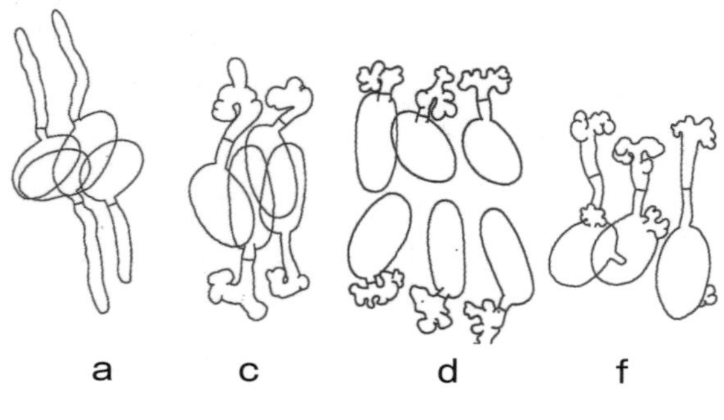

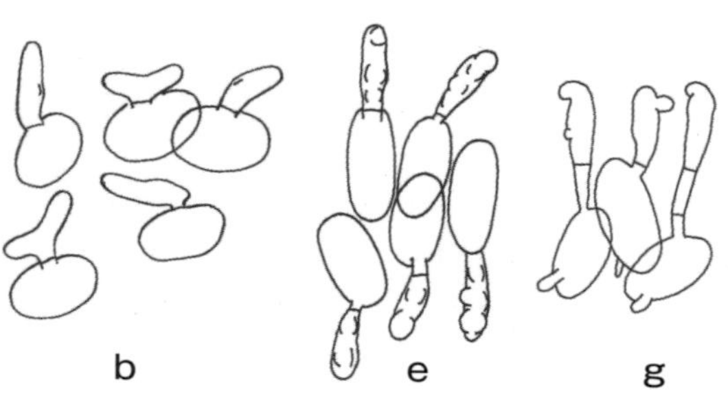

図 1.25　うどんこ病菌の分生子の発芽管の形態的特徴

a. Pannosa 型：発芽管の途中がわずかに膨らむ
b. Fuliginea 型：発芽管が二叉に分枝するか片側に屈曲するか棍棒状で，いずれも発芽管の途中に付着器を形成する
cd. Polygoni 型：発芽管の先端に拳状の付着器を形成する．付着器は単純なものから複雑なものまで認められる
e. Cichoracearum 型：発芽管の途中に乳頭突起状か，わずかに膨らむ付着器を発芽管の片側または両側に形成する
f. *Uncinula* sp.：*Uncinula* 節には、発芽管の先端および基部の両方に拳状の付着器を形成する種があり，通常の Polygoni 型と区別される
g. Graminis 型（*Blumeria graminis*）：付着器を形成しない第一次発芽管と付着器を形成する発芽管の計２本の発芽管を生じる　〔佐藤幸生〕

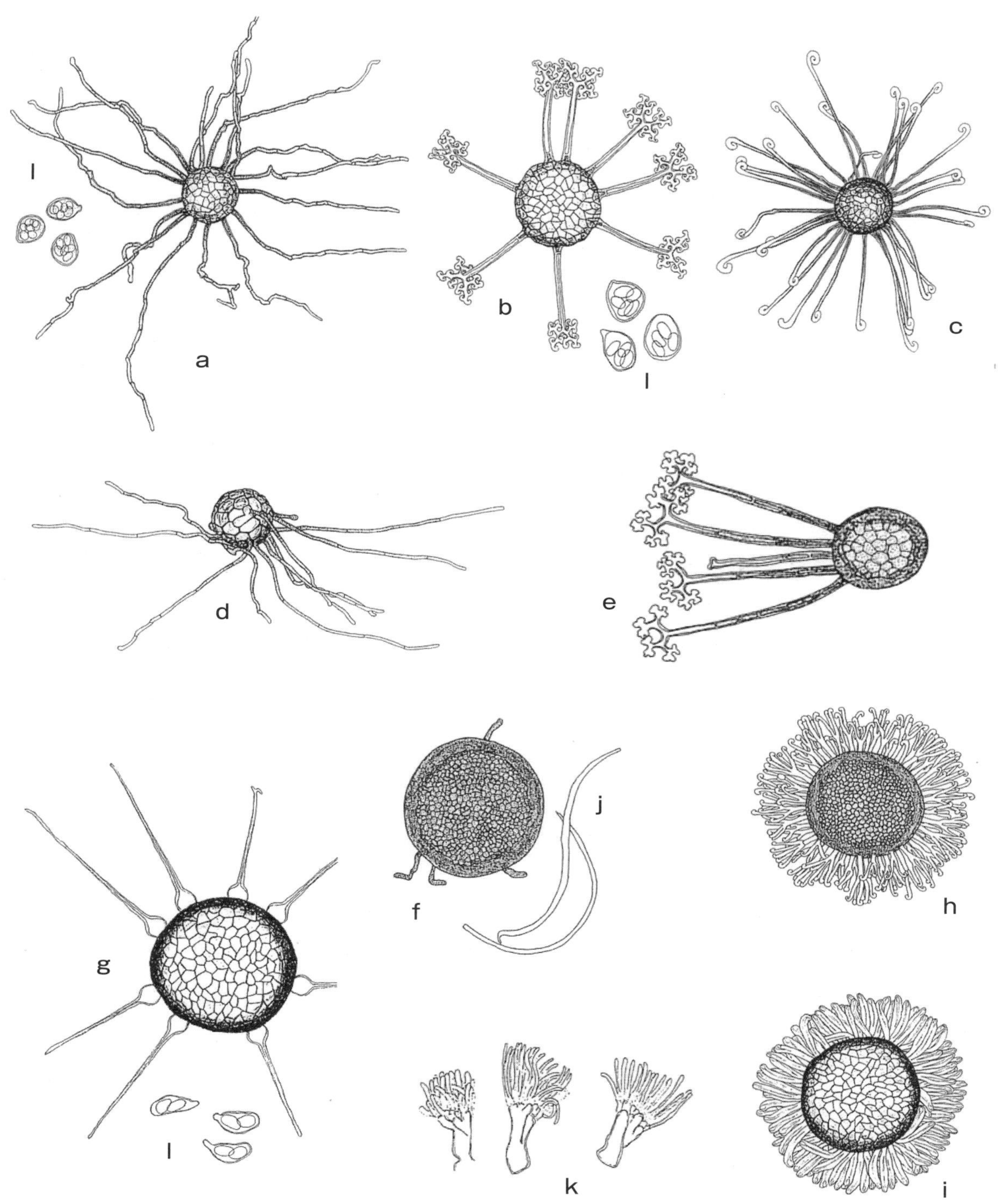

図 1.26　うどんこ病菌の閉子嚢殻世代の形態的特徴

a. *Erysiphe* 属 *Erysiphe* 節菌　b. *Erysiphe* 属 *Microsphaera* 節菌　c. *Erysiphe* 属 *Uncinula* 節菌
d. *Podosphaera* 属 *Sphaerotheca* 節菌　e. *Podosphaera* 属 *Podosphaera* 節菌　f. *Blumeria* 属菌
g. *Phyllactinia* 属菌　h. *Sawadaea* 属菌　i. *Erysiphe* 属 *Typhulochaeta* 節菌
j. *Blumeria* 属菌の剛毛様菌糸　k. *Phyllactinia* 属菌の筆状細胞　l. 子嚢と子嚢胞子
a - c と f - i の菌は閉子嚢殻に複数の子嚢を形成．d と e は閉子嚢殻内に 1 個の子嚢を形成　〔佐藤幸生〕

表 1.7　新しい分類体系に基づいた，うどんこ病菌の属レベルの検索表

【完全世代属および節の検索表】

1	－内部（半内部）寄生性である	2
	－表皮寄生性である	5
2	－付属糸は菌糸状	*Leveillula*
	－付属糸は菌糸状でない	3
3	－付属糸は基部が膨らんだ針状	*Phyllactinia*
	－付属糸の先端が渦巻状に巻く	4
4	－分生子はレモン形で着色する	*Queirozia*
	－分生子は着色しないか，着色しても淡い	*Pleochaeta*
5	－分生子を形成しない	6
	－通常，分生子を形成する	9
6	－閉子嚢殻の殻壁は一層	*Erysiphe* sect. *Californiomyces*
	－閉子嚢殻の殻壁は数層	7
7	－付属糸は棍棒状	*Erysiphe* sect. *Typhulochaeta*
	－付属糸先端部が渦巻状に巻く	8
8	－ブナ科に寄生．付属糸に多数の隔壁がある	*Parauncinula*
	－カエデ科に寄生	*Takamatsuella*
9	－分生子は単生	10
	－分生子は鎖生	12
10	－付属糸は菌糸状	*Erysiphe* sect. *Erysiphe*
	－付属糸は菌糸状でない	11
11	－付属糸先端部が数回二叉分岐する	*Erysiphe* sect. *Microsphaera*
	－付属糸先端部が渦巻状に巻く	*Erysiphe* sect. *Uncinula*
12	－閉子嚢殻内の子嚢は単数	13
	－閉子嚢殻内の子嚢は複数	15
13	－菌叢に褐色の剛毛を生じる．ブナ科に寄生	*Cystotheca*
	－菌叢に褐色の剛毛を生じない	14
14	－付属糸は菌糸状	*Podosphaera* sect. *Sphaerotheca*
	－付属糸は先端が数回二叉分岐	*Podosphaera* sect. *Podosphaera*
15	－分生子および分生子柄内に明瞭なフィブロシン体を有する	*Sawadaea*
	－分生子および分生子柄内に明瞭なフィブロシン体を有しない	16
16	－イネ科に寄生．付属糸はほとんどない	*Blumeria*
	－明瞭な付属糸を有する	17
17	－付属糸は菌糸状	18
	－付属糸は菌糸状でない	20

表 1.7（続）

18 ー閉子嚢殻の殻壁は一層 …… *Brasiliomyces*
ー閉子嚢殻の殻壁は数層 …… 19

19 ー子嚢内の子嚢胞子数は２〜３個，まれに４個 …… *Golovinomyces*
ー子嚢胞子は越冬前は未分化．子嚢胞子数は２〜８個 …… *Neoërysiphe*

20 ー付属糸は先端が数回二叉分岐する．*Licium*（クコ）属植物に寄生 …… *Arthrocladiella*
ー付属糸は閉子嚢殻の頂部からタフト状に生じ，先端が渦巻状に巻く．南米で *Schinopsis* 属植物に発生 …… *Caespitotheca*

【無性世代の形態のみによる属の検索表】 カッコ内は不完全世代属

1 ー内部（半内部）寄生性である …… 2
ー表皮寄生性である …… 4

2 ー分生子および分生子柄が着色 …… *Queirozia*
ー分生子および分生子柄は着色しない …… 3

3 ー分生子柄は通常内生菌糸から生じ，気孔から伸長する …… *Leveillula*（*Oidiopsis*）
ー分生子柄は外生菌糸から生じる …… *Phyllactinia*，*Pleochaeta*（*Ovulariopsis*）

4 ー分生子内に明瞭なフィブロシン体がみられる …… 5
ー分生子内に明瞭なフィブロシン体がみられない …… 7

5 ー大型分生子と小型分生子が形成される …… *Sawadaea*（*Octagonium*）
ー小型分生子は形成されない …… 6

6 ー褐色の鎌型気中菌糸を形成する．ブナ科に寄生 …… *Cystotheca*（*Setoidium*）
ー褐色の気中菌糸を形成しない …… *Podosphaera*（*Fibroidium*）

7 ー分生子柄基部が膨らむ．イネ科に寄生 …… *Blumeria*（*Oidium*）
ー分生子柄基部は膨らまない …… 8

8 ー分生子は非常に小さく（20 - 30 × 6 -12μm），油球がある …… （*Microidium*）
ー分生子は大きい …… 9

9 ー分生子は単生 …… *Erysiphe*（*Pseudoidium*）
ー分生子は鎖生 …… 10

10 ー気中菌糸から厚膜の二次菌糸を生じる．南米で *Schinopsis* 属植物に発生 …… *Caespitotheca*
ー特別な気中菌糸を生じない …… 11

11 ー分生子発芽管および菌糸上の付着器は拳状 …… *Neoërysiphe*（*Striatoidium*）
ー分生子発芽管および菌糸上の付着器は棍棒状または乳頭状 …… 12

12 ー分生子柄の辺は鋸羽状．*Lycium*（クコ）属植物に寄生 …… *Arthrocladiella*（*Graciloidium*）
ー分生子柄の辺は波板状 …… *Golovinomyces*（*Euoidium*）

〔高松 進　作成〕

〈参考〉高松 進（2012）2012 年に発行された新モノグラフにおけるうどんこ病菌分類体系改訂の概説．三重大学大学院生物資源学研究科紀要 38：1 - 73.

表 1.8　うどんこ病菌主要属の新旧所属および形態的特徴・宿主・寄生様式の対照表

旧所属 属　名	新所属 属　名 sect. 節 （アナモルフの属）	寄生様式による区別	テレオモルフ 閉子嚢殻の付属糸の形状	 殻内の子嚢数	宿主植物 （草本・木本の別；宿主の例）
Blumeria	*Blumeria* (*Oidium*)	外部寄生菌 （表生）	菌糸状	複数	草本植物（イネ科のみ）；オオムギ，コムギ
Erysiphe	*Erysiphe* sect.*Erysiphe* (*Pseudoidium*)	外部寄生菌 （表生）	菌糸状	複数	草本植物；エンドウ，トマト，ニンジン，デルフィニウム
	Golovinomyces (*Euoidium*)	外部寄生菌 （表生）	菌糸状	複数	草本植物；キク，ホオズキ
	Neoërysiphe (*Striatoidium*)	外部寄生菌 （表生）	菌糸状	複数	草本植物；ゲンノショウコ
Microsphaera	*Erysiphe* sect.*Microsphaera* (*Pseudoidium*)	外部寄生菌 （表生）	先端は規則的に数回，叉状分岐	複数	木本植物；コブシ，モクレン，ハナミズキ
Uncinula	*Erysiphe* sect.*Uncinula* (*Pseudoidium*)	外部寄生菌 （表生）	先端は渦巻状または鉤状，長く１形のみ	複数	木本植物；エノキ，ケヤキ，ケムリノキ
Uncinuliella	*Erysiphe* （*Uncinula*） (*Pseudoidium*)	外部寄生菌 （表生）	先端は渦巻状または鉤状，長短２形	複数	木本植物；サルスベリ，ノイバラ
Cystotheca	*Cystotheca* (*Setoidium*)	外部寄生菌 （表生）	菌糸状	1個	木本植物；アラカシ，シラカシ，ツブラジイ
Podosphaera	*Podosphaera* sect.*Podosphaera* (*Fibroidium*)	外部寄生菌 （表生）	先端は規則的に１～数回，叉状分岐	1個	木本植物；ウメ，サクラ，シモツケ
Sphaerotheca	*Podosphaera* sect.*Sphaerotheca* (*Fibroidium*)	外部寄生菌 （表生）	菌糸状	1個	草本植物；イチゴ，キュウリ，セイヨウバラ
Sawadaea	*Sawadaea* (*Octagoidium*)	外部寄生菌 （表生）	２～３叉分岐し，先端は軽く巻くか鉤状	複数	木本植物（カエデ科カエデ属のみ）；イタヤカエデ，カジカエデ，ヤマモミジ
Phyllactinia	*Phyllactinia* (*Ovulariopsis*)	半内部寄生菌 （表生または細胞間隙に生育）	針状、基部は半球状	複数	木本植物；カキ，ナシ，クワ
Pleochaeta	*Pleochaeta* (*Ovulariopsis*)	半内部寄生菌 （表生または細胞間隙に生育）	先端は渦巻き状	複数	木本植物；エノキ，ムクノキ
Leveillula	*Leveillula* (*Oidiopsis*)	内部寄生菌（細胞間隙に生育）	菌糸状	複数	草本植物；ピーマン，トマト

表 1.8（続）

旧所属	新所属	アナモルフ				その他の特徴的な形態
属　名	属　名 sect. 節 （アナモルフの属）	分生子形成様式	分生子の発芽管の形態	フィブロシン体の有無	菌糸上の付着器	
Blumeria	*Blumeria* (*Oidium*)	鎖生	Graminis 型	無	乳頭状	吸器に手指状の突起あり
Erysiphe	*Erysiphe* sect.*Erysiphe* (*Pseudoidium*)	単生	Polygoni 型	無	拳状	
	Golovinomyces (*Euoidium*)	鎖生	Cichoracearum 型	無	乳頭突起状	
	Neoërysiphe (*Striatoidium*)	鎖生	Polygoni 型	無	拳状	
Microsphaera	*Erysiphe* sect.*Microsphaera* (*Pseudoidium*)	単生	Polygoni 型	無	拳状	
Uncinula	*Erysiphe* sect.*Uncinula* (*Pseudoidium*)	単生	Polygoni 型	無	拳状	分生子の発芽管の基部と先端の両方に付着器を生じる
Uncinuliella	*Erysiphe* （*Uncinula*） (*Pseudoidium*)	単生	Polygoni 型	無	拳状	
Cystotheca	*Cystotheca* (*Setoidium*)	鎖生	Pannosa 型	有	わずかな膨らみ	鎌形の毛状細胞をもつ．菌糸はのちに灰褐色～紫褐色となる
Podosphaera	*Podosphaera* sect.*Podosphaera* (*Fibroidium*)	鎖生	Pannosa 型	有	単純な突起状	
Sphaerotheca	*Podosphaera* sect.*Sphaerotheca* (*Fibroidium*)	鎖生	Fuliginea 型 Pannosa 型	有	わずかな膨らみ	
Sawadaea	*Sawadaea* (*Octagoidium*)	鎖生	Pannosa 型	有	単純な突起状	付属糸は閉子嚢殻の上部に冠状に生じる．分生子は大小２型
Phyllactinia	*Phyllactinia* (*Ovulariopsis*)	単生	Polygoni 型	無	拳状	閉子嚢殻の頂部に筆状細胞をもつ
Pleochaeta	*Pleochaeta* (*Ovulariopsis*)	単生	Polygoni 型	無	複雑な拳状	分生子柄基部は１，２回螺旋状に巻く
Leveillula	*Leveillula* (*Oidiopsis*)	単生	Polygoni 型	無	複雑な拳状	本邦では閉子嚢殻を未発見

〈参考〉Braun & Cook（2012），佐藤幸生（2002），佐藤幸生・堀江博道（2009），高松 進（2002, 2012）

＊野村幸彦（1997）日本産ウドンコ菌科の分類学的研究 p 162.

〔症状と伝染〕コムギうどんこ病：葉や葉鞘、稈、穂に発生する。下葉に円形～楕円形の厚い白色菌叢を生じ、すぐに葉全面および上部へと拡がり、株全体がうどん粉をかぶったように見える。のち菌叢は灰白色～淡褐色となり、黒色の小粒点（閉子嚢殻）が散生する。罹病株残渣中の菌糸や閉子嚢殻で越冬・越夏し、伝染源となる。分生子は風により伝播し、発芽した菌糸が宿主の表皮細胞に数本の指状突起をもつ吸器を挿入し、栄養を摂取する。

Cystotheca lanestris (Harkn.) Miyabe（図 1.28 ①）＝クヌギ・コナラ・ミズナラなどナラ類 紫(むらさき)かび病

Cystotheca wrightii Berk. & M.A. Curtis（図 1.28 ② - ⑩）＝アラカシ・シラカシなどカシ類、ツブラジイなどシイノキ類 紫かび病

〔形態〕閉子嚢殻は暗褐色、球形～扁球形、直径 60 - 80µm。殻壁は二層で、外層が褐色～暗

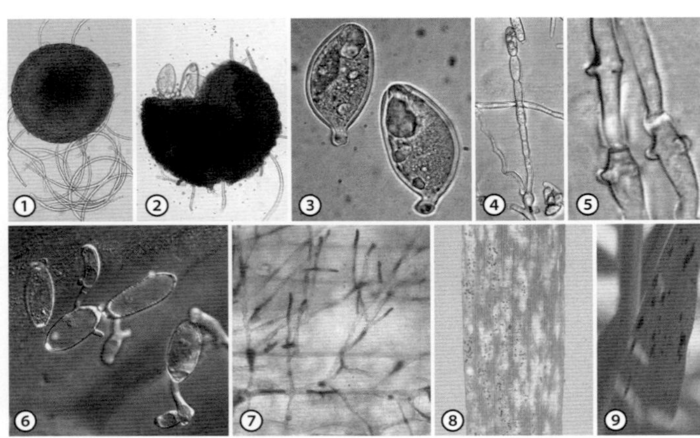

図 1.27　*Blumeria* 属　〔口絵 p 010〕
Blumeria graminis：
①閉子嚢殻　②閉子嚢殻と子嚢
③子嚢（子嚢胞子未熟）
④分生子柄と分生子　⑤菌糸上の付着器
⑥分生子の発芽管
⑦分生子柄と分生子形成
⑧コムギうどんこ病の症状
⑨抵抗性品種上の病徴
〔① - ③⑦⑨佐藤幸生　④ - ⑥中島千晴〕

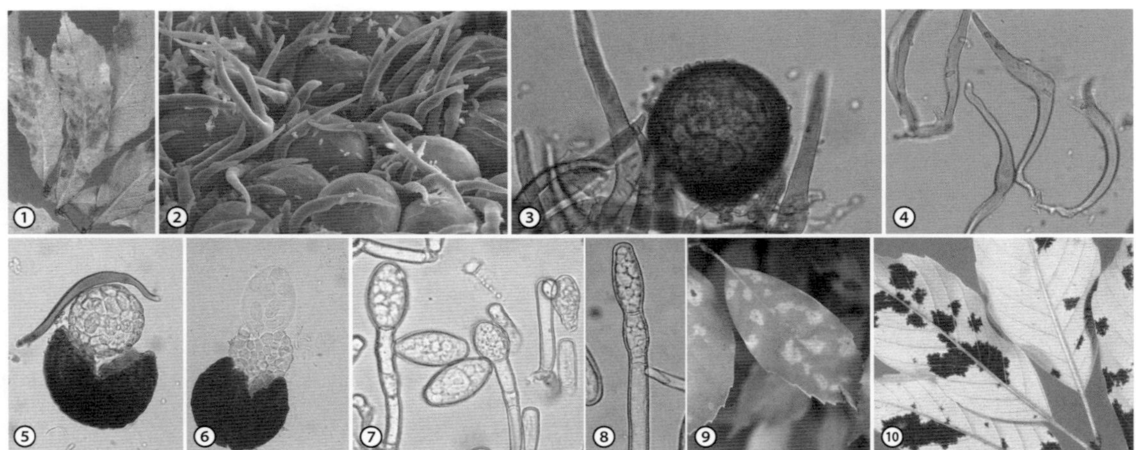

図 1.28　*Cystotheca* 属　〔口絵 p 010〕
Cystotheca lanestris：①コナラ紫かび病の症状（葉裏）
C. wrightii：②閉子嚢殻と毛状細胞（アラカシ；SEM 像）③同（③ - ⑧シラカシ）④毛状細胞
⑤閉子嚢殻から分離した内壁（子嚢を含む）⑥内壁から出る子嚢（８個の子嚢胞子を含む）⑦⑧分生子柄と分生子
⑨⑩アラカシ紫かび病の症状（⑨葉表　⑩葉裏）
〔②高松 進　③ - ⑧佐藤幸生〕

褐色、内層が無色。殻の底部からは菌糸状の付属糸を0 - 7本生じ、長さ20 - 27μm。子嚢は1個生じ、無色、亜球形～楕円形、有柄、55 - 68 × 43 - 48μm、子嚢胞子を6 - 8個内蔵する。子嚢胞子は無色、単胞、楕円形、16 - 25 × 10 - 12.5μm。毛状細胞は暗褐色、鎌形、厚壁、120 - 200 × 7 - 9μm。分生子柄は菌糸から直立する。分生子は鎖生し、無色、単胞、類球形～楕円形、のちやや樽形、32 - 40 × 20 - 25μm。フィブロシン体を有す。

＊野村幸彦（1997）日本産ウドンコ菌科の分類学的研究 p 8.

〔症状と伝染〕カシ類 紫かび病：若い葉の両面に白粉状の菌叢を生じ、夏前には葉裏に灰褐色～紫褐色で、ビロード状の菌叢が目立つようになり、夏季に至って、菌叢中に微小な閉子嚢殻が豊富に形成される。罹病葉上で越冬した子嚢胞子が、最初の伝染源になると考えられる。生育期には分生子が風により飛散して、伝染する。展葉間もない若い葉のみに感染する。

Erysiphe aquilegiae DC. var. *ranunculi* (Grev.) R.Y. Zheng & G.Q. Chen（*Erysiphe* 節；従来分類の *Erysiphe* 属）（図 1.29 ① - ⑥）
＝デルフィニウム・ラナンキュラス・キツネノボタンうどんこ病

〔形態〕閉子嚢殻は黒色～黒褐色、球形～扁球形、直径100 - 140μm、付属糸は菌糸様で、閉子嚢殻の下部より生じ、多くは波状に屈曲し、長さ110 - 460μm。子嚢は殻内に4 - 5個を生じ、無色、卵形～楕円形、有柄で、50 - 67 × 31 - 43μm、子嚢胞子を4 - 5個含む。子嚢胞子は単胞、楕円形～卵形、黄色を帯び、16 - 20 × 10 - 12μm。分生子は単生し、無色、単胞、卵形～楕円形、26 - 43 × 14 - 22μm。フィブロシン体を欠く。

＊佐藤幸生（2006）植物病原アトラス p 104.

Erysiphe cruciferarum Opiz. ex L. Junell（同；日本では完全世代未確認）
＝カブ・コマツナ・ダイコン・タカナ・ハクサイ・タネツケバナ・セイヨウフウチョウソウうどんこ病

E. gracilis R.Y. Zheng & G.Q. Chen var. *gracilis*（同）
＝アラカシ・シラカシうどんこ病

Erysiphe heraclei DC.（同；日本では完全世代の形成はまれ）＝ニンジン・パセリうどんこ病

〔症状と伝染〕ニンジンうどんこ病：葉に白色粉状の菌叢を所々に生じるが、すぐに全面に拡がる。初夏になると、菌叢中に閉子嚢殻を形成して越夏する。生育期には分生子が風により飛散して、伝染する。

Erysiphe lespedezae R.Y. Zheng & U. Braun（同）
＝ミヤギノハギ・ヤマハギなどハギ類 うど

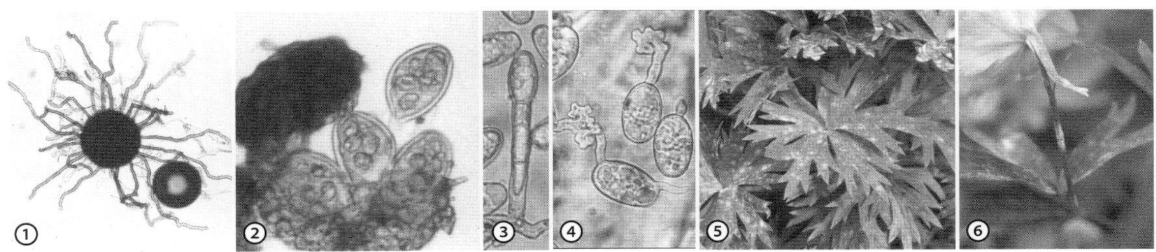

図 1.29　*Erysiphe* 属 *Erysiphe* 節　〔口絵 p 011〕
Erysiphe aquilegiae var. *ranunculi*（デルフィニウムうどんこ病菌）：①閉子嚢殻　②子嚢と子嚢胞子　③分生子柄と分生子　④分生子の発芽管　⑤⑥デルフィニウムうどんこ病の症状　〔① - ⑥佐藤幸生〕

んこ病

E. paeoniae R.Y. Zheng & G.Q. Chen（同）
＝シャクヤクうどんこ病

Erysiphe akebiae (Sawada) U. Braun & S. Takam.（*Microsphaera* 節；従来の *Microsphaera* 属）
＝アケビ・ミツバアケビうどんこ病

E. alphitoides (Griff. & Maubl.) U. Braun & S. Takam.（同）
＝コナラ・ミズナラうどんこ病

E. corylopsidis Shiroya & S. Takam.（同）
＝ヒュウガミズキうどんこ病

E. euonymicola U. Braun（同）＝マサキうどんこ病（日本では完全世代未確認）

E. izuensis (Y. Nomura) U. Braun & S. Takam.（同）
＝モチツツジ・オオムラサキツツジ・キリシマツツジうどんこ病

E. magnifica (U. Braun) U. Braun & S. Takam.（同；図 1.30 ①②）＝コブシ・モクレンうどんこ病

Erysiphe pulchra (Cooke & Peck) U. Braun & S. Takam.〔シノニム *Microsphaera pulchra* Cooke & Peck〕（同；図 1.30 ③ - ⑨）
＝ハナミズキ・ヤマボウシうどんこ病

〔形態〕閉子嚢殻は球形、黒褐色、直径 110 - 130μm、付属糸は殻の赤道面近くから 6 - 14 本生じ、真直あるいはやや湾曲し、1 隔壁、無色あるいは基部が淡褐色、長さ 70 - 220μm、上部は規則的に 3 - 5 回二叉分岐し、極枝は反転する。子嚢は殻内に 4 - 5 個生じ、卵円形、短柄があり、47 - 62 × 32 - 48μm、7 - 8 個の子嚢胞子を含む。子嚢胞子は無色、単胞、広楕円形で、17.5 - 21 × 7.5 - 12.5μm。分生子柄は菌糸から直立し、2 隔壁、70 - 100 × 8 - 12μm。分生子は単生し、無色、単胞、楕円形、30 - 45 × 18 - 21μm。フィブロシン体を欠く。

＊野村幸彦（1997）日本産ウドンコ菌科の分類学的研究 p 136.

〔症状と伝染〕ハナミズキうどんこ病：葉、幼茎、萼に発生する。5 - 6 月から葉に白粉状の菌叢を生じ、速やかに新梢全体の葉に拡大する。先端の葉ではうどん粉に被われたように見えるが、罹病した展開成葉の菌叢は薄く、波打つようになり、緑色が失せる。晩秋には菌叢中に黒色の微小粒点（閉子嚢殻）が散生する。主として罹病落葉とともに、閉子嚢殻や菌糸などの形態で越冬すると考えられる。生育期には分生子が風で飛散して伝播する。

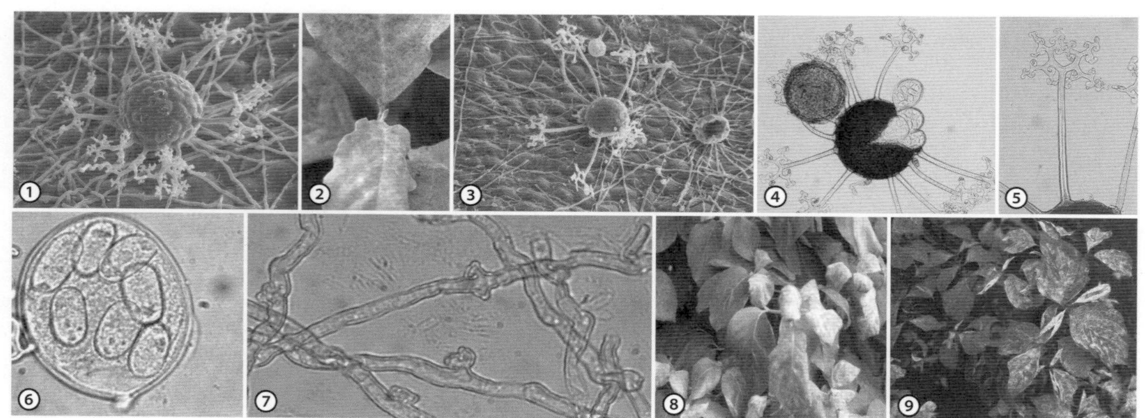

図 1.30　*Erysiphe* 属 *Microsphaera* 節 〔口絵 p 011〕
Erysiphe magnifica：①閉子嚢殻（モクレン；SEM 像）②モクレンうどんこ病の症状
E. pulchra：③閉子嚢殻（ヤマボウシ；SEM 像）④閉子嚢殻と子嚢　⑤付属糸　⑥子嚢と子嚢胞子
⑦菌糸上の付着器　⑧⑨ハナミズキうどんこ病の症状
〔①③高松 進　④ - ⑦佐藤幸生〕

Erysiphe australiana (McAl.) U. Braun & S. Takam.
〔シノニム *Uncinuliella australiana* (McAlp.) R.Y. Zheng & G.Q. Chen〕(*Uncinula* 節；従来分類の *Uncinuliella* 属)(図 1.31 ① - ⑨)
=サルスベリうどんこ病

〔形態〕閉子嚢殻は球形～扁球形、暗褐色、直径 90 - 140μm。付属糸は長短の 2 型があって、長型は 15 - 25 本、長さ 90 - 200μm、通常分岐せず、真直～やや湾曲、下部近くに 2 - 3 隔壁を有し、基部は褐色～淡褐色、上部に向かい無色、先端は渦巻き状。短型は 10 - 28 本、無色、鎌形、長さ 8.3 - 22.9μm。子嚢は殻内に 3 - 5 個生じ、卵円形～亜球形、短柄をもち、50.4 - 57.6 × 40.8 - 50.4μm。子嚢胞子は 1 子嚢内に 8 個形成され、無色、単胞、楕円形、13.2 - 20.4 × 9.6 - 15.6μm。分生子柄は菌糸から直立して、38 - 92 × 6 - 8μm、2 - 3 隔壁。分生子は単生し、無色、単胞、楕円形～長卵形、24 - 34.5 × 15 - 19μm。フィブロシン体を欠く。

＊野村幸彦 (1997) 日本産ウドンコ菌科の分類学的研究 p 63.

〔症状と伝染〕サルスベリうどんこ病：葉、幼茎、萼、花蕾、果実に発生する。5 - 6 月から葉に白粉状の菌叢を生じ、間もなく新梢全体の葉に拡大して、うどん粉に被われたように見える。秋季になると、薄くなった菌叢中に黒色小粒点（閉子嚢殻）が散生～群生する。病原菌は罹病落葉とともに、閉子嚢殻や菌糸などの形態で越冬すると考えられる。生育期には分生子が風で飛散して伝播する。

Erysiphe kusanoi (Syd.) U. Braun & S. Takam.
(*Uncinula* 節；従来分類の *Uncinula* 属)
=エノキうどんこ病

E. salmonii (Syd.) U. Braun & S. Takam. (同)
=アオダモ・トネリコ類 うどんこ病

E. verniciferae (Henn.) U. Braun & S. Takam. (同)
=ケムリノキ・ヌルデ・ヤマウルシうどん

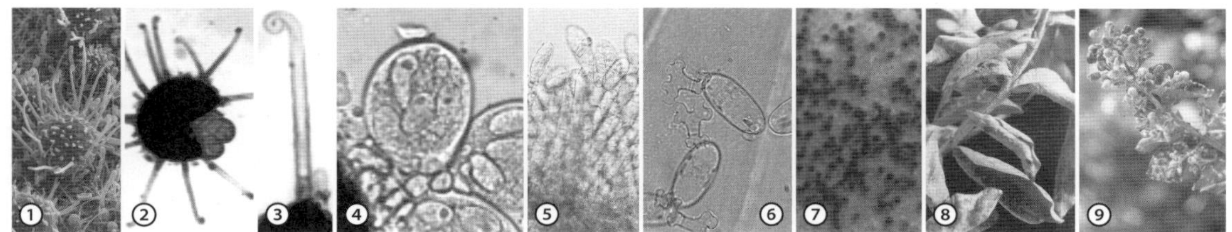

図 1.31　*Erysiphe* 属 *Uncinula* 節　〔口絵 p 012〕
Erysiphe australiana〔シノニム *Uncinuliella australiana*〕：①閉子嚢殻 (SEM 像)　②閉子嚢殻と子嚢　③付属糸　④子嚢と子嚢胞子　⑤分生子柄と分生子　⑥分生子と発芽管　⑦罹病葉上の閉子嚢殻の群生　⑧⑨サルスベリうどんこ病の症状
〔①高松 進　② - ④⑥佐藤幸生　⑦竹内 純〕

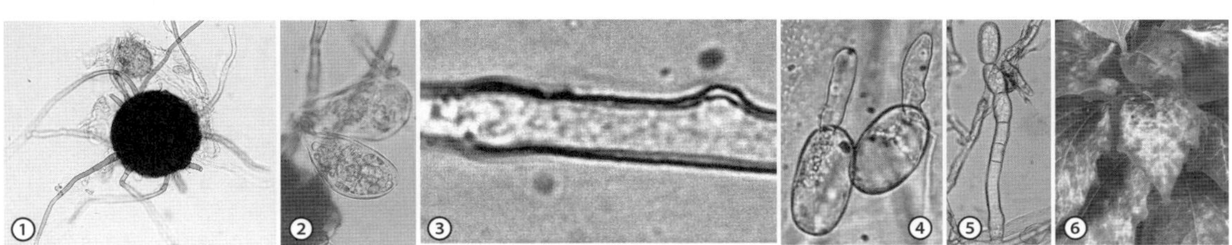

図 1.32　*Golovinomyces* 属　〔口絵 p 012〕
Golovinomyces sp. (ホオズキうどんこ病菌)：①閉子嚢殻　②子嚢と子嚢胞子　③菌糸上の付着器　④分生子と発芽管　⑤分生子柄と分生子　⑥ホオズキうどんこ病の症状
〔① - ⑤佐藤幸生〕

こ病

E. zekowae (Henn.) U. Braun（同）
＝ケヤキうどんこ病

Golovinomyces biocellatus (Ehrenb.) Heluta
＝モナルダ・ローズマリーうどんこ病

Golovinomyces sp.（ホオズキうどんこ病菌）（図 1.32 ① - ⑥）＝ホオズキうどんこ病

〔形態〕閉子嚢殻は黒色～暗褐色、球形～扁球形、直径 90 - 130μm。付属糸は殻の底部から 15 - 40 本生じ、菌糸状で真直あるいは屈曲し、1 - 8 隔壁、暗褐色～褐色、先端付近で明色あるいは無色、長さ 40 - 350μm。子嚢は殻内に 8 - 15 個あり、卵形～長卵形、有柄で、55 - 85 ×30 - 45μm、子嚢胞子 2 - 3 個を含む。子嚢胞子は黄色を帯び、卵形～楕円形、15 - 36 ×10 - 22μm。分生子柄は菌糸から直立し、90 - 170× 10 - 18μm。分生子は鎖生し、無色、単胞、類円筒形～やや樽形、23 - 35×14 - 18μm。フィブロシン体を欠く。

＊佐藤幸生（2006）植物病原アトラス p 107.

Phyllactinia kakicola Sawada
＝カキうどんこ病

P. magnoliae Y.N. Yu & Y.Q. Lay ＝コブシ・シデコブシ・ハクモクレン裏うどんこ病

Phyllactinia moricola (Henn.) Homma
（図 1.33 ① - ⑫）＝クワ裏（うら）うどんこ病

〔形態〕閉子嚢殻は黒色～暗褐色で、扁球形～凸レンズ形、直径 150 - 250μm、付属糸は殻の赤道面から 6 - 18 本生じ、無隔壁、針形で、長さ 180 - 400μm、基部の膨大部の直径 37.5 - 45μm。殻上部の筆状細胞は 42.5 - 67.5μm、柄は 17.5 - 32.5μm。子嚢は殻内に 10 - 18 個あり、長楕円形～長卵形、62 - 73 ×30 - 48μm、子嚢胞子を 2 個含む。子嚢胞子は無色、単胞で、広卵形～広楕円形、29 - 50 ×17 - 30μm。分生子柄は菌糸から直立し、1 - 2 隔壁、140 - 220 × 5 - 9μm。分生子は棍棒形～へら形、63 - 95 ×22 - 34μm。フィブロシン体を欠く。

＊野村幸彦（1997）日本産ウドンコ菌科の分類学的研究 p 242.

〔症状と伝染〕クワ裏うどんこ病：夏季、葉裏に白色、灰白色あるいは黄白色で、円形～不整形、粉状の菌叢を生じ、徐々に拡大する。秋季には菌叢上にはじめ黄色～褐色、のち黒色の微小粒点（閉子嚢殻）が多数生じる。罹病葉は早期落葉する。本種の閉子嚢殻は落葉期に葉から

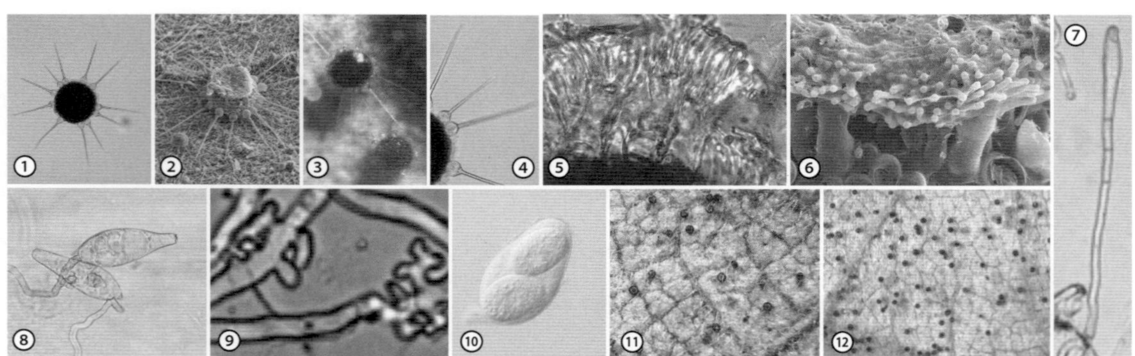

図 1.33　*Phyllactinia* 属　〔口絵 p 013〕

Phyllactinia moricola：① - ③閉子嚢殻（② SEM 像）　④付属糸　⑤筆状細胞　⑥筆状細胞から分泌されたのり状物質（SEM 像）　⑦分生子柄と分生子　⑧分生子と発芽管　⑨菌糸上の付着器　⑩子嚢と子嚢胞子　⑪⑫クワ裏うどんこ病の症状（菌叢上の閉子嚢殻）　〔①⑤⑦ - ⑨佐藤幸生　②⑥高松 進〕

離脱飛散する。粘着性の冠毛によりクワ枝に付着して越冬し、翌春5月頃には殻が裂開し、子嚢胞子が飛散して第一次発病を起こす。生育期には分生子が風により飛散して伝染が繰り返される。

Phyllactinia pyri-serotinae Sawada
　＝ナシうどんこ病
P. salmonii S. Blumer ＝キリうどんこ病

Pleochaeta shiraiana (Henn.) Kimbr. & Korf
　＝エノキ・ムクノキ裏うどんこ病

Podosphaera leucorticha (Ellis & Everh.) E.S. Salmon
　（*Podosphaera* 節；従来の *Podosphaera* 属）
　＝リンゴうどんこ病

Podosphaera tridactyla (Wallr.) de Bary var. *tridactyla*
　（同）（図 1.34 ① - ⑨）＝アンズ・ウメ・スモモ・モモ・サクラ類 うどんこ病

〔形態〕閉子嚢殻は黒色～暗褐色、球形～扁球形、直径（50 - ）70 - 100（ - 120）μm、付属糸は殻上部から2 - 5本生じ、長さは不規則で 80 - 350μm、基部は褐色～暗褐色、上部は淡色、先端部は無色で規則的に（2 - ）4 - 6 回二叉分岐、極枝は反り返る。子嚢は殻内に 1 個を形成し、亜球形～広卵形、無柄、62 - 120 × 57 - 115μm、子嚢胞子を（7 - ）8 個含む。子嚢胞子は無色、単胞、卵円形～亜球形、13 - 43 ×10 - 22μm。分生子柄は菌糸から直立し、長さ 70 - 110μm。分生子は鎖生し、無色、単胞で、卵円形、楕円形ないし長楕円形、22 - 35 ×15 - 20μm。フィブロシン体を有す。

＊野村幸彦（1997）日本産ウドンコ菌科の分類学的研究 p 54.

〔症状と伝染〕ウメうどんこ病：葉に薄い白色のカビが伸展し、のちうどん粉を振りかけたような粉状の不整円斑が生じ、徐々に葉全面に拡がる。菌叢痕は紫色を帯びた斑点として残る。秋季には罹病葉上に微小な黒粒点（閉子嚢殻）が散生する。発病が多いと早期落葉することがある。罹病落葉上の閉子嚢殻で越冬し、最初の伝染源になると考えられる。生育期には分生子が風により飛散し、伝播する。

Podosphaera aphanis (Wallr.) U. Braun & S. Takam.
　var. *aphanis*（*Sphaerotheca* 節；従来分類での *Sphaerotheca* 属）＝イチゴうどんこ病

〔症状と伝染〕イチゴうどんこ病：葉、果実、葉柄、果梗、蕾などに発生する。葉では主に葉裏に、うどん粉をまぶしたような白色粉状の菌叢を生じ、病勢が進行すると白色菌叢が全体を被い、葉巻き症状となる。蕾のステージに花弁が侵されると、紫紅色を呈する。また、未熟果は光沢を失って硬化する。病原菌はイチゴの栽培体系（周年を経過）に伴い、罹病株（子苗）の保菌および分生子の飛散の繰り返しによって生活環が維持される。

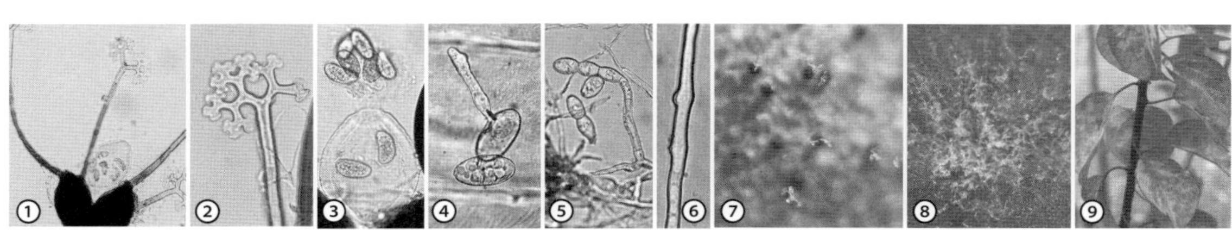

図 1.34　*Podosphaera* 属 *Podosphaera* 節　〔口絵 p 014〕
Podosphaera tridactyla var. *tridactyla*：①閉子嚢殻と子嚢　②付属糸　③子嚢から放出される子嚢胞子　④分生子と発芽管　⑤分生子柄と分生子　⑥菌糸上の付着器　⑦菌叢上の閉子嚢殻　⑧菌叢（菌糸，分生子柄，分生子）　⑨ウメうどんこ病の症状
〔① - ⑥佐藤幸生〕

Podosphaera pannosa (Wallr.：Fr.) de Bary（同）
＝ノイバラ・バラうどんこ病

Podosphaera xanthii (Castagne) U. Braun & Shishkoff〔シノニム *Sphaerotheca cucurbitae* (Jacz.) Z.Y. Zhao〕（同；図 1.35 ① - ⑧）
＝カボチャ・キュウリ・ゴボウ・ナス・コスモス・オオキンケイギクうどんこ病

〔形態〕閉子囊殻は黒色〜暗褐色、球形〜扁球形、直径 75 - 110μm、殻壁細胞は不整多角形で、大型、22 - 51 × 14 - 35μm。付属糸は殻の底部から 4 - 9 本生じ、菌糸状、はじめ基部は褐色、上部は無色であるが、成熟すると全体が褐色になり、長さ 137 - 552μm。子囊は殻内に 1 個あり、卵円形〜球形、58 - 98 × 47 - 80μm、子囊胞子を 6 - 8 個含む。子囊胞子は無色、単胞、卵円形・球形ないし楕円形、15 - 35 ×11 - 25μm。分生子柄は菌糸から直立する。分生子は鎖生し、無色、単胞、楕円形〜卵円形、30 - 40×18 - 25μm。多犯性。フィブロシン体を有す。
＊野村幸彦（1997）日本産ウドンコ菌科の分類学的研究 p 30.

〔症状と伝染〕キュウリうどんこ病：葉にうどん粉をふりかけたような、白色粉状の円斑が生じ、徐々に葉全面に拡がる。罹病葉は変色し、萎れて枯れ上がるが、果実には発病しない。生

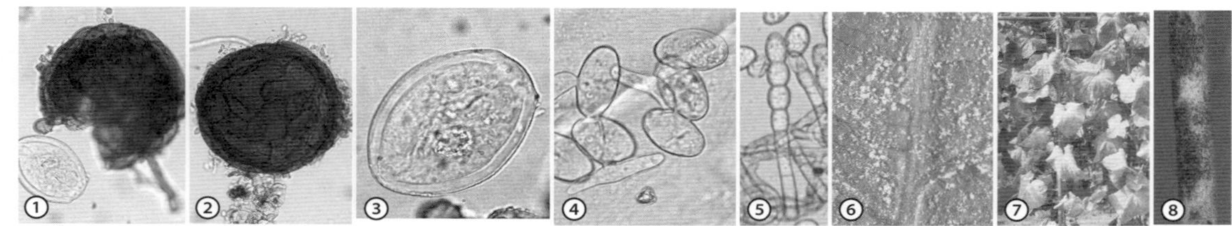

図 1.35　*Podosphaera* 属 *Sphaerotheca* 節 〔口絵 p 014〕
Podosphaera xanthii〔シノニム *Sphaerotheca cucurbitae*，*S. phaerotheca fusca*〕：①閉子囊殻と子囊　②閉子囊殻　③子囊（子囊胞子は未熟）　④分生子の発芽　⑤分生子柄と分生子　⑥⑦キュウリうどんこ病の症状　⑧コスモスうどんこ病の症状
〔① - ⑤佐藤幸生〕

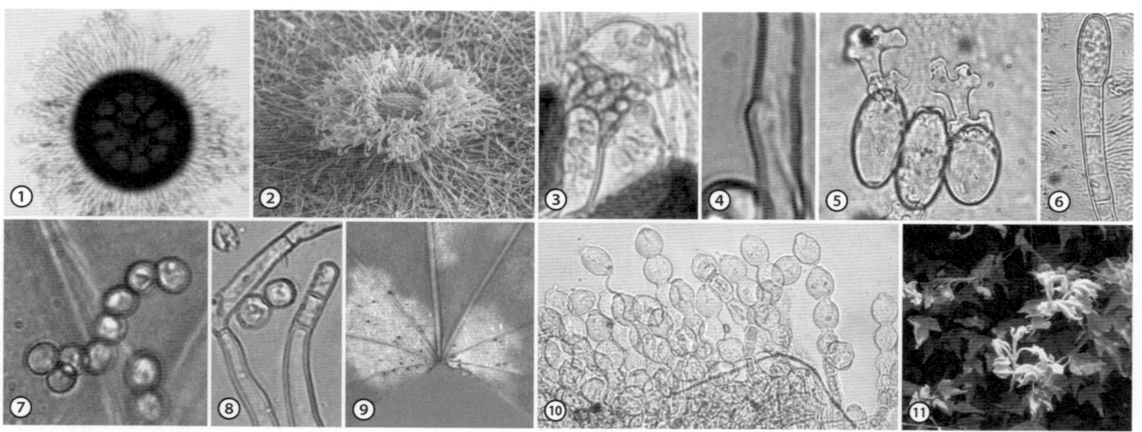

図 1.36　*Sawadaea* 属 〔口絵 p 015〕
Sawadaea polyfida（カエデ類 うどんこ病菌）：①閉子囊殻　②同（ヤマモミジ；SEM 像）　③子囊と子囊胞子　④菌糸上の付着器　⑤大型分生子と発芽管　⑥分生子柄と大型分生子　⑦小型分生子　⑧小型分生子とその分生子柄　⑨カエデ類うどんこ病の症状
Oidium sp.（*Sawadaea* sp.）：⑩トウカエデうどんこ病菌（分生子柄と分生子）　⑪トウカエデうどんこ病の症状
〔①③ - ⑧佐藤幸生　②高松 進〕

育期には分生子が風により飛散し、伝播する。やや乾燥条件下で蔓延し、露地栽培では連続降雨により発病が抑制される。

Sawadaea bicornis (Wallr.：Fr.) Homma
＝ウリハダカエデ・カラコギカエデ・ミツデカエデうどんこ病

S. nankinensis (F.L. Tai) S. Takama. & U. Braun
＝トウカエデうどんこ病

Sawadaea polyfida (C.T. Wei) R.Y. Zheng & G.Q. Chen
（図 1.36 ① - ⑨）＝イロハモミジ・オオモミジ・ヤマモミジうどんこ病

〔形態〕閉子嚢殻は黒褐色、球形～扁球形、直径（100 - ）130 - 250μm。付属糸は殻の頭部から冠状に約（60 - ）100 - 200 本生じ、無色で隔壁はなく、中間部から二叉分岐するものが混ざり、長さ 42 - 170μm。子嚢は殻内に 6 - 27 個生じ、無色、楕円形～長円形、有柄、62 - 98 × 30 - 70μm、子嚢胞子を 6 - 8 個含む。子嚢胞子は無色、単胞、楕円形～広楕円形、12 - 28 × 7.5 - 16μm。分生子柄は菌糸から直立する。分生子は鎖生し、無色、単胞で、2 型があり、大型分生子は楕円形～広楕円形、27 - 32 × 17 - 22μm、小型分生子は楕円形～やや樽型、6 - 10 × 6 - 8μm。フィブロシン体を有す。

＊野村幸彦（1997）日本産ウドンコ菌科の分類学的研究 p 104.

〔症状と伝染〕カエデ類うどんこ病：葉の両面に円形～不整形、白粉状の菌叢を生じ、秋季には葉全面に拡がり、枝や株全体が白く見える。晩秋の頃、菌叢上に微小な黒粒点（閉子嚢殻）を多数生じる。閉子嚢殻が罹病葉や罹病枝上で越冬し、子嚢胞子が最初の伝染源となると考えられる。生育期には分生子が風により飛散して伝播する。

Sawadaea tulasnei (Fuckel) Homma
＝イタヤカエデ・エンコウカエデ・ノムラカエデ・ヤマモミジうどんこ病

＊図 1.36 ⑩ - ⑪の説明＝トウカエデうどんこ病：5 月頃から、新梢先端部の新生葉が展開するとともに、厚い白色、粉状の菌叢で被われる。その後、新葉の表面には赤みを帯びた斑点を形成し、その裏面はややへこみ、厚い白色菌叢を生じる。菌叢は急速に拡大して、新梢全体の葉を被い、葉の奇形や枯死を起こし、落葉する。1980 年代に街路樹を中心に大発生し、その後も毎年 5 月以降、被害を生じている。分生子は無色、単胞、球形～レモン形で、両端が丘状に膨らむ *Sawadaea* 属の特徴をもつ。一般に閉子嚢殻は確認されない。なお、トウカエデには *Sawadaea* 属以外のうどんこ病菌も寄生する。

Oidiopsis sicula Scalia（図 1.37 ① - ⑥）
＝オクラ・トウガラシ・ピーマンうどんこ病

〔形態〕分生子柄は 1 - 2 個の隔壁をもち、長さ 80 - 200μm。分生子はフィブロシン体を欠き、単生し、無色、単胞で大きく、葉の気孔から叢生した、分生子柄上に単生する。分生子に

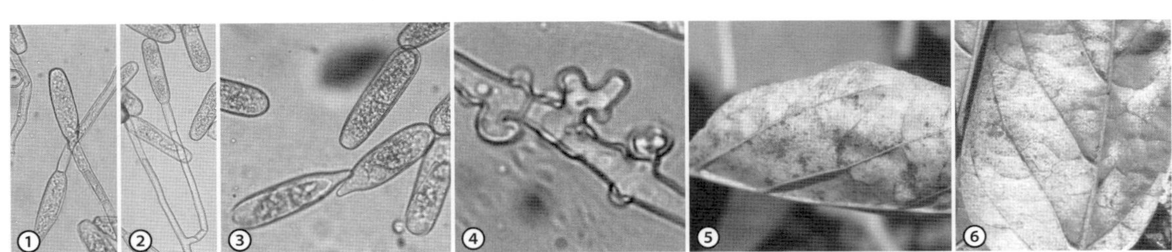

図 1.37　*Oidiopsis* 属　〔口絵 p 015〕
Oidiopsis sicula：①分生子柄と第一次分生子（披針形）　②分生子柄と第二次分生子（長楕円形）　③第一次分生子と第二次分生子　④菌糸上の付着器　⑤⑥ピーマンうどんこ病の症状　〔① - ⑥佐藤幸生〕

は2種類があり、第一次分生子は披針形、58 - 73 ×15 - 20μm、第二次分生子は楕円形～長楕円形、50 - 70 ×15 - 20μm。分生子の形成・発芽の適温 15 - 30℃、発病適温は 25℃。テレオモルフ *Leveillula taurica* は我が国では未記録。

〔症状と伝染〕ピーマンうどんこ病：はじめ葉表に淡黄色～褐色の斑点が現れ、葉裏では小葉脈に区切られて薄い白粉状の菌叢を生じるが、発病が激しくなると、すすかび状の菌叢に変わり、べと病と類似の標徴を示す。発病が激しい場合には葉表にも菌叢が発達し、著しい落葉を起こすことがある。罹病葉残渣とともに、分生子や菌糸などが越年し、第一次伝染源となる。第二次伝染は分生子が風により飛散して繰り返される。

3　*Ceratocystis* 属

a. 所属：フンタマカビ綱、ミクロアスカス目

b. 特徴（図 1.38）：

子嚢殻は長頸を有し、子嚢は早く溶失し、子嚢胞子を頸の頂部に粘塊状に押し出す。アナモルフは *Thielaviopsis* 属。

c. 観察材料：

Ceratocystis ficicola Kajitani & Masuya

（図 1.38 ① - ⑥）＝イチジク株枯（かぶがれ）病

〔形態〕PDA 培地上のコロニーは灰褐色～緑色で周辺は粗、気中菌糸を豊富に形成する。生育適温は 25 ～ 30℃の範囲にある。無性世代、有性世代ともに培地上に形成される。無性世代は *Thielaviopsis* 属で、気中菌糸、もしくは培地中に埋没した菌糸から分岐して、分生子柄が形成される。分生子形成細胞は円筒形で、内生出芽的に分生子が形成される。その分生子は鎖状に連なり、のちに分節する。分生子は円筒形～長楕円形、無色、大きさは 15 × 5 μm 前後。同時に、厚壁胞子を別の菌糸上に形成する。厚壁胞子は褐色、亜球形～卵形、13 ×10μm 前後、基部には離脱痕を残す。子嚢殻は黒色、球形～亜球形で、長い頸部を有する。子嚢殻の大きさは同属菌の中でもっとも大きく、直径約 640μm まで。頸部は長さ最大 2,460μm、幅は基部で 110μm まで達する。頸部先端には孔口毛を有する。子嚢は早期消失性で、亜球形、8 個の子嚢胞子を形成する。子嚢胞子は単細胞、帽子型～ヘルメット型、無色、大きさは 7 × 5μm 前後。なお、イチジク株枯病菌は *Ceratocystis fimbriata* と考えられていたが、近年、異なる種類であることが明らかになり、新種 *Ceratocystis ficicola* Kajitani & Masuya と記載された。

〔症状と伝染〕イチジク株枯病：株の片主枝または全体の新梢が萎凋し、のちに下葉が黄化萎凋して、早期落葉する。主幹地際部や地下部、あるいは主枝に大型不整円斑を生じ、病斑部の表皮下は木質部深くまで黒褐色に腐敗し、そこから上方の枝葉が萎凋枯死する。土壌水分が高

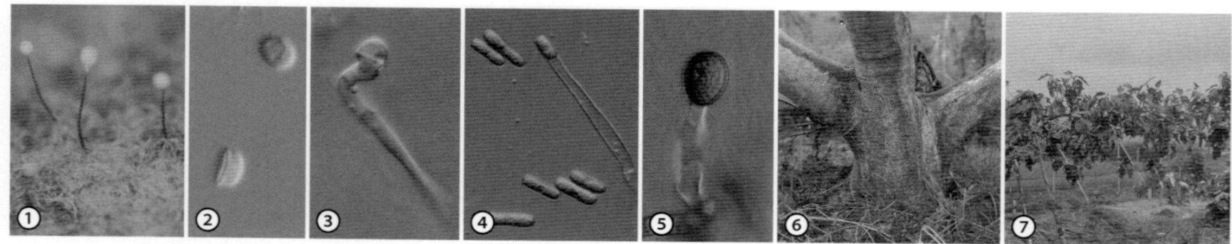

図 1.38　*Ceratocystis* 属　〔口絵 p 016〕

Ceratocystis ficicola：①子嚢殻頸部と子嚢胞子塊　②子嚢胞子　③子嚢胞子の発芽　④分生子と分生子柄　⑤厚壁胞子　⑥イチジク主幹地際部の紡錘形の病斑　⑦同・主枝の萎凋症状

〔①③ - ⑦梶谷裕二　②升屋勇人〕

いとき、まれに病患部に黒色毛状の子嚢殻の頸が多数現れる。厚壁胞子により土壌伝染、苗伝染するとともに、病斑上に形成される分生子が雨により飛散して伝染する。また、子嚢胞子を保菌したキクイムシ類によって、4月および7～8月に虫媒伝染する。

Ceratocystis fimbriata (Ellis & Halsted) Elliot
　＝サツマイモ黒斑病（こくはん）

〔形態〕PDA培地上のコロニーは灰褐色～緑色で周辺は粗、気中菌糸を豊富に形成する。生育適温は25～30℃の範囲にある。無性世代および有性世代ともに培地上に形成される。無性世代は *Thielaviopsis* 属であり、気中菌糸もしくは培地中に伸びた菌糸から分岐して、分生子柄が形成される。分生子形成細胞は円筒形で、内生出芽的に分生子を生じる。分生子は鎖状に連なり、のちに分節する。分生子は円筒形～長楕円形、無色15×5μm前後。同時に、厚壁胞子を別の菌糸上で形成する。厚壁胞子は褐色、亜球形～卵形、13×10μm前後、基部に離脱痕を残す。子嚢殻は黒色、球形～亜球形で、長い頸部を有する。子嚢殻の大きさは約220μm、頸部は長さ900μm、幅は20μmまで達する。頸部先端には孔口毛を有する。子嚢は早期消失性で、亜球形、8個の子嚢胞子をもつ。子嚢胞子は単細胞、帽子型～ヘルメット型、無色、二次外壁を含めると大きさ6×5μm前後。なお、本種は多犯性の菌と考えられていたが、現在はサツマイモの病原菌のみを指す。

〔症状と伝染〕サツマイモ黒斑病：イモの表面に黒色、不整円形の病斑が生じ、その中央部に黒色の短い毛状物（子嚢殻の頸）を多数生じる。貯蔵中に症状が進行することが多い。イモを病斑部から切断すると、罹病部の周辺は青くなっている。伝染は主に罹病した種イモからの保菌（罹病）苗による。罹病苗を植えた場合、イモや地際部の茎に黒色の陥没病斑を発現するが、苗時期の茎に激発して下葉から黄変枯死することがある。また、土壌害虫による食害痕から病原菌が侵入感染する症例も多い。

4　ボタンタケ目の菌類

a. 所属：フンタマカビ綱、ボタンタケ目

b. 特徴（図1.39）：

植物、昆虫、菌類など多様な宿主をもち、植物病原菌だけでなく、有用活性物質生産菌が含まれるため、医療や産業上での有益性からも重要な菌群である。菌体は橙色、紅色など鮮やかな有色であることが多く、宿主上に子座を形成するが、子嚢殻がその子座に裸出しているか否かは、科や属を見分けるポイントである。子嚢は一重壁、通常8個の子嚢胞子を内包する。子嚢胞子は無色～若干有色、形状は属や種によって多様である（分類検索表参照、表1.9）。

【*Bionectria* 属】（図1.40）

アナモルフは *Clonostachys* 属。菌糸は無色で隔壁をもつ。ときには分生子世代と子嚢殻が同時に観察される。子嚢殻は植物体上から突き出た、円形～角形の多角菌糸組織状子座上に形成され、類球形で淡橙色～淡褐色、KOHと乳酸染色反応は陰性。乾燥するとカップ状に変形する。子嚢殻壁は円形～角形の細胞からなる。子嚢ははじめ殻壁底部に沿って並ぶが、のち殻内に不規則に充満し、一重壁、円筒形～棍棒形、先端の孔口部は単純構造、主に8個の子嚢胞子を準1列～不整2列に含む。子嚢胞子は楕円形～紡錘形、無色、通常中央の横隔壁により2室となる。*Bionectria* 属菌の中には菌寄生性をもつ種も多数含まれる。

【*Calonectria* 属】（図1.41）

アナモルフは *Cylindrocladium* 属。菌糸は無色で隔壁をもつ。ときに分生子世代と子嚢殻が同時に観察される。子嚢殻は植物体上に生じた不明瞭な多角菌糸組織状子座上に形成され、類

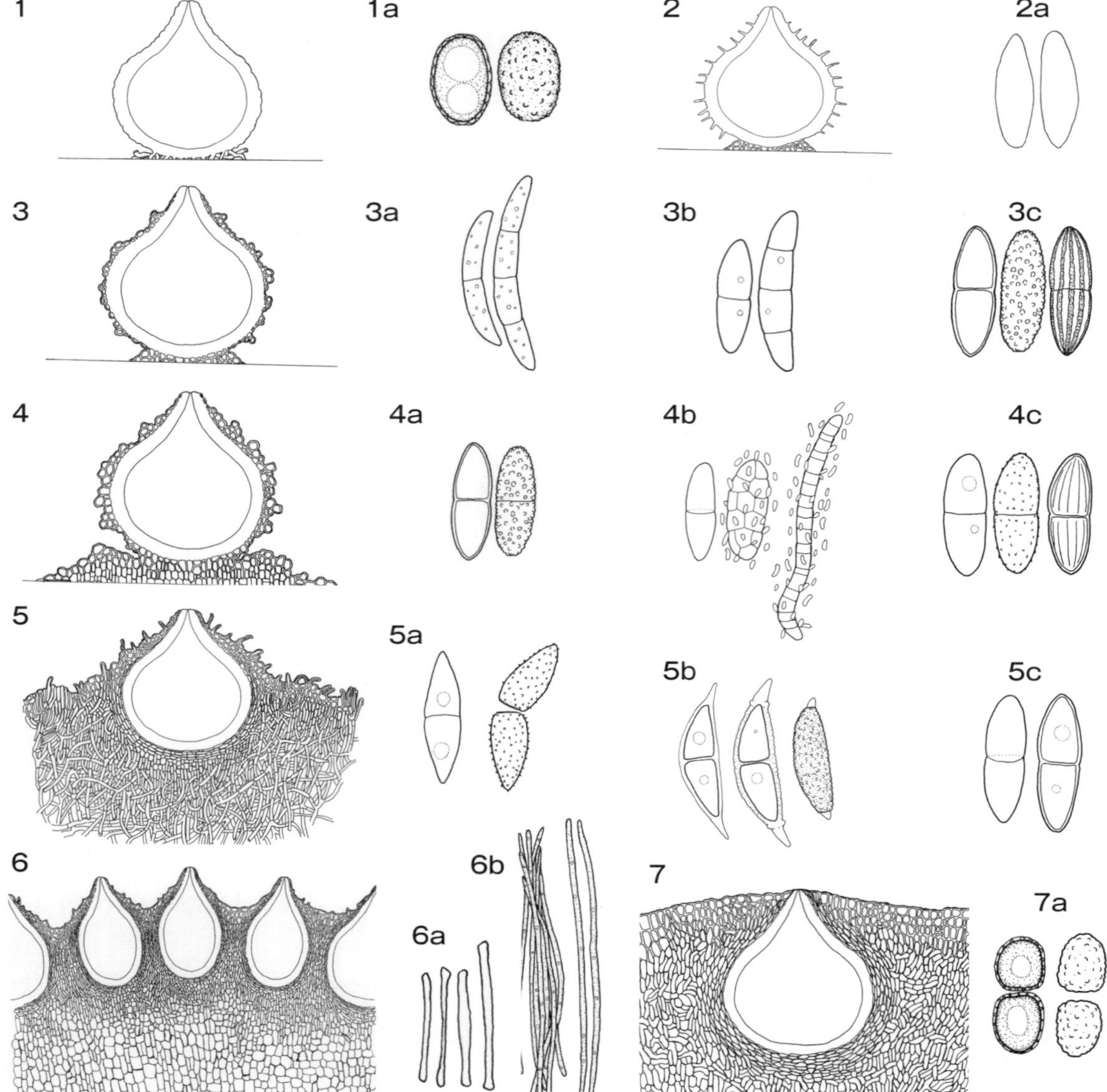

図 1.39　ボタンタケ目の子嚢殻および子嚢胞子の形態

1. 目立たない菌糸組織構造の子座上に形成された，表面が滑面またはうろこ状の子嚢殻：
　1a. *Neocosmospora* 属（*Acremonium* 属）

2. 目立たない柔組織構造の子座上に形成された，表面に針状の菌糸をもつ子嚢殻：
　2a. *Pseudonectria* 属（*Volutella* 属）

3. 目立たない柔組織構造の子座上に形成された，表面がこぶ状の子嚢殻：
　3a. *Calonectria* 属（*Cylindrocladium* 属）　3b. *Gibberella* 属（*Fusarium* 属）
　3c. *Haematonectria* 属（*Fusarium* 属）

4. 発達した柔組織構造の子座上に形成された，表面がこぶ状の子嚢殻：
　4a. *Bionectria* 属（*Clonostachys* 属）　4b. *Nectria* 属（*Tubercularia* 属など），*Pleonectria* 属（*Zythiostroma* 属）
　4c. *Neonectria* 属（*Cylindrocarpon* 属），*Rugonectria* 属（*Cylindrocarpon* 属）

5. 発達した菌糸組織構造の子座に半分埋没した子嚢殻：
　5a. *Arachnocrea* 属（*Verticillium* 属）　5b. *Hypomyces* 属（*Cladobotryum* 属など）
　5c. *Mycocitrus* 属（*Acremonium* 属）

6. 発達した偽柔組織構造の子座に半分埋没した子嚢殻：6a. *Heteroepichloë* 属　6b. *Claviceps* 属

7. 発達した柔組織構造の子座に埋没した子嚢殻：7a. *Hypocrea* 属（*Trichoderma* 属など）

＊（　）はアナモルフ

〔廣岡裕吏〕

表 1.9　ボタンタケ目菌類の「科・属」の分類検索表

【科の分類検索表】

1 ー子嚢の先端が厚く，狭い孔口部から糸状または細長い紡錘形の子嚢胞子が放出される．主に草本植物や昆虫，菌類を宿主にもつ ……………………………………………… バッカクキン科〔Clavicipitaceae〕

ー子嚢の先端は薄く，リング型の孔口部から球形または楕円形，細長い紡錘形の子嚢胞子が放出される．草本植物を宿主にする種は少ない ………………………………………………………………………… 2

2 ー子嚢殻は子座に埋没，まれに半埋没し，多くの種は子嚢内で子嚢胞子が上半と下半の２つに別れる．主に菌寄生性をもつ ……………………………………………………… ヒポクレア科〔Hypocreaceae〕

ー子嚢殻は子座上に裸出，まれに半埋没し，子嚢胞子が上半と下半の２つに別れることはない ……… 3

3 ー子嚢殻は白色，黄色，オレンジ色あるいは茶色で，水酸化カリウム（KOH）もしくは乳酸溶液反応は陰性である* ………………………………………………………… バイオネクトリア科〔Bionectriaceae〕

ー子嚢殻は主に赤色あるいは紫色で，水酸化カリウム（KOH）もしくは乳酸溶液反応は陽性である* …………………………………………………………………………………… ネクトリア科〔Nectriaceae〕

（注）*３％水酸化カリウム水溶液または100％乳酸水溶液をスライドグラスに一滴たらし，そこに罹病組織片から単離した子嚢殻を沈める．その結果，子嚢殻の色が変化しない場合は陰性，色が変化する場合は陽性と判定する．変色する場合は水酸化カリウムでは赤褐色〜濃紫色，乳酸では黄色となる

【主要属の分類検索表】

1 ー子嚢の先端が厚く，狭い孔口部から糸状の子嚢胞子が放出される ……………………………………… 2

ー子嚢の先端は薄く，リング型の孔口部から球形または楕円形，細長い紡錘形の子嚢胞子が放出される …… 3

2 ー子嚢胞子は短い糸状 …………………………………………………… *Heteroepichloë*〔図 - 6a〕

ー子嚢胞子は長い糸状 ……………………………………………………… *Claviceps*〔図 - 6b〕

3 ー明瞭な子座をもたない ……………………………………………………………………………… 4

ー明瞭な子座をもつ ………………………………………………………………………………… 8

4 ーわずかに形成された子座は菌糸組織構造で，子嚢殻表面は滑面またはわずかにうろこ状，子嚢胞子は単胞で表面が粗面．アナモルフは *Acremonium* 属 ……………………… *Neocosmospora*〔図 - 1a〕

ーわずかに形成された子座は柔組織構造 ……………………………………………………………… 5

5 ー子嚢殻表面は短い針状の菌糸で覆われ，子嚢胞子は単胞で表面が滑面．アナモルフは *Volutella* 属 ……………………………………………………………………………… *Pseudonectria*〔図 - 2a〕

ー子嚢殻表面はフケ状またはこぶ状 ………………………………………………………………… 6

6 ー子嚢胞子は2胞で成熟すると主に条線をもつ．アナモルフは *Fusarium* 属 …… *Haematonectria*〔図 - 3c〕

ー子嚢胞子は 2 - 4 胞 ……………………………………………………………………………… 7

7 ー子嚢殻はオレンジ色〜赤色で，子嚢胞子は細長い紡錘形．アナモルフは *Cylindrocladium* 属 …………………………………………………………………………… *Calonectria*〔図 - 3a〕

ー子嚢殻は暗褐色〜黒色で，子嚢胞子は紡錘形．アナモルフは *Fusarium* 属 …… *Gibberella*〔図 - 3b〕

8 ー子嚢殻は子座上に裸出 ……………………………………………………………………………… 9

ー子嚢殻は子座に埋没または半埋没 ………………………………………………………………… 13

9 ー子嚢殻は淡黄色〜オレンジ色．KOH と乳酸反応は陰性．子嚢胞子表面は成熟すると主にこぶ状．アナモルフは *Clonostachys* 属 …………………………………………… *Bionectria*〔図 - 4a〕

ー子嚢殻は赤色〜赤褐色．KOH と乳酸反応は陽性．子嚢胞子の形態は多様．アナモルフは *Clonostachys* 属ではない ………………………………………………………………………………………… 10

10 ーアナモルフは *Cylindrocarpon* 属 ……………………………………………………………… 11

ーアナモルフは *Cylindrocarpon* 属ではない ……………………………………………………… 12

11 ー子嚢殻表面は滑面から粗面 ……………………………………………… *Neonectria*〔図 - 4c〕

ー子嚢殻表面はこぶ状 ……………………………………………………… *Rugonectria*〔図 - 4c〕

表 1.9（続）

12 −子嚢殻表面に黄緑色から褐色のフケ状組織をもち，子嚢胞子は滑面，２胞またはそれ以上で，子嚢分生子（ascoconidia）を子嚢胞子から形成する．アナモルフは zythiostroma 様 …	*Pleonectria*〔図 - 4b〕
−子嚢殻表面にフケ状組織をもたず，子嚢胞子は子嚢分生子を形成しない．アナモルフは tubercularia 様 …………	*Nectria*〔図 - 4b〕
13 −子嚢殻は主に柔組織構造の子座に埋没し，子嚢胞子は子嚢内で角ばった亜球形の上半と卵形ないし砲弾形の下半の２つに別れ，単胞となる．アナモルフは *Trichoderma* 属など ………	*Hypocrea*〔図 - 7a〕
−子嚢殻は，主に菌糸組織構造の子座に埋没または半埋没 …………	13
14 −子嚢胞子は子嚢内で上半と下半の２つに別れ，単胞で先端がわずかに尖る アナモルフは *Verticillium* 属 …………	*Arachnocrea*〔図 - 5a〕
−子嚢胞子は子嚢内で別れることなく，２胞 …………	13
15 −子嚢胞子は主に紡錘形，無隔壁または中央に隔壁を有し，２胞，表面に疣状突起を有し，両端は尖る．アナモルフは *Cladobotryum* 属など …………	*Hypomyces*〔図 - 5b〕
−子嚢胞子は紡錘形，無色，滑面，２胞．アナモルフは *Acremonium* 属 …………	*Mycocitrus*〔図 - 5c〕

（注）属名の末尾の〔図〕は図 1.39 の記号に対応　〔廣岡裕吏 作成〕

球形で赤色〜赤褐色、KOH と乳酸染色反応は陽性。乾燥するとまれにカップ状に変形する。子嚢殻壁は円形〜角形の細胞からなる。子嚢ははじめ殻壁に沿って並ぶが、のち殻内に不規則に充満し、一重壁、長棍棒形、有柄で、先端の孔口部は単純構造、主に８個の子嚢胞子を準２列〜不整３列に含む。子嚢胞子は無色、細長い紡錘形、1 - 3 隔壁（主に１隔壁)、滑面である。

Cylindrocladium 属〔*Calonectria* 属のアナモルフ〕の特徴：菌糸は無色で隔壁をもつ。分生子柄は種によって小型分生子柄、大型分生子柄、あるいは超大型分生子柄の３型を生じる。分生子形成細胞は、分生子柄の下部で数回分岐し、フィアライドの先端に分生子を集塊状に形成する。また、分生子柄より１本伸びた柄（stipes）の先端は膨れ、特異的なベシクル（分生子柄膨状細胞）が形成される。分生子も分生子柄と同様、種によって小型分生子、大型分生子、超大型分生子が存在する。これらは通常円筒形、まれにやや湾曲し、無色、１〜数隔壁を有する。培養すると厚壁胞子や菌核を豊富に形成する。本属菌は、とくにベシクルと分生子の形態が種を分ける特徴となっている。

【*Claviceps* 属】（図 1.42 - 43）

アナモルフは *Sphacelia* 属など。菌糸は無色から褐色で、隔壁をもつ。子嚢殻は植物体上に生じた、豊富な多角菌糸組織状子座に埋没して形成される。子嚢殻壁は円形〜角形の細胞からなる。子嚢ははじめ殻壁に沿って並ぶが、のち殻内に不規則に充満し、一重壁、長棍棒形、先端の孔口部は単純構造、主に８個の子嚢胞子を準２列〜不整３列に含む。子嚢胞子は糸状、無色、多隔壁、滑面である。

【*Gibberella* 属】（図 1.44）

アナモルフは *Fusarium* 属（図 1.143)。菌糸は無色で隔壁をもつ。まれに分生子世代と子嚢殻が同時に観察される。子嚢殻は植物体上に生じた多角菌糸組織状子座上に形成され、類球形で濃青色〜黒褐色、KOH と乳酸染色反応は陽性。乾燥するとまれにカップ状または横から潰れる。子嚢殻壁は円形〜角形の細胞からなる。子嚢ははじめ殻壁に沿って並ぶが、のち殻内に不規則に充満し、一重壁、棍棒形、先端の孔口部は単純構造、主に８個の子嚢胞子を準１列〜不整２列に含む。子嚢胞子は紡錘形〜長紡錘形で、無色〜淡茶色、1 - 3 隔壁（主に１隔壁)、滑面である。

【*Haematonectria* 属】（図 1.45）

アナモルフは *Fusarium* 属（図 1.143)。菌糸は無色で隔壁をもつ。まれに、分生子世代と子嚢殻が同時に観察される。子嚢殻は植物体上では、不明瞭な、もつれ菌糸組織状子座上に形成され、類球形で赤色〜赤褐色、KOH と乳酸染色反応は陽性。乾燥すると、ときにカップ状または横から潰れる。子嚢殻壁は円形〜角形の細胞からなり、表面はこぶを有する。子嚢ははじめ殻壁底部に沿って並ぶが、のち殻内に不規則に充満し、一重壁、円筒形〜棍棒形で、先端の孔口部は単純構造、主に８個の子嚢胞子を準１列〜不整２列に含む。子嚢胞子は楕円形〜紡錘形、無色〜褐色、滑面から条線を生じ、無隔壁または１隔壁を有する。

【*Heteroepichloë* 属】（図 1.46）

アナモルフは ephelis 様。菌糸は無色〜褐色で隔壁をもつ。子嚢殻は新鞘を包むように発生した、黒色牛角状の子座に埋没して形成され、その配列は規則的である。子嚢殻壁は扁平な細胞からなる偽柔組織構造である。子嚢ははじめ殻壁底部に沿って並ぶが、のち殻内に不規則に充満し、一重壁、長円筒形で、先端の孔口部はドーム状である。子嚢胞子は部分胞子で、分離した胞子は無色、滑面、亜鈴状となる。

【*Nectria* 属】（図 1.47）

アナモルフは tubercularia 様。菌糸は無色で隔壁をもつ。ときに分生子世代ならびに子嚢殻が同時に観察される。子嚢殻は植物体上から突き出た偽柔組織状子座上に形成され、類球形で赤色〜赤褐色、KOH と乳酸染色反応は陽性。乾燥するとカップ状に変形する。子嚢殻壁は円形〜角形の細胞からなる。子嚢は、はじめ殻壁底部に沿って並ぶが、のち殻内に不規則に充満し、一重壁、円筒形〜棍棒形で、先端の孔口部は単純構造、主に８個の子嚢胞子を準１列〜不整２列に含む。子嚢胞子は楕円形〜紡錘形、無色で、通常中央の横隔壁により２室となる。なお、*Nectria* 属菌は、最近の分類体系の再検討により、子嚢殻表面に淡黄色のフケ状組織をもたず、アナモルフが *Tubercularia* 属のみであることで区別される。

【*Neonectria* 属菌】（図 1.48）

アナモルフは *Cylindrocarpon* 属（図 1.142)。菌糸は無色で隔壁をもつ。多くは分生子世代が生じたのち、子嚢殻が形成される。子嚢殻は植物体上から突き出た偽柔組織状子座上に形成され、類球形で赤色〜赤褐色、KOH と乳酸染色反応は陽性。子嚢殻壁は円形〜角形の細胞により構成され、厚さ約 50μm、わずかに粗面である。子嚢ははじめ殻壁底部に沿って並ぶが、のち殻内に不規則に充満し、一重壁、円筒形〜棍棒形で、先端の孔口部は単純構造、８個の子嚢胞子を準１列または不整２列に含む。子嚢胞子は楕円形〜紡錘形、無色、通常中央の横隔壁により２室となる。

【*Pleonectria* 属】（図 1.49）

アナモルフは zythiostroma 様。菌糸は無色で隔壁をもつ。子嚢殻は植物体上から突き出た偽柔組織状子座上に生じ、類球形で赤色〜赤褐色、KOH と乳酸染色反応は陽性。子嚢殻壁表面は、緑黄色〜褐色のフケ状組織をもつ。子嚢ははじめ殻壁底部に沿って並ぶが、のち殻内に不規則に充満し、一重壁、円筒形〜棍棒形で、先端の孔口部は単純構造、８個の子嚢胞子を含む。子嚢胞子は糸状、無色、多数の横隔壁を有し、子嚢内で出芽して子嚢分生子を形成する。また、植物体上で分生子殻を形成し、内部に多数の分生子を生じる。

【*Pseudonectria* 属】（図 1.50 - 51）

アナモルフは *Volutella* 属。菌糸は無色で隔壁を有する。子嚢殻は子座上に表生し、はじめ橙色のち紅色〜深紅色、卵形〜亜球形、外壁全面に短かい剛毛を散生する。子嚢は円筒形〜棍棒形、薄膜、８個の子嚢胞子を不整２列に含む。

子嚢胞子は無色、単胞、薄膜、楕円形、表面平滑。分生子座には顕著な剛毛が発達する。分生子座には多数の分生子柄が並び、フィアライド先端にはカラーを形成する。分生子は無色、単胞、長楕円形〜紡錘形、粉質あるいは粘質で、白色〜黄橙色の小集塊として多数生じる。寒天培地上では分生子座の他に *Acremonium* 属あるいは *Verticillium* 属菌様の分生子を形成する。種は各器官の形態、剛毛の着色の有無・隔壁数などにより区別される。

【*Rugonectria* 属】（図 1.52）

アナモルフは *Cylindrocarpon* 属（図 1.142）。菌糸は無色で隔壁をもつ。子嚢殻は植物体上から突き出た、偽柔組織状子座上に形成され、類球形で赤色〜赤褐色、KOH と乳酸染色反応は陽性。子嚢殻壁は厚さ 50 - 150μm、こぶに被われる。子嚢は、はじめ殻壁底部に沿って並ぶが、のち殻内に不規則に充満し、一重壁、円筒形〜棍棒形で、先端の孔口部は単純構造、4 - 8 個の子嚢胞子を準 1 列または不整 2 列に含む。子嚢胞子は楕円形〜紡錘形、無色、通常中央の横隔壁により 2 室となる。表面は滑面、または条線をもつ。アナモルフである *Cylindrocarpon* 属は小型分生子と大型分生子を形成するが、厚壁胞子はまれにしか観察されない。

c. 観察材料：

Bionectria ochroleuca (Schweinitz) Schroers & Samuels〔アナモルフ *Clonostachys rosea* (Link) Schroers, Samuels, Seifert & W. Gams〕（図 1.40 ① - ⑨ ）

＝エキザカム株枯(かぶがれ)病、ファレノプシス乾腐(かんぷ)病

〔形態〕子嚢殻は植物体上に外生、主に群生し淡橙色〜淡褐色、類球形、幅約 250μm、とき

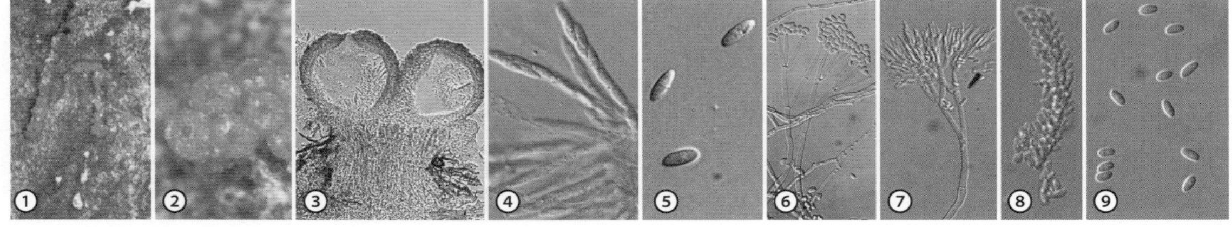

図 1.40　*Bionectria* 属　〔口絵 p 016〕

Bionectria ochroleuca：①②樹皮上の子嚢殻　③子嚢殻（縦断切片）　④子嚢　⑤子嚢胞子　⑥第一次分生子柄と分生子　⑦第二次分生子柄と分生子　⑧連鎖状に形成された分生子　⑨分生子　〔① - ⑨廣岡裕吏〕

図 1.41　*Calonectria* 属　〔口絵 p 017〕

Calonectria ilicicola〔アナモルフ *Cylindrocladium parasiticum*〕：①子嚢殻　②子嚢殻壁（縦断切片）　③子嚢　④子嚢胞子　⑤分生子　⑥ベシクル　⑦分生子柄　⑧病斑上の分生子柄と分生子の叢生　⑨⑩ケンチャヤシ褐斑病の症状　〔① - ⑧廣岡裕吏　⑨⑩竹内 純〕

には表面がフケ状組織に被われる。子嚢は一重壁、円筒形〜棍棒形で、大きさ約 60 × 5.5μm、8個の子嚢胞子を1列または2列に含む。子嚢胞子は楕円形でわずかに湾曲、無色〜淡黄色、通常中央の横隔壁により2室、大きさ約 9.3 × 3 μm、表面に小疣が認められる。アナモルフである分生子座は、ときには子嚢殻と同時期に観察される。分生子柄には、第一次分生子柄と第二次分生子柄の2型がある。第一次分生子柄は verticillium 様で、分生子形成細胞の長さは約 27.5μm である。第二次分生子柄は gliocladium 様で、分生子形成細胞の長さは約 15.5μm である。分生子は分生子形成細胞から連鎖状に形成され、主に楕円形、大きさ約 5.5 × 3μm である。

＊Arie, T. *et al.*（1987）Ann. Phytopath. Soc. Japan 53：570 - 575.

Calonectria ilicicol Boedijn & Reitsma
〔アナモルフ *Cylindrocladium parasiticum* Crous, Wingfield & Alfenas〕(図 1.41 ① - ⑩)
＝アルファルファ黒あし病、ダイズ・ラッカセイ黒根腐(くろねぐされ)病、ケンチャヤシ褐斑病

〔形態〕子嚢殻は植物体上に外生し、群生または単生、赤色〜赤褐色、類球形、大きさ 260 - 570 × 270 - 450μm、表面がこぶに被われる。子嚢殻壁は厚さ 54 - 82μm、二層となって形成される。子嚢は一重壁、長棍棒形で、先端の孔口部は単純構造、大きさは 77 - 130 ×12 - 20μm、8個の子嚢胞子を2〜3列に含む。子嚢胞子は細長い紡錘形で、無色、1 - 3隔壁（主に1隔壁)、大きさ 36 - 57 ×4.5 - 8μm、滑面である。分生子は無色、長円筒形で、1 - 3（主に3）隔壁、大きさ 45 - 85 ×4.5 - 7.5 μm、ベシクルは

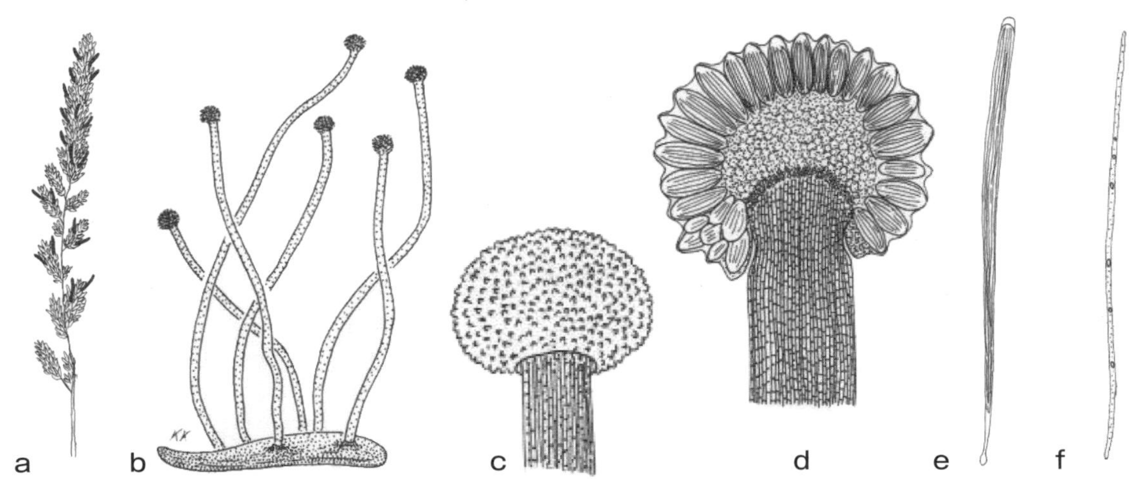

図 1.42　*Claviceps* 属
Claviceps microcephala：a. リードカナリーグラス（クサヨシ）の被害穂　b. 菌核と子座　c. 子座外面　d. 子座の縦断面　e. 子嚢と子嚢胞子　f. 子嚢胞子　〔勝本 謙〕

図 1.43　*Claviceps* 属の標徴　〔口絵 p 017〕
Claviceps virens：
①②イネ稲こうじ病の標徴（①被害穂　②被害粒）
〔①②近岡一郎〕

Sphaeropedunculate 型、幅 6 - 9μm である。

＊竹内 純ら (2005) 日植病報 71：216 - 217.

〔症状と伝染〕ケンチャヤシ褐斑病：はじめ葉身に水浸状、暗褐色〜灰褐色で、輪紋状の病斑を生じ、のち病斑は拡大融合して葉枯れを起こす。分生子および子嚢胞子により伝染する。

Claviceps purpurea (Fries) Tulasne var. *purpurea*
＝コムギ麦角（ばっかく）病

Claviceps virens M. Sakurai ex Nakata
〔シノニム *Villosiclava virens* (M. Sakurai ex Nakata) E. Tanaka & C. Tanaka〕（図 1.42, 1.43 ①②）
＝イネ稲（いな）こうじ病

〔症状と伝染〕イネ稲こうじ病：籾（もみ）だけに発生する。乳熟期頃から内外頴（えい）が少し開き、すき間から緑黄色の小さな突起が現れ、しだいに大きくなって、籾を包むようになる。それが成熟すると緑黒色、粉状となり、その上に黒色、不整形の菌核が形成される。かつては「豊年病」とも俗称され、イネの生育が旺盛な年に多発する傾向があった。菌核や厚壁胞子が地表に落下し、そこで越冬して伝染源となる。保菌籾によっても伝染し、この場合は子葉鞘感染を起こす。菌核は夏季に発芽して子嚢盤を生じ、子嚢胞子を飛散させて穂ばらみ期のイネに感染する。

Gibberella fujikuroi (Sawada) Ito
〔アナモルフ *Fusarium moniliforme* Sheldon〕
＝イネばか苗（なえ）病

〔症状と伝染〕イネばか苗病：罹病苗は葉が黄化するとともに、際立って徒長するが、重症苗は発芽後間もなく枯死する。本田でも同様の症状を示す。また、感染株は出穂しても不稔になる。罹病株は地上部の節から不定根を生じ、枯死株の葉鞘には白色〜帯紅白色の粉状物（分生子の集塊）が一面に付着していることが多い。主として保菌種籾によって伝染するが、まれに土壌伝染によって幼苗が感染することがある。

Gibberella zeae (Schweinitz) Petch〔アナモルフ *Fusarium graminearum* Schwabe〕（図 1.44 ① - ⑩）＝ムギ類 赤（あか）かび病、ホワイトレースフラワー萎凋病、カーネーション立枯病、ヒアシンス フザリウム腐敗病

〔形態〕子嚢殻は植物体上に外生、主に群生し青紫色、類球形、幅 180 - 230μm、表面は小こぶに被われる。子嚢は一重壁、棍棒形で先端の孔口部は単純構造、大きさ 58 - 82 × 9 - 13μm、8 個の子嚢胞子を 1 列または 2 列に含む。子嚢胞子は楕円形、1 - 3 隔壁（主に 3 隔壁）、3 隔壁の子嚢胞子の大きさは 19 - 26 × 4 - 5μm、無色〜淡茶色、滑面である。アナモルフである分

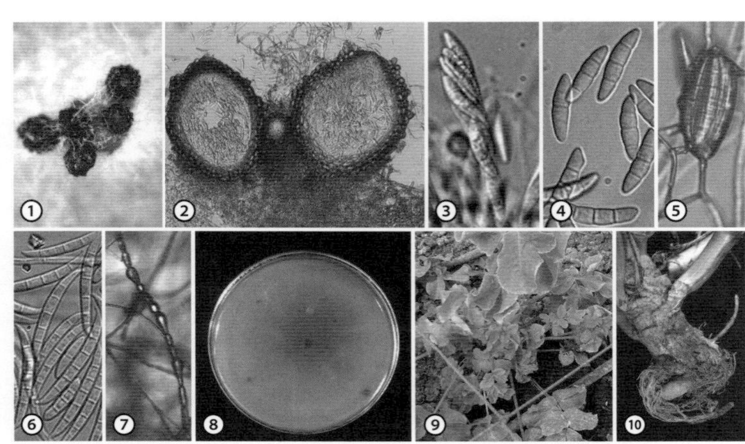

図 1.44　*Gibberella* 属
〔口絵 p 018〕

Gibberella zeae：①子嚢殻 ②子嚢殻（縦断切片） ③子嚢 ④子嚢胞子 ⑤分生子柄と分生子 ⑥分生子 ⑦厚壁胞子 ⑧菌叢裏面（PDA） ⑨⑩ホワイトレースフラワー萎凋病の症状　〔① - ⑩廣岡裕史〕

生子は鎌形で、1 - 6隔壁（主に5隔壁）の大分生子（大型分生子）を生じ、基端に脚胞を有する。5隔壁分生子の大きさは37.5 - 92.5 × 2.5 - 5.5μm。本種は土壌病原菌として、様々な植物に対して萎凋症状を起こす。また、ムギやイネの赤かび病菌としても知られる。

＊廣岡裕吏ら（2007）日本植物病理学会報 73：178.

〔症状と伝染〕コムギ赤かび病：穂、葉、葉鞘、稈などに発生し、幼苗にも発病を起こすが、赤かび粒（罹病籾）の発現がもっとも重要視される。穂では一部、あるいは全体が赤褐色に変色し、桃色のカビを生じ、小黒粒点（子嚢殻）が形成される。罹病した子実は白っぽくなり、これを食べると人畜に中毒症状を起こすことがある。なお、幼苗が感染すると苗立枯れ（なえたちがれ）症状を呈する。病原菌は罹病種子や罹病株残渣とともに越年して伝染源となる。生育期には分生子の飛散により伝播する。

Haematonectria haematococca (Berkeley & Broome) Smuels & Nirenberg〔アナモルフ *Fusarium* sp.〕（図 1.45 ① - ⑦）

＝トウガラシ立枯病、アロエ輪紋病、ファレノプシス株枯病、ニセアカシア枝枯病

〔形態〕子嚢殻は植物体上に外生して、主に群生、赤色～赤褐色、類球形～洋梨形、幅 230 - 390μm、表面は小こぶに被われる。子嚢は一重壁、円筒形～棍棒形、先端の孔口部は単純構造、大きさ70 - 90 × 7.5 - 1.5μm、8個の子嚢胞子を2列に含む。子嚢胞子は楕円形、無色～淡黄色、通常中央の横隔壁により2室で、表面に条線をもち、大きさ 12 - 20 × 5.5 - 7.5μm。本菌のアナモルフである分生子座は、まれに子嚢殻と同時期に観察される。PDA 上では、白色の豊富な気中菌糸を生じる。SNA 上では 0 - 1 横隔壁の球形～楕円形の小分生子（小型分生子）と、1 - 5 横隔壁の鎌形で基端に脚胞を有し、5横隔壁の個体の大きさが 47 - 52.5 × 5 - 7.5μm の大分生子（大型分生子）を形成する。なお、Nalim *et al.*（2011）の分類体系では、本属は

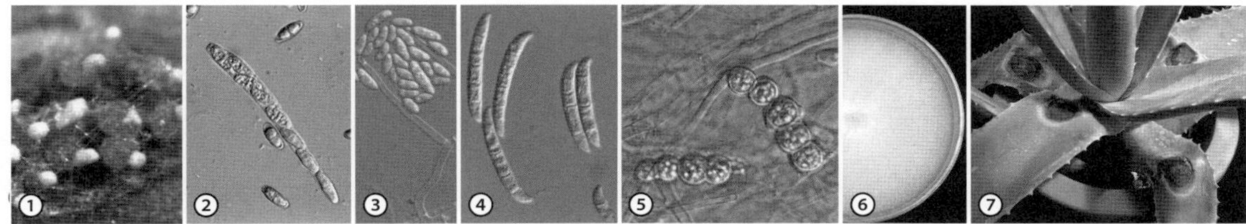

図 1.45　*Haematonectria* 属　〔口絵 p 018〕

Haematonectria haematococca：①子嚢殻　②子嚢と子嚢胞子　③分生子柄と小分生子　④大分生子　⑤厚壁胞子　⑥培養菌叢（PDA）　⑦アロエ輪紋病の症状　〔① - ⑦廣岡裕吏〕

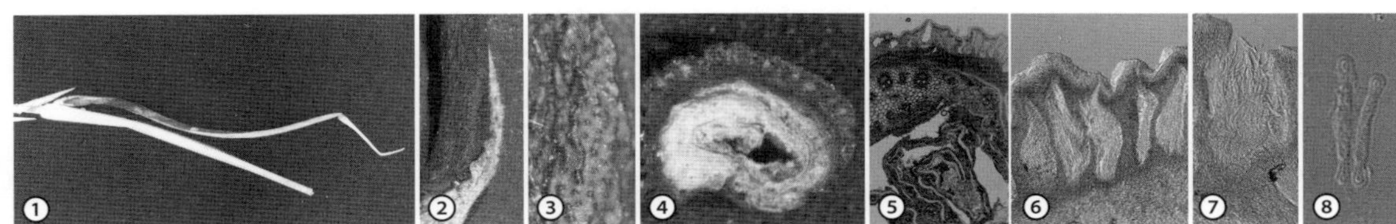

図 1.46　*Heteroepichloë* 属　〔口絵 p 019〕

Heteroepichloë sasae：①チシマザサの新梢に発生した子座　②子座　③子座に埋没した子嚢殻　④⑤チシマザサの新鞘と子座の断面　⑥⑦子嚢殻と子嚢　⑧子嚢胞子　〔① - ⑧ 廣岡裕吏〕

Neocosmospora 属への新組み合わせが提唱されているが、*Neocosmospora haematococca* は狭義の *Haematonectria haematococca* とされることから、本項においては *Haematonectria* の属名を用いた。

Heteroepichloë sasae (Hara) E. Tanaka, C. Tanaka, Abdul Gafur & Tsuda〔アナモルフ *Ephelis* 様〕(図 1.46 ① - ⑧) ＝ササ類てんぐ巣病

〔形態〕子座は黒色皮革質、ササ類の新鞘の周りを囲むように形成される。子嚢殻は子座に埋生し、球形～洋梨形、殻壁は扁平な細胞からなる偽柔組織構造で、頂端には孔口がある。子嚢は一重壁、長円筒形で、先端の孔口部はドーム状を呈し、部分胞子を含む。子嚢胞子は、子嚢内で分離し、無色、滑面で、亜鈴状を呈す。本属には 2 種（*Heteroepichloë sasae*, *H. bambusae*）の記録があり、どちらもアジアのみで観察される。この 2 種は分子系統解析により明確に区別される。

＊ Tanaka, E. *et al*. (2002) Mycoscience 43：87 - 93.

Nectria asiatica Hirooka, Rossman & P. Chaverri〔*Nectria cinnabarina* (Tode：Fries) Fries；アナモルフ *Tubercularia vulgaris* 様〕(図 1.47 ① - ⑧) ＝ナシ・リンゴ・チャ・アカシア類・カエデ類・クリ・クワ・クルミ類・ケヤキ・コウゾ・ツバキ・トネリコ類・ナラ類・ニレ類・ハゼノキ・ハシバミ類・ハンノキ・ブナ紅粒（こうりゅう）がんしゅ病

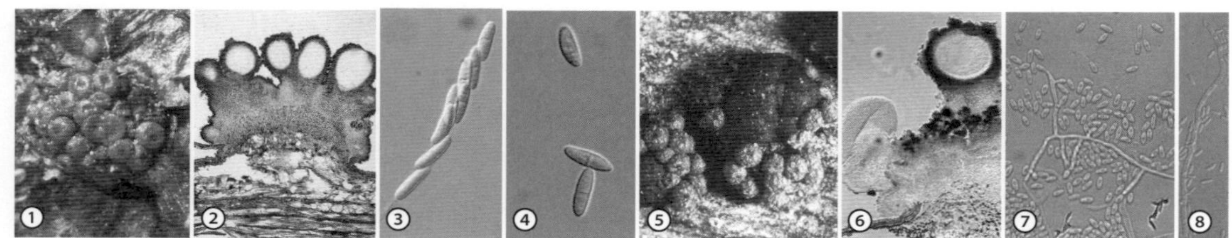

図 1.47　*Nectria* 属　〔口絵 p 019〕

Nectria asiatica：①枝上の子嚢殻　②子嚢殻（縦断切片）　③子嚢　④子嚢胞子　⑤子嚢殻と分生子座　⑥同（縦断切片）　⑦⑧分生子柄と分生子

〔①②⑤佐々木克彦　③④⑥ - ⑧廣岡裕史〕

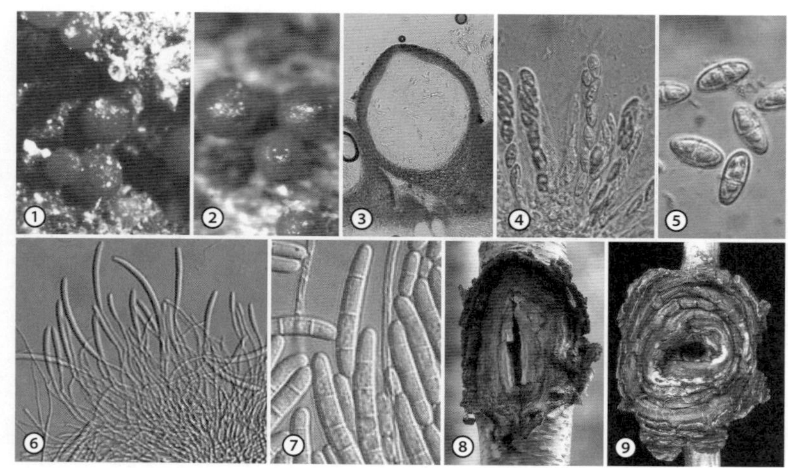

図 1.48　*Neonectria* 属　〔口絵 p 020〕

Neonectria ditissima：
①②植物上の子嚢殻
③子嚢殻（縦断切片）
④子嚢と子嚢胞子
⑤子嚢胞子
⑥分生子柄と大型分生子
⑦大型分生子と小型分生子
⑧ヤチダモがんしゅ病の症状
⑨ウダイカンバがんしゅ病の症状

〔① - ⑦廣岡裕史　⑧⑨佐々木克彦〕

〔形態〕子嚢殻は植物体上に外生、主に群生し赤色〜赤褐色、類球形で、幅 250 - 380μm、ときに表面は小こぶに被われる。子嚢は一重壁、円筒形〜棍棒形で、先端の孔口部は単純構造、大きさは 74 - 117 × 8.5 - 14μm、8 個の子嚢胞子を 1 列または 2 列に含む。子嚢胞子は楕円形、わずかに湾曲し、無色〜淡黄色、通常中央の横隔壁により 2 室、まれに 1 室、大きさ 10.5 - 19 × 3 - 6μm、滑面である。アナモルフである分生子座は、ときにテレオモルフの子嚢殻と同時期に観察される。偽柔組織状子座に生じた分生子座は高さ 800μm 以下で、分生子を豊富に形成する。分生子柄は 4 - 7 隔壁を生じ、フィアロ型分生子形成細胞より分生子を形成する。分生子は楕円形、大きさ 4.5 - 9.5 × 1 - 3μm。

＊ Hirooka,Y. *et al.* (2011) Studies in mycology 68：35 - 56.

Neocosmospora vasinfecta Smith var. *africana* (Arx) Cannon & Hawksworth〔アナモルフ *Acremonium* sp.〕＝クワ根腐(ねぐされ)病

Neonectria ditissima (Tul. & C. Tul.) Samuels & Rossman〔アナモルフ *Cylindrocarpon heteronema* (Berkeley & Broome) Wollenweber〕（図 1.48 ① - ⑨）＝オウトウ・ナシ・リンゴ・スグリ類・アカシア類・カエデ類・カシ類・サクラ類・トチノキ・トネリコ類・ナラ類・ハシバミ類・ハンノキ類・ブナ・ポプラ・ヤナギ類・ヤチダモがんしゅ病

〔形態〕子嚢殻は植物体上に外生、主に群生し赤色〜赤褐色、類球形、幅 250 - 400μm、表面は滑面〜わずかに粗面である。子嚢殻壁は二層となって形成される。子嚢は一重壁、幅の狭い棍棒形、先端の孔口部は単純構造、大きさ 77 - 130 × 11 - 20μm、子嚢胞子 8 個を 2 列に含む。子嚢胞子は楕円形〜紡錘形、無色、中央の横隔壁により 2 室、大きさ 12.2 - 24.3 × 5.5 - 10.2 μm、表面は滑面から徐々に小針が確認される。分生子柄は 1 回から数回分岐し、ときに分生子座となる。分生子形成細胞はフィアライド型、その先端にはカラーを生じる。小型分生子は楕円形から円筒形で無色、大型分生子はまれにやや湾曲し、円筒形で両端は丸く、脚胞を欠き 3 〜 7 隔壁を有する。5 隔壁の分生子の大きさは 48.8 - 86.3 × 4.9 - 9.3μm である。ときに厚壁胞子を形成する。Castlebury *et al.* (2006) によると、*Neonectria galligena* は *Neonectria ditissima* の異名とされているため、本項では *Neonectria*

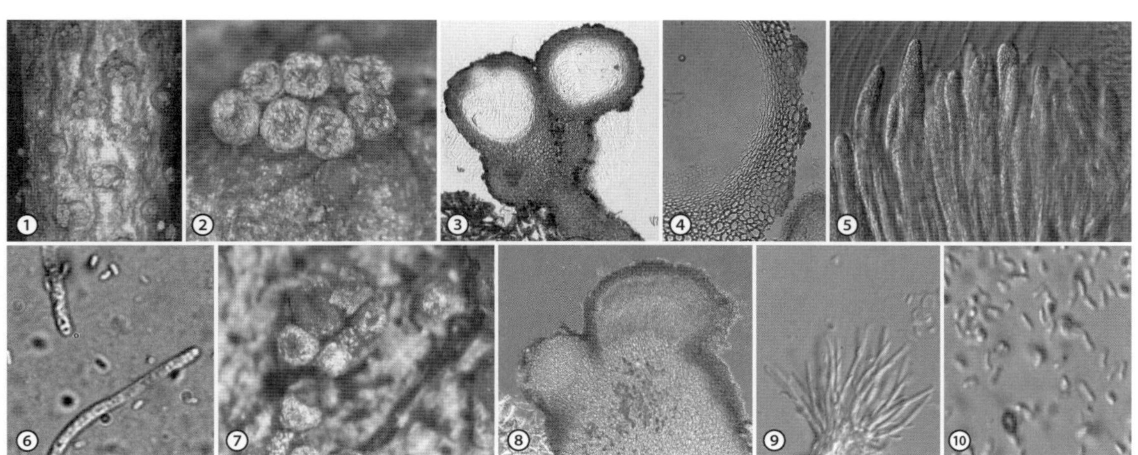

図 1.49　*Pleonectria* 属　〔口絵 p 020〕

Pleonectria rosellinii：①②モミ枯死枝上の子嚢殻　③子嚢殻（縦断切片）　④子嚢殻壁（同）　⑤子嚢と子嚢胞子　⑥子嚢胞子　⑦分生子殻　⑧分生子殻（縦断切片）　⑨分生子柄　⑩分生子　〔① - ⑩廣岡裕吏〕

ditissima の学名を用いた。

Pleonectria rosellinii (Carestia) Hirooka, Rossman & P. Chaverri〔アナモルフ zythiostroma 様〕（図 1.49 ① - ⑩） ＝ストローブマツ枝枯病

〔形態〕子嚢殻は植物体上に外生、主に群生し赤色〜赤褐色、類球形、大きさ 215 - 350 × 200 - 315μm、表面が緑黄色〜褐色のフケ状組織に被われる。子嚢殻壁の厚さは 32 - 50μm、二層に形成される。子嚢は一重壁、幅の狭い棍棒形で先端の孔口部は単純構造、大きさ 49 - 104 × 6 - 13μm、8 個の子嚢胞子を網目状に含む。子嚢胞子は糸状、無色、8 - 31 個の横隔壁を有し、大きさ 22.4 - 60.2 ×1.6 - 3.9μm。分生子殻はときに子嚢殻と同じ子座上に形成される。分生子殻の幅は 190 - 335μm、赤色〜赤褐色で、類球形、内部には多数の分生子を有する。分生子は無色、楕円形〜長楕円形、大きさ 2.8 - 5.1 ×1.1

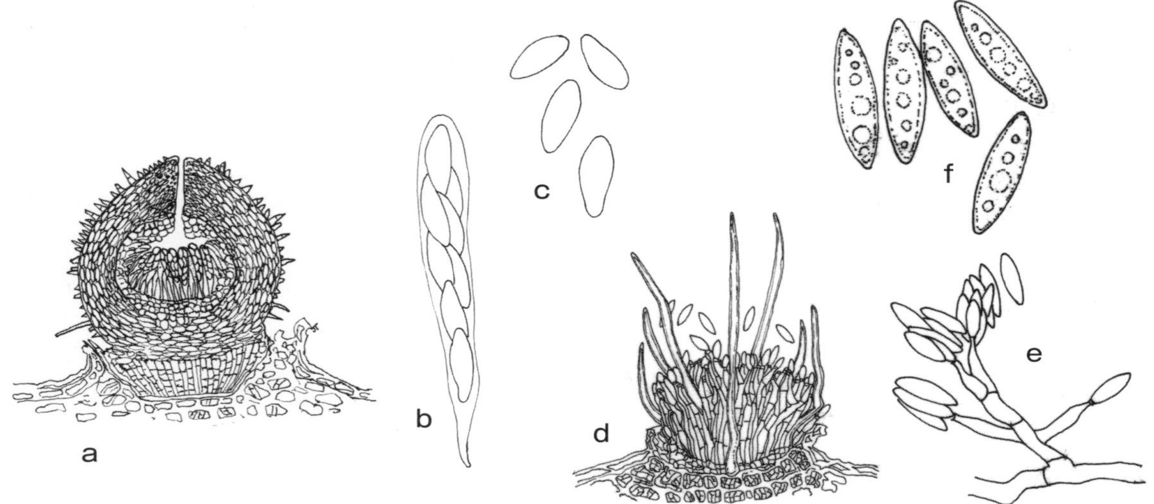

図 1.50　*Pseudonectria* 属（1）

Pseudonectria pachysandricola（フッキソウ紅粒茎枯病菌）：a. 子嚢殻の断面（茎病斑上）　b. 子嚢と子嚢胞子　c. 子嚢胞子　d. 分生子座の断面（罹病茎上）　e. 分生子柄（PDA 上）　f. 分生子（PDA 上）　〔竹内 純〕

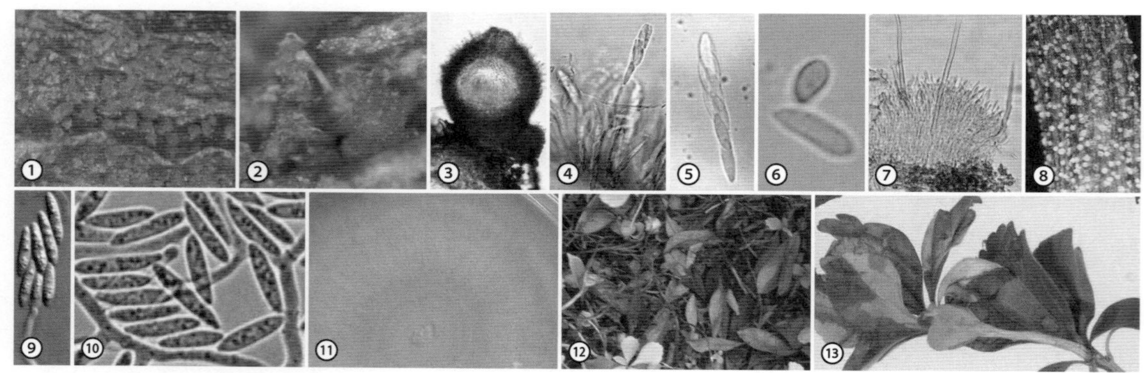

図 1.51　*Pseudonectria* 属（2）　〔口絵 p 021〕

Pseudonectria pachysandricola：①②子嚢殻（罹病茎上）　③子嚢殻（縦断切片）　④⑤子嚢と子嚢胞子　⑥子嚢胞子　⑦子座上の分生子の集塊（罹病茎上）　⑧分生子座（剛毛，分生子）　⑨分生子柄と分生子　⑩分生子　⑪培養菌叢（PDA）　⑫⑬フッキソウ紅粒茎枯病の症状　〔① - ⑬竹内 純〕

-2μm。

＊ Hirooka, Y. *et al.* (2012) Studies in mycology 71：1-210.

Pseudonectria pachysandricola Dodge〔アナモルフ *Volutella pachysandricola* Dodge〕（図 1.50, 1.51 ①-⑬）＝フッキソウ紅粒茎枯病（こうりゅうくきがれ）

〔形態〕子嚢殻は紅色〜深紅色、洋梨形、表面に短い剛毛を散生し、232-276×192-240μm。子嚢は無色、円筒形、56-80×7-10μm、子嚢胞子を8個含む。子嚢胞子は無色、単胞、楕円形、14-19×2-4μm。分生子座は淡褐色、剛毛と多量の分生子を生じる。剛毛は無色、無隔壁で長い。分生子は無色、単胞、紡錘形、14-19×2-4μm。分生子の集塊は粉状で、淡橙色〜橙色を呈する。菌糸生育適温は23℃付近。

＊竹内 純（2007）東京農総研研報 2：1-106.

〔症状と伝染〕フッキソウ紅粒茎枯病：茎に褐色〜暗褐色で、水浸状の病斑が拡がり、のち褐変〜黒変、枯死する。茎病斑上に、梅雨期には淡橙色〜橙色の小粒（分生子の集塊）、夏〜秋季には紅色の小粒（子嚢殻）が罹病茎全面に形成される。葉には水浸状で灰緑色〜灰褐色、大型の不整円斑を生じ、のち葉枯れを起こす。葉病斑上には菌体の形成は少ない。多発すると地上部の茎葉が集団枯死する。病原菌の越冬は罹病茎残渣とともに行われるようで、子嚢胞子は春季の第一次伝染源として関与すると推定される。生育期には病斑上の分生子が雨滴の飛沫とともに飛散して伝播する。

Rugonectria castaneicola (W. Yamam. & Oyasu) Hirooka & P. Chaverri〔アナモルフ "*Cylindrocarpon*" *castaneicola* Tak. Kobayashi & Hirooka〕（図 1.52 ①-⑨）
＝クリ幹枯病、ウリカエデがんしゅ病、シラベ ネクトリアがんしゅ病

〔形態〕子嚢殻は植物体上に外生して、主に群生、赤色〜赤褐色、類球形、大きさ250-470×350-430μm、表面がこぶに被われる。子嚢殻壁の厚さは40-80μm、二層に形成される。子嚢は一重壁、円筒形〜棍棒形で、先端の孔口部は単純構造、大きさは50-80×6.5-11μm、4個の子嚢胞子を1列に含む。子嚢胞子は楕円形〜紡錘形、無色、中央の横隔壁により2室、大きさ18-28×6-8.7μm、表面が条線構造で被われる。分生子柄は1回から数回分岐し、ときに分生子座となる。分生子形成細胞はフィアライド型で、先端にはカラーを生じる。小型分生子は楕円形〜円筒形、無色、大きさ3-29×2.5-5μm、大型分生子はやや湾曲した円筒形、両端は丸く脚胞を欠き、2-9隔壁、大きさは約63-95×5-10μmである。ときには厚壁胞子を形成する。*Rugonectria* 属菌は、近年の分類学的再検討により *Neonectria* 属菌から分割された（Chaverri *et al.* 2011）。

＊ Kobayashi *et al.* (2005) JGPP 71：124-126.

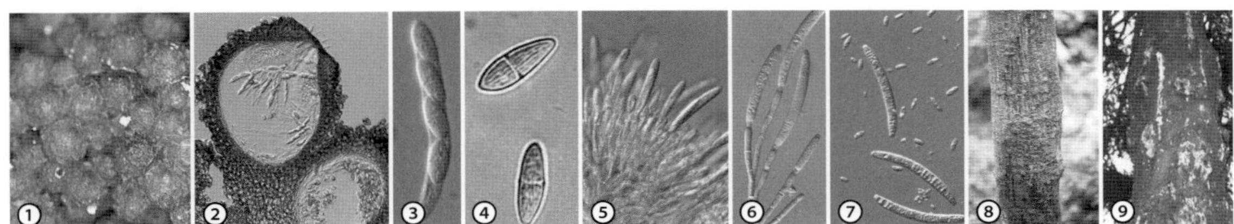

図 1.52　*Rugonectria* 属　〔口絵 p 021〕

Rugonectria castaneicola：①シラベ上の子嚢殻　②子嚢殻（縦断切片）　③子嚢　④子嚢胞子
⑤⑥植物上の分生子柄と分生子　⑦大型分生子と小型分生子　⑧ウリカエデがんしゅ病の症状
⑨シラベ ネクトリアがんしゅ病の症状
〔①-⑦廣岡裕吏　⑧牛山欽司　⑨小林享夫〕

5　炭疽病菌（*Glomerella* 属）

a. 所属：フンタマカビ綱（目不詳）

b. 特徴（図 1.53 - 54）：

アナモルフは *Colletotrichum* 属（図 1.128 A，1.130）。菌糸には隔壁がある。子嚢殻は黒色、類球形で、頂部の孔口が嘴状となり、孔口の外側に剛毛を生じることがある。子座を欠く。子嚢は棍棒形、壁は一重、頂部の構造は不明瞭、8 個の子嚢胞子を不整 2 列に含む。子嚢胞子は無色、単胞、楕円形で、側糸はない。本属および *Colletotrichum* 属の病原菌を「炭疽病菌（植物炭疽病菌）」と総称し、本属菌による病気の多くは「炭疽病」と命名されている。

c. 観察材料：

Glomerella cingulata (Stoneman) Spaulding & H.

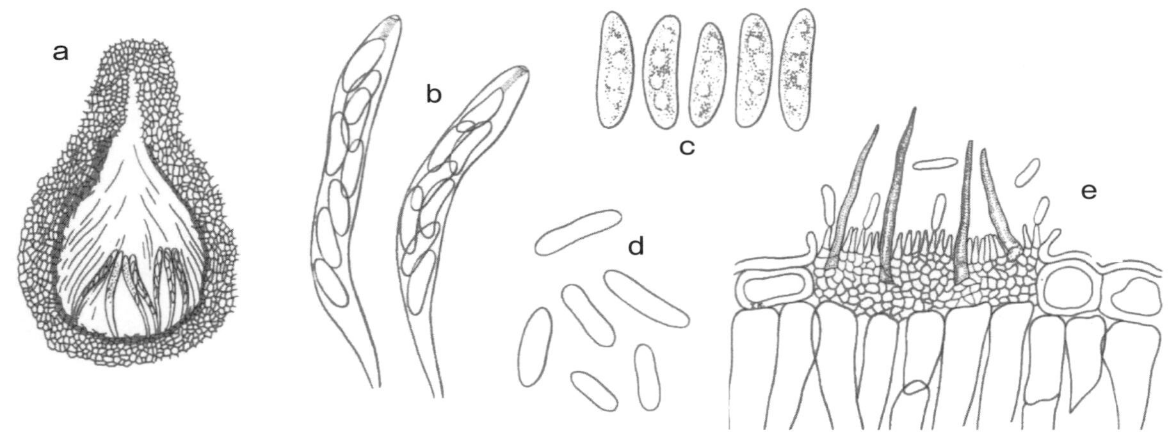

図 1.53　*Glomerella* 属（1）

Glomerella cingulata：a. 子嚢殻断面　b. 子嚢と子嚢胞子　c. 子嚢胞子　d. 分生子　e. 剛毛をもつ分生子層の断面

〔小林享夫〕

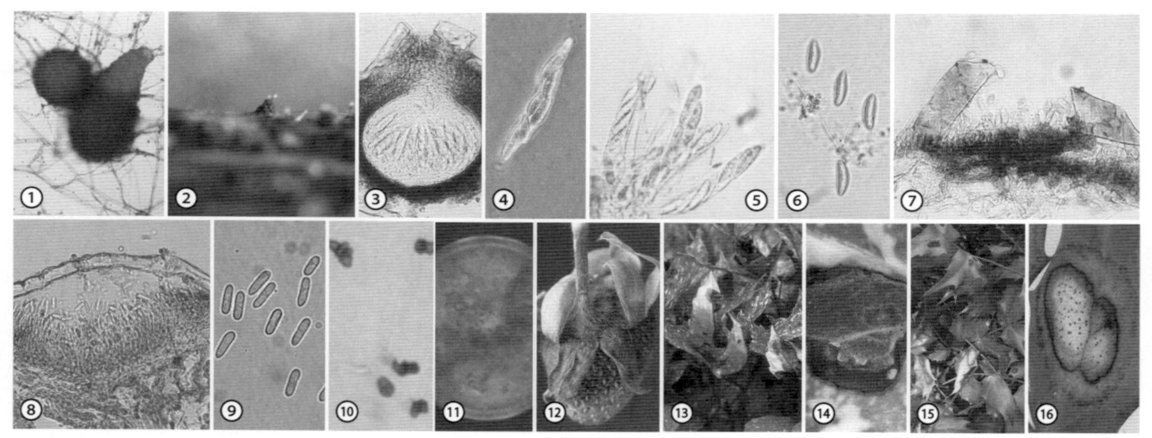

図 1.54　*Glomerella* 属（2）　〔口絵 p 022〕

Glomerella cingulata：① - ③子嚢殻　④⑤子嚢と子嚢胞子　⑥子嚢胞子　⑦⑧分生子層　⑨分生子　⑩付着器　⑪培養菌叢（PDA）　⑫イチゴ炭疽病の症状　⑬⑭アオキ炭疽病の症状　⑮⑯ヒイラギナンテン炭疽病の症状

〔①②⑤⑫石川成寿　③④⑥小林享夫　⑩⑪竹内 純〕

Schrenk〔アナモルフの種名は、*Colletotrichum gloeosporioides* (Penzig) Penzig & Saccardo〕（図 1.54 ①-⑯）＝イチゴ・アボガド・クリ・マンゴー・リンゴ・スターチス・ドラセナ・ファレノプシス・アオキ・アカシア・アジサイ・キョウチクトウ・クスノキ・ゲッケイジュ・サザンカ・ツバキ炭疽（たんそ）病、ブドウ晩腐（おそぐされ）病、チャ赤葉枯（あかはがれ）病

〔形態〕子嚢殻は類球形。子嚢は棍棒形、60 - 75×11 - 12.5µm。子嚢胞子は無色～淡褐色で単胞、長楕円形、中央でわずかに湾曲し、12.5 - 16.5×4.5 - 7µm。分生子層は宿主上では皿状～レンズ状。剛毛を生じることがある。分生子は無色、単胞、長楕円形～円筒形、真直、15 - 20×4 - 7.5µm。付着器は褐色、卵形あるいは切り込みが少なく、比較的単純。培地での菌糸生育は良好で、菌叢ははじめ白色、のち暗灰色～黒色、生育適温 25 - 30℃。多犯性。

＊小林享夫 (1976) 日菌報 17：262.

〔症状と伝染〕アオキ炭疽病：主に葉先や葉縁から褐色～黒褐色の半円状斑が進展して葉枯れを起こし、黒変乾固する。葉の中央部では不整円斑～不整斑を生じる。多発時には幼梢が集団的に枯死する。病患部には小黒点（子嚢殻、分生子層）を散生することがあり、分生子層からは、湿潤時に鮭肉色の分生子塊が多数形成される。病原菌は罹病残渣内で生存して伝染源となるが、潜在感染する場合もある。蔓延期には雨滴により分生子が飛散して伝播する。本病は台風などの強風による葉傷みの痕や日焼け痕に発生することが多い。

イチゴ炭疽病：本病に関与する病原菌は、2種類（① *Glomerella cingulata*、② *Colletotrichum acutatum*）記録されている。病原菌により病徴が若干異なって、②ではランナー、葉柄、葉のみが発病し、①では、それらに加え、株全体が萎凋枯死する。①については、ランナーや葉柄に長径 3 ～ 7mm 程度、紡錘形～楕円形で黒色を呈し、やや陥没した病斑を生じる。病斑が拡大すると、葉柄が折れたり、ランナーの先端部が枯死する。多湿時、罹病部表面に淡い紅色の粉状あるいは粘塊状のカビを生じる。また、全身病徴はクラウン部（冠部）からの感染と褐変枯死によって起こり、株全体が青枯れ状に萎凋枯死する。①②いずれも罹病株残渣とともに土壌中で生存して伝染源となる。また、保菌親株によって苗伝染する。生育期は分生子が雨滴や灌水とともに飛び散って伝播する。

ブドウ晩腐病：主として果実（とくに熟果）に発生するが、果穂や葉にも発生することがある。開花期には果穂の花蕾が褐変し、表面に淡紅色の胞子粘塊が形成される。未熟果では淡褐色～黒色の小斑点を生じる。熟果では茶褐色で不明瞭な円形の病斑が現れ、急速に拡大する。病徴発現から数日後には、サメ肌状の小粒点が形成され、罹病部表面に同様の胞子粘塊を生じる。病原菌は結果母枝の皮層組織、切り残した穂軸、巻ひげ内などに菌糸で越冬して伝染源となる。生育期は分生子の飛散により伝播する。

6　胴枯病菌・腐らん病菌

a. 所属：フンタマカビ綱、ディアポルテ目

b. 特徴（図 1.55）：

菌糸には隔壁がある。子座は通常、樹皮組織内に形成され、表面近くには分生子殻子座（外子座）を生じる。大型の子座では底部に子嚢殻子座（内子座）を形成する。子嚢殻は群生、あるいは子座を欠いて単生など、属により特徴が認められる。

子座周囲の子座托（黒色帯線）や、子嚢殻と頸部が直上するか、斜上あるいは横向きかの違いも属の特徴となる。子嚢は子嚢殻内壁の底部と側部から生じる。成熟した子嚢の柄が、殻から遊離しているか否かも区別点である。子嚢は一重壁で頂環がある。子嚢胞子の形態は属種により異なる。

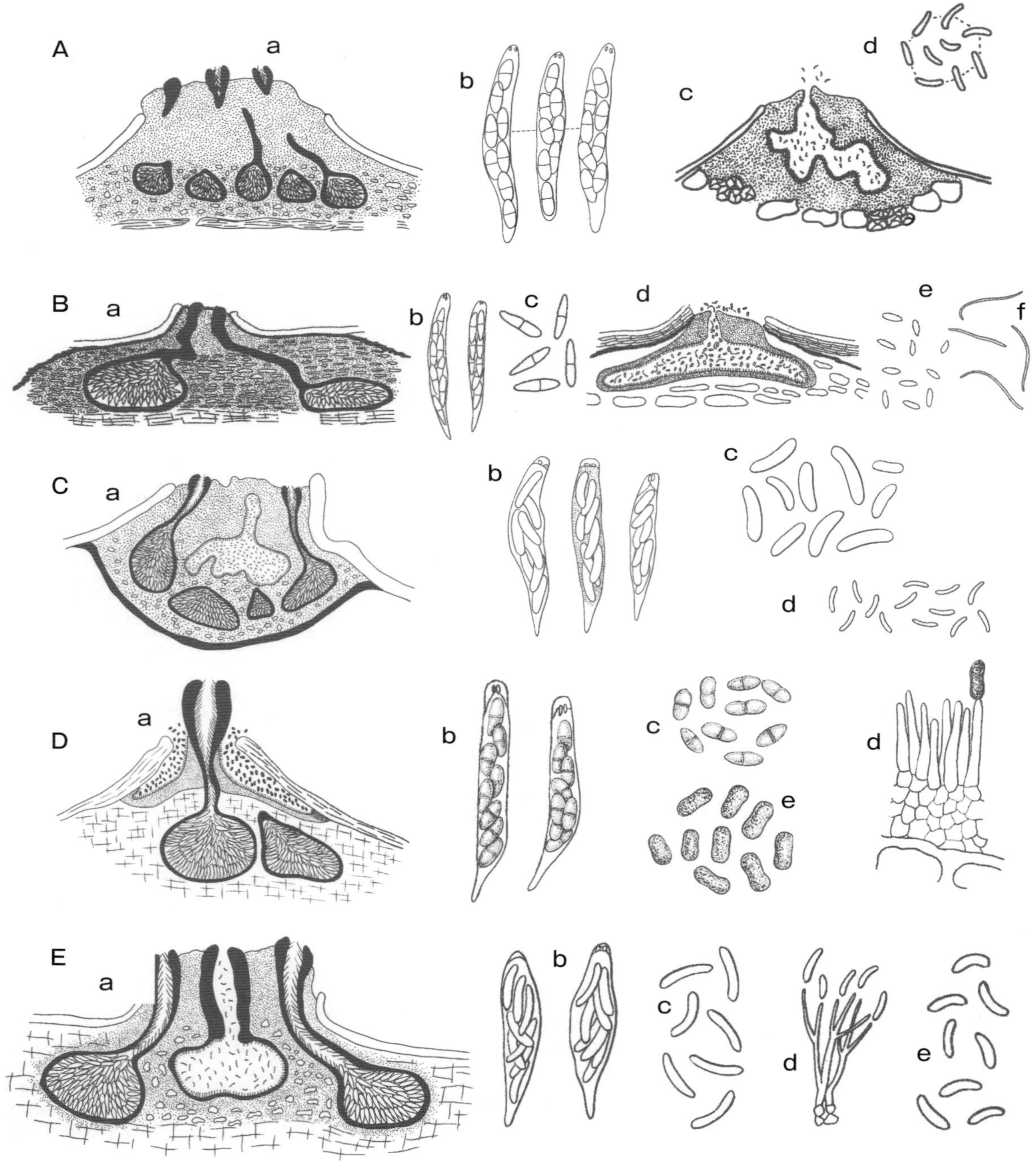

図 1.55　ディアポルテ目（胴枯病菌・腐らん病菌）

A. *Cryphonectria* 属（*C. parasitica* ）：a. 子嚢殻子座断面　b. 子嚢と子嚢胞子　c. 分生子殻子座断面　d. 分生子

B. *Diaporthe* 属（*D. eres*）：a. 子嚢殻子座断面　b. 子嚢と子嚢胞子　c. 子嚢胞子　d. 分生子殻子座断面
e. 分生子（α胞子）　f. 分生子（β胞子）

C. *Leucostoma* 属（*L*．*perssonii*）：a. 子嚢殻と分生子殻室をもつ子座の断面　b. 子嚢と子嚢胞子　　c. 子嚢胞子
d. 分生子

D. *Melanconis* 属（*M. microspora* ）：a. 子層子嚢殻と分生子層をもつ子座断面　b. 子嚢と子嚢胞子　c. 子嚢胞子
d. 分生子層の一部　e. 分生子

E. *Valsa* 属（*V. ceratosperma* ）：a. 子嚢殻と分生子殻室の混在する子座断面　b. 子嚢と子嚢胞子　c. 子嚢胞子
d. 分生子柄と分生子　e. 分生子

〔小林享夫〕

【*Cryphonectria* 属】（図 1.55 A，1.56）

アナモルフは *Endothiella* 属。菌糸には隔壁がある。子座組織は黄色、橙色または黄褐色、子座底部にふつう一層、10 - 20 個の子嚢殻を群生し、黒色帯線はない。子嚢殻は長い頸で開口し、壁は黒褐色、多数の子嚢を生じる。子嚢は棍棒形、８胞子を不整２列に含み、頂部に頂環をもつ。子嚢胞子は無色、長楕円形、表面平滑で、横隔壁により２室、種により隔壁部でくびれる。分生子殻子座は小型で、黄色～黄褐色、内部に不規則形の分生子殻室を生じ、子座中央に開口し、分生子の粘塊を押し出す。種は各器官の形状により類別される。

【*Diaporthe* 属】（図 1.55 B，1.57）

アナモルフは *Phomopsis* 属（図 1.115 G）。菌糸には隔壁がある。分生子殻子座が形成され、分生子飛散後に同子座が崩壊すると、その下部の黒色帯線に囲まれた皮層内に１～数個の子嚢殻を生じる。子嚢殻の頸は一般に長く、斜めに立ち上がり、１か所に集まる。種により頸が垂直に伸びて、集まらずに開口したり、また、頸の周囲に子座状構造をつくる。子嚢は子嚢殻内に不規則に充満し、一重壁、棍棒形、頂環をもち、基部はやや短柄状、８個の子嚢胞子を不整２列に含む。子嚢胞子は長楕円形、紡錘形またはボート形、無色で中央の横隔壁により２室となる。種は子嚢殻の頸の形状とその周囲の子座状構造の有無、子嚢・子嚢胞子の形状、アナモルフの α 胞子と β 胞子の形状などで類別できる。近年、遺伝子解析結果を基に、分類の精査が進められている。

【*Gnomonia* 属】（図 1.58 - 59）

アナモルフには *Asteroma* 属、*Cylindrosporella* 属、*Discula* 属、*Leptothyrium* 属、*Zythia* 属が記載。菌糸には隔壁がある。子嚢殻は単生で葉肉に埋生、球形～扁球形、褐色～黒色、頂部から長い頸を伸ばして葉面から突出する。殻壁および孔口・頸壁は、縦長の平行菌糸構造で、頸の内壁には孔口周糸が生じる。子嚢は小型で、殻内に不規則に遊離して充満し、一重壁、広楕円形、子嚢胞子８個を束に内包する。子嚢胞子は無色で中央に隔壁をもつ２胞、円筒形～やや湾曲して両端が尖り、両端とも各１本の短い付属糸を有する。子嚢および子嚢胞子の大きさ、アナモルフの所属などにより類別される。

【*Leucostoma* 属】（図 1.55 C，1.60）

アナモルフは *Cytospora* 属。菌糸には隔壁がある。子座は表面に現れ、頂部の円盤は種により黒色、灰色、白色など。子座内に子嚢殻と分生子殻を形成する。子嚢殻は類球形、黒色、孔口内部に孔口周糸を生じる。子嚢は小型で遊離し、棍棒形、一重壁で、頂環はヨードで青染せず、短柄があり、子嚢胞子を８個ときに４個、不整２列に含む。子嚢胞子は無色、単胞、ソーセージ形。分生子殻室の壁に分生子柄を生じ、分生子を単生する。分生子は無色、単胞、ソーセージ形。子座底部の黒色囲帯により、*Valsa* 属と区別できる。種は子嚢の大きさ、子嚢胞子の大きさと数により類別される。アナモルフでの種の分類は難しい。

【*Melanconis* 属】（図 1.55 D，1.61）

アナモルフは *Melanconium* 属。菌糸には隔壁がある。分生子層子座が形成され、分生子飛散後に、その下部に１～数個の子嚢殻が環状に生じる。子嚢殻は黒色、類球形、直立または斜めに座し、その頸は長く、中央に開口する。子嚢は大型または中型で、はじめ殻壁に沿って並ぶが、のち殻内に不規則に充満し、一重壁、円筒形～棍棒形、頂環を有し、基部はやや短柄状、子嚢胞子８個を準１列または不整２列に含む。子嚢胞子は楕円形、無色あるいは褐色～緑褐色で、中央の横隔壁により２室となる。分生子層は直径 0.5 - 1 mm、基層は子座状または薄い。分生子柄は表層に並列し、頂部に内生出芽型に分生子を生じ、しばしば明瞭な環紋をつくる。分生子は褐色～栗褐色、楕円形～鼓（つづみ）形、単胞。

種は子嚢・子嚢胞子・分生子の形状により類別される。宿主限定性の種が多く、それぞれ「黒粒枝枯病」と名付けられている。

【*Pseudovalsa* 属】（図 1.62）

アナモルフは *Coryneum* 属。菌糸には隔壁がある。子嚢殻子座はアナモルフの分生子層とは別に、あるいは分生子層の下部に埋生し、のち表面に現れ、円盤状、灰褐色～栗褐色で、表面に子嚢殻の長頸が開口する。子嚢殻は子座内にフラスコ状に形成され、殻壁は黒褐色～黒色。子嚢は大型で一重壁、頂環を有し、基部は短柄状、４または８個の子嚢胞子を１列または不整２列に含み、子嚢殻の下半分の内壁に沿って生じるが、のち遊離して殻内に充満する。子嚢胞子は楕円形～紡錘形、無色～褐色、中央の横隔壁により２室～多室。分生子層は宿主の基質で発達が異なり、種により厚い分生子褥状～子座状となる。分生子柄は褐色で表層に並列し、頂部はアネロ型に分生子を形成する。分生子は、円筒形、棍棒形ないし樽形、褐色で厚壁、数個～十数個の横隔壁をもち、基部は截切状、頂端細胞は淡褐色、表面は平滑。種は子嚢、子嚢胞子、分生子の大きさなどで類別される。

【*Valsa* 属】（図 1.55 E, 1.63）

アナモルフは *Cytospora* 属。菌糸には隔壁がある。枝幹に子座が埋生し、のち表皮を破って露出する。アナモルフの子座が先に生じた場合は、その崩壊後に下部に子嚢殻が形成される。また、同一子座内に両者が混在する場合は、子座中央部に分生子殻室、その周囲または下部に子嚢殻が形成される。子嚢殻は黒色、類球形、長い頸が子座中央部に集まり開口する。子嚢は棍棒形、一重壁、頂環をもち、基部は短柄状、８胞子を不整２列、ときに４胞子を準１列に含む。子嚢胞子は小型で無色、単胞、ソーセージ形。一般に任意寄生性、樹皮生息菌である。

c. 観察材料：

Cryphonectria parasitica (Murrill) M.E. Barr〔アナモルフ *Endothiella parasitica* Roane〕（図 1.56 ①-⑦）＝クリ胴枯病（どうがれ）

〔形態〕子嚢殻は子座の底部に群生し、球形～フラスコ形で、直径は 210 - 460μm、頸の長さ 360 - 1,100μm。子嚢は棍棒形、36 - 54 × 5 - 8.5μm。子嚢胞子は無色、成熟期にはやや褐色を帯び、２室、楕円形、真直～やや湾曲、7 - 13 × 3 - 5（ほとんどは 8 - 9 × 3.5 - 4）μm。分生子殻は数個の不規則形の子室からなり、内壁に分生子柄を叢生し、先端には分生子を形成する。分生子は無色、単胞、短桿形、3 - 5.5 × 0.5 - 1.5μm。分生子の発芽適温は 25 - 30℃。菌糸生育適温は 25 - 30℃、菌叢ははじめ白色のち

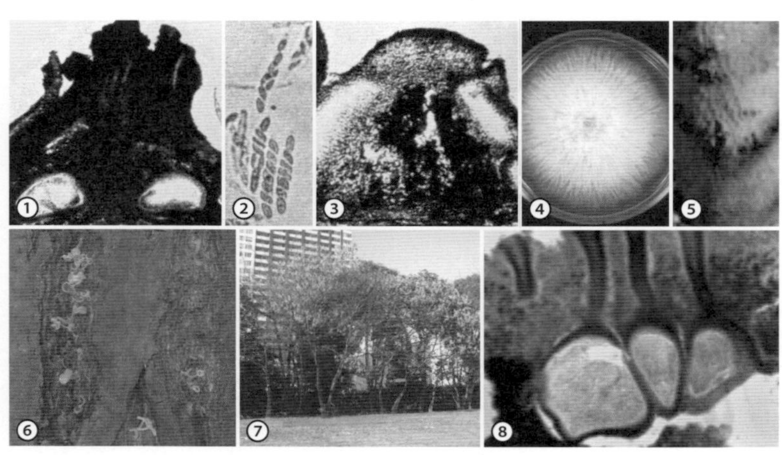

図 1.56　*Cryphonectria* 属
〔口絵 p 023〕
Cryphonectria parasitica：
①子嚢殻子座
②子嚢と子嚢胞子
③分生子殻子座
④培養菌叢（PDA）
⑤-⑦クリ胴枯病の症状
C. radicalis：
⑧子嚢殻子座
〔①-⑤⑧小林享夫　⑦鈴木健一〕

黄色～黄橙色となる。

＊小林享夫（1970）林試研報 226：141（シノニム *Endothia parasitica* の記載）.

〔症状と伝染〕クリ胴枯病：枝幹の樹皮に赤褐色のやや凹んだ病斑が現れ、表面に微小な疣状突起（子座）を多数生じる。のち表皮が破れ、黄色～黄橙色の子座が裸出し、湿潤時に黄橙色の分生子塊を巻きひげ状に押し出す。病斑が枝幹を取り囲むと上部は枯死する。樹勢が強い場合は病患部に傷痍組織がつくられ、癌腫状となる。分生子は雨滴に混在して伝播し、剪定痕、凍傷部などから侵入、感染する。子嚢胞子は風で飛散する。

Cryphonectria radicalis (Schweinitz) M.E. Barr
（図 1.56 ⑧）
＝クリ萎縮（いしゅく）病、ハンノキ・ブナ黄色胴枯（おうしょくどうがれ）病

Diaporthe eres Nitschke〔アナモルフ *Phomopsis oblonga* (Desmazières) Höhnel〕
＝カンバ類・キリ・ナシ胴枯病、サクラ類フォモプシス枝枯（えだがれ）病

Diaporthe kyushuensis Kajitani & Kanematsu〔アナモルフ *Phomopsis vitimegaspora* Kuo & Leu〕
（図 1.57 ①-⑧）＝ブドウ枝膨（えだぶくれ）病

〔形態〕子嚢殻は子座内に単生～群生、亜球形で直径 310 - 860µm、上部に黒色頸部をもち、多湿条件下で長さ 3 mm に達する。子嚢は無色、円筒形～棍棒形、89 - 117 × 13 - 20µm。子嚢胞子は無色、楕円形、2 室、しばしば小球があり、中央隔壁部でわずかにくびれ、15.5 - 21.5 × 8.5 - 11µm、ときに無色の付属糸を両端にもつ。分生子殻は円錐形で埋没しており、孔口を外部に突出、α胞子は無色、単胞、紡錘形、15.5 - 24 × 4.5 - 8µm。β胞子は無色、単胞、糸状ないし鞭状で、25 - 55 × 1 - 2µm。培地上での菌糸伸長は非常に遅い。

＊兼松聡子（2006）植物病原アトラス p 127.

〔症状と伝染〕ブドウ枝膨病：主要な感染時期は 5 月上旬～ 7 月下旬である。病原菌に高濃度感染した場合は、新梢基部に微小黒点が集合した黒色病斑を生じ、その上部には独立した楕円形～紡錘形の黒点が形成される。菌密度が低い場合は、菌が皮層下を進展して節部の射出髄に到達後、半年から 1 年を経て節部の肥大症状を引き起こす。病原菌は結果母枝や巻ひげなどで越冬し、病患部に形成された分生子殻から、α胞子が雨水とともに飛散して、無傷の緑色新梢へ感染する。

Diaporthe medusaea Nitschke〔アナモルフ *Phomopsis rudis* (Fries) Höhnel〕＝カンキツ類小黒点（しょうこくてん）病、ナシ胴枯病、ブドウ芽枯（めがれ）病

Diaporthe tanakae Tak. Kobayashi & Sakuma

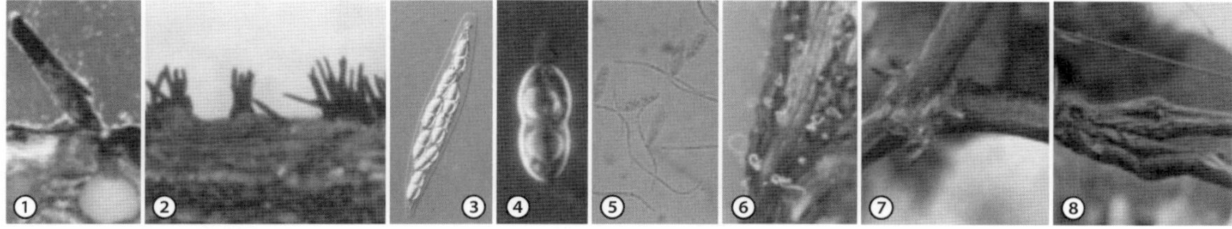

図 1.57　*Diaporthe* 属　〔口絵 p 023〕
Diaporthe kyushuensis（*Phomopsis vitimegaspora*）：①子嚢殻断面　②枯枝上の子嚢殻頸部　③子嚢と子嚢胞子　④子嚢胞子（両端に付属糸）　⑤分生子（α胞子とβ胞子）　⑥ - ⑧ブドウ枝膨病の症状
〔①②⑥ - ⑧梶谷裕二　③④⑤兼松聡子〕

〔アナモルフ *Phomopsis tanakae* Kobayashi & Sakuma〕＝セイヨウナシ・リンゴ胴枯病

〔形態〕子嚢殻は子座内に単生または群生、黒褐色、亜球形で、直径 500 - 750μm、頚長 600 - 800μm。子嚢は無色、円筒形～棍棒形で、68 - 90 × 7.5 - 10μm。子嚢胞子は無色、長楕円形、中央の横隔壁により２室、12.5 - 17 × 3 - 5μm。分生子殻は扁球形で、直径 500 - 700μm、高さ 250 - 400μm。α 胞子は無色、単胞、紡錘形で 9 - 12.5 × 2.5 - 4μm。β 胞子は無色、単胞、糸状～鞭状、12 - 20 × 0.8 - 1.5μm。培地上の菌糸生育適温は 22 - 23℃。

＊小林享夫ら (1982) 日菌報 23：37.

〔症状と伝染〕セイヨウナシ・リンゴ胴枯病：主に一年生枝や新梢に発生する。はじめ黒色～黒紫色、1mm 大のやや盛り上がった小点が多数生じる。越年後、春季に病斑が拡大し、病患部上の花葉叢が萎凋枯死するが、枝枯れを起こすまでには２～数年を要する。病患部には６月頃に白黄色～白桃色で粘質の分生子塊が豊富に押し出される。主に病患部の α 胞子が雨滴の飛沫とともに飛散し、若枝などに無傷条件でも感染する。子嚢胞子も伝染源となるが、量的には少ない。

Gnomonia comari P. Karsten〔アナモルフ *Zythia fragariae* Laibach〕
＝イチゴ グノモニア輪斑病(りんぱん)

G. megalocarpa（I. Hino & Katumoto） Tak. Kobayashi（図 1.59 ①②）
＝ナラ類 しみ葉枯病(はがれ)

Gnomonia setacea（Persoon）Cesati & De Notarus〔アナモルフ *Discogloeum* sp.〕（図 1.59 ③）

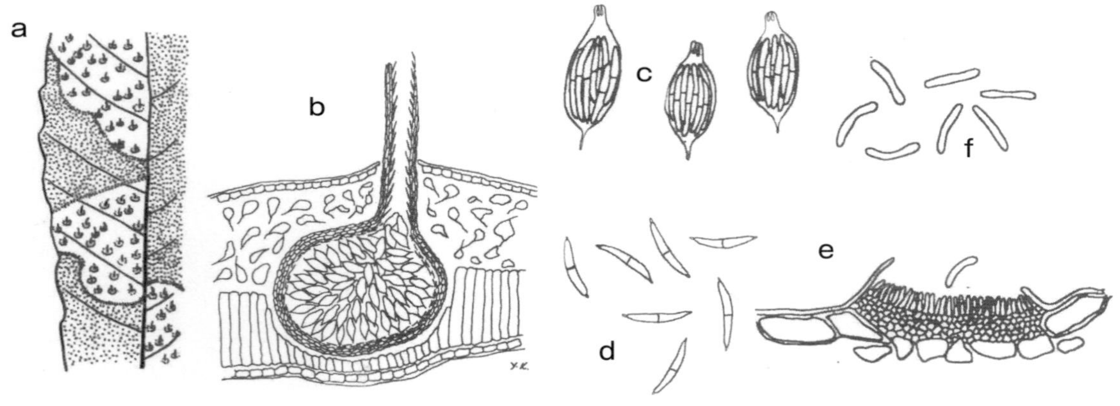

図 1.58　*Gnomonia* 属（1）
Gnomonia setacea：a. クリ越冬病葉裏面の病斑（にせ炭疽病）と突出する子嚢殻頸　b. 子嚢殻断面　c. 子嚢と子嚢胞子　d. 子嚢胞子　e. 分生子層　f. 分生子　〔小林享夫〕

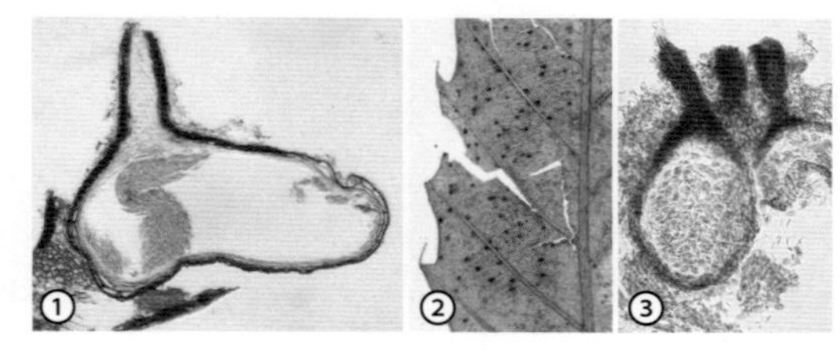

図 1.59　*Gnomonia* 属（2）　〔口絵 p 024〕
Gnomonia megalocarpa：①子嚢殻断面と子嚢，子嚢胞子　②クヌギしみ葉枯病に罹病した越冬葉
G setacea：③子嚢殻断面と子嚢，子嚢胞子　〔① - ③小林享夫〕

＝クリ・ナラ類 にせ炭疽病、ハシバミ類 グノモニア葉枯病

〔形態〕葉の褐色、円形で染み状の病斑上に小さいかさぶた状の黒点（精子世代の殻皮）を散生〜群生する。殻皮は成熟すると裂開し、乳白色の精子塊が現れる。精子は無色、単胞、細い円筒形でやや湾曲、9 - 13 × 1 - 1.6μm。病落葉中で越冬し、初夏に子嚢殻を完熟する。子嚢殻は葉の裏面に埋生し、長い黒色の頸を葉面から突出する。殻は直径 150 - 190μm。子嚢は中腹の膨らんだ紡錘形、壁は一重、頂環をもち 20 - 23 × 7.5 - 9μm。子嚢胞子は 8 個を束状に含み、無色、2 胞、紡錘形、10 - 13 × 1.5 - 2.5μm。両端に短針状の付属糸をもつ。

＊小林享夫・内田和馬（1983）植物防疫 37：50 - 53.

〔症状と伝染〕クリ・ナラ類 にせ炭疽病：9 月頃から葉に褐色円形、染み状の病斑を生じ、落葉期にかけて数を増やし、病斑裏面に精子世代を形成する。欧米産のクリ、とくに苗木は感受性が高く、罹病するとすぐに落葉する。7 月から 8 月始めにかけて、越冬病落葉に形成された子嚢胞子が降雨後に飛散して伝染する。

Leucostoma persoonii（Nitschke）Höhnel
〔アナモルフ *Leucocytospora leucostoma* (Saccardo) Höhnel〕（図 1.60 ① - ⑧）
＝アンズ・オウトウ・モモ胴枯病

〔形態〕子嚢殻は黒色、球形〜扁球形で、直径 250 - 400μm、頸は円筒形で、先端部が広く、長さ 350 - 500μm。子嚢は棍棒形〜長棍棒形、30 - 43 × 5 - 10μm、子嚢胞子を 8 個含む。子嚢胞子は、無色、単胞、ソーセージ形で、大きさ 7.5 - 13 × 2 - 3μm。分生子殻の形態は子嚢殻と同様。分生子は無色、単胞、ソーセージ形で、4 - 6.5 × 0.8 - 1.5μm。

＊ Kobayashi, T.（1970）林試研報 226：1 - 268.

〔症状と伝染〕モモ胴枯病：枝幹に赤褐色の病斑が生じ、樹皮がやや膨らみ、柔らかくなり、形成層は褐変し、モモなどではアルコール臭がする。のち病斑部はやや凹み、表面に多数の微小な丘状の膨らみ（子座）が現れる。高湿度条件下では子座内の分生子殻から淡赤褐色、粘質の分生子の集塊が巻きひげのように押し出される。病斑周縁に傷病組織が形成され、健全部との境が明瞭になる。のちに病患部は癌腫状となり、枝枯れや胴枯れなどを起こす。生育期には主に分生子が剪定痕、凍傷部などから侵入、感染する。また、子嚢胞子も伝染源となる。

Melanconis juglandis (Ellis & Everhart) A.H. Graves
〔アナモルフ *Melanconium oblongum* Berkeley〕（図 1.61 ①②）＝クルミ類 黒粒枝枯病

〔形態〕子嚢殻は黒褐色、亜球形、直径 550 - 850μm、長い頚をもつ。子嚢は無色、円筒形、108 - 137 × 14 - 19μm。子嚢胞子は無色〜淡黄色、長円形〜紡錘形、中央の横隔壁にて 2 室、

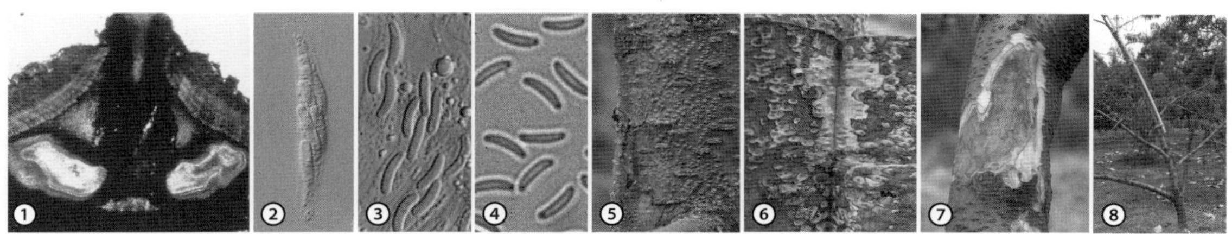

図 1.60　*Leucostoma* 属　〔口絵 p 024〕
Leucostoma persoonii：①子嚢殻子座断面　②子嚢と子嚢胞子　③子嚢胞子　④分生子　⑤病斑上の分生子殻（モモ）　⑥樹皮裏側の分生子殻子座　⑦樹皮下の分生子殻子座　⑧モモ胴枯病の症状
〔①宮本善秋・兼松聡子　② - ⑤兼松聡子　⑥ - ⑧飯島章彦〕

17 - 22 × 8.5 - 13μm。分生子層は直径 1 - 2mm。分生子柄は無色～淡褐色で、単条、15 - 38 × 3 - 5μm、明瞭な環紋を有する。分生子は長円形、単胞で、暗褐色～オリーブ褐色、18 - 28 × 7.5 - 12.5μm。子嚢胞子と分生子は容易に発芽し、その適温は 25 - 30℃。菌糸生育適温は 25℃で、菌叢上に黒色の分生子粘塊を多数形成する。

＊小林享夫 (1998) 日本植物病害大事典 p 744.

〔症状と伝染〕クルミ類 黒粒枝枯病：枝の傷痕部や枯れ枝基部から、やや凹んだ褐色病斑が拡がり、枝を巻くと上部が枯死する。病患部にはいぼ状の隆起（分生子層）を多数生じ、のち裂開して黒色の分生子粘塊が滲出する。これが消失後に大型のいぼ状～丘状、黒色の隆起（子嚢殻子座）を生じる。病患部の分生子層や子嚢殻が翌年の伝染源となる。分生子は雨滴の飛沫とともに、子嚢胞子は風により飛散する。

Melanconis microspora Tak. Kobayashi〔アナモルフ *Melanconium gourdaeforme* Tak. Kobayashi〕
＝クリ黒粒枝枯病

M. pterocaryae Tak. Kobayashi
＝サワグルミ黒粒枝枯病（図 1.62 ③④）

M. stilbostoma Tulasne & C. Tulasne〔アナモルフ *Melanconium bicolor* Nees〕（図 1.62 ⑤⑥）
＝カンバ類 黒粒枝枯病

Pseudovalsa modonia (Tulasne) Höhnel〔アナモルフ *Coryneum castaneae* (Saccardo & Roumeguère) Tak. Kobayashi〕（図 1.62 ① - ③）
＝クリ コリネウム枝枯（えだがれ）病

〔形態〕子嚢殻は子座内に群生し、球形～亜球形、直径 250 - 500μm、頸の長さ 300 - 600μm。子嚢は無色、棍棒形、88 - 145 × 12 - 20μm、厚壁先端部に頂環をもち、8 胞子を 2 列に含む。子嚢胞子は紡錘形～長楕円形、真直あるいはやや湾曲し、中央の横隔壁により 2 室、隔壁部でくびれ、はじめ無色のち淡褐色、23 - 40 × 5.5 - 10μm。分生子層は発達し、分生子は棍棒形で鈍頭、真直あるいはやや湾曲し、褐色で 3 - 7

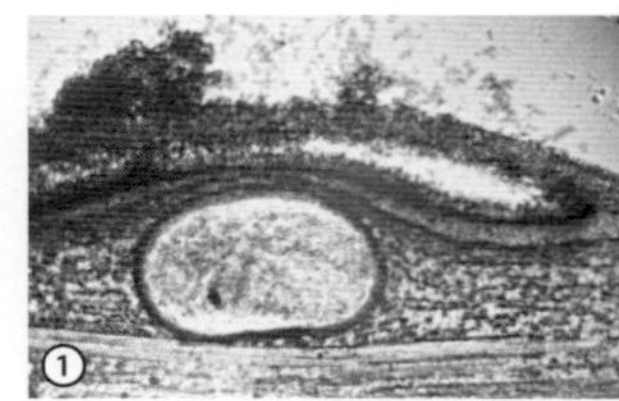

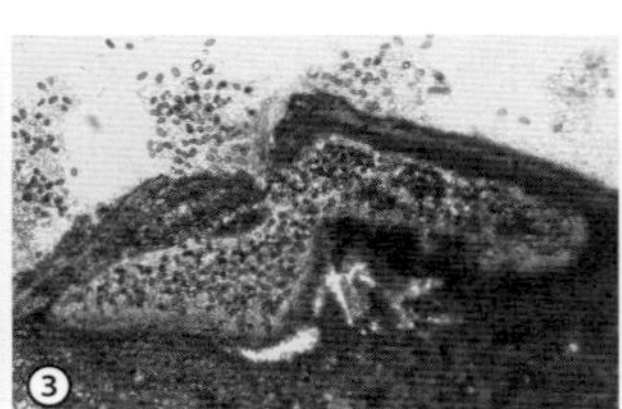
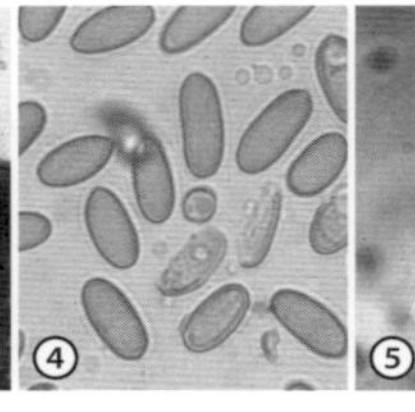
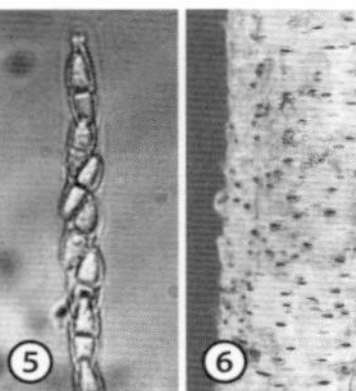

図 1.61　*Melanconis* 属　〔口絵 p 024〕
Melanconis juglandis：①分生子層と子嚢殻　②シナノグルミ黒粒枝枯病の症状
M. pterocaryae：③分生子層　④分生子
M. stilbostoma：⑤子嚢と子嚢胞子　⑥シラカンバ黒粒枝枯病の症状　〔① - ⑥小林享夫〕

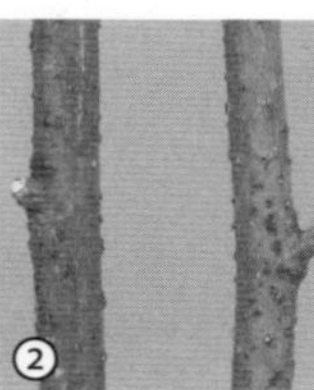

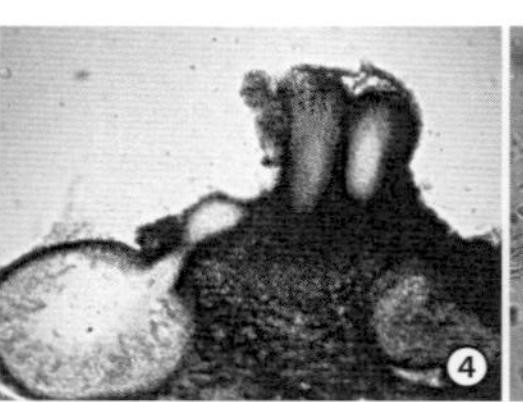
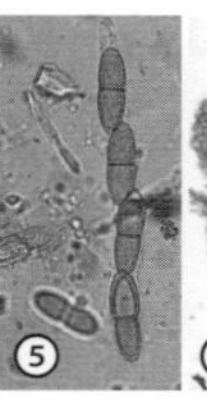
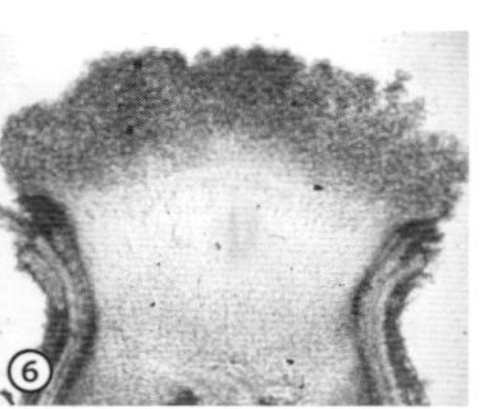

図 1.62　*Pseudovalsa* 属　〔口絵 p 025〕
Pseudovalsa modonia：①分生子層と分生子　②クリ コリネウム枝枯病の症状　③同（分生子層）
P. tetraspora：④子嚢殻子座と子嚢（カンバ類）　⑤子嚢と子嚢胞子　⑥分生子層と分生子　〔① - ⑥小林享夫〕

隔壁があり、35 - 68 × 6.5 - 10μm。

＊ Kobayashi, T. (1970) 林試研報 226：1 - 268.

〔症状と伝染〕クリ コリネウム枝枯病：細枝に発生して枝枯れを起こす。病患部には微細な隆起が形成され、のち裂開して灰黒色となる。分生子塊が滲出することはない。病患部に生じた分生子が雨滴の飛沫とともに飛散し、枝の剪定痕や衰弱した部位などから侵入、感染する。また、子嚢胞子も伝染源となる。

Valsa ambiens (Persoon) Fries

〔アナモルフ *Cytospora ambiens* Saccardo〕

＝サクラ類 胴枯病、ウメ・モモがんしゅ病

Valsa ceratosperma (Tode) Maire

〔アナモルフ *Cytospora rosarum* Greville〕

（図 1.63 ① - ⑭）＝セイヨウナシ・ナシ・リンゴ・マルメロ・ポプラ類 腐(ふ)らん病

〔形態〕子座が発達する。分生子殻は径 410 - 1,600μm、黒色、扁平フラスコ形、長い頸部が外部に開口し、多湿時に黄色粘質の分生子角を押し出す。分生子は無色、単胞、ソーセージ形で 4 - 5 × 0.8 - 1 μm。子嚢殻は黒色、フラスコ形、長い円筒形の頸部を有し、直径 200 - 700μm。子嚢胞子は無色、単胞、ソーセージ形、7 - 8 × 1.5 - 2μm。菌叢は灰白色〜淡黄白色。培地上の菌糸生育適温は 25℃。分生子・子嚢胞子ともに発芽適温は 25 - 30℃であるが、5℃でも発芽できる。多犯性。

＊雪田金助 (2006) 植物病原アトラス p 131.

〔症状と伝染〕リンゴ腐らん病：樹皮部が淡褐色〜赤褐色に変色、拡大し、病斑部はサメ肌状となる。病気の進展は速く、発病後 1 - 2 年で病斑部より上部の枝幹が枯れ上がる。3 - 5 月には発病が目立つようになり、病斑拡大も顕著となる。主幹や主枝など太枝に発生する症状を“胴腐爛(どうふらん)”、4 - 5 年生以下の細枝の症状を“枝腐爛”という。病患部からは独特のアルコール臭を発する。分生子と子嚢胞子が、雨水や雪解け水などに混じって樹幹を流れ落ちたり、飛散する。“胴腐爛”は太枝の剪定痕や雪害・台風などの樹体損傷部、粗皮や太枝分岐部など、“枝腐爛”は剪定痕や摘果・採果痕、枝先の凍寒害を受けた部位などから感染する。

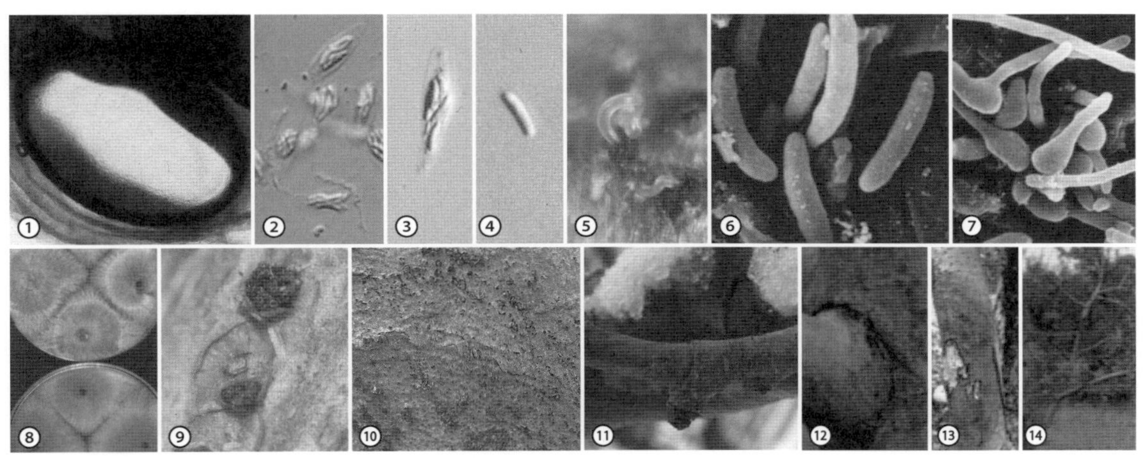

図 1.63　*Valsa* 属　〔口絵 p 025〕

Valsa ceratosperma：①子嚢殻縦断面　②③子嚢と子嚢胞子　④子嚢胞子　⑤子座と分生子角　⑥分生子（SEM 像）
⑦分生子発芽（SEM 像）　⑧培養菌叢（下は裏面；PDA）　⑨子嚢殻子座（リンゴ）　⑩病斑上の分生子殻（リンゴ）
⑪リンゴ枝腐爛（採果痕感染）　⑫同・胴腐爛（太枝分岐部の感染）　⑬同・幹の腐爛
⑭リンゴ腐らん病の症状
〔① - ④⑨須崎浩一　⑤ - ⑧⑪⑫⑭雪田金助　⑩⑬兼松聡子〕

7　キンカクキン類

a. 所属：ズキンタケ綱、ビョウタケ目

b. 特徴：

菌糸には隔壁がある。菌核を形成し、菌核から子囊盤を生じる。子囊盤は有柄、ロート状〜カップ状、頭部は皿状に開き、中央部がやや凹む。子囊は無色、棍棒形、一重壁、子囊胞子を１列に８個含む。側糸は糸状で隔壁がある。

【*Botryotinia* 属】（図 1.64）

アナモルフは *Botrytis* 属（図 1.140）。菌糸には隔壁がある。越冬した黒色菌核上に１〜数個の子囊盤を生じる。子囊盤は黄褐色、盃形、有柄、頭部は円盤状でやや凹む。子囊は無色、棍棒形、一重壁で、基部は短柄状、子囊胞子８個を１列に含む。子囊胞子は無色、楕円形〜広楕円形、単胞。側糸は糸状、隔壁を数個もち、先端はやや膨らむ。種は各器官の形態、宿主範囲などにより区別される。*Botrytis* 属の中でも、とりわけ *Botrytis cinerea* は多犯性種で、ごく普通に観察されるが、そのテレオモルフの自然界での観察例はきわめて少ない。

【*Ciborina* 属】（図 1.65）

アナモルフは *Myrioconium* 属または類似属と考えられている。菌糸には隔壁がある。葉や花弁に楕円形〜不整形の菌核を形成する。菌核の皮層は暗褐色、髄層は白色。髄層組織には宿主植物組織の残片が存在する。子囊盤は菌核上に１〜数個生じ、長い柄をもち、鉛色〜褐色、椀形のち皿形〜扁平となる。子囊は無色、長棍棒形、一重壁で、頂孔はヨードに染色反応し、８個の子囊胞子を含む。子囊胞子は無色、楕円形〜卵形。側糸は糸状、先端は鈍頭、ときにやや膨らむ。小型分生子を形成する。

【*Grovesinia* 属】（図 1.66）

アナモルフは *Hinomyces* 属。菌糸には隔壁がある。菌核から子囊盤を形成する。子囊盤は淡褐色、肉質、皿状〜円盤状、子囊は円筒形〜棍棒形、一重壁で、頂部の孔はヨードで青色に染まり、無色、単胞、楕円形の子囊胞子を８個生じる。分生子柄は直立し、頂部に長釣鐘状〜円錐状の分生子（繁殖体）を生じる。種は子囊・子囊胞子の形状や宿主範囲から類別できる。

【*Monilinia* 属】（図 1.67）

アナモルフは *Monilia* 属。菌糸には隔壁がある。菌核は髄層部と着色した外皮部からなる。子囊盤は菌核から発達し、淡褐色、小さな椀状〜半盤状で、有柄、肉質。子囊は円筒形〜棍棒形、８個の子囊胞子を１列あるいは準１列に含み、頂部の小孔はヨードで青く染まる。子囊胞子は楕円形〜倒卵形、無色、単胞。

【*Ovulinia* 属】（図 1.68）

アナモルフは *Ovulitis* 属。菌糸には隔壁がある。菌核から長い柄を伸ばし、頂部に淡褐色、椀状〜皿状の子囊盤を形成し、表面の子実層に子囊と側糸が並立する。子囊は円筒形で一重壁。子囊胞子は８個を１列に生じ、無色、単胞で楕円形。側糸は無色で数個の隔壁をもつ。

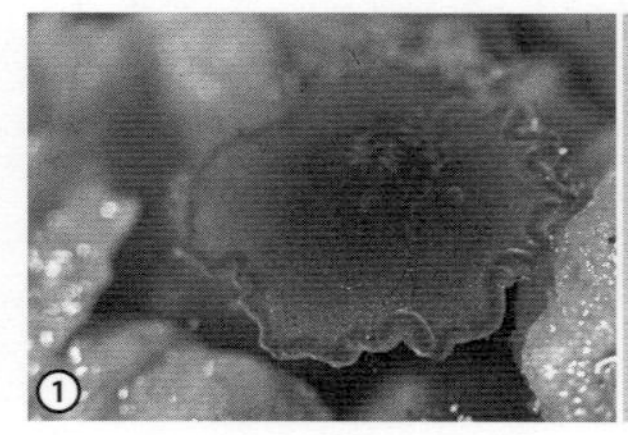
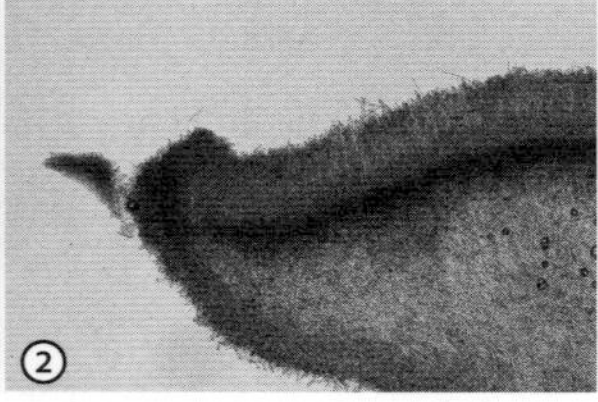
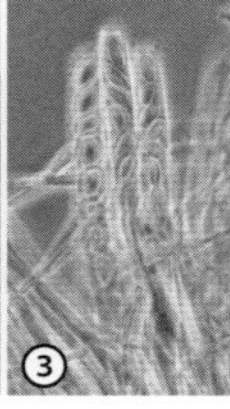
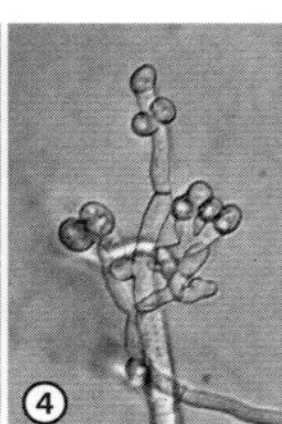
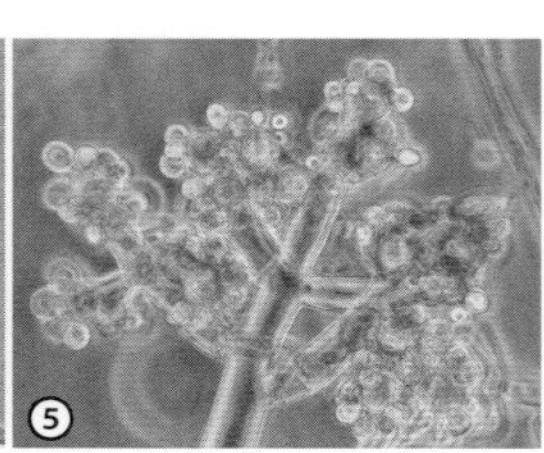

図 1.64　*Botryotinia* 属　〔口絵 p 026〕

Botryotinia fuckeliana〔*Botrytis cinerea*〕：①子囊盤　②子囊盤の断面　③子囊と子囊胞子　④分生子柄と分生子（形成初期）　⑤同（盛期）

〔①-③⑤小林享夫　④竹内 純〕

【*Sclerotinia* 属】（図 1.69 - 70）

アナモルフは *Sclerotium* 属など。菌糸は有隔壁で、白色の菌叢を生じる。菌核は大型、灰黒色～黒色、長径 5 mm 前後、不整形～かまぼこ形で、黒色の外皮と白色の髄層からなる。菌核は発芽して子嚢盤を生じる。子嚢盤は淡褐色～ベージュ色、有柄、ロート状～カップ状、頭部は皿状に開いて、中央部がやや凹む。子嚢は無色、棍棒形、一重壁で、子嚢胞子を 1 列に 8 個含む。側糸は糸状を呈し、隔壁がある。小型分生子を形成する。

c. 観察材料：

Botryotinia fuckeliana (de Bary) Whetzel（図 1.64 ①-⑤）＝ダイジョ・イチョウ灰色かび病

〔形態〕子嚢盤は黄褐色で直径数 mm。子嚢は無色、棍棒形で、120 - 140 × 9.5 - 12.5µm。子嚢胞子は無色、単胞、楕円形、10 - 18.8 × 4.5 - 7.5µm。側糸は無色、糸状、長さ 120 - 130µm。分生子柄は淡褐色で樹枝状に分枝し、先端に分生子を房状に形成する。分生子は無色～淡褐色、卵形～楕円形、8.4 - 12.8 × 6.7 - 10.1µm。黒色、不定形、数 mm 大の菌核を形成する。菌糸生育適温 23℃付近。多犯性。

＊高野喜八郎（1998）日本植物病害大事典 p 900.

＊ *Botrytis* 属の項参照（図 1.40）

Ciborinia camelliae L.M. Kohn（図 1.65 ① - ⑧）＝ツバキ菌核病

〔形態〕菌核は暗褐色～褐色、楕円形～不定形で、上面は円く、下面は凹み、6 - 16mm 大、1 - 10 個の子嚢盤を形成する。子嚢盤は淡褐色で、はじめ棍棒形、のち上部が椀状～ロート状に開き、直径 3 - 15mm、柄は長さ 9 - 45mm。子嚢は円筒形～棍棒形、鈍頭、基部に小柄があり、120 - 140 × 6 - 8µm、8 個の子嚢胞子を 1 列に含む。子嚢胞子は無色、単胞、楕円形、卵形または円筒形、両端は円く、8 - 11 × 4 - 5µm。小型分生子は緑褐色、球形～卵形、長さ 2.5 - 4 µm。

＊伊藤一雄（1973）樹病学体系Ⅱ p 85.

〔症状と伝染〕サザンカ・ツバキ菌核病：蕾や花弁の先端部が褐変萎凋し、やがて落下する。罹病した花蕾は開花しても小型で、花弁の先端が褐変している。花基部は褐変腐敗し、白色絹糸状の菌糸が蔓延する。地表に落下した、越冬後の菌核上に子嚢盤を生じ、子嚢胞子が飛散して感染する。

Grovesinia pruni Y. Harada & Noro〔アナモルフ *Hinomyces pruni* (Y. Harada & Noro) Narumi -Saito & Y. Harada、シノニム *Cristulariella pruni* Y. Harada & Noro〕（図 1.66 ① - ⑤）＝アンズ・ウメ・スモモ・モモ環紋葉枯病（かんもんはがれ）

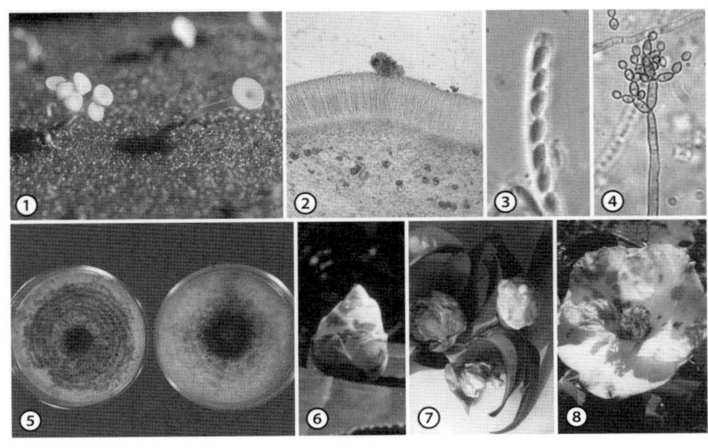

図 1.65 *Ciborinia* 属 〔口絵 p 026〕
Ciborinia camelliniae：
①子嚢盤 ②子嚢盤の断面
③子嚢と子嚢胞
④分生子柄と小型分生子
⑤培養菌叢（PDA）
⑥ - ⑧ツバキ菌核病の症状
〔①鍵渡徳次 ② - ⑥小林享夫 ⑦⑧牛山欽司〕

〔形態〕菌核は黒色で、2.5 - 4mm 大。子嚢盤は椀状、淡褐色、有柄、直径 2 - 4mm。子嚢は円筒形〜棍棒形、大きさ 140 - 180 × 9 - 13μm。子嚢胞子は単胞、卵形〜楕円形、両端は円く、11 - 15 × 7 - 7.5μm。側糸は約 150 × 2.5 - 5μm。分生子柄は単条、円柱形、隔壁があり、200 - 400 × 10 - 13μm、その頂部に分生子を生じる。分生子は松傘状〜広楕円形、先端部は尖形〜円形で、150 - 190 × 80 - 150μm、柱軸（約 300 × 10μm）と柱軸に側生する無色で直径約 3μm の球形細胞からなる。宿主は核果類のみ。

＊ Harada, Y. and Noro, S.（1988）日菌報 29：85 - 92.

〔症状と伝染〕ウメ環紋葉枯病：葉に淡灰褐色で周縁が明瞭な、5 - 10mm 大の円斑を多数生じ、病斑上には輪紋を有する。病斑部はしばしば脱落し、孔があく。激しい場合は、梅雨明けまでにほとんどの病葉が落葉する。罹病落葉上の菌核に生じた子嚢盤から子嚢胞子が飛散し、最初の伝染源となる。生育期には分生子が雨風により飛散する。

Grovesinia pyramidalis M.N. Cline, J.L. Crane & S.D. Cline〔アナモルフ *Cristulariella moricola* (I. Hino) Redhead〕（図 1.66 ⑥ - ⑩）＝キュウリ・トマト・ブドウ・リンゴ・エノキ・クワ・コブシ・ヤマブキ環紋葉枯病（コブシ以外はテレオモルフを未確認）

Monilinia fructicola (G. Winter) Honey
〔アナモルフ *Monilia fructicola* L.R. Batra〕

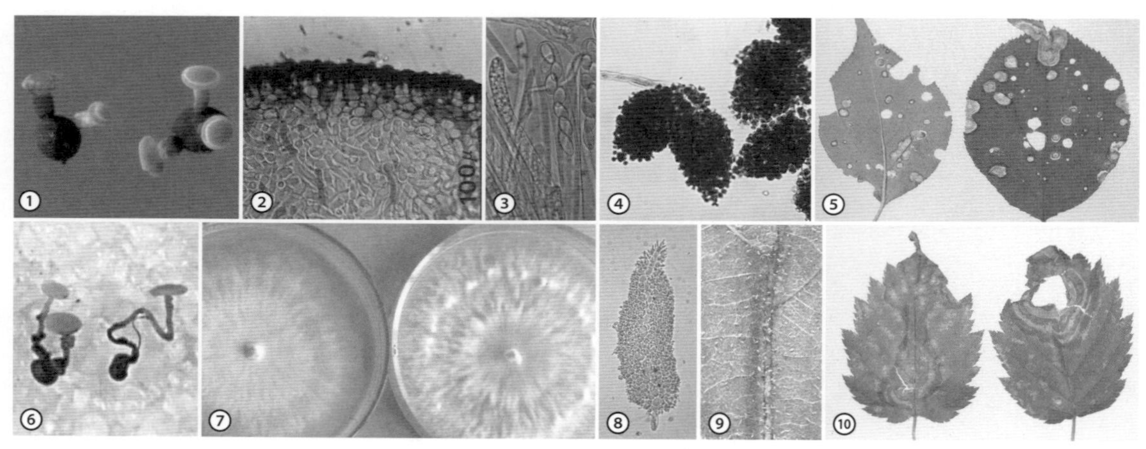

図 1.66　*Grovesinia* 属　〔口絵 p 027〕
Grovesinia pruni：①菌核上の子嚢盤　②菌核の縦断面　③子嚢盤の断面（子嚢と子嚢胞子）
④分生子　⑤ウメ環紋葉枯病の症状
G. pyramidalis：⑥菌核と子嚢盤　⑦培養菌叢（PSA；左：リンゴ分離菌、右：ラッカセイ分離菌）
⑧分生子　⑨病斑上の分生子（オオバボダイジュ）　⑩ヤマブキ環紋葉枯病の症状　〔① - ④⑥⑦原田幸雄〕

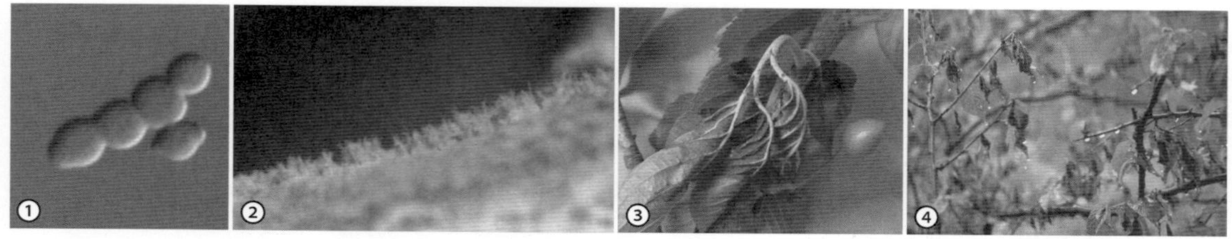

図 1.67　*Monilinia* 属　〔口絵 p 027〕
Monilinia kusanoi：①分生子　②葉脈上に連鎖した分生子の集塊　③④サクラ類 幼果菌核病の症状

＝アンズ・ウメ・オウトウ・スモモ・モモ・サクラ類 灰星病(はいぼし)

Monilinia kusanoi (Hennings ex Takahashi) Yamamoto
〔アナモルフ *Monilia kusanoi* Hennings〕
（図 1.67 ① - ④）
＝オウトウ・サクラ類 幼果菌核病(ようかきんかく)

〔形態〕菌核から子嚢盤を生じる。子嚢盤は淡褐色、肉質、ロート形を呈し、直径 5 - 14mm、柄の長さは 4 - 16mm。子嚢は円筒形、大きさは 112 - 152 × 6μm、8 個の子嚢胞子を含む。子嚢胞子は無色、単胞、卵形～楕円形、大きさは 10 - 14 × 5 - 6.4μm。分生子は無色、単胞、亜球形～レモン形で、大きさ 6 - 14 × 6 - 10μm、両端は乳頭状に膨れ、新鮮な分生子の間には分離器（小型の介在細胞）があり、これによって分生子が連結され、鎖生する。

＊楠木 学ら（1984）林試研報 328：1 - 15.

〔症状と伝染〕サクラ類 幼果菌核病：春先の新出葉や幼果実が霜害のように褐変萎凋し、腐敗する。罹病葉の葉脈、葉柄、果実の表面には桃色、粉状の菌体が豊富に生じる。3 月下旬～4 月上旬には、地表で越冬した菌核上に子嚢盤を形成し、子嚢胞子が飛散して花に感染する。その後は分生子により伝染を繰り返す。

Ovulinia azaleae F.H. Weiss（図 1.68 ① - ⑤）
＝ツツジ類 花腐菌核病(はなぐされきんかく)

〔形態〕黒色、薄いかまぼこ形、長径 1 - 5mm の菌核が形成される。子嚢盤は長柄をもち、椀状～皿状、直径 1.5 - 4.5mm。子嚢は円筒形、182 - 254 × 9 - 10μm。子嚢胞子は無色、単胞、楕円形、11 - 25 × 5 - 10μm。側糸は無色、糸状、長さ 110 - 230μm。分生子は菌糸の先端に生じ、無色、洋梨形、基部に着生痕があり、22 - 56 × 15 - 33μm。

＊伊藤一雄（1973）樹病学体系Ⅱ p 91 - 93.

〔症状と伝染〕ツツジ類 花腐菌核病：蕾や開花中の花弁に淡褐色あるいは漂白されたような染み状の小斑点が多数発生する。湿潤状態が続くと、拡大して蕾や花弁全体がぬれたように腐敗し、萎凋、下垂する。罹病部には黒色で扁平の菌核が形成される。開花期に発病するので、観賞的な被害が大きい。落下した菌核が土壌表面で生存し、開花期頃に子嚢盤を形成し、成熟した子嚢胞子が飛散して発病する。その後、罹病蕾・花弁上の分生子が感染を繰り返す。

Sclerotinia sclerotiorum (Libert) de Bary（図 1.70 ① - ⑧）＝キュウリ・キャベツ・トマト・マメ類・ニンジン・レタスなど野菜類 菌核病(きんかく)、ガーベラなど花卉類(かき) 菌核病

〔形態〕1 菌核から数個の子嚢盤を形成する。子嚢盤は有柄、カップ状、その頭部は円盤状に凹み、内面は黄褐色～褐色、頭部の直径 2.5 - 7 mm。子嚢は無色、棍棒形、一重壁で、大きさは 117 - 146 × 7.5 - 10.5μm、子嚢胞子を単列に形成する。側糸は無色、糸状で子嚢とほぼ等

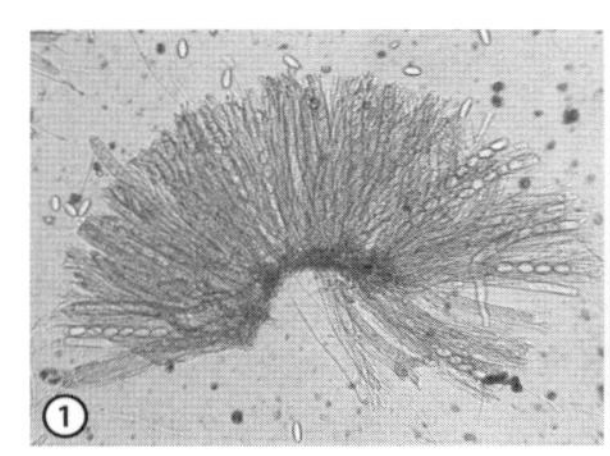
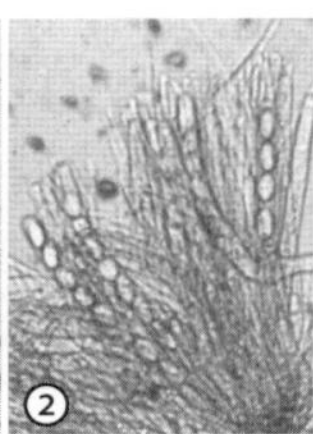

図 1.68 *Ovulinia* 属 〔口絵 p 028〕
Ovulinia azaleae：①子嚢盤上の子嚢および側糸 ②子嚢と子嚢胞子 ③ - ⑤オオムラサキツツジ花腐菌核病の症状
〔①②飯嶋 勉 ④⑤近岡一郎〕

長。子嚢胞子は無色、単細胞、楕円形、表面平滑で、大きさは 9 - 13 × 4.5 - 6μm、核は 2 個。培地上の菌糸生育は 5 〜 30℃で認められ、適温は 20 〜 25℃。本種は多犯性で、各種野菜・花卉類などに菌核病を起こす。

＊形態の値はバーベナ菌核病菌の記載；竹内 純・堀江博道 (1996) 関東病虫研報 43：67.

〔症状と伝染〕レタス菌核病（図 1.70 ⑥）：茎葉基部から発生することが多い。地際の茎葉にはじめ水浸状の病斑を形成し、徐々に淡褐色となって拡大し、株元から軟腐症状を呈する。地際部の外葉の葉裏を中心に、白い綿状のカビが密生し、しばらくすると、そこに不整形、黒色の大型菌核が形成される。また、結球期に感染した場合は、結球内部までが軟腐状に侵される。被害株に形成された菌核が土壌中に埋没して伝染源となり、その菌核から生じた子嚢胞子の飛散によって感染する。

8 白紋羽病菌（*Rosellinia* 属）

a. 所属：フンタマカビ綱、クロサイワイタケ目

b. 特徴（図 1.71）：

基質の表面に羊毛状〜フェルト状の基層および分生子器を形成する。子座は基層の中に形成され、球形〜アンプル型、成熟時に黒褐色〜黒色。外子座は炭質で、頂端はしばしば乳頭状に突出して開口する。内部は一室で単独の子嚢殻を有する。側糸は鞭状、無色、古くなると消失する。子嚢は有柄の円筒形で、8 胞子性、頂部に帽子を逆さまにした形のアミロイド性の栓がある。子嚢胞子は単胞、楕円形〜左右非対称の楕円形あるいは両端の丸い紡錘形、褐色〜暗褐

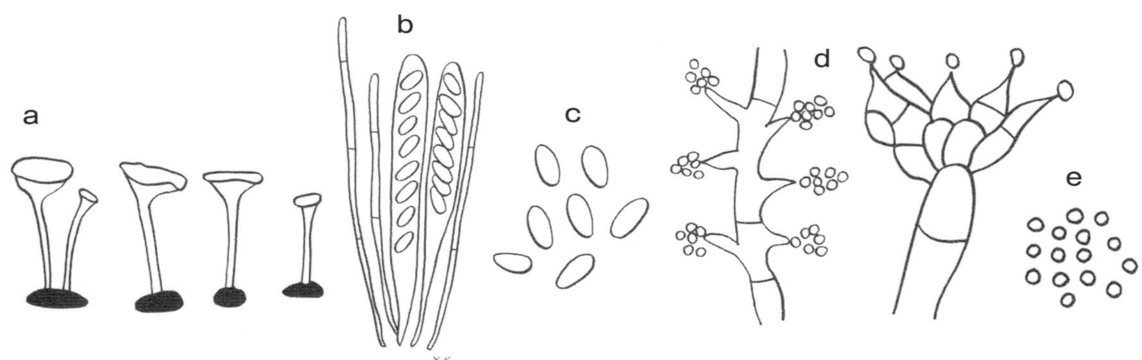

図 1.69 *Sclerotinia* 属 (1)

Sclerotinia sclerotiorum：a. 菌核上に生じた子嚢盤 b. 子嚢，子嚢胞子，側糸 c. 子嚢胞子 d. 分生子柄と小型分生子 e. 小型分生子 〔我孫子和雄〕

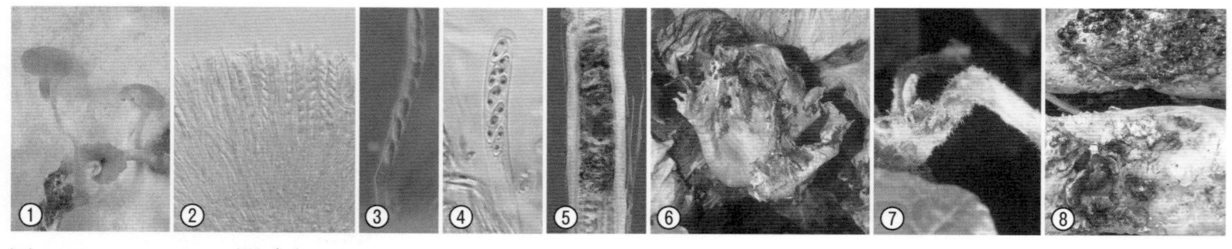

図 1.70 *Sclerotinia* 属 (2) 〔口絵 p 028〕

Sclerotinia sclerotiorum：①菌核上に生じた子嚢盤 ②子嚢，子嚢胞子，側糸 ③④子嚢と子嚢胞子 ⑤ガーベラ茎内の菌核 ⑥レタス菌核病の症状 ⑦キュウリ菌核病の症状 ⑧ダイコン菌核病の症状

〔①③⑥竹内 純 ②④星 秀男 ⑦⑧近岡一郎〕

色、発芽スリットを有し、その末端には粘液鞘に被われた無色の付属物をしばしば有する。分生子器は Geniculosporium、Dematophora または Nodulisporium 型である。

c. 観察材料：

Rosellinia necatrix Prillieux（図 1.71 ① - ⑪）
＝ウメ・ナシ・リンゴ・ウルシ・サクラ類・カナメモチ・ジンチョウゲ・ハナミズキ・ムクゲ白紋羽病（しろもんぱ）

〔形態〕罹病枯死根の表面には白色、綿毛状の菌糸が蔓延し、樹皮下には形成層に沿って扇状菌糸束が伸長する。罹病根を日陰に置いて保湿すると、まず根の表面が黒色の基層に被われ、やがて黒色の分生子柄束が数本ずつ束になって生じる。分生子は分生子形成細胞上にシンポジオ型に形成され、無色、単胞、亜球形〜楕円形、基部は截形、直径 2 - 3 μm。その後、さらに数か月以上を経て子座が形成される。子座は球形、茶褐色〜黒色で、頂端は小さく隆起して開口し、直径 1.2 - 2 mm。成熟した子嚢胞子は褐色〜暗褐色、単胞、舟形〜紡錘形で両端が尖り、30 - 56 × 5 - 10μm．中央部に長さ約 10μm の発芽スリットがある。培養菌叢は白色で、老成して黒色を帯びる。菌糸は隔壁近くに洋梨状の膨らみを生じる。気中菌糸の先端部は均等に二叉分岐する。本菌はきわめて多犯性で、森林に普遍的に生息し、他の要因により衰弱・枯死した樹木に寄生して、その地際部にしばしば子座を形成する。果樹園では罹病根がすぐに除去されることが多く、子座の形成に至るのはまれである。近年、生態や形態の類似した近縁種 *R. compacta* が報告された（竹本ら，2009）。本種は稀産であるが、種同定にはテレオモルフの形態観察と DNA の塩基配列検索を併用。

＊形態計測値は主として Takemoto, S. *et al.*（2009）Micologia 101：84 - 97.

〔症状と伝染〕樹木類 白紋羽病：主根や主幹の地際部を含む植物体の地下部全体が侵されることにより、地上部に萌芽遅延、生育不良、葉の黄化・萎凋、落葉などが起こり、やがて枯死に至る。病原菌は各種樹木類の罹病根残渣や未熟有機物などとともに、土壌中で生存して伝染源となる。また、根系の接触部を介して菌糸が進展し、感染を拡げる。子嚢胞子の伝染源としての役割は不明である。

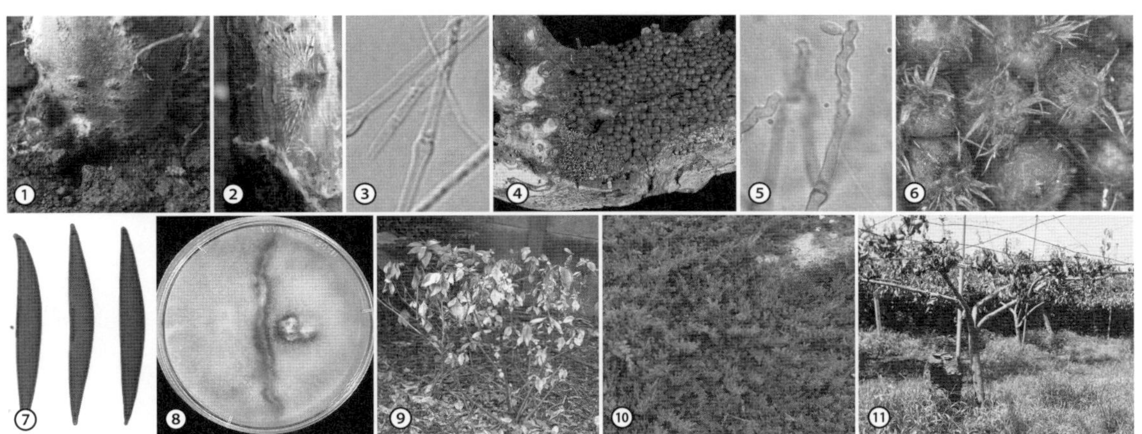

図 1.71　*Rosellinia* 属　〔口絵 p 029〕

Rosellinia necatrix：①株元の綿毛状菌糸（リンゴ台木）　②扇状菌糸束（広葉樹の一種）　③洋梨状に膨らんだ菌糸　④群生する子座と分生子柄束　⑤分生子形成細胞と分生子　⑥子座と分生子柄束の残骸　⑦子嚢胞子　⑧対峙培養で形成された帯線　⑨コクチナシ白紋羽病の症状　⑩ハイビャクシン白紋羽病の症状　⑪ナシ白紋羽病の症状

〔① - ⑧竹本周平　⑨竹内 純　⑪青野信男〕

9　黒紋病菌（*Rhytisma* 属）

a. 所属：ズキンタケ（盤菌）綱、リチスマ目

b. 特徴（図 1.72）：

表裏両面の角皮と表皮細胞に、黒色殻皮組織（子座）を形成する。子座にははじめ表層部に精子器を生じ、のち内部に子実層が発達して、越冬後に子嚢と子嚢胞子を形成する。子実層が成熟すると葉の裏面側に馬蹄状、ドーナツ状、不規則形などの亀裂を生じ、白色〜黄色の子実層が露出する。子嚢は無色、上半部が膨大した棍棒形で、膨大部に８個の子嚢胞子を束状に含む。子嚢胞子は無色、単胞で、糸状、棍棒状、楕円形など。精子器は扁平な球形〜楕円形、黒色、内部は１〜数室。精子柄は無色、子座底部から突出する。精子は無色で、楕円形、卵形、棍棒状など。種は各器官の形態的特徴、宿主などで区別できる。

c. 観察材料：

Rhytisma acerinum (Persoon ex St. Amans) Fries
　＝カエデ類 黒紋病

Rhytisma illicis-integrae Y. Suto（図 1.72 ① - ⑦）
　＝モチノキ黒紋病

〔形態〕子実層は子座の葉裏側に生じ、成熟すると子座がドーナツ状または馬蹄状に割れて子実層が露出し、黄色に見える。子嚢は上部が棍棒状に膨れ、長棍棒形で長い柄をもち、頂端は円形、８個の子嚢胞子を束状に含む。側糸は糸状、単条で、子嚢より少し長い。子嚢胞子は無色、単胞、16 - 32 × 2.5 - 3.5μm。精子器は子座の葉表側に生じて扁平。精子は無色、単胞、楕円形〜ソーセージ形、2 - 4 × 1μm。

〔症状と伝染〕モチノキ黒紋病：主として梅雨期、当年葉に黄緑色〜黄色の不整円斑を多数生じ、のち葉表にやや膨らみ、病斑の表裏には、数 mm 大の光沢ある黒色円盤状菌体（子座、精子器）を形成する。越冬病葉上の菌体の裏面に亀裂が生じ、黄色の子実層が露出する。子嚢胞子は４月中旬〜５月中旬に成熟し、飛散する。

Rhytisma illicis-latifoliae Hennings
　＝タラヨウ黒紋病

R. illicis-pedunculosae Y. Suto
　＝ソヨゴ黒紋病

Rhytisma prini Schweinitz ＝アオハダ黒紋病

〔症状と伝染〕アオハダ黒紋病：７月頃から葉表に３〜 5mm 大で、やや盛り上がった、かさぶた状の黒斑が多数生じる。病斑周辺は黄化する。発生が多いと遠目からでも確認することができる。伝染経路の詳細は明らかでない。

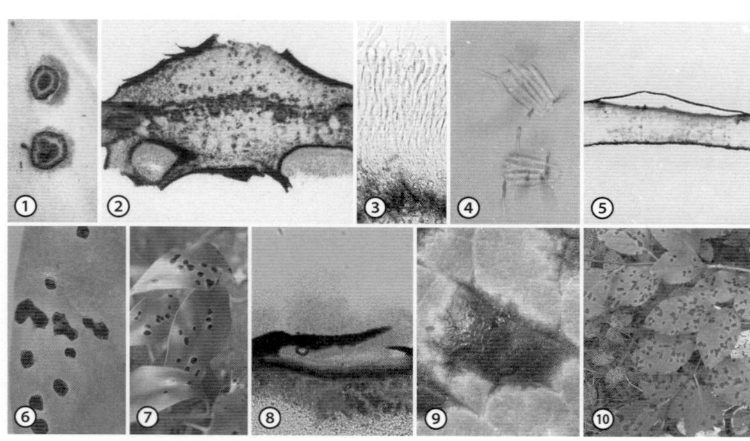

図 1.72　*Rhytisma* 属
〔口絵 p 029〕

Rhytisma illicis-integrae：
①子座と子実層　②子実層の断面
③子嚢と側糸
④子嚢胞子とその発芽
⑤精子器の断面　⑥病斑と精子器
⑦モチノキ黒紋病の症状

R. prini ：
⑧病斑上の精子器断面
⑨病斑と精子器
⑩アオハダ黒紋病の症状
〔① - ⑤周藤靖雄〕

Rhytisma punctatum (Persoon) Fries

　＝カエデ類 小黒紋病（しょうこくもん）

R. salicinum (Persoon) Fries

　＝ヤナギ類 黒紋病

10　その他の子嚢菌類

a. 属の特徴

【*Botryosphaeria* 属】（図 1.73）

クロイボタケ綱、ドチデア目。アナモルフはSphaerioidaceae のうち *Botryodiplodia* 属、ならびに *Fusicoccum* 属、*Lasiodiplodia* 属（図 1.118）、*Sphaeropsis* 属（図 1.125）などで、菌糸は隔壁をもつ。子嚢子座は暗褐色〜黒色、類球形〜逆風船形、単室〜多室。子嚢は二重壁、子嚢胞子８個を不整２列に含む。子嚢胞子は無色〜黄色、単胞、楕円形〜広楕円形、種により中間部が膨れる。アナモルフは分生子殻子座内に数個の殻室を生じる。種はアナモルフの所属、子嚢胞子の着色の有無、子嚢と子嚢胞子の大きさなどにより類別される。

【*Cochliobolus* 属】（図 1.74）

クロイボタケ綱、プレオスポラ目。アナモルフは *Bipolaris* 属、*Curvularia* 属（図 1.141）。テレオモルフは自然界でほとんど確認されない。偽子嚢殻は黒色、類球形、頸をもつ。子嚢は殻内の底部に形成され、紡錘形〜倒棍棒形、二重壁で、内に子嚢胞子８個が束になり、螺旋状に捩れるように生じる。子嚢胞子は糸状、無色〜成熟するとやや淡褐色、多数の横隔壁がある。アナモルフは観察材料の項を参照。

【*Didymella* 属】（図 1.74）

クロイボタケ綱、プレオスポラ目。アナモルフは *Ascochyta* 属（図 1.117）、*Phoma* 属（図 1.120）。菌糸に隔壁がある。偽子嚢殻は褐色〜黒褐色、類球形〜半球形で、毛や剛毛はなく、単生、頂端に孔口がある。偽側糸は多く、糸状または分枝する。子嚢は殻の底部に並列し、無色、棍棒形〜円筒形、二重壁、頂部の壁がやや厚く、短柄を有し、子嚢胞子を８個、1 - 2 列に含む。子嚢胞子は無色で、紡錘形、楕円形、円筒形など、表面は平滑、中央に横隔壁により２室、隔壁部で顕著にくびれることがある。種は偽子嚢殻、子嚢胞子の形態、宿主範囲などにより区別される。アナモルフの形態は各属の観察材料の項を参照。

【*Diplocarpon* 属】（図 1.76）

ズキンタケ綱、ビョウタケ目。アナモルフは *Entomosporium* 属（図 1.132）、*Marssonina* 属（図 1.133）。菌糸は隔壁をもつ。子嚢盤はカップ形〜皿形で、開口。子嚢は一重壁で長円筒形〜棍棒形、短柄をもち、８子嚢胞子を不整２列に含む。子嚢胞子は無色、長楕円形、横隔壁で上室の大きい２室で、隔壁部でくびれる。側糸は糸状で隔壁をもち、先端部は膨れる。種は各器官の形態、宿主範囲などにより区別される。

【*Elsinoë* 属】（図 1.77）

クロイボタケ綱、ミリアンギウム目。アナモルフは *Sphaceloma* 属（図 1.136）。菌糸には隔壁がある。病斑部のクチクラ層直下から表出し、石垣形の菌糸細胞からなる子座状の基質内に、球形〜亜球形の子嚢が単独で分散して形成され、子嚢殻などの構造をもたない。表出した部分は分生子層となり、ここに水滴が付着すると、ほぼ直接に分生子が形成され、これが重要な感染源となる。子嚢や分生子には種ごとの特徴が乏しく、主に宿主の違いによって分類される。培養菌叢は三次元的に生育する肉質塊状となり、いわゆる一般のカビとは形状が大きく異なる。本属菌による病害はかさぶた状を呈する病徴から、その多くが「そうか（瘡痂）病」と命名されており、一部の植物では「黒とう病」や「とうそう（痘瘡）病」と名付けられている。

【*Guignardia* 属】（図 1.78 - 79）

クロイボタケ綱、ボトリオスファエリア目。アナモルフは *Phyllosticta* 属（図 1.122）および *Leptodothiorella* 属など。菌糸には隔壁がある。

偽子嚢殻は単生ときに群生し、黒色、類球形、子嚢は殻底部に形成され、二重壁で広棍棒形〜狭卵形、頂部の壁は厚く、8個の子嚢胞子を不整2列に含む。子嚢胞子は無色、単胞、楕円形で、ふつう中腹が膨らみ、両端には粘質の冠を生じる。アナモルフは分生子殻子座内に数個の殻室を生じ、Phyllosticta 型の分生子は類球形〜倒卵形で、頂部に1本の粘質の付属糸を有す。種は子嚢と子嚢胞子の形態、アナモルフの分生子の形態、宿主などにより類別される。

【*Monosporascus* 属】(図 1.80)

フンタマカビ綱、ソルダリア目。アナモルフは不詳。菌糸には隔壁がある。偽子嚢殻は褐色〜黒褐色、球形〜類球形。頂部は円錐形、ドーム形、突出部が発達したもの、孔口が発達したものなど、多様である。子嚢は無色、卵形〜フラスコ形で、二重壁または一重壁、子嚢胞子を1個あるいは1 - 4(普通は2)個含む。菌糸状の側糸がある。子嚢胞子は黒色、球形、表面平滑。菌糸は隔壁をもつ。本属菌は、我が国では *M. cannonballus* のみが記録されている。

【*Mycosphaerella* 属】(図 1.81)

クロイボタケ綱、コタマカビ目。アナモルフは *Ascochyta* 属(図 1.117)、ならびに *Cercospora* 属(図 1.153)、*Passalora* 属(図 1.157)および *Pseudocercospora* 属(図 1.158)、*Ramularia* 属、*Septoria* 属(図 1.124)など。菌糸は有隔壁、褐色。子嚢果は単生する偽子嚢殻、あるいは子座中に数個の孔口がある子嚢室を生じ、いずれも黒色〜暗褐色、球形、頂部は表面に出る。子嚢は二重壁で、円筒形〜棍棒形、束生、8個の子嚢胞子を不整2列ないし塊状に含む。偽側糸は欠く。子嚢胞子は無色、楕円形、紡錘形ないしボート形で、中央の横隔壁で2室に区切られる。種は子嚢・子嚢胞子・分生子の大きさや宿主などにより類別される。

【*Pestalosphaeria* 属】(図 1.82)

フンタマカビ綱、クロサイワイタケ目。アナモルフは *Pestalotiopsis* 属(図 1.134)。子嚢殻は亜球形〜洋梨形、頂部には乳頭状の口孔がある。殻壁は膜質で平行菌糸細胞からなり、暗茶色〜黒色。子嚢は一重壁、薄膜、円筒形〜棍棒形、短柄をもち、頂部は円頭で頂環はヨードで青染する。子嚢胞子は子嚢内に1列生または2列生に8個生じ、淡オリーブ色〜茶色、楕円形〜亜紡錘形、主に2隔壁。種は子嚢胞子の大きさ・細胞数・着色・表面構造やアナモルフの種などにより区別される。本属菌による病害の多くはアナモルフの旧属名 *Pestalotia* に因み「ペスタロチア病」と名付けられている。

【*Phomatospora* 属】(図 1.83)

フンタマカビ綱、クロサイワイタケ目。アナモルフは *Phomatosporella* 属。菌糸に隔壁がある。子嚢殻は子座を伴わず、類球形、褐色〜黒褐色、孔口は乳頭状に隆起し、内壁に孔口周糸をもつ。子嚢は棍棒形、一重壁で、小さな頂環があり、子嚢胞子8個を準2列に含む。子嚢胞子は無色、単胞で、楕円形〜紡錘形。宿主限定性。種は各器官の形態、宿主などで類別。

【*Venturia* 属】(図 1.84)

クロイボタケ綱、ドチデア目。アナモルフは *Fusicladium* 属。偽子嚢殻は褐色〜黒褐色、類球形で、毛や剛毛はなく、単生。頂部はやや突出し、孔口は乳頭状。偽側糸は糸状または分枝し、多数。子嚢は棍棒形〜円筒形、二重壁で、頂部は厚壁。子嚢胞子は8個、主に不整2列、黄褐色〜黒褐色、楕円形、円筒形〜紡錘形、縦横の隔壁を生じる。種は各器官の形態・色調、子嚢胞子の細胞数、宿主範囲などで類別。

b. 観察材料：

Botryosphaeria dothidea (Mougeot) Cesati & De Notaris(図 1.73 ① - ⑩)

＝ウメ・ナシ枝枯(えだがれ)病、カキ胴枯(どうがれ)病、キウイフルーツ果実軟腐(かじつなんぷ)病、クリ黒色実腐(こくしょくみぐされ)病、リンゴ輪紋(りんもん)病、カシ類・サクラ類・ライラックさめ

はだどうがれ
肌胴枯病

〔形態〕子嚢殻室は黒色子座内に複数個あり、球形で内径100 - 250μm、内部に偽側糸と子嚢を生じる。子嚢は二重壁、棍棒形、70 - 120 × 15 - 20μm。子嚢胞子は無色、単胞、紡錘形〜長円形、15 - 28 × 6 - 12μm。分生子殻室は子座内に1〜数個生じ、球形、乳頭状の孔口を有し直径150 - 300μm。大型分生子は無色、単胞、紡錘形〜長楕円形、13 - 33 × 4 - 8μm、小型分生子（精子）は無色、単胞、桿形、3 - 5 × 1 μm。PSA培地上の菌叢ははじめ白色綿毛状、のち灰緑色を経て黒色となる。多犯性。

＊工藤 晟（1998）日本植物病害大事典 p 798.

＊我が国のリンゴ輪紋病菌は *Botryosphaeria berengeriana* f. sp. *piricola* とされていたが、*B. berengeriana* は欧米では *B. dothidea* の異名とされており、我が国でも、アナモルフの形態観察、接種試験と遺伝子解析により、*B. dothidea* であることが確認された（尾形 正（2004）福島果試研報 20： 1 -72，図版付）。

〔症状と伝染〕リンゴ輪紋病：収穫期に近い熟果や貯蔵中の果実に軟腐症状を伴う同心輪紋状の斑点が拡がる。枝幹では径2 - 10mm、高さ3 - 5mmの疣を形成し、その周辺が褐変して健全部との境に亀裂を生じる。激しい場合には枝枯れや幹枯れを起こす。果実、枝幹とも病斑上に黒色小粒点（分生子殻室）を多数生じる。その分生子が主に6〜7月頃を中心として、雨滴とともに飛散し、果実表面の果点部やときに毛茸から侵入し、2〜3か月の潜伏期間を経て発病する。枝幹には剪定痕や傷痕などから侵入、感染することが多い。

Cochliobolus miyabeanus (S. Ito & Kuribayashi)

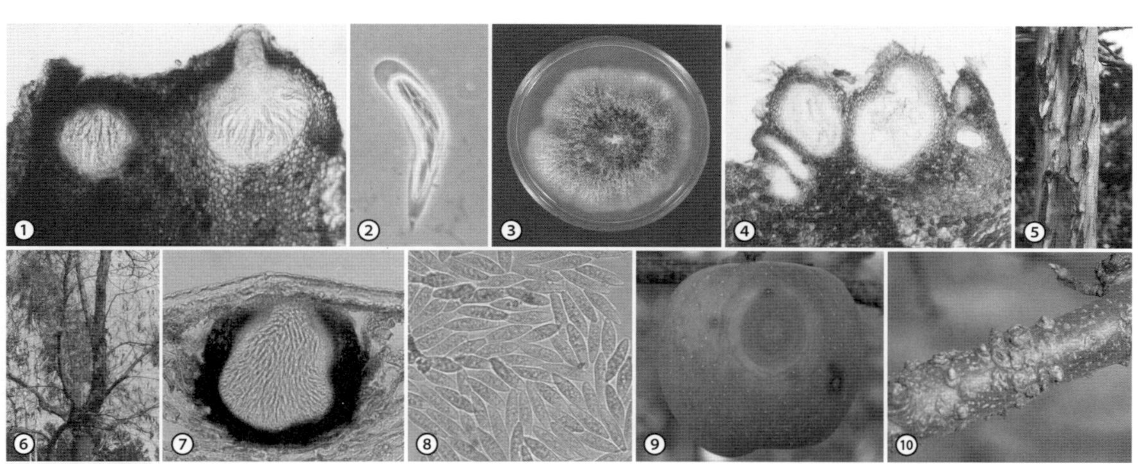

図 1.73　*Botryosphaeria* 属　〔口絵 p 030〕

Botryosphaeria dothidea：①子嚢殻室の断面（カエデ）　②子嚢と子嚢胞子（② - ④クリ）　③培養菌叢（PDA）　④子座内の分生子殻室と分生子（断面）　⑤⑥ユーカリ類の被害症状

リンゴ輪紋病菌：⑦果実病斑に生じた分生子殻室の断面　⑧同・分生子　⑨リンゴ果実の症状　⑩2〜3年生枝上の“いぼ皮”病斑

〔① - ⑥小林享夫　⑦ - ⑩尾形 正〕

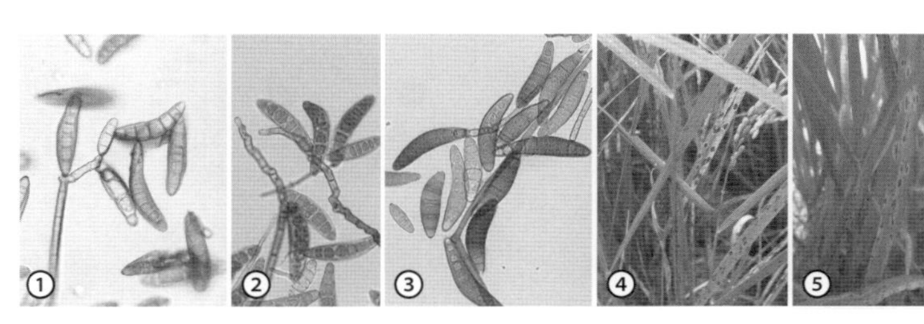

図 1.74　*Cochliobolus* 属〔口絵 p 030〕

Cochliobolus miyabeanus：
① - ③分生子柄と分生子
④⑤イネごま葉枯病の症状

〔④近岡一郎〕

Drechsler ex Dastur〔アナモルフ *Bipolaris leersiae* (G.F. Atkinson) Shoemaker〕(図 1.74 ①-⑤) ＝イネごま葉枯病

〔形態〕アナモルフは病斑上や、罹病籾表面に多数形成される。分生子柄は通常 2 - 5 本が束生し、多くは気孔から伸出する。分生子柄は基部が暗褐色で、上部になるにつれて淡色となり、頂部は無色に近い。全体的には単線状で 2 - 26 個の隔壁をもつが、基部の細胞はやや太く、長さは 69 - 688µm、幅は基部の次の細胞で 5.1 - 12.8µm。分生子は暗褐色〜灰褐色、倒棍棒形で基部は円頭状、緩やかに湾曲し、中程は太く、先端に向かって細くなる。基部には暗褐色でやや突出したへそがある。分生子の大きさは 23 - 125 × 11 - 28（平均 74 × 17）µm、数個ないし十数個の隔壁があり、隔壁部のくびれはない。

＊大畑貫一 (1989) 稲の病害 p 357 - 374.

〔症状と伝染〕イネごま葉枯病：葉では、はじめ黒褐色、楕円形で周囲に黄色い暈のある小斑点を生じ、のちに拡大して中心部が灰褐色を呈し、やや不鮮明な同心円状の輪紋ができる。穂軸や枝梗などでは黒褐色の条斑を生じて、のち褐変、枯死する。出穂直後の籾には暗褐色、楕円形の病斑ができ、激しいと籾全面が暗紫褐色になる。病原菌は保菌種籾および被害わらとともに越年する。生育期には分生子の飛散により伝播する。

Didymella bryoniae (Auerswald) Rehm〔アナモルフ *Ascochyta cucumis* Fautrey & Roumeguére〕(図 1.75 ① - ⑤) ＝カボチャ・キュウリ・スイカ・メロンなどウリ科野菜つる枯病

〔形態〕偽子嚢殻は黒褐色、亜球形、直径 140 - 220µm。子嚢は無色、円筒形、鈍頭、短柄または無柄、二重壁、60 - 90 × 10 - 15µm。偽側糸は無色、糸状で、隔壁を有し、分枝する。子嚢胞子は無色、紡錘形、卵円形ないし楕円形、やや湾曲、両端は鈍頭、不等 2 室、隔壁部でややくびれ、14 - 18 × 4 - 7µm。分生子殻は単生〜群生、暗褐色、亜球形、直径 120 - 180µm。分生子は無色、短円筒形で、両端が円く、ふつう 2 室、6 - 10 (- 13) × 3 - 4 (- 5) µm。培養菌叢は白色〜ベージュ色を呈し、綿状。菌糸生育適温は 20 - 24℃。

＊横山竜夫 (1978) 菌類図鑑（上） p 657 - 659.

〔症状と伝染〕キュウリつる枯病：茎では地際部や中間部がはじめ水浸状に軟化し、進行すると、白くなった病患部表面の亀裂からヤニが漏出する。葉や果実にも発生し、葉では葉縁に淡褐色〜灰褐色、不整形の病斑を生じ、その多くは扇状になる。褐色に拡大した病斑は破れやすい。その後、茎葉の病患部には黒褐色〜黒色の小点粒（分生子殻および偽子嚢殻）が形成される。病原菌は被害残渣とともに越年して第一次伝染源となる。また、種子伝染する。生育期は分生子の飛散により伝播する。

Diplocarpon mali Y. Harada & Sawamura（図 1.76

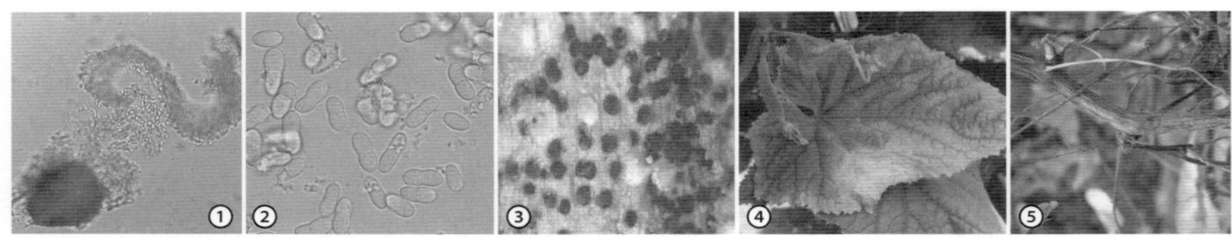

図 1.75　*Didymella* 属　〔口絵 p 031〕

Didymella bryoniae：①分生子殻から溢れ出る分生子の集塊　②分生子　③罹病茎上の分生子殻と分生子の粘塊　④⑤キュウリつる枯病の症状

〔① - ③星 秀男　④⑤近岡一郎〕

①-⑤）＝リンゴ・ボケ褐斑病

〔形態〕子嚢盤はカップ形を呈し、直径120-220μm、高さ100-150μm。子嚢は広棍棒形～円筒形、55-78×14-18μm。子嚢胞子は長楕円形、2室、23-33×5-6μm。分生子層は皿形で直径100-200μm。分生子は分生子層に並列し、無色、ひょうたん形～こけし形、2室、上室は大きく広卵形、下室は小型で長く下方が細まり、隔壁部でくびれ、20-24×6.5-8.5μm。菌叢生育は遅く、適温は20°C。

＊ Harada, Y. *et al.*（1974）日植病報 40：412-418.

〔症状と伝染〕リンゴ褐斑病：葉に数mm大の淡褐色の小円斑を多数生じ、病葉は黄化し、多発すると激しく落葉する。果実では円形～楕円形、褐色～暗褐色の小斑を生じる。病斑上にかさぶた状の明瞭な小黒点（分生子層）を多数形成する。病原菌は病落葉中で越冬し、子嚢胞子が最初の伝染源となる。生育期には分生子が雨滴の飛沫などとともに伝染する。

Diplocarpon rosae F. A. Wolf
〔アナモルフ *Marssonina rosae* (Trail) Sawada〕
（図1.76⑥-⑧）＝バラ類黒星病

〔形態〕分生子層は皿形で、直径45-205μm。分生子は分生子層に並列し、無色、ひょうたん形～こけし形、ほぼ中央の横隔壁で2室となり、上室は幅広、下室は小型で下方が細まり、隔壁部でくびれ、上室の長さ6.3-13.8μm、下室の長さ2.5-13.8μm、全体の大きさ12.5-25×3.8-7.5μm。培養菌叢の生育は遅いが、分生子を豊富に形成する。発芽適温と発病適温はともに20-25°C。我が国ではテレオモルフの記録はない。

〔症状と伝染〕バラ類 黒星病：葉にはじめ淡褐色～黒紫色で、周囲が不整な染み状斑点を生じる。のち拡大して中央が灰黒色となり、周辺は黄化し、すぐに落葉する。病斑上にはかさぶた状の小黒点（分生子層）が多数形成される。枝では黒紫色～黒褐色、染み状を呈し、病斑部から上方は枯死する。分生子や菌糸が主に罹病落葉上で越冬する。また、半落葉性のバラ類では着生病葉上でも越冬し、翌春の新生葉に伝染する。生育期には分生子が雨滴の飛沫などとともに伝染する。

Elsinoë ampelina (de Bary) Shear（図1.77①-⑥）
＝ブドウ黒とう病

〔形態〕テレオモルフは我が国では未記録であるが、病斑表面に突出する子座状の病斑組織内に球形の子嚢が分散して生じ、子嚢内部には楕円形、大きさ15-16×4-4.5μm、2-4胞からなる子嚢胞子4-8個をもつとされる。分生子は分生子層にほぼ直接形成され、無色、単胞、楕円形で1-2個の油胞をもち、5-7×3-5μm。培養上では特徴的な数珠玉状の菌糸を生じる。菌叢はPSA上で肉質塊状となり、生育適温は25-30°C。発病適温は25°C。

＊根岸寛光（2006）植物病原アトラス p147.

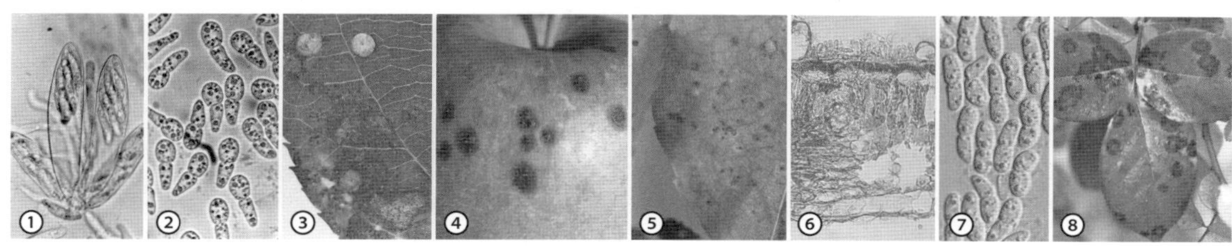

図1.76　*Diplocarpon* 属　〔口絵 p031〕
Diplocarpon mali：①子嚢と子嚢胞子　②分生子　③④リンゴ褐斑病の症状　⑤ボケ褐斑病の症状
D. rosae：⑥分生子層の断面　⑦分生子　⑧バラ黒星病の症状
〔①②原田幸雄　④飯島章彦〕

〔症状と伝染〕ブドウ黒とう病：はじめ新梢や新葉、幼果上に褐色〜黒褐色の凹んだ小斑点が生じる。小斑点は拡大・融合して連続した病斑となり、中央部が灰白色、周縁部が赤紫色〜紫色を呈する。一部の葉では、病斑部に穿孔が生じ、萎縮・奇形を起こす。激発したときは、新梢周囲が黒色の病斑で囲まれて、上部が萎凋枯死する。花蕾に発生すると、開花が阻害されて着果できない。また、幼果に発生して肥大の阻害や奇形果をもたらす。病原菌は茎の病斑で越冬して伝染源となる。生育期には病斑上に形成された分生子が風雨とともに伝播する。

Elsinoë corni Jenkins & Bitancourt（図 1.77 ⑦）
＝ミズキ類 とうそう病

Elsinoë fawcettii Bitancourt & Jenkins（図 1.77 ⑧⑨）＝カンキツ類 そうか病

〔形態〕テレオモルフは我が国では未記録であるが、病斑表面に突出する子座状の病斑組織内に球形の子嚢が分散して生じ、子嚢内部には楕円形、大きさ 10 - 12 × 5 - 6μm で、2 - 4 胞からなる子嚢胞子 4 - 8 個をもつとされる。小型分生子は石垣状菌糸細胞からなる子座状の分生子層上にほぼ直接形成され、無色、単胞、楕円形、1 - 2 個の油胞をもち、5 - 7 × 3 - 5μm。無色で単胞または 2 胞、紡錘形、長さ 12 - 20μm の大型分生子もごく少数形成されるが、この役割などは不明である。培養上では特徴的な数珠玉状の菌糸を生じる。菌叢生育適温は 25 - 30℃で、発病適温は 25℃前後。

〔症状と伝染〕カンキツ類 そうか病：新梢、新葉、幼果に淡褐色、かさぶた状、直径数 mm 前後のそうか病斑を形成する。激発すると、これが拡大融合して大型病斑となり、萎縮や奇形を生じ、果実の商品価値が低下する。秋季には、葉上の小病斑周囲の組織が異常突出した越冬病斑が形成される。病原菌は罹病葉、果実・茎の病斑内で越冬する。生育期には風雨とともに、病斑表面の小型分生子が飛散して伝播する。

＊根岸寛光（2006）植物病原アトラス p 148.

Guignardia ardisiae I. Hino & Katumoto
〔アナモルフ *Phyllosticta* 属〕（図 1.79 ①②）
＝ヤブコウジ褐斑病

G. cryptomeriae (Linn.fil.) D. Don〔アナモルフ *Macrophoma sugi* Hara〕（図 1.79 ③④）
＝スギ暗色枝枯病（あんしょくえだがれ）

＊完全世代は *Botryosphaeria*、不完全世代は *Dothiorella* に所属すると考えられている（小林享夫（1988）今月の農業 32(8)：78 - 88.）。

Guignardia sp.（アメリカイワナンテン褐斑病菌；図 1.78 ⑧ - ⑫）
＝アメリカイワナンテン褐斑病

〔形態〕分生子殻は宿主組織内に埋没して形成され、頂部の殻孔およびその基部周辺部は裸出

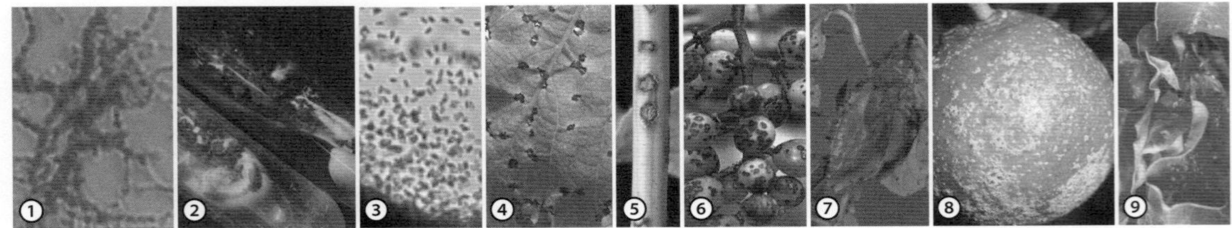

図 1.77　*Elsinoë* 属　〔口絵 p 032〕
Elsinoë ampelina：①菌糸と分生子　②培養菌叢（PSA）　③分生子　④ - ⑥ブドウ黒とう病の症状
E. corni：⑦ハナミズキとうそう病の症状
E. fawcettii：⑧⑨カンキツ '温州ミカン' そうか病の症状　〔①②⑧⑨根岸寛光　③⑥田代暢哉　④牛山欽司　⑤青野信男〕

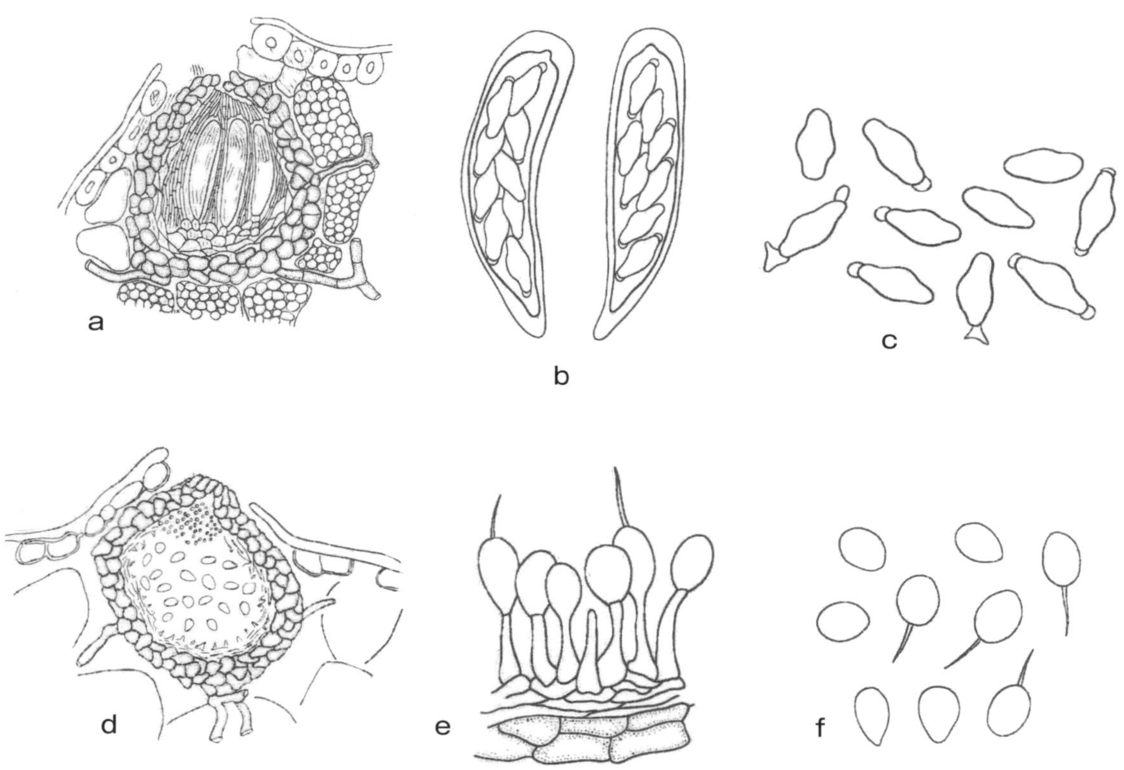

図 1.78　*Guignardia* 属（1）
Guignardia sawadae：a. 偽子嚢殻の断面　b. 子嚢と子嚢胞子　c. 子嚢胞子　d. 分生子殻の断面
e. 分生子殻壁の一部　f. 分生子　〔小林享夫〕

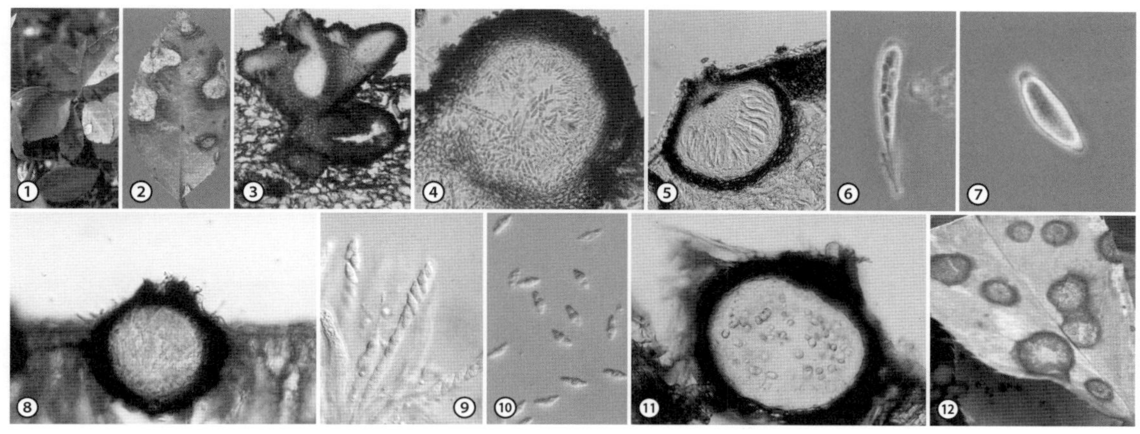

図 1.79　*Guignardia* 属（2）　〔口絵 p 032〕
Guignardia ardisiae：①②ヤブコウジ褐斑病の症状
G. cryptomeriae（スギ暗色枝枯病菌）：③分生子殻の断面　④分生子殻の断面と分生子
Guignardia sp.（宿主イヌツゲ）：⑤子嚢殻の断面と子嚢　⑥子嚢と子嚢胞子　⑦子嚢胞子
Guignardia sp.（アメリカイワナンテン褐斑病菌）：⑧子嚢殻の断面　⑨子嚢と子嚢胞子　⑩子嚢胞子　⑪分生子殻
⑫アメリカイワナンテン褐斑病の症状　〔⑤ - ⑦小林享夫　⑧ - ⑫竹内 純〕

し、子座は認められず、褐色～暗褐色、亜球形～扁球形、高さ 95 - 285μm、幅 130 - 260μm。分生子は無色、単胞、卵形、広楕円形ないし類球形で、7 - 13.5 × 5 - 9.5μm、頂部に無色、粘質の付属糸を１本有す。

＊竹内 純 (2007) 東京農総研研報 2：1 - 106.

〔症状と伝染〕アメリカイワナンテン褐斑病：はじめ葉に紫褐色の小斑点を多数生じ、のち拡大して周縁明瞭な褐色～暗褐色、類円形～楕円形の病斑となり、葉枯れを生じる。病斑上には黒色の小粒（分生子殻と子嚢殻）を散生あるいは群生する。分生子および子嚢胞子の飛散により伝染する。とくに、頭上灌水が行われている施設では発病が顕著である。アメリカイワナンテンに発生が確認されている。

Guignardia sp.（セイヨウキヅタ（ヘデラ）褐斑病菌）＝セイヨウキヅタ褐斑病

Guignardia sp.（モッコク葉焼病菌）＝モッコク葉焼(はやけ)病

Monosporascus cannonballus Pollack & Uecker（図 1.80 ① - ⑦）＝キュウリ・スイカ・メロン黒点根腐(こくてんねぐされ)病

〔形態〕菌糸は無色～褐色、幅 7.5 - 14μm。子嚢殻は根の表皮上または表皮内に形成され、子嚢胞子の着色に伴って淡褐色～黒色となり、球形、扁平球形など多様で、直径 222 - 568μm。子嚢は子嚢殻中に 100 個以上形成され、無色、丸底フラスコ形～卵形で、柄があり、50 - 110 × 35 - 64.5μm、子嚢胞子１個を含む。子嚢胞子ははじめ無色、完熟すると黒色となり、球形、単胞、直径 32 - 47.5μm。側糸は多く、長さが 200μm に及び、幅 5 - 12.5μm。菌糸生育適温 25 - 28℃付近。培養菌叢は灰色～暗灰色、生育良好で、全面に子嚢殻を形成する。

＊ Watanabe, T. (1979) 日菌報 20：312 - 315.

〔症状と伝染〕スイカ黒点根腐病：根が侵される。罹病株は地上部の萎れが徐々に進行し、しだいに葉が黄化して下葉から枯れ上がり、ついには株枯れを起こす。罹病株の根は全体が褐変し、細根は腐敗消失する。根の褐変部には小黒点（子嚢殻）が形成される。スイカではユウガオ台に発生する。また、汚染土壌では苗定植２週間後に根の褐変が見られる。病原菌は土壌中の罹病根残渣、子嚢胞子が５年以上生存し、土壌伝染する。

Mycosphaerella allicina (Fries) Vestergren（図 1.81 ① - ④）＝ネギ黒渋(くろしぶ)病

〔形態〕偽子嚢殻は黒色、球形、頂端が乳頭状で直径 75 - 200μm、高さ 65 - 190μm。子嚢は広棍棒形で、38 - 83 × 10 - 25μm。子嚢胞子は無色、長楕円形～長卵形で、基部で狭まり、中央よりやや上に横隔壁をもち、17 - 30 × 5 - 10μm。子嚢胞子の発芽適温は 20 - 25℃。菌叢

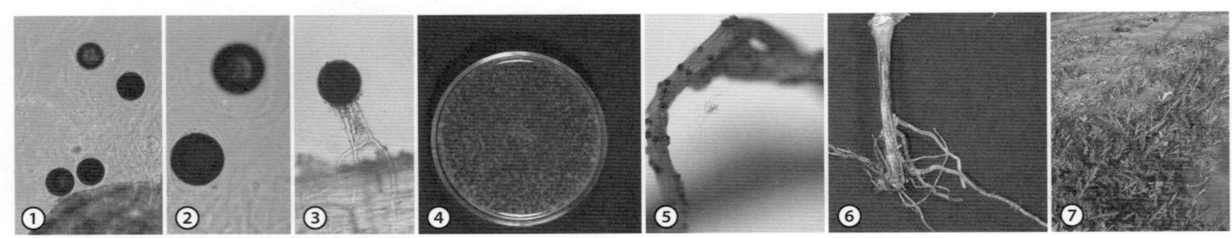

図 1.80　*Monosporascus* 属　〔口絵 p 033〕

Monosporascus cannonballus：①子嚢殻、子嚢、子嚢胞子　②子嚢と子嚢胞子　③根部で発芽した子嚢胞子　④培養菌叢（PSA）　⑤スイカ罹病根上の子嚢殻　⑥地際部の症状（スイカ）　⑦スイカ黒点根腐病の被害圃場

〔① - ⑦酒井 宏〕

はPDA上でベージュ色、堅牢。菌糸生育適温は20℃前後。アナモルフは確認されていない。

＊小林享夫ら（1998）日植病報 64：57 - 62.

〔症状と伝染〕ネギ黒渋病：葉先から基部に向かって黄白色〜淡褐色に枯れ込む。ついには葉全体が枯死し、紫黒色となる。枯死部に灰黒色〜黒色で長菱形の小斑が全面に生じ、小斑上には微小な黒粒点（偽子嚢殻）が多数形成される。子嚢胞子が飛散し、伝染する。

Mycosphaerella chaenomelis Y. Suto〔アナモルフ *Cercosporella chaenomelis* Y. Suto〕（図 1.81 ⑤ - ⑫）＝カリン白（しろ）かび斑点（はんてん）病

〔形態〕偽子嚢殻は暗褐色〜黒色、ほぼ球形、直径は65 - 85μm。子嚢は無色で、円筒形〜棍棒形、8個の子嚢胞子を2列に含み、29 - 45 × 8 - 10μm。子嚢胞子は無色、紡錘形、真直〜やや湾曲、両端は鈍頭、横隔壁で2胞、隔壁部でくびれず、15 - 21 × 2.5 - 3.5μm。アナモルフの子座は淡黄色〜淡褐色、高さ16 - 63μm、幅30 - 95μm。分生子柄は無色〜淡黄色、5 - 22 × 1.5 - 3.5μm、叢生する。分生子は無色、糸状〜倒棍棒形、1 - 9個の横隔壁を有し、8.5 - 70 × 1.5 - 2.5μm。菌糸生育適温は22 - 26℃。

＊テレオモルフの値は Suto, Y.（1999）Mycoscience 40：509 - 516.

〔症状と伝染〕カリン白かび斑点病：葉に小葉脈に区切られた褐色〜赤褐色の不整角斑を多数生じ、隣接する病斑と融合する。病斑周辺は黄変し、のち葉枯れを起こし、早期落葉する。多湿時、病斑上には白色、粘質の分生子塊を輪紋状に生じる。病原菌は病落葉上に形成された偽子嚢殻の形で越冬する。生育期には分生子が雨滴の飛沫とともに伝染する。

Pestalosphaeria gubae Tak. Kobayashi, Ishihara & Y. Ono〔アナモルフ *Pestalotiopsis neglecta* (Thümen) Steyaert〕（図 1.82 ① - ⑦）＝キウイフルーツ・イチョウ・マサキ・マツ類などのペスタロチア病

〔形態〕子嚢殻は亜球形〜洋梨形、直径112 - 250μm、高さ125 - 240μm。殻壁は暗茶色〜黒色で、厚さは7.5 - 10μm。子嚢は一重で薄壁、円筒形〜棍棒形で、短柄をもち、75 - 88 × 10

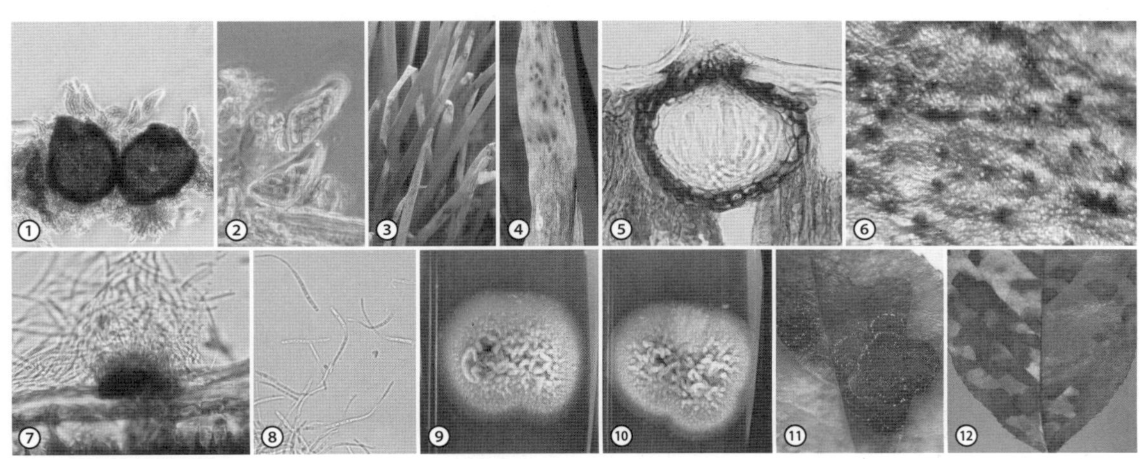

図 1.81　*Mycosphaerella* 属　〔口絵 p 033〕

Mycosphaerella allicina：①②偽子嚢殻と子嚢（ネギ黒渋病菌）　③④ネギ黒渋病の症状

M. chaenomelis：⑤偽子嚢殻の断面　⑥偽子殻嚢（小黒点）　⑦子座と分生子　⑧分生子　⑨⑩培養菌叢（⑨子嚢胞子分離株　⑩分生子分離株；PSA）　⑪⑫カリン白かび斑点病の症状

〔① - ④小林享夫　⑤ - ⑩周藤靖雄〕

-12.5µm。子嚢胞子は1列生または2列生で、淡オリーブ色～茶色、楕円形～亜紡錘形、2隔壁、まれに3隔壁、9.5 - 17.5 × 5 - 7µm。分生子は長紡錘形で、横のみの4隔壁をもち、その両端細胞は無色、中央の3細胞はほぼ同色でオリーブ色～淡茶色、付属糸を除く大きさは17 - 25 ×4.5 - 6.4µm、有色3細胞合計の長さ11 - 17µm、頂部付近から長さ5 - 19µmの付属糸を2 - 3（4）本生じ、基部の内生付属糸は4µm以下。培地上の菌糸生育は良好、白色～汚白色で表面が粉状の菌叢となる。

＊小野泰典・堀江博道（2006）植物病原アトラス p 136.

〔症状と伝染〕マツ類 ペスタロチア病：マツ針葉の被害は黄色～黄褐色の病斑がまだら模様のように目立ち、のち葉枯れを起こして落葉する。イチョウなどにも発生し、広葉ではしばしば葉縁から拡がる。のち病斑上に小黒点（分生子層）が多数生じ、湿潤時に黒色ひげ様の分生子塊が押し出される。伝染経路の詳細は不明であるが、生育期には分生子が雨滴とともに飛散して伝播する。降雨が連続する時期や台風後に発病が多い。

Phomatospora albomaculans Tak. Kobayashi & K. Sasaki（図1.83 ①-③）＝アラカシ白斑病（はくはん）

〔形態〕子嚢殻は直径260 - 315µm、高さ160 - 250µm、子嚢は37 - 60 × 7 - 12.5µm。子嚢胞子は9 - 13.5 × 3 - 5µm。分生子殻は淡褐色、類球形、直径200 - 325µm、高さ160 - 225µm。分生子は無色、倒円錐形～風船形、7 - 13.5 × 3 - 4.5µm。

＊ Kobayashi, T. and Sasaki, K.（1982）日菌報 23：251 - 258.

〔症状と伝染〕カシ類 白斑病：はじめ葉の小葉脈に区切られた淡褐色～灰褐色の小斑点を多数生じ、徐々に拡大して、灰白色で周囲が赤褐色の細い帯で明瞭に縁取られた数mm大の不整斑となる。病斑上に小黒点（子嚢殻および分生子殻）を多数形成する。病葉は長く着生していて目立つ。病原菌は着生葉の病斑上で越冬して

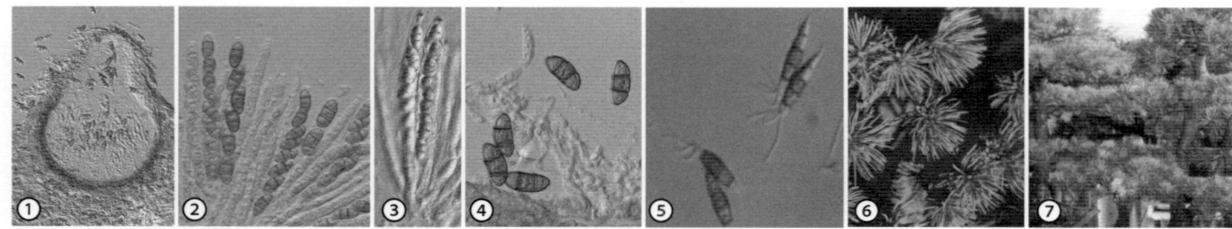

図1.82 *Pestalosphaeria*属 〔口絵 p 034〕

Pestalosphaeria gubae：①子嚢殻と子嚢 ②③子嚢と子嚢胞子 ④子嚢胞子 ⑤分生子
⑥⑦マツ類 ペスタロチア葉枯病の症状 〔①-⑤小野泰典 ⑥⑦高橋幸吉〕

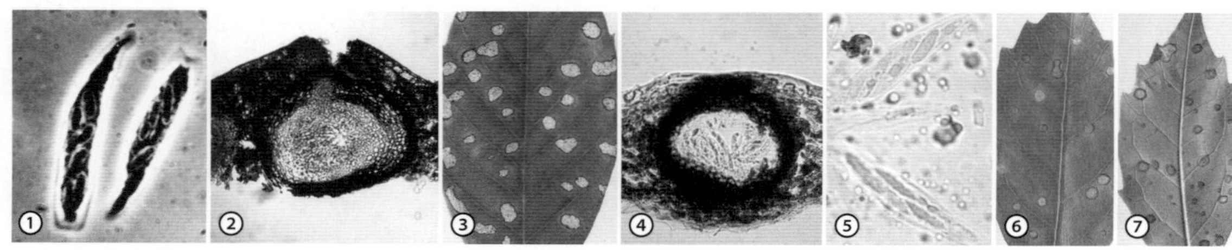

図1.83 *Phomatospora*属 〔口絵 p 034〕

Phomatospora albomaculans：①子嚢と子嚢胞子 ②分生子殻 ③アラカシ白斑病の症状（葉裏）
P. aucubae：④子嚢殻と子嚢 ⑤子嚢と子嚢胞子 ⑥⑦アオキ白星病の症状（⑥葉裏 ⑦葉裏） 〔①②④⑤小林享夫〕

伝染源となる。翌春には子嚢胞子が飛散し、また、梅雨期を中心として、雨滴とともに分生子が伝播すると思われる。

Phomatospora aucubae (Shirai & Hara) Tak. Kobayashi & Y. Suto（図 1.83 ④ - ⑦）
＝アオキ白星（しらほし）病

〔形態〕子嚢殻は表皮下に形成され、暗褐色～黒色、類球形で、直径は 140 - 200µm、高さは 125 - 190µm、頂部で開口する。子嚢は円筒形～棍棒形で、頂部に頂環をもち、67 - 88 × 10 - 15µm、ヨード反応は陰性。子嚢胞子は無色、紡錘形、左右不等辺、18 - 28 × 5 - 7.5µm。アナモルフは未確認。

＊ Kobayashi, T. and Suto, Y.（1983）日菌報 24：277.

〔症状と伝染〕アオキ白星病：葉に淡褐色～淡灰褐色、周縁が褐色で 2 - 6mm 大の小円斑を多数生じる。病斑の裏面は表面より濃色で周縁も明瞭。病斑上には黒色の小粒点（子嚢殻）が 1～数個形成される。子嚢胞子は周年観察されるので、雨後に放出される子嚢胞子により伝染すると考えられる。

Venturia nashicola S. Tanaka & S. Yamamoto（図 1.84 ① - ⑧）＝ナシ黒星病

〔形態〕偽子嚢殻は黒褐色、宝珠形または扁円錐形で、直径 50 - 100µm。子嚢胞子は黄褐色、楕円形～長円形、両端は丸く、横に 1 隔壁があり、隔壁部でややくびれ、10 - 15 × 4 - 7µm。分生子は淡黄褐色～褐色、長卵形～紡錘形、基部にへそがあり、8 - 23 × 5 - 8µm。培地上の菌糸伸長はきわめて遅く、菌叢がシャーレ全面に拡大することは通常ない。菌糸の生育適温は 20°C付近にある。なお、ナシ黒星病菌は、リンゴ黒星病菌（*V. inaequalis*）やセイヨウナシ黒星病菌（*V. pirina*）とは種が異なる。

＊梅本清作（2006）植物病原アトラス p 155.

〔症状と伝染〕ナシ黒星病：葉、果実、新梢に発生する。葉の春病斑は、はじめ多少角ばった白斑を生じ、数日後には病斑表面に分生子が黒色すす状に密生する。葉柄に発病すると早期落葉を起こす。秋病斑には分生子形成が少ない。果実には円形でややくぼんだ病斑を生じる。幸水や豊水は、本菌に対して感受性が高く、しばしば果実にも多発して甚大な被害をもたらす。罹病落葉中の菌糸で越年し、初春から偽子嚢殻が形成される。第一次伝染源として、この成熟した子嚢胞子がとくに重要であり、他に、鱗片発病による果叢基部病斑上の分生子がある。生育期の伝染は分生子の飛散による。

Venturia pirina Aderhold ＝セイヨウナシ黒星病

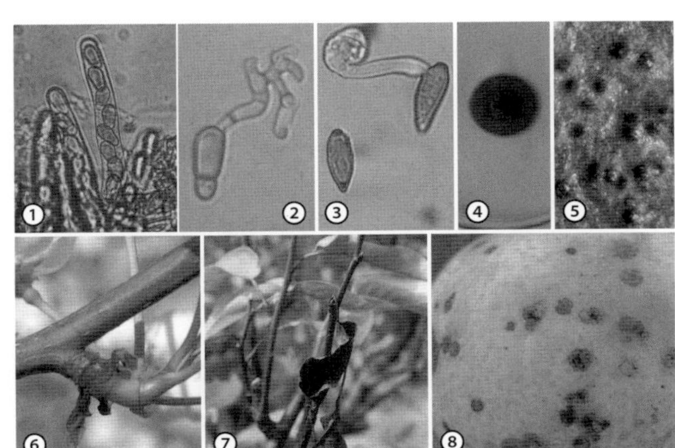

図 1.84 *Venturia* 属　〔口絵 p 035〕
Venturia nashicola：
①子嚢と子嚢胞子　②子嚢胞子の発芽
③分生子とその発芽　④培養菌叢（PSA）
⑤病落葉上の偽子嚢殻
⑥ - ⑧ナシ黒星病の症状（⑥果叢基部　⑦若枝
⑧ '幸水' 果実）　〔① - ⑧梅本清作〕

Ⅱ-６ 担子菌類

担子菌類も子嚢菌類と同様に、３千数百属に３万数千種が含まれる。担子菌類は有性生殖として担子器から伸長した担子胞子柄（小柄）に担子胞子を外生する菌類である。属・種は担子器の形態や担子胞子の形成様式などで大別される（図 1.85）。

a. 器官と生態：

菌糸体、無性胞子（分生子）、担子器、担子胞子など。菌糸には隔壁がある。無性胞子により蔓延する。さび病菌の属種の多くは形態的、機能的に異なる種類の胞子世代をもつ。また、異なる植物と往き来して生活環を完成させる種類も多数含まれる。多孔菌目には、子実体として「キノコ」を形成する種類が多い。

b. 主要な植物病原菌：

多くの植物病原菌類を含む。とくに、黒穂病菌、さび病菌、もち病菌などの中には、農業上重要な種類も多い。材質腐朽菌（木材腐朽菌）は街路樹の根株心腐れなどを起こし、樹の倒伏や幹の枯損を起こす。*Thanatephorus* 属菌は広範な植物に被害をもたらす。

1　紫紋羽病菌（*Helicobasidium* 属）

a. 所属：プクシニア綱、ヘリコバシディウム目

b. 特徴（図 1.86）：

菌糸は隔壁をもち、厚壁で太く、はじめは無色、成熟すると紫褐色。子実層は綿毛状〜纖維状で無柄、背着性、不定形、白紫色〜白桃色、菌糸が縦列して、その間に担子器を形成する。担子器は無色、円筒形〜棍棒形、湾曲し、４室で、各室から１個の小柄を生じ、担子胞子を頂生する。高等植物の根や地際部に寄生する。

c. 観察材料：

Helicobasidium mompa Nobuj. Tanaka（図 1.86 ①-⑨）＝サツマイモ・ニンジン・ナシ・リンゴ・クワ・サクラ類などの紫紋羽病

〔形態〕菌糸は紫褐色〜紫紅色、厚壁で、H 型の連結菌糸を形成する。菌糸は束状（菌糸束）となる。菌核（菌糸塊）は濃紫褐色〜淡褐色、不整形で、数 mm 〜 2 cm 大。担子器は子実層上に生じ、無色、円筒形〜棍棒形、４室に分かれ各室１本の小柄先端に担子胞子が形成され

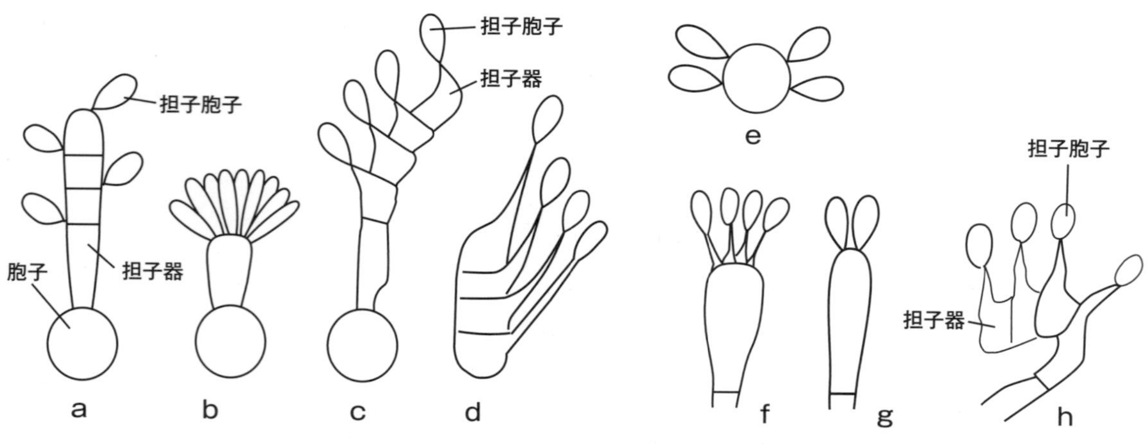

図 1.85　担子器の種類

a - b. クロボキン目*　cd. サビキン目*　e. グラフィオラ目*　f. モチビョウキン目*　g. クリプトバシディウム目
h. プロチグロエア目（＊表 1.3 参照）

〔柿嶌 眞（2005）:「菌類・細菌・ウイルスの多様性と系統」より転載〕

る。担子胞子は無色、単胞、先端が円く、基部は尖り、卵円形、棍棒形ないし勾玉形、16 - 19 × 6 - 6.5μm。菌糸生育適温は 22 - 27°C。

＊小川 奎（1998）日本植物病害大事典 p 107 - 108.

〔症状と伝染〕各種植物 紫紋羽病：果樹・樹木類・イモ類・野菜類・花卉類の根・イモや樹幹（茎）の地際部の表面に、紫褐色の菌糸束が網の目のように絡み付き、さらに緊密になってフェルト状を呈する。イモや細根はしばしば内部まで腐敗する。果樹や樹木では根の罹病により葉枝の萎凋や落葉、株枯れを起こす。菌糸や菌糸塊、子実体が土壌中の罹病根や有機物とともに腐生的に生存し、好適条件下では菌糸束が伸長し、宿主表面に侵入子座を形成して感染する。罹病根との接触により、あるいは衰弱した根や傷害を受けた部位から侵入、感染する。

2　黒穂病菌

a. 所属：クロボキン綱、クロボキン目など

b. 特徴：

菌糸には隔壁がある。胞子堆は黒褐色～黒色で、粉状の黒穂胞子からなる。属により数個の胞子が密着して胞子団を形成したり、胞子団の周囲には多数の不稔細胞が付着し、胞子団を被う特徴がある。黒穂胞子が発芽して生じる担子器と担子胞子の形成様式、ならびに黒穂胞子の表面構造は分類の重要なポイントであり、表面の突起などによりパターン化される。種は各器官の形態や宿主の種類により類別される。

【*Graphiola* 属】（図 1.87）

モチビョウキン目（現在はモチビョウキン綱に所属するが、従来は黒穂病菌とさてれおり、本項で扱う）。菌糸には隔壁がある。胞子堆は黒色の厚い皮層に囲まれ、壺状となる。胞子堆内の菌糸束と胞子形成菌糸は発達して毛状になる。黒穂胞子は連鎖状に形成され、先端部の黒穂胞子の周囲には直接、担子胞子が生じる。担子胞子は成熟すると分裂し、二次担子胞子となる。シュロ・ナツメヤシ・カナリーヤシ・ビロウなどヤシ科植物の葉に寄生する。

【*Tilletia* 属】（図 1.88）

ナマグサクロボキン目。菌糸は隔壁がある。胞子堆は主としてイネ科植物の子房内に形成され、成熟すると露出し、粉状に見える。黒穂胞子は大型で、褐色～黒褐色、被膜は厚く、ゼラチン質に被われ、発芽して 1 室の担子器を形成し、多数の担子胞子を頂生する。胞子堆内には無色の不稔細胞が存在する。種は各器官の形態および宿主により類別される。

【*Urocystis* 属】（図 1.89）

ウロシスティス目。菌糸には隔壁がある。胞子堆は成熟すると露出し、黒色、粉状となる。黒穂胞子は褐色～黒褐色で、数個の胞子が密着して胞子団を形成する。胞子団の周囲には多数の不稔細胞が付着し、胞子団を被う。黒穂胞子は発芽して 1 室の担子器を形成し、担子胞子を頂生する。種は各器官の形態および宿主により類別される。

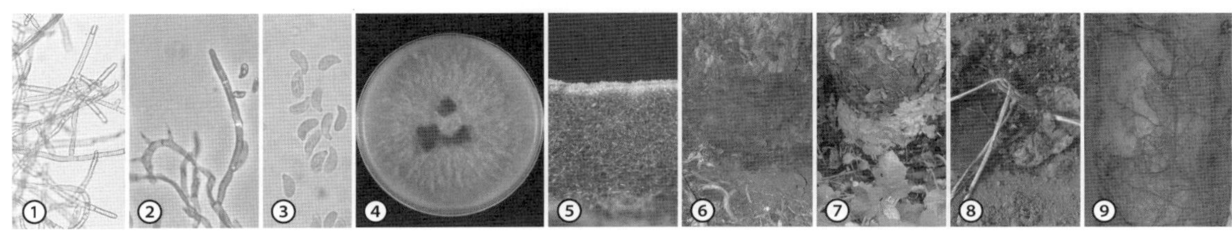

図 1.86　*Helicobasidium* 属　〔口絵 p 035〕

Helicobasidium mompa：①菌糸　②担子器　③担子胞子　④培養菌叢（PDA）　⑤子実体の断面　⑥子実体（ユリノキ）　⑦子実体上に発達した子実層（リンゴ）　⑧⑨サツマイモ紫紋羽病の症状　〔② - ⑦中村 仁〕

【*Ustilago* 属】（図 1.90）

クロボキン目。菌糸は有隔壁。胞子堆は柱軸や護膜をもたず、成熟すると裂開し、黒褐色～黒色、粉状または塊状を呈する。黒穂胞子は褐色～黒褐色、被膜は厚く、発芽すると数室の担子器を形成し、各室から担子胞子を側生。種は各器官の形態および宿主により類別される。

c. 観察材料：

Graphiola phoenicis (Mougeot) Poiteau var. *phoenicis*

（図 1.87 ①-⑤）＝フェニックス類黒(くろ)つぼ病

〔形態〕胞子堆は壷形～椀形で、外側の皮層は黒色、高さ 200 - 350μm、直径 325 - 925μm。内部の菌糸束は短節の菌糸の集合体で、無色～淡色、長さ 600 - 1,800μm（あるいは 1 - 数 mm）に及び、直径は 6 - 23μm。黒穂胞子に相当する胞子は 2 胞、ほぼ無色であるが、集合すると淡橙黄色、5 - 6 × 4 - 4.5μm、のち分離して単胞、球形～多角形、直径 3 - 4 μm。担子胞子は 2 胞の胞子の外側に出芽して酵母状に生じ、無色～淡色、類球形～楕円形、平滑、単胞、無柄、3 - 5 × 2 - 4μm。

＊柿島 真（1982）日本産黒穂菌類の分類学的研究．筑波大学農林学研究 1：1 - 124.

〔症状と伝染〕フェニックス類（カナリーヤシなど）黒つぼ病：葉の両面に黒色、壺形の小突起（胞子堆）を多数生じ、内部からは黄白色、毛状の菌糸束が伸長する。胞子堆が多発した葉は褪色して灰緑色になり、下垂、枯死する。伝染経路等の詳細は不明。

Tilletia caries (de Candolle) L.R.Tulasne & C.Tulasne

（図 1.88 ①-⑥）＝コムギなまぐさ黒穂(くろほ)病

〔形態〕黒穂胞子は暗緑色～茶褐色、球形、厚壁で、表面には網目状の紋様があり、直径 16 - 22μm。胞子の発芽適温は 16 - 18℃。

＊柿島 真（1982）日本産黒穂菌類の分類学的研究．筑波大学農林学研究 1：1 - 124.

〔症状と伝染〕コムギなまぐさ黒穂病：出穂とともに症状が現われ、罹病株は分げつがやや多く、稈長が短い。収穫期近くになると穂は暗緑色を帯び、稃(ふ)は小さく、中軸に不規則に着生する。子実の内部には茶褐色の黒穂胞子が充満する。種子に付着した胞子に起因する感染が主体であるが、土壌中に生存する胞子によっても感染、発病することがある。

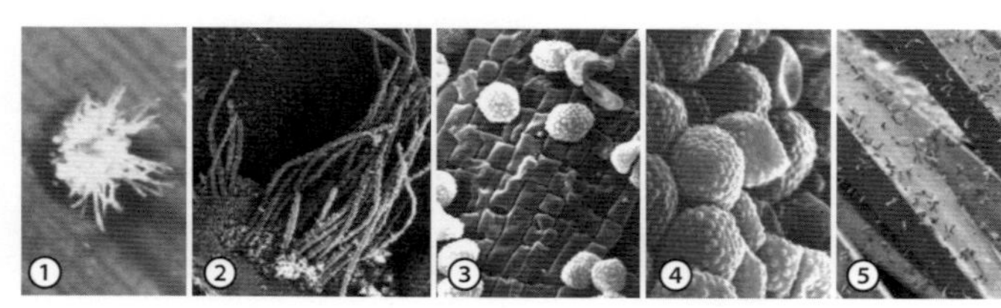

図 1.87　*Graphiola* 属　〔口絵 p 035〕

Graphiola phoenicis var. *phoenicis*

①菌子束　②胞子堆と菌糸束（SEM 像）

③菌糸束と黒穂胞子（SEM 像）

④黒穂胞子（SEM 像）

⑤カナリーヤシ黒つぼ病の症状

〔①-④柿嶌 眞〕

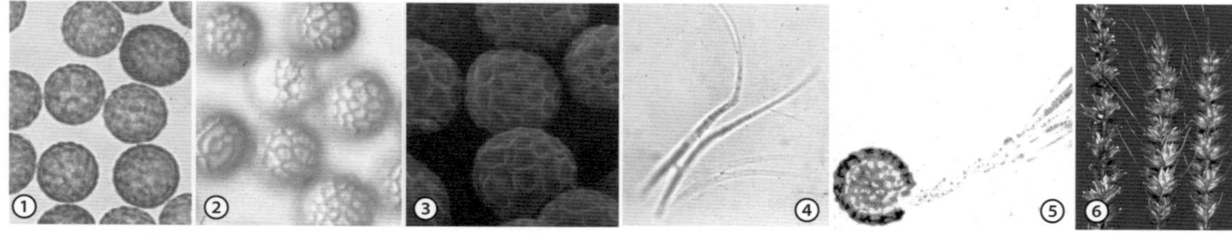

図 1.88　*Tilletia* 属　〔口絵 p 036〕

Tilletia caries：①-③黒穂胞子（③ SEM 像）　④担子胞子の接合　⑤担子器と担子胞子の形成

⑥コムギ網なまぐさ黒穂病の症状

〔①-⑥柿嶌 眞〕

Tilletia controversa J. G. Kühn
＝オオムギなまぐさ黒穂病

Urocystis pseudoanemones Denchev, Kakishima & Y. Harada（図 1.89 ①-④）＝ニリンソウ黒穂病

Urocystis tranzscheliana (Lavrov) Zundel（図 1.89 ⑤-⑦）＝サクラソウ（プリムラ）黒穂病

〔形態〕黒穂胞子は子房内に形成され、暗褐色を呈し、楕円形あるいは広楕円形で、10-20.5×7.5-15.5μm、1-7 個の胞子が結合して胞子団となる。胞子団は球形、楕円形ないし不整形で、22-50×15-34μm、周囲は不稔細胞（不稔周辺細胞）に被われる。不稔細胞は黄褐色、卵形〜楕円形。黒穂胞子が発芽して、担子胞子を頂部に形成すると考えられる。

＊柿島 真（1982）日本産黒穂菌類の分類学的研究．筑波大学農林学研究 1：1-124.

〔症状と伝染〕サクラソウ黒穂病：感染していても良好に生育し、開花するために、外見上は健病の区別が難しい。しかし、子房内に黒穂胞子が形成されるため、種子生産は著しく阻害される。胞子が形成されると子房は肥大し、内部には多量の胞子が充満する。枯死直前に至って子房が破れ、胞子が飛散する。黒穂胞子が土壌中で生存し、最初の伝染源になるものと考えられるが、感染経路の詳細は不明である。一旦発生すると毎年発病を繰り返す傾向がある。

Urocystis violae (Sowerby) E. Fischer
＝スミレ類 黒穂病

Ustilago maydis (de Candolle) Corda（図 1.90 ①-⑥）＝トウモロコシ黒穂病

〔形態〕黒穂胞子は「菌えい」（「菌こぶ」）内に生じ、黒色、球形、厚壁で多数の短い突起をもち、直径 8-12（-15）μm。黒穂胞子が発芽して生じた担子器上に担子胞子を形成する。担子胞子は無色、紡錘形で、異なる交配型の担子胞子間で接合して、感染力のある菌体となる。

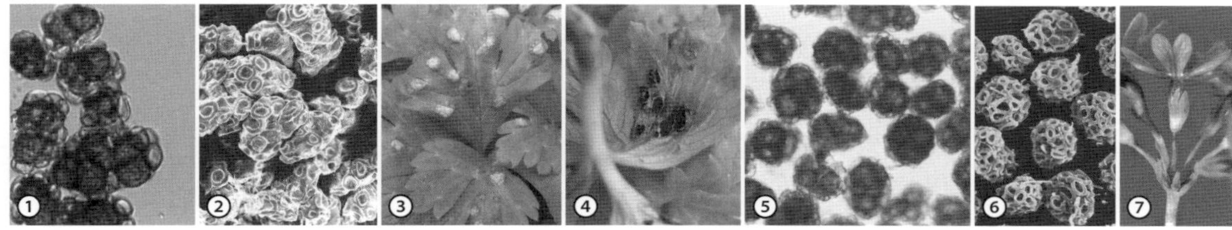

図 1.89 *Urocystis* 属 〔口絵 p 036〕
Urocystis pseudoanemones：①②黒穂胞子および胞子団（② SEM 像）③④ニリンソウ黒穂病の症状
U. tranzscheliana：⑤⑥黒穂胞子および胞子団（⑥ SEM 像） ⑦サクラソウ黒穂病の症状 〔⑤-⑦柿嶌 眞〕

図 1.90 *Ustilago* 属 〔口絵 p 037〕
Ustilago maydis：①-③黒穂胞子（③ SEM 像） ④黒穂胞子の発芽と担子胞子 ⑤⑥トウモロコシ黒穂病の症状
〔①-⑥柿嶌 眞〕

＊柿島 真（1982）日本産黒穂菌類の分類学的研究．筑波大学農林学研究 1：1 - 124.

〔症状と伝染〕トウモロコシ黒穂病：雌穂では菌えいを生じ、はじめ白色の膜で被われるが、菌えい内が黒色の胞子で充満するため、外面は灰色に見える。やがて膜が破れ、黒穂胞子が噴出する。他に雄穂や葉鞘、節などの生育が盛んな部位に発病しやすく、小苗に発生すると枯死することがある。黒穂胞子は罹病残渣とともに土壌中で生存して伝染源となる。越冬後の黒穂胞子が発芽して担子胞子を生じ、これが風や水滴により伝搬され、異なる交配型間で接合した2核菌糸が気孔や傷口から侵入、感染する。

Ustilago nuda (C.N. Jensen) Rostrup
　＝コムギ・オオムギ裸黒穂（はだかくろほ）病

〔症状と伝染〕コムギ・オオムギ裸黒穂病：子実に発生する。感染した穂は健全穂よりも早めに出穂する。出穂時あるいは出穂直後には、表皮が破れて黒褐色の胞子塊が現れ、胞子はすぐに飛散を終え、穂は中軸だけとなる。通常、罹病株は全体の穂が一様に発病する。本病は花器感染（種子伝染）する。飛散した黒穂胞子が開花中の雌蕊（めしべ）の柱頭に感染し、胚の中で菌糸が生存して発生源となる。感染種子はほぼ正常に発芽、生育するが、菌糸は穂に達し、小穂内で胞子を増殖する。

Ustilago shiraiana Hennings ＝ササ類 黒穂病

3　もち病菌（***Exobasidium*** 属）

a. 所属：モチビョウキン綱、モチビョウキン目

b. 特徴（図 1.91 - 92）：

　菌糸には隔壁がある。子実層は植物上に裸出する。担子器は密に並列し、小柄の頂部に各1個の担子胞子を形成する。担子胞子の発芽は発芽管を伸長するタイプ（発芽管型）と担子胞子より分生子を出芽するタイプ（出芽型）がある。培養時のコロニーは、擬菌糸からなる場合と、出芽した酵母様細胞からなる場合がある。

c. 観察材料：

Exobasidium camelliae Shirai（図 1.92 ① - ③）
　＝ツバキもち病

Exobasidium gracile (Shirai) Sydow & P. Sydow
　（図 1.92 ④⑤）＝サザンカもち病

〔形態〕子実層は葉裏に生じ、皮下細胞層に被われ、のち子実層が裸出する。担子器は長棍棒形、先端に2 - 4小柄を生じて、担子胞子を形成する。担子胞子は円筒形、14 - 20 × 3 - 7μm。

＊周藤靖雄（1998）日本植物病害大事典 p 955.

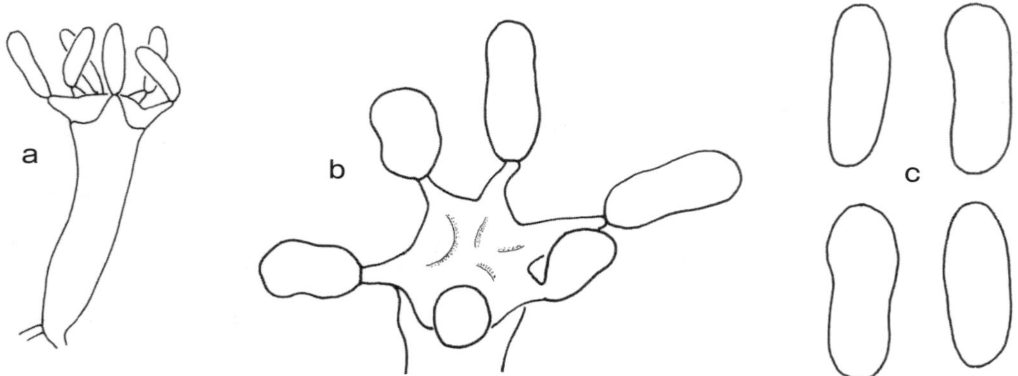

図 1.91　*Exobasidium* 属（1）
Exobasidium japonicum：a. 担子器と担子胞子　b. 同（拡大）　c. 担子胞子　〔小林享夫〕

〔症状と伝染〕サザンカもち病：5月、新葉に発生する。葉芽は淡紅色となり、展開後の新生罹病葉が著しく肥厚し、葉裏面の表皮下全体に子実層を形成する。のち表皮がめくれるように剝がれ、白色粉状の子実層が裸出する。伝染経路の詳細は不明である。

Exobasidium japonicum Shirai（図 1.92 ⑥ - ⑦）
　＝ツツジ類 もち病

〔形態〕罹患した新葉や新梢の表面あるいは気孔から担子器を発生する。担子器は無色、棍棒形～円筒形、20 - 91×5 - 9μm、先端に 2 - 7×1 - 3μm の小柄を 3 - 4 本生じる。担子胞子は小柄上に各 1 個生じ、無色、倒卵形～長楕円形、14 - 23 × 3 - 6μm、隔壁数 0 - 2 まれに 3。培地上における菌糸生育は 4 - 26℃で認められ、適温 24℃前後。培養菌株は 28℃以上では早期に死滅しやすい。

＊長尾英幸（2006）植物病原アトラス p 164.

〔症状と伝染〕ツツジ類 もち病：5～6月と9月頃、花弁や新葉が袋状～耳たぶ状に膨らみ、淡緑色～淡紅色、のち白粉（担子器と担子胞子）に被われる。その後、肥厚部は褐変し、乾燥枯死する。罹病植物中に菌糸の形で越冬すると考えられている。発生時には担子胞子や分生子によって空気伝染する。オオムラサキツツジ等には、*E. cylindrosporum* による展開中の葉に表面が膨らみ裏面が凹む、円斑～不整斑を生じる。

Exobasidium vexans Massee（図 1.92 ⑧⑨）
　＝チャもち病

4　さび病菌

a. 所属：プクシニア綱、プクシニア目

b. 特徴（図 1.93 - 94）：

絶対寄生菌。菌糸には隔壁がある。最多で5種類の胞子世代をもつ。従来の分類基準では、冬胞子は無柄で殻皮状、レンズ状、半球形あるいは柱状に集合または接着して宿主組織内に形成されるか、もしくは冬胞子が柄をもち、個々に分離するか、またはまれに接着して宿主外に裸出するか、という点を基準として2科に大別されていたが、近年は精子器の構造、冬胞子の形態など、各胞子世代の特徴や宿主関係などから、多くの科に分けられている。各世代の胞子は以下のとおり。

0＝精子（精子器）、Ⅰ＝さび（銹）胞子（さび胞子堆；形態の種類により銹子腔、銹子毛など

図 1.92　*Exobasidium* 属（2）　〔口絵 p 037〕
Exobasidium camelliae：① - ③ツバキもち病の症状　*E. gracile*：④⑤サザンカもち病の症状
E. japonicum：⑥⑦ツツジ類 もち病の症状　*E. vexans*：⑧⑨チャもち病の症状　〔①②周藤靖雄　③⑧近岡一郎〕

の名称がある)、Ⅱ＝夏胞子（夏胞子堆)、Ⅲ＝冬胞子（冬胞子堆)、Ⅳ＝担子胞子（担子器)。

0〜Ⅳの全胞子世代をもつ種類から、特定の世代を欠く種類など様々である。また、属種により、分類学的所属が隔たる植物間で、異なる世代を経過して、その生活環を完成するものがあり、これを異種寄生性という。

【*Aecidium* 属】(図 1.95)

不完全さび病菌の属で、精子・さび胞子世代を有するタイプである。精子器は表皮下に形成し、フラスコ形。さび胞子堆は表皮下に生じ、護膜細胞で囲まれ、杯形〜短筒形の銹子腔となる。さび胞子は鎖生、表面に細かい疣をもつ。夏胞子・冬胞子世代は不詳あるいは欠く。絶対寄生菌。本属には、*Puccinia* 属や *Uromyces* 属などに所属すると推定されるが、精子・さび胞子世代のみが知られている種、あるいは、さび胞子世代のみで生活する種などを含む。種は各器官の形態および宿主により類別される。

【*Blastospora* 属】(図 1.96)

精子・さび胞子世代は *Caeoma* 属。精子器はフラスコ形、周辺糸状体が発達する。さび胞子堆は護膜がなく、さび胞子を鎖生する。さび胞子は類球形、倒卵形ないし楕円形で、表面に細疣または細刺がある。夏胞子堆と冬胞子堆は気孔上に形成される。夏胞子は柄上に生じ、倒卵形〜楕円形で、表面には細刺がある。冬胞子は1室、柄上に単生し、発芽して外生担子器を生じ、担子胞子を形成する。絶対寄生菌。種は各器官の形態、宿主により類別される。

【*Coleosporium* 属】(図 1.97)

精子器は扁平な円錐形。さび胞子堆は護膜に囲まれ、短円筒状（銹子嚢型)。さび胞子、夏胞子とも亜球形、楕円形など、表面には細かい疣があり、鎖生する。冬胞子堆は層状に並んだ冬胞子からなる。冬胞子は柱状楕円形で1室、成熟すると横隔壁により4室の内生担子器となり、各細胞から担子胞子が形成される。絶対寄生菌。種は各器官の形態、宿主により類別される。種により冬胞子基部の脚状細胞の発達の有無、冬胞子の縦の隔壁の有無、疣の密度などに区別点がある。

【*Cronartium* 属】(図 1.93 A, 1.98)

精子器とさび胞子堆（護膜に囲まれた銹子嚢型）は樹幹の皮層下に生じる。さび胞子は亜球形、楕円形など、鎖生し、表面に細かい疣が発達する。夏胞子堆は繊細な護膜に囲まれる。夏胞子は柄上に単生し、亜球形、楕円形など、内容物は黄色で表面に細刺がある。冬胞子堆は冬胞子が鎖状に上下、左右に連結し、毛状に突出する。冬胞子は1室、長楕円形〜紡錘形、壁は黄褐色で、発芽して外生担子器を生じ、さらに担子胞子を形成する。絶対寄生菌。種は各器官の形態、宿主により類別される。

【*Gymnosporangium* 属】(図 1.93 B, 1.99)

精子器はフラスコ形。さび胞子堆は長い護膜をもち、長円筒形。さび胞子は長く鎖生する。夏胞子堆は多くの種で欠く。冬胞子堆は暗褐色の塊となり、吸湿・発芽時には橙色のゼラチン状に膨大する。冬胞子は2室で単生し、壁は薄く、淡黄色〜褐色、発芽して外生担子器を生じ、担子胞子を形成する。絶対寄生菌。種は各器官の形態、宿主により類別される。

【*Melampsora* 属】(図 1.93 C, 1.100)

精子器は角皮下または表皮下に生じ、円錐形〜半球形。さび胞子堆はふつう護膜を欠く。さび胞子は微細な疣をもち、鎖生する。夏胞子堆には、種により糸状体がある。夏胞子は楕円形〜球形、内容物は淡黄色、表面に細刺があり、柄上に生じる。冬胞子堆はふつう一層で、冬胞子が柵状に並び、裂開しない。冬胞子は1室、長楕円形〜円柱形、壁は淡褐色で、内容物は無色。発芽して外生担子器を生じ、担子胞子を形成する。絶対寄生菌。種は各器官の形態、宿主により類別される。

【*Nyssopsora* 属】（図 1.93 D，1.101）

夏胞子堆は黄褐色～赤褐色、粉状。夏胞子は柄上に単生、表面に細刺がある。冬胞子堆は暗褐色～黒褐色。冬胞子は下部 1 室、上部 2 室、壁は暗褐色で、表面には先端が裂開したように見える特徴的な突起を有し、発芽して外生担子器を生じ、担子胞子を形成する。絶対寄生菌。種は各器官の形態、宿主により類別される。

【*Phakopsora* 属】（図 1.94 A，1.102）

精子器は円錐形。さび胞子堆は、護膜の発達状態によって、銹子腔（Aecidium 型）、もしくは銹子堆（Caeoma 型）となる。さび胞子は類球形～広楕円形、表面に細かい刺または疣が密生する。夏胞子堆は橙黄色、粉状、種により糸状体に囲まれる。夏胞子は短柄上に単生し、類球形～楕円形、表面に細かい刺がある。冬胞子堆は表皮下に生じ、赤褐色～黒褐色、光沢ある蝋質状で、成熟後も裂開しない。冬胞子は 1 室、角ばった楕円形～長楕円形、壁は無色～茶褐色で、鎖状に配列して石垣状を呈したり、不規則に配列する。発芽して外生担子器を生じ、担子胞子を形成する。絶対寄生菌。種は各器官の形態、宿主により類別される。

【*Phragmidium* 属】（図 1.94 B，1.103）

精子器は円錐形～扁球形。さび胞子堆は護膜を欠いた Caeoma 型で、種により湾曲した糸状体をもつ。さび胞子は球形～倒卵形、被膜は無色、内容物は淡黄色～橙黄色、表面に細かい刺または疣がある。夏胞子堆は橙黄色、粉状で、糸状体に囲まれる。夏胞子はさび胞子と同様の形態を示す。冬胞子堆は褐色または暗褐色～黒色。冬胞子は柄があり、円柱形、横壁により多室に分けられる。発芽して外生担子器を生じ、担子胞子を形成する。絶対寄生菌。種は各器官の形態、宿主により類別される。

【*Pileolaria* 属】（図 1.104）

精子器は角皮下に生じ、円錐状～平盤状。さび胞子堆の形態は夏胞子堆に類似する。夏胞子堆は表皮下に生じ、のち裂開する。夏胞子は柄上に単生し、表面に螺旋状の疣列またはひも状の突起がある。冬胞子堆は表皮下に生じ、のち裂開する。冬胞子は 1 室、壁が厚く、表面に突起があり、発芽後に外生担子器を形成する。絶対寄生菌。種は各器官の形態および宿主により類別できる。

【*Puccinia* 属】（図 1.94 C，1.105）

精子器は角皮下に形成され、フラスコ形。さび胞子堆は表皮下に生じ、銹子腔となる。さび胞子は鎖生し、類球形～楕円形、被膜は無色～黄色、表面に細かい疣がある。夏胞子堆は表皮下に生じ、のち裂開する。種により糸状体をもつ。夏胞子は柄上に単生し、類球形～楕円形、表面に細かい刺がある。冬胞子堆は表皮下に生じ、のち裂開する。冬胞子はふつう 2 室、壁が厚く、褐色～黒褐色または無色、発芽後に外生担子器を形成する。絶対寄生菌。種は各器官の形態および宿主により類別される。

【*Stereostratum* 属】（図 1.106）

夏胞子堆は表皮下に生じ、冬胞子堆の脱落したあとに、表面に現れる。夏胞子は柄上に単生し、表面に細かい刺がある。冬胞子堆は表皮下に形成され、のち裂開する。冬胞子は長い柄上に単生し、2 室、壁は黄色～淡白色。精子・さび胞子世代は未詳。絶対寄生菌。

【*Uromyces* 属】（図 1.94 D，1.107）

精子器は表皮下に形成され、フラスコ形。さび胞子堆は表皮下に生じ、銹子腔となる。さび胞子は鎖生し、類球形～広楕円形、無色～淡褐色、表面に細疣がある。夏胞子堆は表皮下に生じ、のち裂開する。夏胞子は柄上に単生し、類球形～広楕円形、黄色～淡褐色で、表面に細刺がある。冬胞子堆は表皮下に生じ、のち裂開する。冬胞子は 1 室、楕円形～卵形、淡褐色～暗褐色、被膜が厚く、発芽後に外生担子器を形成する。絶対寄生菌。種は各器官の形態および宿主により類別できる。

A *Cronartium* 属

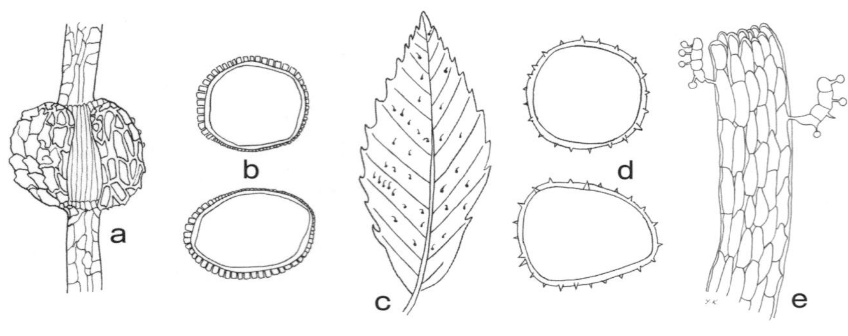

Cronartium orientale：
a. マツ類の病枝（精子・さび胞子世代）
b. さび胞子
c. コナラ病葉上の冬胞子堆
d. 夏胞子
e. 連結した冬胞子，発芽して生じた担子器と担子胞子
〔金子 繁〕

B *Gymnosporangium* 属

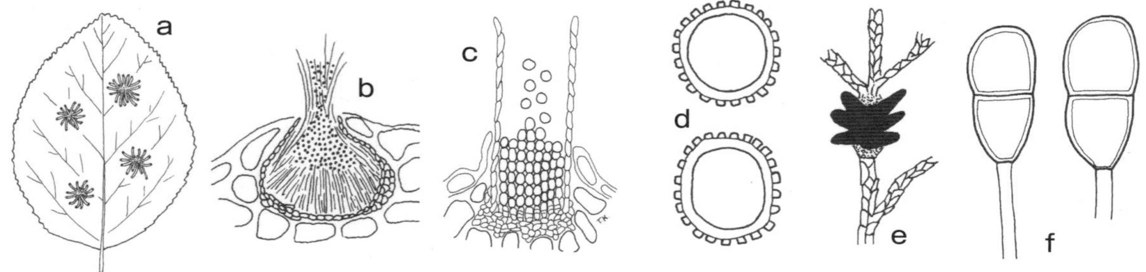

Gymnosporangium asiaticum：a. ナシ罹病葉裏面のさび胞子堆（銹子毛） b. 精子器断面 c. さび胞子堆断面 d. さび胞子 e. ビャクシン病枝(葉)上の冬胞子堆 f. 冬胞子 〔柿嶌 眞〕

C *Melampsora* 属

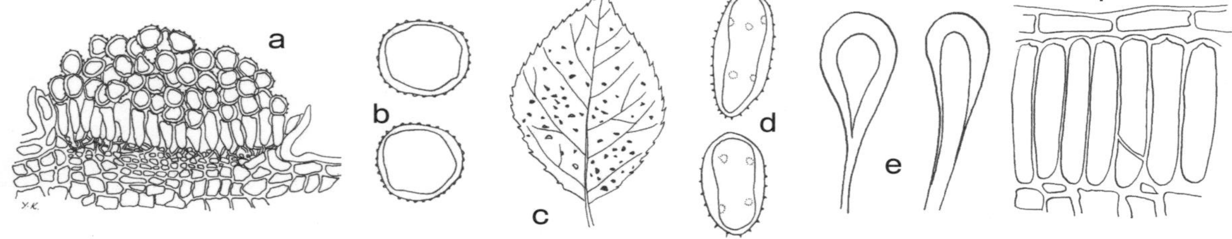

Melampsora lalici-populina：a. カラマツ病針葉上のさび胞子堆断面 b. さび胞子 c. ポプラ病葉上の夏胞子堆 d. 夏胞子 e. 糸状体 f. ポプラ病葉の表皮下に形成された冬胞子堆 〔金子 繁〕

D *Nyssopsora* 属

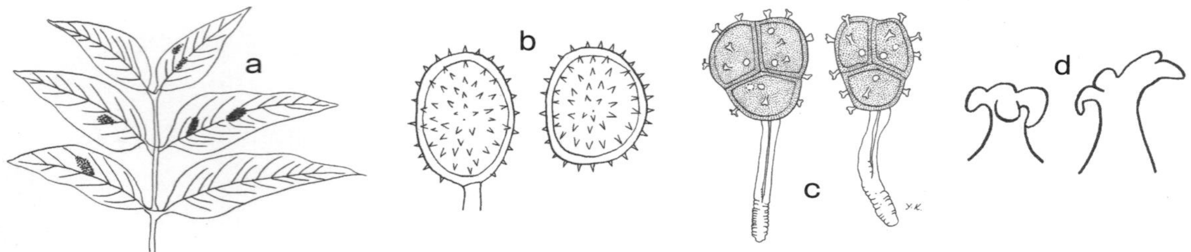

Nyssopsora cedrelae：a. チャンチン病葉上の冬胞子堆 b. 夏胞子 c. 冬胞子 d. 冬胞子表面の突起 〔柿嶌 眞〕

図 1.93 さび病菌類（1）

A *Phakopsora* 属

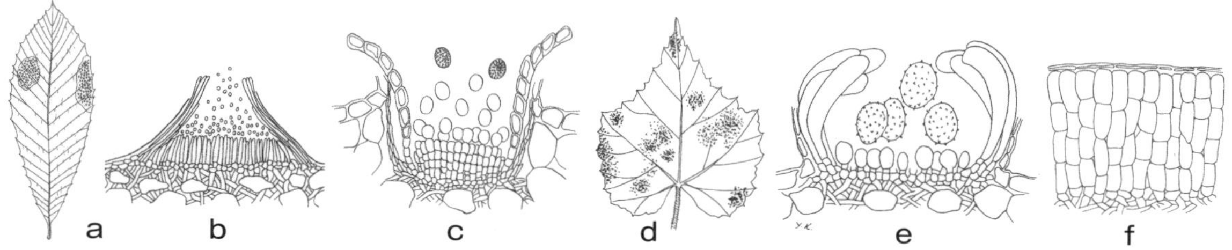

Phakopsora meliosmae-myrianthae (a-c), *P. ampelopsidis* (d-f)：a. アワブキ葉上の精子器・さび胞子堆
b. 角皮下に形成された精子器断面　c. 銹子腔状さび胞子堆断面　d. ノブドウ病葉上の夏胞子堆・冬胞子堆
e. 糸状体に囲まれた夏胞子堆断面　f. 表皮下に発達した冬胞子堆断面　〔小野義隆〕

B *Phragmidium* 属

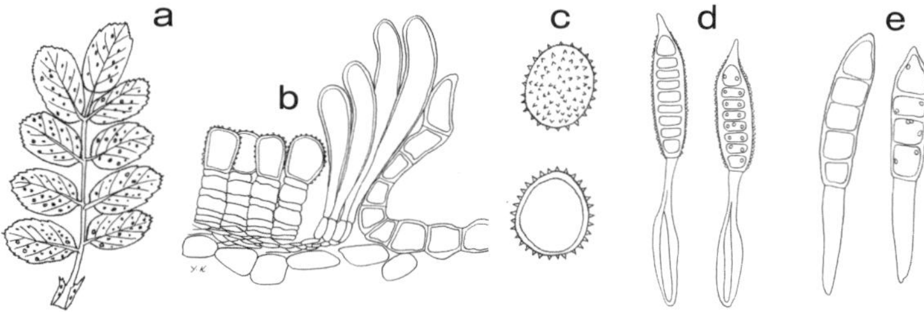

Phragmidium montivagum (acd)
P. rosae-multiflorae (b)
P. griseum (e)：
a. ハマナス病葉上の冬胞子堆
b. さび胞子堆断面
c. 夏胞子
de. 冬胞子　〔山岡裕一〕

C *Puccinia* 属

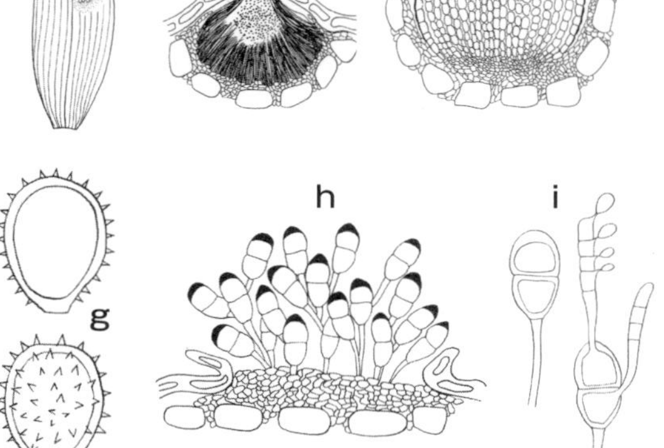

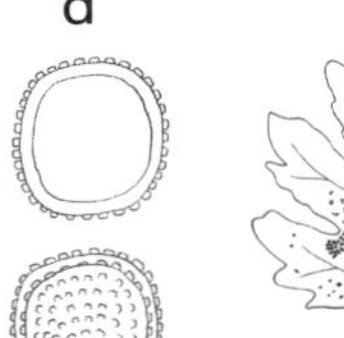

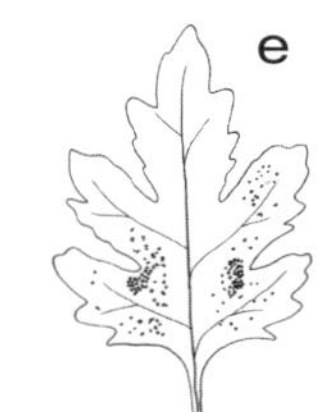

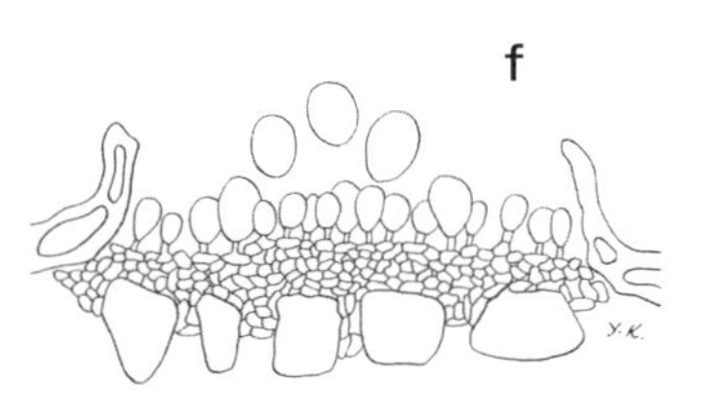

g h i

Puccinia sessilis var. *sessilis* (a - d)
P. tanaceti var. *tanaceti* (e - i)：
a. ナルコユリ病葉上のさび胞子堆　b. 精子器断面
c. さび胞子堆断面　d. さび胞子
e. キク病葉上の夏胞子堆と冬胞子堆
f. 夏胞子堆断面　g. 夏胞子　h. 冬胞子堆断面
i. 冬胞子とその発芽（担子器と担子胞子）　〔柿嶌 眞〕

D *Uromyces* 属

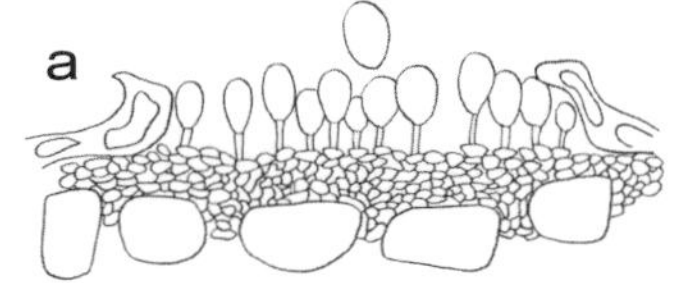

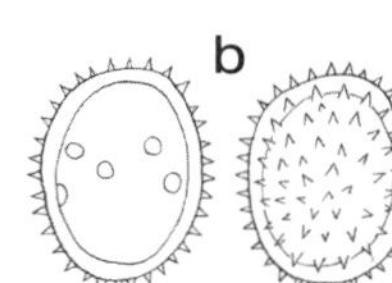

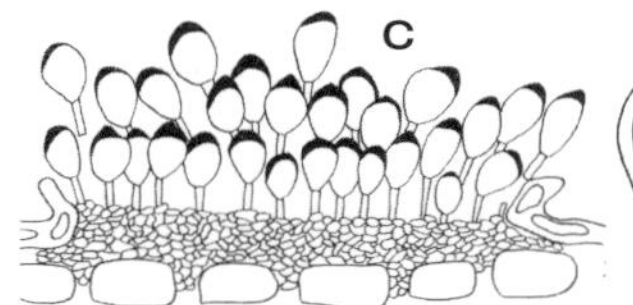

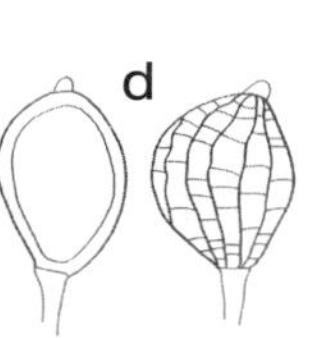

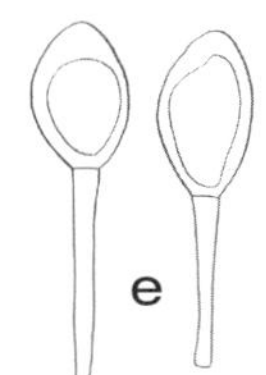

Uromyces viciae-fabae var.*viciae-fabae*：
a. ソラマメ病葉上の夏胞子堆断面　b. 夏胞子　c. 冬胞子堆　de. 冬胞子　〔柿嶌 眞〕

図 1.94　さび病菌類（2）

c. 観察材料：

Aecidium mori Barclay（図 1.95 ①）＝クワ赤渋(あかしぶ)病

Aecidium rhaphiolepidis H. Sydow

（図 1.95 ② - ⑦）＝シャリンバイさび病

〔形態〕銹子腔は、葉裏のやや肥厚した部分に群生、カップ形を呈し、直径 200 - 250μm で、腔の周囲は細裂して、淡黄色〜黄色に見える。銹子腔の周囲の護膜細胞は、淡黄色で角張り、22 - 25 × 16 - 20μm。さび胞子は淡黄色、やや角張った円形〜楕円形で、全面に細かい疣があり、16 - 22 × 14 - 19μm、壁の厚さ 1 - 1.5μm。

＊ Hiratsuka, N. *et al.*（1992）The rust flora of Japan p 1069.

〔症状と伝染〕シャリンバイさび病：新葉では葉表に黄色〜赤黄色の斑点が生じ、裏面には淡黄色の菌体（銹子腔とさび胞子）が大量に形成され、裂開した護膜細胞とさび胞子の集塊により粉状を呈する。茎では縦長の病斑が現れる。罹病茎葉は奇形および葉枯れ・枝枯れ症状を起こす。発病後しばらくすると、罹病部の病斑は破れて孔があき、虫の食痕のように見える。生活環の詳細は不明であるが、生育期にはさび胞子の飛散により感染を繰り返す。

Blastospora smilacis Dietel（図 1.96 ① - ⑩）

＝ウメ変葉(へんよう)病、ヤマカシュウさび病

〔形態〕異種寄生種。精子・さび胞子世代はウメ、夏胞子・冬胞子世代はヤマカシュウなどで経過する。精子器はフラスコ形、周辺糸状体が発達する。さび胞子堆は黄橙色、直径 1 - 6 mm。さび胞子は卵形〜楕円形、被膜は厚く、無色、内容物は橙黄色、全面に短い刺があり、19 - 42 × 15 - 26μm、鎖生する。夏胞子堆と冬胞子堆は気孔に生じ、胞子形成細胞は気孔から伸長した菌糸上に形成する。夏胞子は球形〜広

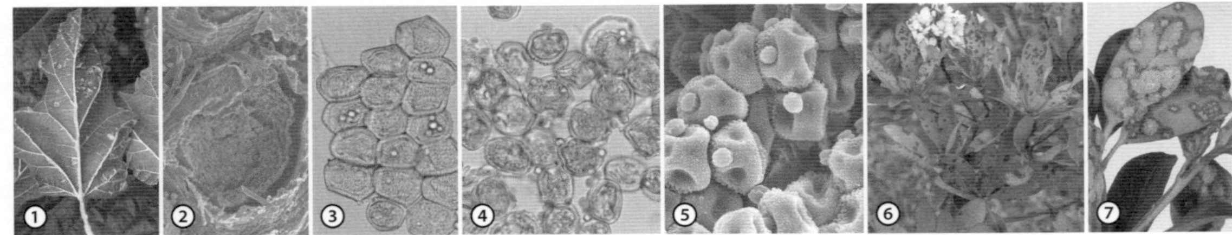

図 1.95　*Aecidium* 属　〔口絵 p 038〕

Aecidium mori：①クワ赤渋病の症状

A. rhaphiolepidis：②銹子腔（SEM 像）　③護膜細胞　④⑤さび胞子（⑤ SEM 像）　⑥⑦シャリンバイさび病の症状

〔②⑤柿嶌 眞〕

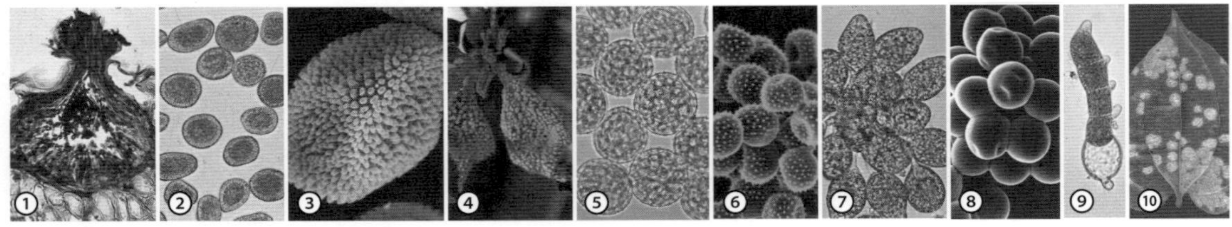

図 1.96　*Blastospora* 属　〔口絵 p 038〕

Blastospora smilacis：①精子器　②③さび胞子（③ SEM 像）　④ウメ変葉病の症状（さび胞子堆）

⑤⑥夏胞子（⑥ SEM 像）　⑦⑧冬胞子（⑧ SEM 像）　⑨冬胞子の発芽と担子器の形成

⑩ヤマカシュウ（中間宿主）さび病の症状（夏胞子堆）

〔① - ⑩柿嶌 眞〕

楕円形、被膜は淡黄色、全面に細かい刺をもち、22 - 28 × 21 - 25μm。冬胞子は倒卵形～広楕円形、1室、柄上に単生し、37 - 55 × 26 - 36μm、発芽して外生担子器を生じ、そこに担子胞子を形成する。

＊ Hiratsuka, N. *et al.* (1992) The rust flora of Japan p 266 - 267.

〔症状と伝染〕ウメ変葉病：葉芽や葉化した花芽が展葉時に肥大、奇形化し、表面には橙黄色の菌体（精子器とさび胞子堆）が密生する。やがて橙黄色、粉状のさび胞子を大量に生じ、周囲に飛散する。ヤマカシュウ（中間宿主）上では葉裏にはじめ黄色のち褐色の菌体が全面に現れる。秋季、ヤマカシュウ上に形成された担子胞子が、雨滴とともにウメに飛散、感染する。ウメ上のさび胞子は6～7月にヤマカシュウに飛散し、夏胞子で蔓延を繰り返す。

Coleosporium asterum (Dietel) Sydow & P. Sydow
＝マツ類 葉(は)さび病、ミヤコワスレ・アスターさび病

Coleosporium pini-asteris Orishimo（図 1.97 ① - ⑩）＝マツ類 葉さび病、アスターさび病

〔形態〕異種寄生種。精子・さび胞子世代は二葉マツ類、夏胞子・冬胞子世代はアスター（エゾギク）の上で経過する。精子器は黄褐色、直径 0.4 - 0.5mm。さび胞子堆は幅 0.5 - 2.5mm、さび胞子は広楕円形、細かい疣を密生し、20 - 34 × 16 - 24μm。夏胞子堆は橙黄色、夏胞子は広楕円形～楕円形で、壁は無色、内容物は黄色、表面には細かい疣を多数有し、20 - 34 × 16 - 24μm。冬胞子堆は橙褐色～橙赤色。冬胞子は黄褐色、円筒形～紡錘形、1室、内容物は橙黄色、49 - 110 × 16 - 25μm、柄は長い。成熟すると横隔壁を生じて、4室となる。担子胞子は淡黄色、単胞、亜球形ないし腎臓形、17 - 22 × 15 - 18μm。

＊ Hiratsuka, N. *et al.* (1992) The rust flora of Japan p 234 - 235.

〔症状と伝染〕マツ類 葉さび病、アスターさび病：4 - 5月、マツ類の針葉に赤褐色～黄橙色の小斑点を生じ、黄色～黄白色で膜状の菌体（銹子腔）が並列して形成される。のち膜が破れ、さび胞子が溢出して黄白色、粉状となる。発生が多いと、枝や株全体の葉が黄色～黄白色に見える。病葉は褪色枯死し、落葉を起こす。アスター（エゾギク）の葉裏には水膨れ状の小褪色斑を生じ、その上に橙色の夏胞子堆が形成される。秋季には赤褐色の冬胞子堆に置き換わる。両病害は同一菌の宿主変換によって発生するもので、秋季にアスター上の冬胞子から生じた担子胞子が、雨滴とともに二葉マツ類の当年葉に飛散、感染し、春季にマツ類の葉上のさび胞子が、風によりアスターに伝播する。

Cronartium orientale S. Kaneko〔シノニム *C. quercuum* (Berkeley) Miyabe ex Shirai〕（図 1.98 ① - ⑩）
＝マツ類 こぶ病、クヌギ・クリ・コナラ・シ

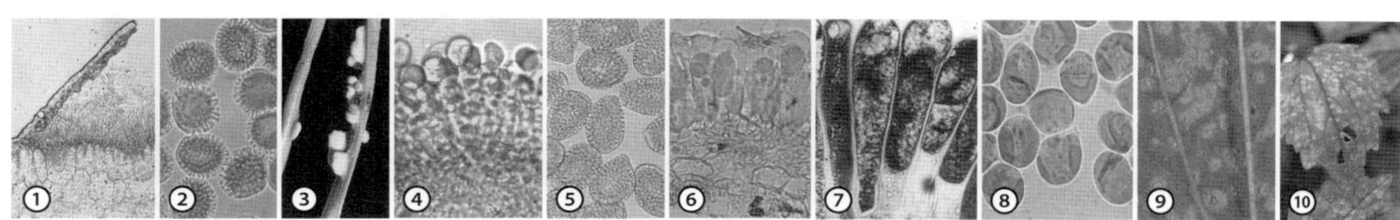

図 1.97　*Coleosporium* 属　〔口絵 p 039〕
Coleosporium pini-asteris：①精子器　②さび胞子　③マツ類 葉さび病の症状（さび胞子堆）　④夏胞子堆　⑤夏胞子　⑥⑦冬胞子堆　⑧担子胞子　⑨⑩アスターさび病の症状（⑨葉裏；夏胞子堆）　〔① - ③⑤⑦⑧金子 繁　④⑥柿嶌 眞〕

ラカシなどナラ・カシ類 毛(け)さび病

〔形態〕異種寄生種で、精子・さび胞子世代は二葉マツ類、夏胞子・冬胞子世代はナラ・カシ類で経過する。さび胞子堆は球形～不整形、長さ 3 - 10mm。さび胞子は倒卵形～楕円形、被膜は無色、内容物は黄色、壁に細かい疣があり 23 - 33×16 - 23μm。夏胞子は被膜が無色、内容物は淡黄色、卵形～楕円形、細かい刺が密生し、17 - 32×14 - 21μm。冬胞子は長楕円形～紡錘形、淡黄色～黄褐色、29 - 43×14 - 21μm、連鎖して毛状の冬胞子堆を構成する。

＊ Hiratsuka, N. *et al.* (1992) The rust flora of Japan p 253 - 254.

〔症状と伝染〕マツ類 こぶ病、ナラ類 毛さび病：マツ類では幹や枝にこぶができる。はじめ幼苗や若枝に豆粒大の膨らみを生じ、年々肥大して、ついには直径 20 - 30cm になる。冬季にこぶから黄褐色の粘質物（精子）が溢れ出る。春季にはこぶが裂け、黄色粉状のさび胞子が現れる。細い病枝はこぶの組織がもろくなり折れやすい。ナラ・カシ類には春～夏季、葉に褪色した小斑点が多数でき、その裏面に黄色粉状の夏胞子堆が生じる。秋季には褐色～黒褐色で、長さ 2 - 3 mm、毛状の冬胞子堆を形成する。両病は同一菌の宿主変換によって起こり、マツ類からさび胞子がナラ類に伝播し、感染する。ナラ類上では夏胞子によって感染・発病が繰り返され、冬胞子が発芽して生じた担子胞子が、雨滴とともにマツ類に伝播する。

Gymnosporangium asiaticum Miyabe ex G. Yamada（図 1.99 ① - ⑩）＝カリン・ナシ・ボケ・マルメロ赤星(あかほし)病、ビャクシン類 さび病

〔形態〕異種寄生種。精子・さび胞子世代をナシなど、冬胞子世代をビャクシン類で経過し、夏胞子世代は欠く。精子器はフラスコ形、直径 120 - 170μm。精子は無色、単胞、紡錘形、5 - 12×2.5 - 3.5μm。銹子腔（銹子毛）は淡灰褐色、円筒状、長さ 10mm に及ぶ。銹子腔内のさび胞子は黄色～淡褐色、単胞、球形で全面に疣状の小突起をもち、直径 18 - 27μm。冬胞子堆は暗褐色、円錐形、高さ 1 - 3 mm。冬胞子は紡錘形、2 室、褐色、30 - 57×20 - 28μm、柄は長い。担子胞子は淡黄色、単胞、腎臓形で 10 - 15× 8 - 9μm。

＊ Hiratsuka, N. *et al.* (1992) The rust flora of Japan p 461 - 463.

〔症状と伝染〕ナシ・ボケ赤星病、ビャクシン

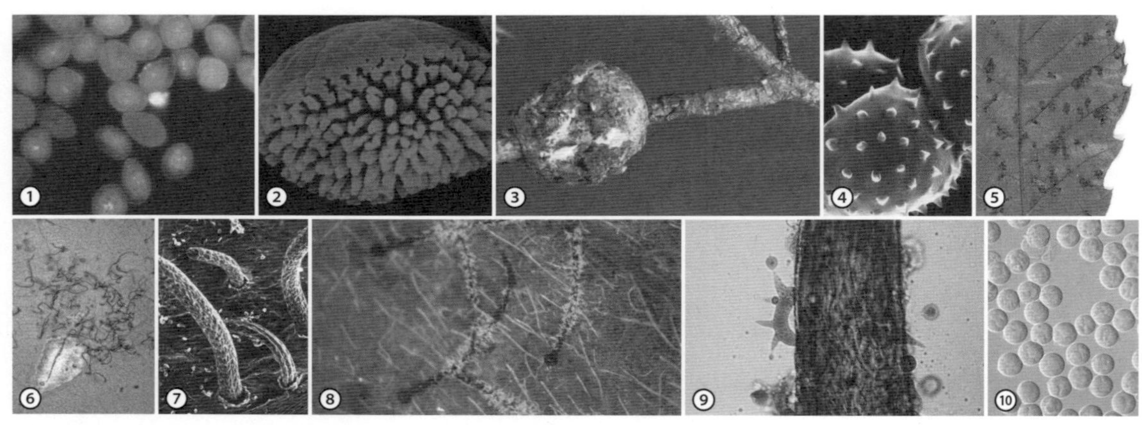

図 1.98 *Cronartium* 属 〔口絵 p 039〕

Cronartium orientale：①②さび胞子（② SEM 像）③マツ類 こぶ病の症状 ④夏胞子（SEM 像）⑤クヌギ毛さび病の症状（夏胞子堆） ⑥ナラ類 毛さび病の症状（毛状の冬胞子堆） ⑦冬胞子堆（SEM 像） ⑧⑨冬胞子堆から担子器と担子胞子を形成 ⑩担子胞子

〔①④⑥⑧ - ⑩金子 繁 ②③⑦柿嶌 眞 ⑤周藤靖雄〕

類 さび病：４～５月頃、ナシの葉表に黄橙色、周辺紅色、直径 5 - 10mm の斑点を生じ、中央部に赤黄色のち暗褐色の精子器を群生し、その裏面に銹子腔を束生する。幼果実や新梢にも銹子腔が形成される。発病が多いと早期落葉・落果する。ビャクシン類（中間宿主）の葉や新梢には冬胞子堆が形成され、枝の罹病部は肥大して、ときに枝折れを起こす。早春にビャクシン類上で冬胞子堆が成熟し、その後の数回の降雨により、担子胞子（小生子）がナシなどに伝播する。晩春～初夏にかけて、ナシなどの病斑部に生じたさび胞子は、風などでビャクシン類に飛散、潜在感染し、翌春に冬胞子堆を生じる。各胞子とも形成された宿主には感染しない。

Gymnosporangium yamadae Miyabe ex G. Yamada（図 1.99 ⑪ - ⑰）＝リンゴ・カイドウ・ヒメリンゴ赤星病、ビャクシン類 さび病

Melampsora hypericorum (de Candolle) J. Schröter（図 1.100 ① - ⑧）＝セイヨウキンシバイ（ヒペリカム）・ビョウヤナギさび病

〔形態〕夏胞子は葉裏に生じ、楕円形～亜球形で内容物は淡黄色～淡橙色、壁は無色、細かい刺が全面に分布し、13.5 - 24.5 × 10.5 - 19.5μm、鎖生する。冬胞子堆は罹病葉裏面の表皮下に一層に並ぶ。冬胞子は円筒形、17.5 - 32.5 × 9.5 - 13.5μm、壁は褐色、先端の厚さは 2.5μm、側壁の厚さは 1 μm。精子・さび胞子世代は未詳。夏胞子の発芽適温 10 - 18℃、23℃では発芽率がきわめて低く、27℃では発芽しない。接種による潜伏期間は 5 - 7 日間。

＊堀江博道ら（2004）関東病虫研報 51：87 - 92.；Hiratsuka, N. *et al.*（1992）The rust flora of Japan p 285.

〔症状と伝染〕セイヨウキンシバイ（ヒペリカム）さび病：葉表にはじめ黄色、淡緑色～淡褐色で、不整形～角形の小斑がモザイク様に多数発生し、病斑裏面には黄色～黄橙色、粉状の夏胞子堆が全面に形成される。晩秋には葉裏に黒色で、かさぶた様の冬胞子堆を生じることがある。病葉は褐変枯死し、落葉する。激しいと茎枯れを起こす。生育期には夏胞子が風や雨滴により伝播し、感染を繰り返す。

Melampsora idesiae Miyabe ex Hiratsuka ＝イイギリさび病

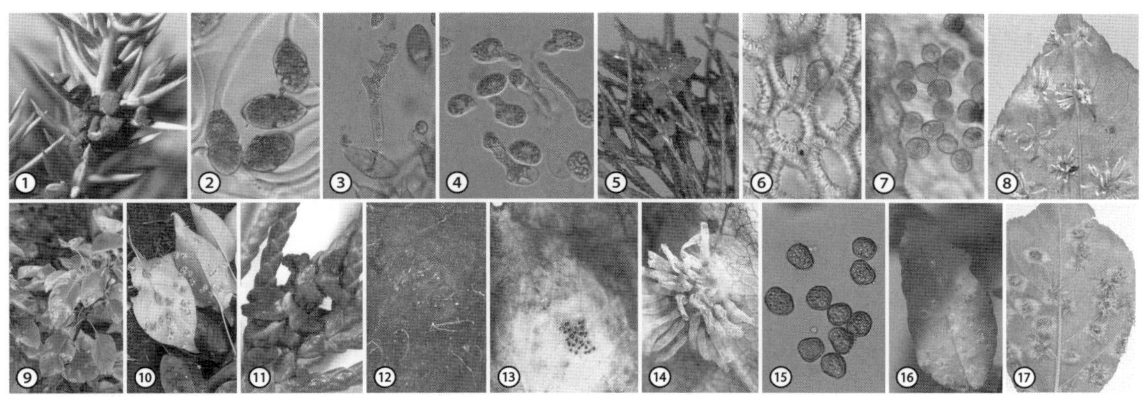

図 1.99　*Gymnosporangium* 属　〔口絵 p 040〕

Gymnosporangium asiaticum：①ビャクシンさび病の症状（冬胞子堆）②冬胞子 ③冬胞子の発芽と担子器の形成 ④担子胞子の発芽 ⑤冬胞子堆の膨潤（ビャクシン）⑥護膜細胞 ⑦さび胞子 ⑧ボケ赤星病の症状（葉裏の銹子腔）⑨⑩ナシ赤星病の症状（⑩葉裏の銹子腔）

G. yamadae：⑪ビャクシンさび病の症状（冬胞子堆）⑫ - ⑭リンゴ赤星病の症状（⑫⑬精子器 ⑭銹子腔）⑮さび胞子 ⑯ハナカイドウ赤星病の症状（葉表の精子器）⑰ヒメリンゴ赤星病の症状（葉裏の銹子腔）

M. lalici-populina Klebhan
　＝カラマツ・ポプラ葉さび病

Nyssopsora cedrelae (Hori) Tranzschel（図 1.101 ①-⑨）＝チャンチンさび病

〔形態〕精子世代は未記録。さび胞子・夏胞子世代は形態的に同一で、表皮下に生じる。さび胞子と夏胞子は柄上に形成され、倒卵形〜楕円形で、14 - 24×13 - 21μm、壁は黄褐色、全面に細かい刺をもつ。冬胞子堆は表皮下に生じ、黒褐色、直径 0.1 - 2 mm。冬胞子は柄上に形成され、上 2 室、下 1 室、壁は黒褐色、29 - 44×27 - 44μm、表面に先端が分枝した突起を 13 - 27 個生じる。

＊ Hiratsuka, N. *et al.*（1992）The rust flora of Japan p 447 - 448.

〔症状と伝染〕チャンチンさび病：春季、新葉の展開時期から葉の裏面や葉柄、緑枝に黄橙色〜黄褐色の盛り上がった、粉状の菌体（夏胞子堆）が単生あるいは連生する。秋季には暗褐色〜黒褐色、粉状の冬胞子堆が夏胞子堆に置き換わる。展葉期や茎の伸育期に発病するため、葉や若枝が萎縮や奇形を起こし、早期落葉する。生活環の詳細は不明である。生育期には夏胞子が風や雨滴などで飛散し、感染を繰り返す。

Phakopsora ampelopsidis Dietel & P. Sydow
　＝ノブドウさび病

Phakopsora artemisiae Hiratsuka（図 1.102 ①-④）
　＝キク褐（かつ）さび病

〔症状と伝染〕キク褐さび病：葉にはじめ淡緑色〜黄緑色の小斑点を生じ、しだいに淡褐色〜汚褐色となる。その後、表皮が破れ、淡黄褐色〜橙黄色の夏胞子堆が現れる。秋季には葉裏に淡褐色〜暗褐色の小斑点を多数生じ、表皮下に

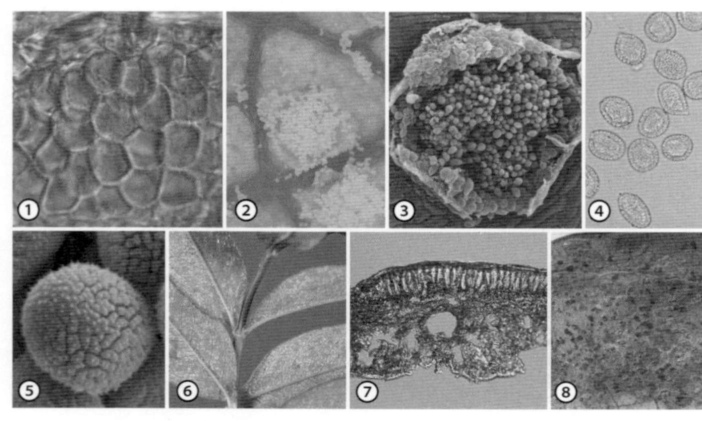

図 1.100　*Melampsora* 属〔口絵 p 041〕
Melampsora hypericorum：①護膜細胞
②③夏胞子堆（③ SEM 像）
④⑤夏胞子（⑤ SEM 像）
⑥セイヨウキンシバイさび病の症状
（葉裏の夏胞子堆）
⑦冬胞子堆の断面と冬胞子
⑧ビョウヤナギ葉裏の冬胞子堆
〔①佐藤豊三　②竹内 純　③⑤柿嶌 眞〕

図 1.101　*Nyssopsora* 属〔口絵 p 041〕
Nyssopsora cedrelae：①-③夏胞子（②表面の刺　③ SEM 像）④-⑥冬胞子（⑥ SEM 像）
⑦-⑨チャンチンさび病の症状（⑦夏胞子堆　⑧⑨冬胞子堆）
〔③⑥柿嶌 眞〕

冬胞子堆を形成する。多発すると葉枯れを起こす。罹病葉上の夏胞子でも越冬が可能である。また、野生の宿主も伝染源となっている。生育期には夏胞子が飛散して伝染を繰り返す。

Phakopsora meliosmae-myrionthae（Hem. & Shirai）Y. Ono〔シノニム *P. euvitis* Y. Ono〕（図 1.102⑤-⑦）＝ブドウさび病

〔形態〕異種寄生種。精子・さび胞子世代はアワブキ、夏胞子・冬胞子世代はブドウなどで経過。精子器は角皮下に形成され、円錐状、直径 100-130μm。さび胞子堆は護膜に囲まれ、短円筒状。さび胞子は鎖生し、角張った球形〜楕円形、単胞、壁は無色、表面に細かい疣をもち、15 - 20×12 - 16μm。夏胞子は卵形〜楕円形、単胞、無色〜淡黄色で、細かい刺をもち、15 - 29×10 - 18μm。冬胞子は卵形〜楕円形、単胞、淡褐色〜褐色、13 - 32×7 - 13μm、3 - 5 層。

＊ Ono, Y.（2000）Mycologia 92：154 - 173.
Ono, Y. *et al*.（2012）J. Gen. Plant Pathol. 78：338 - 347.

Phakopsora nishidana S. Ito ＝イチジクさび病

P. pachyrhizi Sydow & P. Sydow ＝ダイズさび病

Phragmidium griseum Dietel ＝キイチゴ類 さび病

Phragmidium montivagum Arthur（図 1.103①-⑦）＝ハマナスさび病

〔形態〕同種寄生種。さび胞子堆は円盤状で、黄色〜淡黄褐色、直径 80 - 112μm、高さ 30 - 35μm。さび胞子は類球形〜広楕円形、単胞、被膜は無色で、細かい疣をもち、内容物は橙黄色、18 - 27×16 - 24μm。夏胞子堆はやや盛り上がり、黄橙色〜橙色で、粉状。夏胞子は類球形、20 - 25×16 - 21μm、糸状体は棍棒形、無色、35 - 60×8 - 15μm。冬胞子は棍棒形、暗褐色で、4 - 10（主に 6 - 8）隔壁、頂端は尖り、小丘状の突起があり、51 - 111×24 - 33μm。

＊ Hiratsuka, N. *et al.*（1992）The rust flora of Japan p 418 - 419.

〔症状と伝染〕ハマナスさび病：夏季、葉裏や葉柄、緑枝に黄橙色、粉状の菌体（夏胞子堆）を多数生じ、葉表は黄色〜黄橙色の小斑点となる。秋季にすす状で、黒色〜黒褐色の菌体（冬胞子堆）が形成される。夏胞子が風や雨滴とともに飛散して、伝染を繰り返す。

Phragmidium rosae-multiflorae Dietel ＝ノイバラ・バラ類 さび病

Physopella ampelopsidis (Dietel & P. Sydow) Cummins & Ramachar〔シノニム *Phakopsora vitis* P. Sydow〕＝ツタさび病

Pileolaria klugkistiana (Dietel) Dietel（図 1.104①-⑥）＝ヌルデさび病

〔形態〕同種寄生種。精子器は角皮下に形成される。さび胞子堆は夏胞子堆と類似する。夏胞

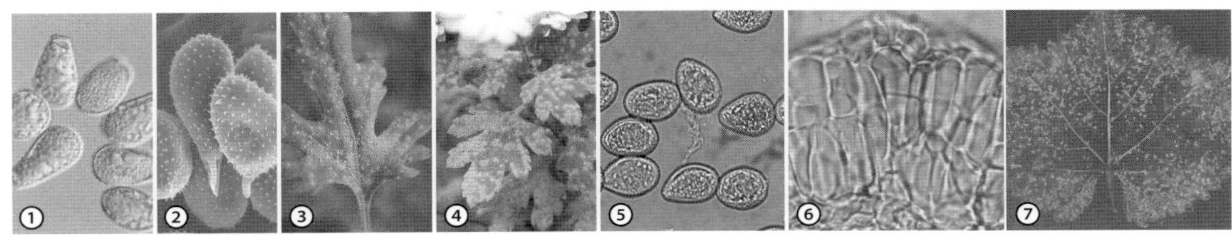

図 1.102 *Phakopsora* 属 〔口絵 p 042〕
Phakopsora artemisiae：①②夏胞子（② SEM 像） ③④キク褐さび病の症状
P. euvitis：⑤夏胞子 ⑥冬胞子堆 ⑦ブドウさび病の症状（夏胞子堆） 〔②⑤-⑦柿嶌 眞〕

子堆は葉の両面に生じ、黄橙色～橙色。夏胞子は楕円形、栗褐色～褐色で、先端が尖り、表面に縦螺旋状のひだがあり、32 - 57 × 20 - 32μm。冬胞子堆は黒褐色～黒色、冬胞子は楕円形～レンズ形、黒褐色、全面に疣を密生し、28 - 36 × 21 - 32μm、柄は長さ 100μm に及ぶ。冬胞子は発芽して担子器を形成し、担子胞子を生じる。

＊ Hiratsuka, N. *et al.*（1992）The rust flora of Japan p 377.

〔症状と伝染〕ヌルデさび病：夏季、葉の両面に黄橙色～赤褐色で、表面が粉状の菌体（さび胞子堆または夏胞子堆）が形成され、秋季になると黒色粉状の冬胞子堆に置き換わる。罹病葉は落葉期がやや早まる。生育期には夏胞子が風や雨滴とともに飛散し、感染を繰り返すものと推定される。

Pileolaria brevipes Berkeley & Ravenel
＝ツタウルシさび病

P. shiraiana (Dietel & P. Sydow) S. Ito
＝ウルシ・ハゼノキさび病

Puccinia allii (de Candolle) F. Rudolphi（図 1.105 ① - ⑥）＝ネギ・タマネギ・ラッキョウさび病

〔形態〕精子・さび胞子世代は未記録。夏胞子堆は紡錘形～長円形、黄色～黄橙色。夏胞子は球形～楕円形、単胞、壁は無色、内容物は黄橙色で、全面に細刺をもち、22 - 35 × 21 - 28μm。冬胞子堆は暗褐色～黒色、側糸を形成するかまたは生じない。冬胞子は柄上に単生し、楕円形～倒卵形、2 室、隔壁部でくびれ、褐色、平滑、28 - 69 × 14 - 26μm、先端の壁は厚い。しばしば 1 室の冬胞子（亜球形～倒卵形、22 - 36 × 14 - 26μm）が形成される。寄生性に分化があり、①ネギ・タマネギ・ニンニク、②ニラ、③ラッキョウにそれぞれ寄生性が強い 3 型に分けられる。夏胞子の発芽は 9 - 18℃で良好。

＊ Hiratsuka, N. *et al.*（1992）The rust flora of Japan p 704 - 705.

〔症状と伝染〕ネギさび病：葉に紡錘形～長楕円形の小さな脱色斑を生じ、まもなく橙色、数 mm 長の条斑となる。のち表皮が破れ、黄橙色

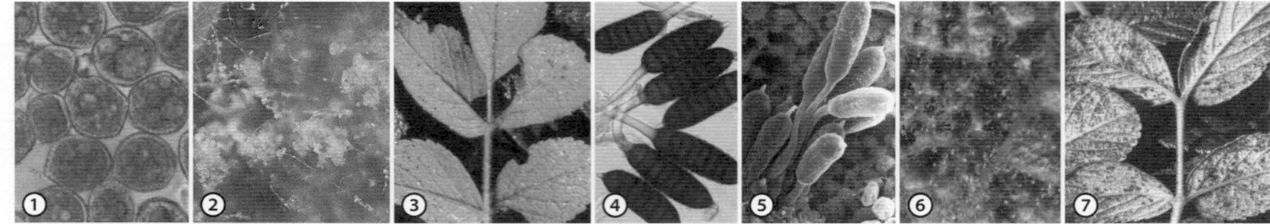

図 1.103　*Phragmidium* 属　〔口絵 p 042〕
Phragmidium montivagum：①夏胞子　②③ハマナスさび病の症状（夏胞子世代；②夏胞子堆）　④⑤冬胞子（⑤ SEM 像）　⑥⑦ハマナスさび病の症状（冬胞子世代；⑥冬胞子堆）　〔①④⑤柿嶌 眞〕

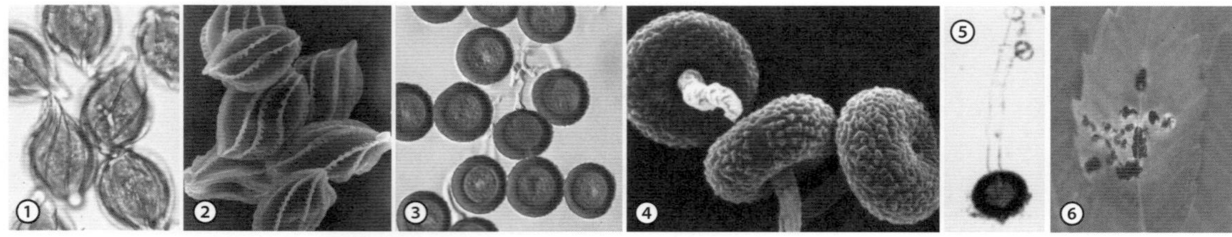

図 1.104　*Pileolaria* 属　〔口絵 p 043〕
Pileolaria klugkistiana：①夏胞子　② 同（SEM 像）　③冬胞子　④同（SEM 像）　⑤冬胞子の発芽（担子器と担子胞子の形成）　⑥ヌルデさび病の症状（冬胞子堆）　〔① - ⑥柿嶌 眞〕

粉状の夏胞子堆が露出する。晩秋には黒色の冬胞子堆が現れる。発病が多いと葉が黄変し、葉枯れを起こす。夏胞子と冬胞子で越冬する。冬胞子の役割は不詳。最初の伝染は夏胞子と推定される。生育期には夏胞子が風や雨滴とともに飛散し、蔓延する。

Puccinia graminis Persoon subsp. *graminis*
　＝ムギ類黒さび病

Puccinia horiana Hennings（図 1.105 ⑦ - ⑩）
　＝キク白さび病

〔症状と伝染〕キク白さび病：葉、萼、若茎、花弁などに発生する。葉の表面に円形、淡黄緑色～黄色の小斑点を生じ、その裏面には淡黄色～淡褐色～白色、数 mm 大の緊密な冬胞子堆が現れる。好適環境下では、葉面全体に菌体を生じて次々に伝染し、新しい罹病葉は捩れや巻き上がりを起こす。病原菌は冬胞子、または罹病株体内に菌糸の形で越冬して第一次伝染源となり、担子胞子が飛散して感染する。

Puccinia kusanoi Dietel ＝ササ類・ウツギさび病
P. longicornis Patouillard & Hariot
　＝ササ類・ウツギさび病

Puccinia recondita Roberge ex Desmaziéres
　＝ムギ類赤さび病

〔症状と伝染〕コムギ赤さび病：葉にはじめ表皮に被われ、赤褐色を呈して膨らんだ小型病斑を生じ、のちに表皮が破れて粉状の赤褐色病斑（夏胞子堆）となる。収穫期近くになると、周辺部に暗黒色のわずかに盛り上がった病斑（冬胞子堆）ができる。病原菌は異種寄生性で、カラマツソウ属植物と宿主変換することが知られているが、実際には、こぼれ麦を経由して夏胞子だけで生活環を全うしていることが多い。

Puccinia sessilis W.G. Schneider ex J. Schröter var. *sessilis* ＝アマドコロ・ナルコユリさび病

Puccinia tanaceti de Candolle var. *tanaceti*
　（図 1.105 ⑪ - ⑮）＝キク黒さび病

〔形態〕夏胞子堆は主に葉裏に形成され、表皮が破れると明褐色粉状を呈し、直径 1 - 2 mm。夏胞子は明褐色、円形～楕円形、内容物は黄褐色～橙黄色、壁は無色で全面に細かい刺をもち、25 - 35 × 20 - 28μm。冬胞子堆は主に葉裏

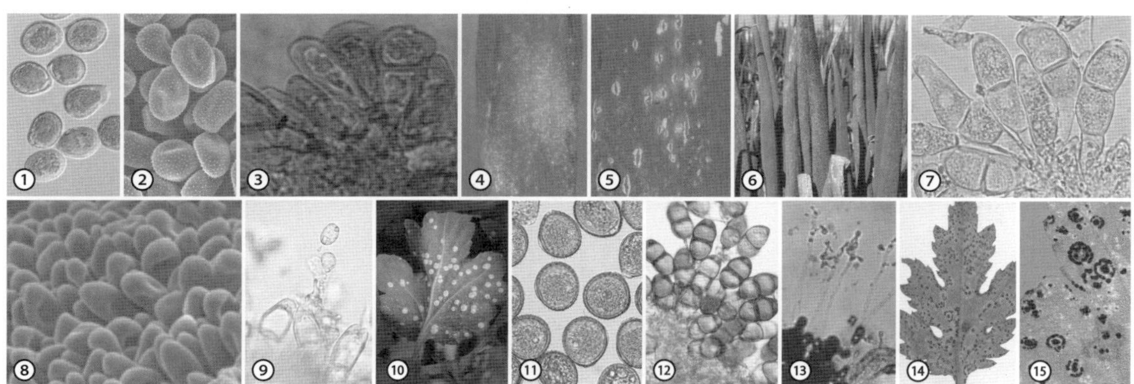

図 1.105　*Puccinia* 属　〔口絵 p 043〕
Puccinia allii：①②夏胞子（② SEM 像）　③冬胞子　④ - ⑥ネギさび病の症状
P. horiana：⑦⑧冬胞子（⑧ SEM 像）　⑨担子胞子の形成　⑩キク白さび病の症状
P. tanaceti var. *tanaceti*：⑪夏胞子　⑫冬胞子　⑬冬胞子の発芽と担子器上の担子胞子
⑭⑮キク黒さび病の症状（葉裏；⑭夏胞子堆　⑮冬胞子堆）
〔②③⑦⑧柿嶌 眞〕

に生じ、黒褐色、表面はビロード状、直径1 - 2mm、茎では縦長に形成される。冬胞子は壁が褐色～暗褐色で、2室、倒卵形～棍棒形、36 - 60×19 - 30μm、先端は円状、厚さ3 - 10μm。精子・さび胞子世代は未確認である。

＊ Hiratsuka, N. *et al.*（1992）The rust flora of Japan p 895 - 896.

〔症状と伝染〕キク黒さび病：夏胞子堆は主に葉裏に発生し、茶褐色で、輪状に連鎖することが多い。ふつうは下葉から発病し、しだいに上葉へ進展する。発病が多いと葉縁が巻き、奇形となり、下葉から枯れ上がる。多発時には緑色の茎、萼にも発病する。冬胞子堆は、晩秋には夏胞子堆と混在するようになり、時日を経てほとんどが黒褐色の冬胞子堆に置き換わる。この冬胞子の形態で越冬したのち、春季に担子胞子を形成し、雨滴などとともに飛散して新葉に感染する。生育期には夏胞子が風や雨滴などとともに飛散し、感染を繰り返す。

Ravenelia japonica Dietel & P. Sydow
＝ネムノキさび病

〔症状と伝染〕ネムノキさび病：葉にはじめ褪色した小斑が生じ、のち褐色粉状の夏胞子堆が現れる。秋季には黒色粉状の冬胞子堆が混生するようになり、やがて冬胞子堆に置き換わる。病斑周辺は黄変し、病斑が多いと葉枯れを起こし、早期落葉する。生活環の詳細は不明であるが、生育期には夏胞子が風や雨滴とともに飛散して、伝染する。

Stereostratum corticioides (Berkeley & Broome) H. Magnusson（図1.106①-⑤）
＝マダケ・メダケなどタケ・ササ類 赤衣(あかごろも)病

〔形態〕夏胞子堆は黄褐色～橙褐色で、表面は粉状、糸状体はない。夏胞子は柄上に生じ、倒卵形～楕円形、16 - 29×13 - 24μm、被膜は黄色～淡褐色で、全面に細かい刺をもつ。冬胞子堆は秋季に、竹稈の表皮下に形成され、その後裂開して表面に現れ、黄褐色～淡黄褐色、緻密で丘状に連なる。冬胞子は長い柄上に単生し、2室、隔壁部のくびれは小さく、23 - 40×19 - 28μm、壁は黄色～淡褐色、厚さ2 - 2.5μm。

＊ Hiratsuka, N. *et al.*（1992）The rust flora of Japan p 902 - 903.

〔症状と伝染〕タケ・ササ類 赤衣病：秋～冬季にかけ、竹稈の地際部や比較的下部に縦の亀裂が入り、黄褐色～淡黄褐色の菌体（冬胞子堆）が現れる。冬胞子推は盛り上がって肉質状を呈する。春季になると、冬胞子堆はゼリー状になり、稈から脱落する。そのあとには黄褐色～橙褐色で、表面が粉状の夏胞子堆が生じる。菌体が稈を一周すると、稈は枯死し、また、病斑部で折れやすくなる。生育期には夏胞子が風や雨滴で飛散して感染する。

Uromyces amurensis Komarov
＝イヌエンジュさび病

U. dianthi (Persoon) Niessl ＝カーネーションさび病

U. laburni (de Candolle) G.H. Otth
＝ムレスズメさび病

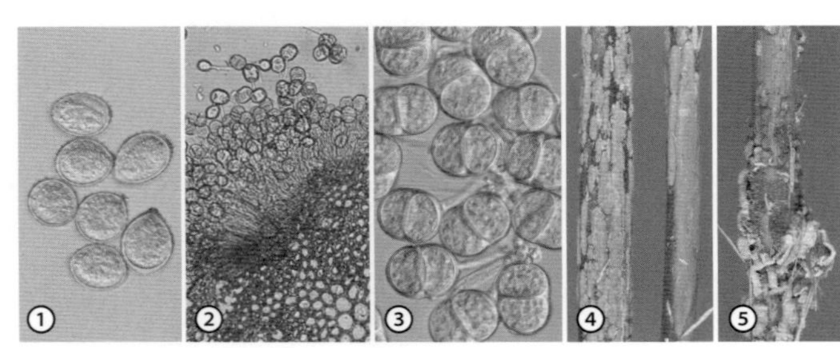

図1.106 *Stereostratum* 属 〔口絵 p 044〕
Stereostratum corticioides：①夏胞子
②冬胞子堆 ③冬胞子
④ササ類 赤衣病の症状（冬胞子堆）
⑤同（冬胞子堆と夏胞子堆） 〔②④柿嶌 眞〕

U. lespedezae-procumbentis (Schweinitz) Curtis var. *lespedezae-procumbentis* ＝ハギ類さび病

U. truncicola Hennings & S. Ito（図 1.107 ① - ③）＝エンジュさび病

Uromyces viciae-fabae (Persoon) J. Schröter var. *viciae-fabae*（図 1.107 ④ - ⑨）＝エンドウ・ソラマメさび病

〔形態〕同種寄生種。精子器は微細で黄色。さび胞子堆は短カップ形、さび胞子は角張った球形～楕円形、黄色、細かい疣をもち、21 - 27 × 17 - 24µm。夏胞子堆は褐色。夏胞子は球形～卵形、淡褐色～赤褐色、表面に細かい刺を密生し、18 - 33 × 16 - 27µm。冬胞子は卵形～楕円形で暗褐色、22 - 42 × 15 - 30µm、頂部の壁は厚さ 4.5 - 12µm、柄の長さ 100µm。夏胞子の感染適温は 15 - 24℃。

＊ Hiratsuka, N. *et al.*（1992）The rust flora of Japan p 988.

〔症状と伝染〕ソラマメさび病：主に葉および茎、まれに莢に発生する。春季に褪緑小斑が生じ、粒状にやや盛り上がった褐点（夏胞子堆）が現れる。のち表皮が破れ、粉状の夏胞子が露出して葉面がさび色になる。初夏には褪色斑上に、黒色のやや盛り上がった小点（冬胞子堆）が生じ、のち表皮が裂開して表面がビロード状となる。発病が多いと葉全体が黄変し、下葉から枯れ上がる。冬胞子と夏胞子で越冬する。最初の伝染源は、冬胞子が発芽して生じた担子胞子、あるいは越冬した夏胞子であろうと推定される。生育期には夏胞子が風や雨滴とともに飛散して伝染が繰り返される。

5　材質腐朽菌（木材腐朽菌）

a. 所属：ハラタケ綱、ハラタケ目・多孔菌目など

b. 特徴（図 1.108 - 110）：

属種の分類上の基準には以下の諸項目が挙げられる。材質の腐朽型＝材質が白色腐朽を起こすか、または褐色腐朽を起こすか；子実体の外観的特徴＝傘と柄のある「きのこ形」かそれ以外の形、例えば、サルノコシカケ形、ウロコタケ形、コウヤク状など；子実体の年生＝一年生か多年生か；子実層托（胞子形成部位）の形態＝ひだ状、管孔状、薄歯状、針状、いぼ状、平滑など；子実体の菌糸型＝子実体を構成する菌糸組織は１、２、３菌糸型のいずれか；菌糸の隔壁部の形態＝隔壁部にかすがい連結を有するか否か；子実層の異形細胞＝シスチジアや剛毛体などがあるか、あればどのような形か；担子胞子の形態＝無色か有色か、球形、卵形、円筒形、ソーセージ形など；担子胞子の表面構造＝平滑、針状、いぼ状など；アミロイド反応＝メルツァー試薬によって菌糸や胞子が青白色や黒色に変色（アミロイド）、褐色に変色（デキストリノイド）、あるいは変色しない（非アミロイド）などが識別のポイントとなる。

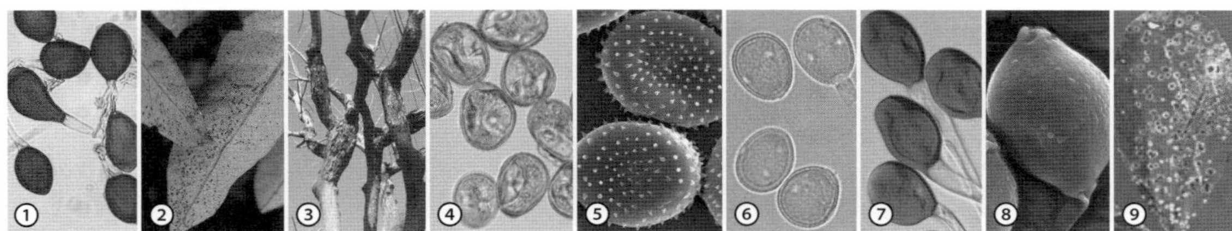

図 1.107　*Uromyces* 属　〔口絵 p 044〕

Uromyces truncicola：①冬胞子　②③エンジュさび病の症状（②葉裏；冬胞子堆　③枝幹の膨らみと亀裂）

U. viciae-fabae var.*viciae-fabae*：④ - ⑥夏胞子（⑤ SEM 像　⑥発芽孔）　⑦⑧冬胞子（⑧ SEM 像）

⑨ソラマメさび病の症状（夏胞子堆）　〔⑤ - ⑧柿嶌 眞〕

【*Ganoderma* 属】（図 1.109）

多孔菌目。子実体は一年生あるいは多年生、有柄あるいは無柄。多くの種の子実体は硬く、木質であるが、育成過程では柔軟な種も存在する。子実層托は管孔状。子実体の組織は原菌糸、骨格菌糸、結合菌糸の３菌糸型。原菌糸にはかすがい連結がある。子実層に異形細胞はない。担子胞子は黄褐色、卵形～楕円形、一端が截形、外壁と内壁の二層からなり、間に細刺が存在する。木材の白色腐朽を起こす。本属には、広葉樹の幹心材腐朽を起因するコフキタケ、広葉樹の根株（ねかぶ）心材腐朽を起因するマンネンタケ、針葉樹の根株心材腐朽を起因するマゴジャクシなどが含まれる。

【*Perenniporia* 属】（図 1.110）

多孔菌目。子実体の多くは多年生であるが、一年生の種もあり、背着生～坐生。傘がある種では表面に特別な構造はなく、子実層托は管孔状。子実体の組織は２～３菌糸型。原菌糸は無色、かすがい連結がある。骨格菌糸は多くの種でデキストリノイド。担子胞子は無色、しばしば厚壁、卵形で一端が截形の種が多いが、広楕円形～類球形の種もあり、多くの種でデキストリノイド。木材の白色腐朽を起こす。本属には広葉樹の根株腐朽を起因するベッコウタケ、針葉樹の根株腐朽を起因するキンイロアナタケなどが含まれる。

【*Trametes* 属】（図 1.110）

多孔菌目。子実体は一年生。扇形～半円形の傘を形成し、無柄、単独か多数が重なって形成される。傘の表面は毛羽立つか平滑、しばしば環紋を有する。子実層托は管孔状～迷路状。子実体の組織は原菌糸、骨格菌糸、結合菌糸の３菌糸型。原菌糸は無色、かすがい連結があり、骨格菌糸と結合菌糸は無色、非アミロイド。子実層に異形細胞はない。担子胞子はソーセージ形～円筒形、無色。木材の白色腐朽を起こす。本属には、広葉樹の幹腐朽を起因するカワラタケやオオチリメンタケなどが含まれる。

c. 観察材料：

Armillaria mellea (Vahl) P. Kummer〔ナラタケ〕
（図 1.108 ① ② ）
＝ウメ・クリ・ナシ・モモ・カエデ類・ケヤキ・サクラ類・ナラ類 ならたけ病

〔形態〕子実体は傘と柄のあるシメジ形、しばしば叢生する。傘の直径は最大 10cm 程度、はじめは半球形で、のち平らに開く、表面は橙黄色～狐色、全面が褐色の小鱗片に被われるが、しばらくすると、小鱗片は中央部を残して消失する。ヒダはやや密、柄に直生～やや垂生、白色。柄は上下同大、あるいは基部がやや太く、白色～狐色～茶色、上部は色が薄く、下部は濃い条線があり繊維質、上部には白色～橙黄色のつばがある。担子胞子は広楕円形、無色、7 - 9 × 5 - 6 μm。黒色の根状菌糸束を形成する。

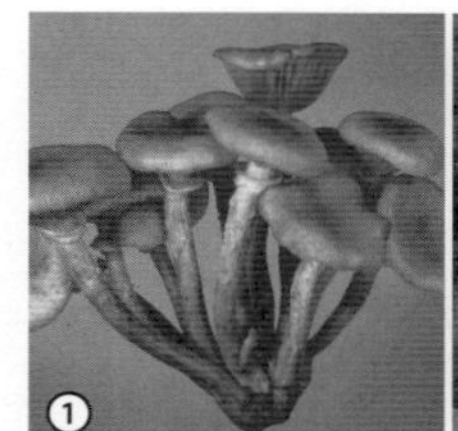

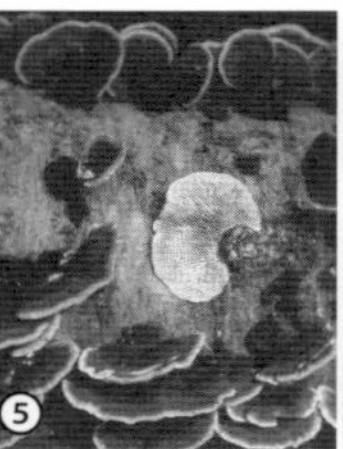

図 1.108　木材腐朽菌（材質腐朽菌）(1)　〔口絵 p 045〕

Armillaria mellea〔ナラタケ〕：①子実体　②タブノキの罹病樹に発生した子実体
A. tabescens〔ナラタケモドキ〕：③④サクラの罹病樹に発生した子実体
Daedaleopsis tricolor〔チャカイガラタケ〕：⑤子実体　⑥サクラの幹の症状　〔①②竹内 純　③ - ⑥阿部恭久〕

Armillaria tabescens (Scopoli) Emel〔ナラタケモドキ〕(図 1.108 ③④)
　＝カエデ類・カシ類・クリ・サクラ類 ならたけもどき病
〔形態〕ナラタケに似るが、柄はつばを欠いて細長い。傘はやや小形、成熟して平らに開き、カヤタケ形になる。根状菌糸束を形成しない。

Daedaleopsis tricolor (Bulliard) Bondartsev & Singer〔チャカイガラタケ〕(図 1.108 ⑤⑥)
　＝サクラ類・ナラ類 幹辺材腐朽病
〔形態〕子実体は一年生、小型、半円形、無柄で薄い傘が重なって多数形成される。傘の表面に黒、茶、褐色等の環紋があり、縁は白色。子実層托は硬いヒダ状、はじめ白色でのち褐色。子実体組織は3菌糸型。原菌糸は無色、かすがい連結があり、骨格菌糸と結合菌糸は無色、非アミロイド。子実層に樹枝状糸状体がある。担子胞子は無色、円筒形、薄壁、9 - 11×2 - 2.5μm。

Ganoderma applanatum (Persoon) Patouillard〔コフキタケ＝コフキサルノコシカケ〕(図 1.109 ① - ⑤)
　＝カエデ類・カシ類・クスノキ・ケヤキ・サクラ類・ナラ類 こふきたけ病
〔形態〕子実体は多年生、無柄、半円形で、棚状〜蹄型、表面は灰色〜褐色、しばしば傘の表面に大量の胞子が積もってココア色になる。傘の表面に硬い殻皮があり、傘肉はチョコレート色、フェルト質。子実層托は管孔状、複数年を経た子実体は断面が数層になる。管孔面は白色〜淡黄色、生育時に付傷すると褐色になる。子実体の組織は3菌糸型。原菌糸は無色、かすがい連結があり、骨格菌糸と結合菌糸は茶色、非アミロイド。担子胞子は茶色、卵形、尖った一端には、はじめ無色の細胞壁が存在するが、のちに剥落して截形となり、外壁と内壁の二層構造で、間に細刺を有し、8 - 11×4.5 - 6 μm。コフキタケの学名には *Garnoderma australe* を使用すべきとの説もあり、分類学的検討を要する。

Inonotus mikadoi (Lloyd) Gilbertson & Ryvarden〔カワウソタケ〕(図 1.109 ⑥ - ⑩)
　＝サクラ類・ウメ幹心腐病
〔形態〕子実体は一年生、小型、半円形〜扇形で無柄、厚さは最大 1 cm 程度。しばしば数個の傘が横に連結したり、縦に数個〜数十個が重なって形成される。傘の表面に粗毛があり、は

図 1.109　木材腐朽菌（材質腐朽菌）(2)　〔口絵 p 046〕
Ganoderma applanatum〔コフキタケ〕: ①サクラの幹地際部に発生した子実体　②子実体　③クヌギ罹病樹に発生した子実体　④骨格菌糸　⑤担子胞子
Inonotus mikadoi〔カワウソタケ〕: ⑥サクラの幹に発生した子実体　⑦新鮮な子実体（サクラ）　⑧古い子実体（同）　⑨子実層の担子器と担子胞子　⑩担子胞子
〔① - ⑩阿部恭久〕

じめ橙黄色、のちに茶色。子実層托は管孔状。管孔面ははじめクリーム色、のちに茶色。子実体の組織は１菌糸型。原菌糸は無色～黄褐色、単純隔壁。子実層に剛毛体はない。担子胞子は茶色、厚壁、広楕円形、4.5 - 6 × 3.5 - 4.5μm。

Perenniporia fraxinea (Bulliard) Ryvarden〔ベッコウタケ〕(図 1.110 ① - ⑦)
＝イチョウ・エンジュ・カエデ類・カシ類・ケヤキ・サクラ類・シイノキ・ユリノキべっこうたけ病

〔形態〕子実体は一年生。傘は扇形～半円形、棚状～楔型。初夏に鮮黄色の菌糸塊が樹皮上に現れ、成長して傘を形成する。傘の表面に環紋があり、基部は暗褐色～黒色、周縁部は黄色。傘肉はクリーム色～淡褐色で、フェルト質～革質。子実層托は管孔状。子実体の組織は２菌糸型、原菌糸は無色、かすがい連結があり、骨格菌糸は通直または分岐し、デキストリノイド。傘肉の菌糸中に厚壁胞子を形成する。担子胞子は無色、一端に突起があり、類球形～広楕円形で厚壁、デキストリノイド、6 - 8 × 5 - 7μm。

Trametes versicolor (Linnaeus) Pilát〔カワラタケ〕(図 1.110 ⑧⑨)
＝クリ・スモモ・カシ類・サクラ類・ナラ類・ヤナギ類 かわらたけ病

〔形態〕子実体は一年生。小型で、薄い傘が重なって生じ、無柄。傘は半円形、表面は毛羽立ち、黒色・灰色・褐色等の環紋がある。子実層托は管孔状。管孔面ははじめ白色でのち灰色。傘肉は白色～クリーム色。子実体の組織は３菌糸型。原菌糸は無色、かすがい連結があり、骨格菌糸と結合菌糸は無色で、非アミロイド。子実層に異形細胞はない。担子胞子は無色で円筒形、薄壁、5 - 6.5 × 2 - 2.5μm。

6　*Thanatephorus* 属

a. 所属：ハラタケ綱、アンズタケ目

b. 特徴（図 1.111）：

病斑部あるいはその周辺部にマット状の子実層を形成する。その表面に担子器を生じ、主に４本の小柄に担子胞子をそれぞれ単生する。形状の詳細は *T. cucumeris* の項を参照。

c. 観察材料：

Thanatephorus cucumeris (A.B. Frank) Donk〔アナモルフ *Rhizoctonia solani* J.G. Kühn（図

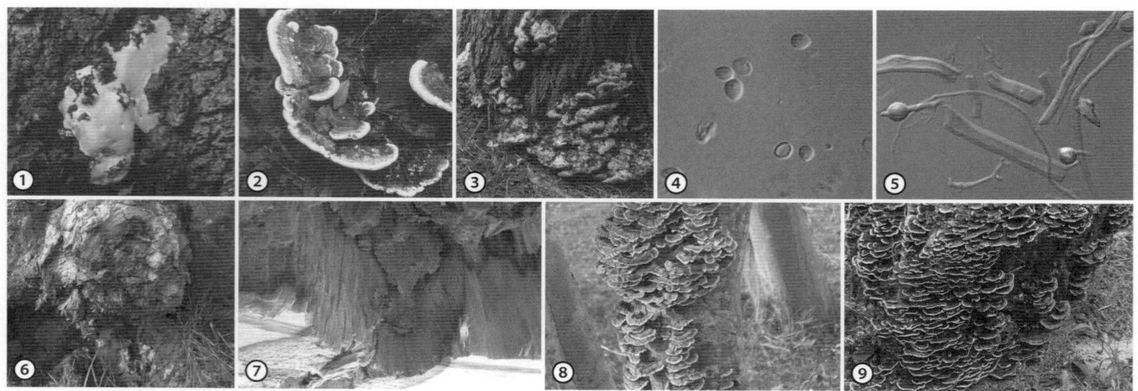

図 1.110　木材腐朽菌（材質腐朽菌）(3)　〔口絵 p 047〕

Perenniporia fraxinea〔ベッコウタケ〕：①幼菌　②傘が十分に成長していない状態　③傘が十分に発達した子実体　④担子胞子　⑤傘肉中の厚壁胞子と骨格菌糸　⑥ニセアカシア根株の腐朽倒伏　⑦ユリノキ根株の心材腐朽
Trametes versicolor〔カワラタケ〕：⑧トウネズミモチの幹に発生した子実体　⑨広葉樹の抜根上に形成された膨大な数の傘

〔① - ⑨阿部恭久〕

1.111 ① - ⑨）＝キャベツ株腐病、ナス褐色斑点病、トマト葉腐病、イネ紋枯病、ジャガイモ黒あざ病など。他にアナモルフによる病気が多数記録されている。

〔形態〕テレオモルフの子実層は白色〜淡黄桃色で、菌糸が絡み合い、膨大化した細胞が多数生じて、マット状となり、担子器を形成する。担子器は樽形〜倒卵形、無色で、12.5 - 15 × 6.5 - 9.5μm、先端に 4 本の小枝を生じ、頂端に担子胞子を単生する。担子胞子は倒卵形〜楕円形で、無色、嘴状の小突起をもち、4.3 - 9.4 × 2.6 - 6 μm。担子胞子形成適温は 17 - 25℃。

＊堀江博道・飯嶋 勉（1989）東京農試研報 22：81 - 96.

〔症状と伝染〕キャベツ株腐病：収穫期頃に結球側部〜下部から灰黒色〜黒褐色、水浸状の腐敗が始まり、のち表面全体に拡がる。腐敗葉は表面数枚にとどまることが多い。罹病部の腐敗部分には、くもの巣様の菌糸が蔓延し、外側の展開葉の裏面に、白色〜ベージュ色の厚い菌糸膜と子実層を生じる。菌核や菌糸などが罹病植物残渣とともに越年し、最初の伝染源となる。生育期には担子胞子が雨風により伝播する。

ナス褐色斑点病：葉では 2 - 3 mm 大の淡オリーブ色、水浸状の小円斑が多数生じ、急速に拡大して大型不整斑となり、葉腐れを起こす。病斑部は脱落し、かつ激しく落葉する。果実には淡褐色の輪紋斑を生じ、のち陥没する。主に葉裏や果実の病斑部の周辺に、白色〜淡黄桃色の菌叢（子実層）を生じる。本菌の伝染経路については、キャベツ株腐病の項参照。

イネ紋枯病：葉や葉鞘に楕円形、中心部が灰緑色〜褐色、周辺が緑褐色〜褐色の大型病斑を生じる。病斑は下位の葉鞘から現れはじめ、しだいに上位の葉鞘に及ぶ。湿潤時、病斑上には白い菌糸がくもの巣状に伸長し、のち褐色、半球形（径 2 〜 5 mm 程度）の菌核が形成される。病斑上に形成された菌核が地面に落下して越冬し、伝染源になる。

7　*Typhula* 属

a. 所属：ハラタケ綱、ハラタケ目

b. 特徴（図 1.112）：

菌糸は隔壁をもち、かすがい連結がある。菌核を形成し、その発芽様式は、子実体を形成する場合と菌叢を生じる場合の 2 種類がある。主として積雪地域に分布し、積雪下で休眠中の植物を加害したり、枯死植物組織を腐生的に利用する。種によって、子実体や菌核に異なる特徴があり、また、病原力、宿主範囲、培地上での菌糸生育温度範囲も相違する。

c. 観察材料：

Typhula ishikariensis S. Imai（図 1.112 ① - ⑦）＝コムギ（秋播き）・芝草・イネ科牧草・アルファルファ雪腐小粒菌核病（雪腐黒色小粒菌核病）など

〔形態〕融雪直後の被害植物には直径約 1 mm、

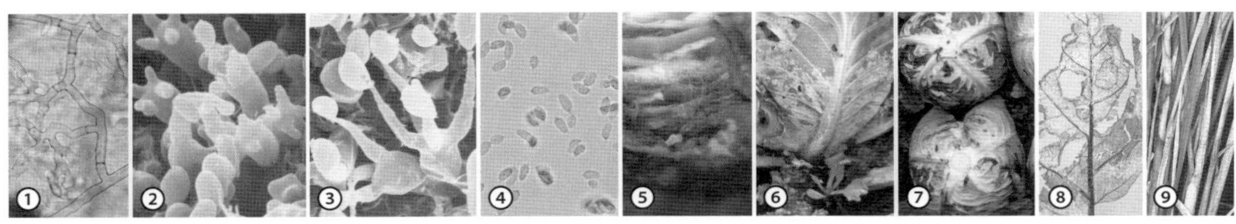

図 1.111　*Thanatephorus* 属　〔口絵 p 048〕

Thanatephorus cucumeris：①菌糸　②担子器と担子柄（②③ SEM 像）　③担子器と担子胞子　④担子胞子　⑤ - ⑦キャベツ株腐病の症状　⑧ナス褐色斑点病の症状　⑨イネ紋枯病の症状　〔⑤⑥星 秀男〕

球形で茶褐色～黒色の菌核が形成される。晩秋には菌核から棍棒形の子実体を生じる。子実体は、淡褐色～白色の柄と円筒形～球形、白色の子実部からなり、長さは3 - 10mm。本病は積雪下で蔓延する。菌糸は－3℃～＋15℃で生育し、適温8℃前後。培養菌叢は白色で薄いが、生育は良好である。生態的、遺伝的に相違する生物型Aと同Bがある。生物型Aは主として北海道に分布し、単子葉・双子葉植物の両方を侵す。生物型Bは本州にも分布して、侵害種は単子葉植物だけである。温暖化傾向のためか、従来生物型Bが優占していた道東地方でも、近年は生物型Aの発生が目立つようになった。

＊松本直幸（2006）植物病原アトラス p 185.

〔症状と伝染〕コムギ雪腐小粒菌核病：著しく罹病した葉は、融雪直後には軟化しているが、乾燥すると紙のようになる。病葉には菌核が形成される。シバでは発病場所がパッチ状に散在する。晩秋に菌核から発芽した菌糸によって積雪下で休眠中の植物に感染発病し、融雪とともに菌核の形態で越夏する。また、本菌の土壌伝染により地下部も侵害される。

8　赤衣病菌（*Erythricium* 属）

a. 所属：ハラタケ綱、コウヤクタケ目

b. 特徴（図 1.113）：

菌糸は隔壁をもつ。菌糸膜の表層部に子実層を形成し、多数の担子器を並列する。担子器は無色、棍棒形、頂部に小柄を4本生じる。担子胞子は小柄先端に単生する。主に果樹や樹木の枝や幹に寄生する。

c. 観察材料：

Erythricium salmonicolor (Berkeley & Broome) Burdsall（図 1.113 ①-④）＝アンズ・イチジク・カンキツ類・ナシ・ビワ・クワ・チャ・イチョウ・カエデ類・カナメモチ・キョウチクトウ・サクラ類・サザンカ・ジンチョウゲ・トネリコ類・ナラ類・ボケなどの赤衣病

〔形態〕担子器は子実層表面から立ち上がり、無色、単胞、棍棒形、17 - 28×7 - 13μm、頂部に4個の小柄を角状に形成し、各小柄に1個の担子胞子を生じる。担子胞子は無色、単胞、卵円形で、頂端は円く、基部は尖り、その大きさは9 - 15×6.3 - 10μm。

図 1.112　*Typhula* 属　〔口絵 p 048〕

Typhula ishikariensis：

〔生物型A〕：①子実体　②菌核（コムギ）　③培養菌叢（PDA）　④秋播きコムギの被害状況

〔生物型B〕：⑤子実体　⑥培養菌叢（PDA）　⑦芝生の被害状況　〔①-⑦松本直幸〕

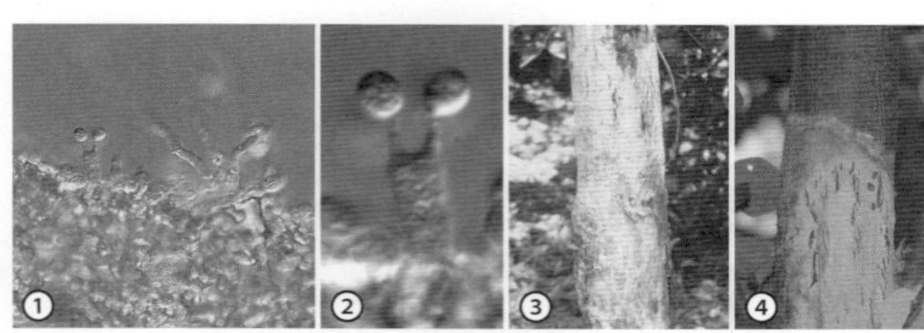

図 1.113　*Erythricium* 属　〔口絵 p 049〕

Erythricium salmonicolor：

①子実層と担子器，担子胞子

②同・拡大　③菌糸膜（ビワ）

④菌糸膜(カツラ)

〔①-④小林享夫〕

＊小林享夫（2001）花と緑の病害図鑑　p 345.

〔症状と伝染〕果樹・樹木類 赤衣病：各種樹木類に発生する。樹幹や枝の樹皮表面にはじめ白色、のち淡桃色～淡桃黄色の菌糸膜が被うようになり、罹病部から上方はやがて萎凋、枯死する。苗木や若木に発生すると株枯れを起こしやすい。病原菌は罹病枝などで長期間生存するが、冬季には菌糸膜が消失し、枝の分岐部や粗皮の割れ目で白色菌糸塊として越冬する。生育期には担子胞子が主に雨の飛沫とともに伝搬する。飛散した担子胞子は水分を得て容易に発芽し、条件が整えば感染する。

Ⅱ-7　不完全菌類（アナモルフ菌類）

子嚢菌類および担子菌類は有性生殖器官をもつテレオモルフ、ならびに無性生殖器官をもつアナモルフの二つのモルフによって特徴づけられる。ところが、多数の菌類において、自然界で通常観察できるのはアナモルフであり、しかもテレオモルフが判明していない属種が多い。そこで、菌類の中でその有性生殖器官が未だ発見されていない種類を便宜的に不完全菌類（アナモルフ菌類）として一括している（Dictionary of fungi, 9th. Ed., 2001）。しかし、これでは植物菌類病（病原菌）の診断に際して、該当属を検索する上で不便である。このため、不完全菌類の属を、外部形態的類似性に基づいた分類体系（Dictionary of fungi, 7th. Ed., 1984）に準拠して

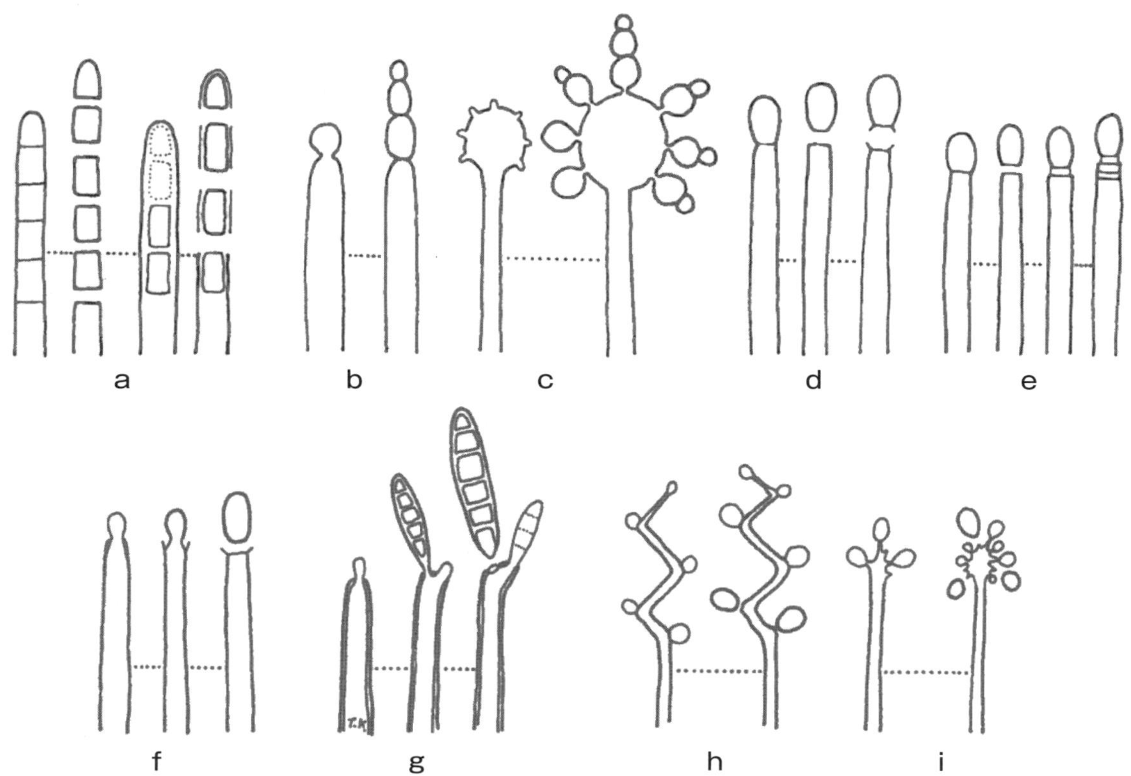

図 1.114　不完全菌類の主な分生子形成様式
a. 分節型　b. 出芽型　c. 房状出芽型　d. アレウロ型　e. アネロ型　f. フィアロ型　g. ポロ型　hi. シンポジオ型
（椿 啓介《1974》，勝本 謙《1992》より改変）〔小林享夫〕

示した。なお、従来の慣行に従い、卵菌類および接合菌類のアナモルフは不完全菌類に所属させていない。また、一般に不完全サビキン類も担子菌類に属させるものの、うどんこ病菌（ウドンコキン類）のアナモルフは不完全菌類に含めている。なお、不完全菌類は実用上の便宜的な分類であって、系統分類では認められていない。さらに“国際藻類・菌類・植物命名規約”（メルボルン規約；2011）において、「菌類の統一命名法への移行（第59条）」が採択され、前述のように、不完全菌類の区分が、公式には2013年1月1日から撤廃されたが、本書では実用上の観点から「不完全菌類」を従来通り、以下のように扱う（ノート1.1参照）。

……………………………………………………………

分生子の形成様式（図1.114）や分生子の形態（図1.3）は属・種によって安定した形質であり、不完全菌類の同定の基礎となる。器官として分生子果（分生子殻、分生子層）、分生子形成細胞、分生子柄、分生子などがあり、明瞭な分生子果を形成しない種類も多い。また、分生子の形成が確認されていないもの（無胞子菌類）もある。

不完全菌類は次のように大別される。

A. 分生子果不完全菌類

a. 分生子殻菌類：分生子は類球形の分生子殻に形成される。

b. 分生子層菌類：分生子は皿状の分生子層に形成される。

B. 糸状不完全菌類

a. 分生子殻や分生子層をつくらず、分生子は基質上に裸出して形成される。

b. 無胞子菌類：分生子の形成が確認されていない。

1　分生子殻菌類

a. 所属：分生子果不完全菌類

b. 特徴（図1.115 - 1.127）：

分生子殻は形成部位、子座の有無、形態や色調、膜質・炭質の違い、剛毛の有無など；分生子柄は殻内での発生部位、分枝の有無、形態など；分生子は形成様式（図1.114）、形態、隔壁数や着色の有無などの識別ポイントに基づいて属種を検索する。

【*Apiocarpella* 属】（図1.115 A，1.116）

テレオモルフは未詳である。菌糸には隔壁がある。分生子殻は類球形で、頂部が表面に裸出し、表面からは小黒点として観察される。殻壁は褐色～黒褐色、膜質で厚壁細胞からなる。分生子形成細胞は殻壁内層に並列し、分生子を頂生する。分生子は無色～淡黄色、倒卵形～長円形、表面平滑で、基部近くに横隔壁がある。

【*Ascochyta* 属】（図1.115 B，1.117）

テレオモルフは *Didymella* 属（図1.75）および *Mycosphaerella* 属（図1.81）など。菌糸には隔壁がある。分生子殻は子座を伴わず、単独に埋生し、類球形、褐色～黒褐色。分生子は殻内の分生子柄から内生出芽・フィアロ型に形成され、無色、長円形～楕円形、横隔壁により上下ほぼ平等の2室。種は各器官の形態と宿主により区別される。

【*Lasiodiplodia* 属】（図1.115 D，1.118）

テレオモルフは *Botryosphaeria* 属（図1.73）。菌糸には隔壁がある。分生子殻は発達した子座を伴い、1室または多室、類球形、暗褐色～黒褐色。分生子は殻内の分生子形成細胞から全出芽型に形成され、はじめ無色、単胞ないし横隔壁でほぼ平等に2室、長円形～楕円形、のち褐色2室となり、表面に縦縞の紋様が現れる。無色の側糸も形成される。

【*Macrophomina* 属】（図1.115 E，1.119）

テレオモルフは Botryosphaeriaceae。菌糸は隔壁をもつ。分生子殻は子座を伴わずに単生、黒色の炭質、類球形、殻壁は厚いが堅くもろい。分生子は分生子殻内層の分生子形成細胞から内生出芽・フィアロ型に生じ、無色、円筒形、楕円形ないし紡錘形、真直あるいはやや湾曲。菌核は黒色微粒状で、病組織の表面、皮層内あるいは形成層部および培養菌叢上に多量に形成される。基準種 *M. phaseolina* 1種のみ記載。

【*Phoma* 属】(図 1.115 F, 1.120)

テレオモルフは *Didymella* 属など。菌糸には隔壁がある。分生子殻は宿主組織に単独に埋生し、子座がなく、暗褐色、球形〜亜球形、頂部に孔口をもち、剛毛はない。分生子形成細胞が殻壁内部全面に並立する。分生子は無色、単胞で楕円形〜紡錘形、小型、内生出芽・フィアロ型に殻内に多数形成される。多数の種や変種が、分生子の形態、宿主、生理反応などの違いで記載されたが、再分類がすすめられている。

【*Phomopsis* 属】(図 1.115 G, 1.121)

テレオモルフは *Diaporthe* 属(図 1.57)。菌糸には隔壁がある。分生子殻は子座様組織を伴うか、または発達せず、単生ときに群生し、類球形〜レンズ形となるが、形態は不規則なことが多く、褐色〜暗黒色、膜質、頂部に孔口を有す。分生子は殻内の分生子柄上に形成され、α胞子は無色、単胞、楕円形〜紡錘形、β胞子は無色、単胞、糸状〜釣り針状。種は各器官の形態的特徴、宿主などで区別される。

【*Phyllosticta* 属】(図 1.115 H, 1.122)

テレオモルフは *Guignardia* 属(図 1.78 - 79)。菌糸には隔壁がある。分生子殻は宿主組織に単独に埋生し、子座を伴わず、暗褐色、球形〜亜球形、頂部に孔口を有し、剛毛はない。殻壁内部に分生子柄、あるいは分生子形成細胞を並立する。分生子は内生出芽・フィアロ型に形成され、無色、単胞、類球形、広楕円形ないし卵形、頂部に粘質の付属糸を有す。種は多数記録されており、分生子の形態、宿主などにより類別される。

【*Pyrenochaeta* 属】(図 1.115 I, 1.123)

テレオモルフは *Herpotrichia* 属、*Leptosphaeria* 属。菌糸には隔壁がある。分生子殻は表皮下に単独に埋生、のち孔口を開口し、球形〜類球形、褐色〜黒褐色、孔口周辺および上部に淡黄色〜暗褐色、隔壁のある剛毛を生じる。分生子は殻内の分生子形成細胞から内生出芽・フィアロ型に形成され、無色、単胞、長楕円形〜腎臓形、平滑である。種は分生子殻、分生子形成細胞、分生子の形態、宿主などにより区別される。

【*Septoria* 属】(図 1.115 J, 1.124)

テレオモルフは *Mycosphaerella* 属(図 1.81)。菌糸には隔壁がある。分生子殻は子座を伴わず単独に埋生、のち表面に開口し、類球形、殻壁は褐色〜黒褐色、膜質である。分生子は殻内の分生子形成細胞から全出芽型、種によりシンポジオ型に形成され、無色、糸状、円筒形ないし楕円形、横隔壁は0〜数個ある。種は各器官の形態的特徴、宿主などで区別される。

【*Sphaeropsis* 属】(図 1.115 K, 1.125)

テレオモルフは Botryosphaeriaceae。菌糸には隔壁がある。分生子殻は子座を伴わず単独に埋生、のち表面に開口し、類球形、殻壁は暗褐色〜黒褐色、内層は無色。分生子形成細胞は、殻内の孔口を除いた最内層全周に並列して、全出芽・アレウロ型に形成され、截切状に分生子を切り離す。分生子は、はじめ無色のち褐色〜暗褐色、単胞、大型、類球形、卵形ないし楕円形で、基部に截切状の着生痕がある。種により発芽前に横隔壁を生じる。種は各器官の形態、宿主植物などにより類別される。

【*Stagonospora* 属】(図 1.115 L, 1.126)

テレオモルフは *Phaeosphaeria* 属。菌糸には隔壁がある。分生子殻は子座を伴わず単独に埋生、のち表面に開口し、類球形、暗褐色〜黒褐色、膜質である。分生子は殻内の分生子形成細胞から全出芽・アレウロ型に形成され、無色〜

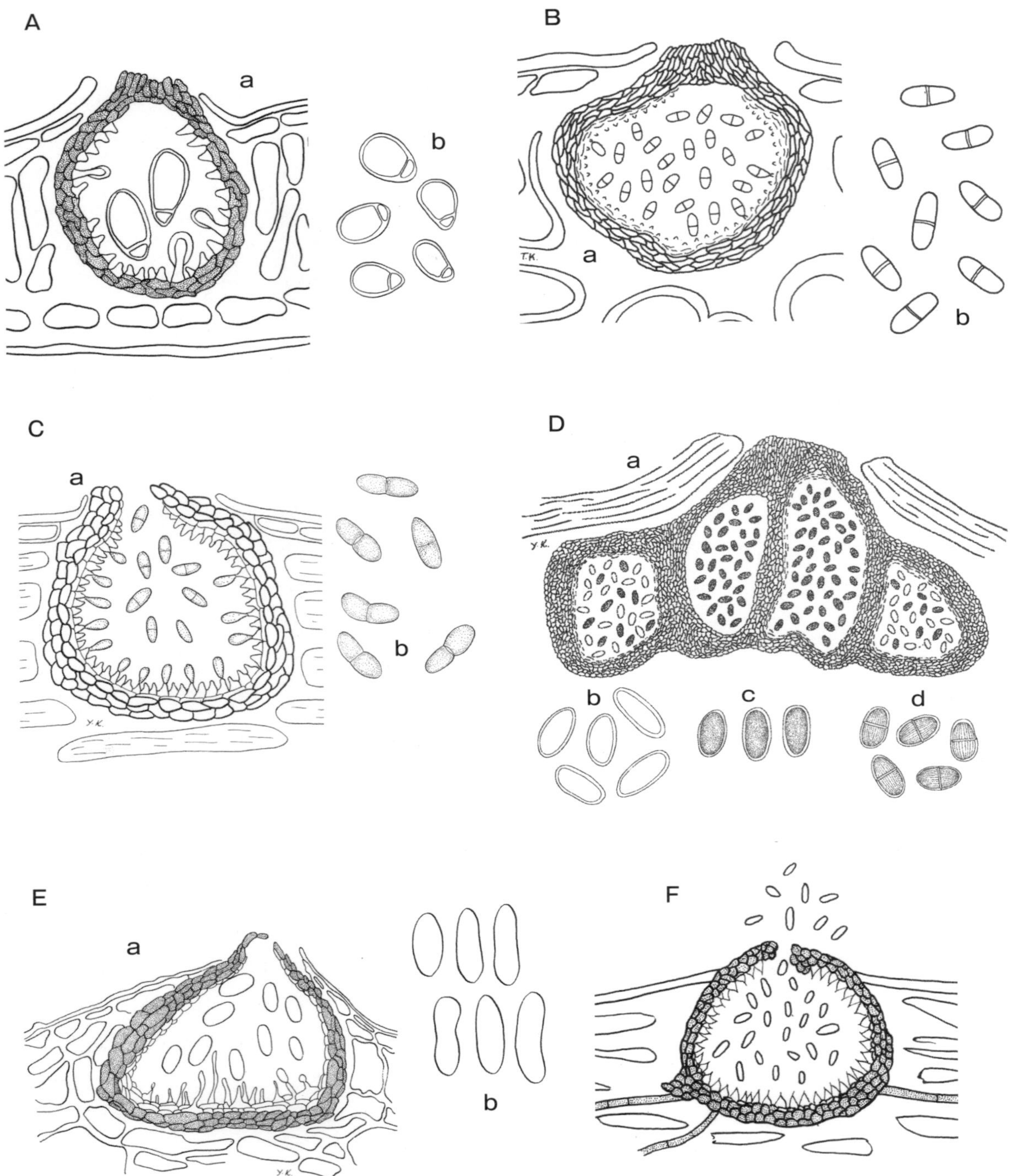

図 1.115　分生子果不完全菌類；主な分生子殻菌類

A. *Apiocarpella* 属（*A. quercicola*）：a. 分生子殻断面　b. 分生子

B. *Ascochyta* 属（*A. yakushimensis*）：a. 分生子殻断面　b. 分生子

C. *Diplodia* 属（*D. diversispora*）：a. 分生子殻断面　b. 分生子

D. *Lasiodiplodia* 属　（*L. theobromae*）：a. 分生子殻断面　b. 無色単胞の分生子　c. 褐色平滑の分生子　d. 褐色２胞で縦縞模様のある分生子

E. *Macrophomina* 属（*M. phaseolina*）：a. 分生子殻断面　b.：分生子

F. *Phoma* 属（*P. wasabiae*）：分生子殻断面と分生子

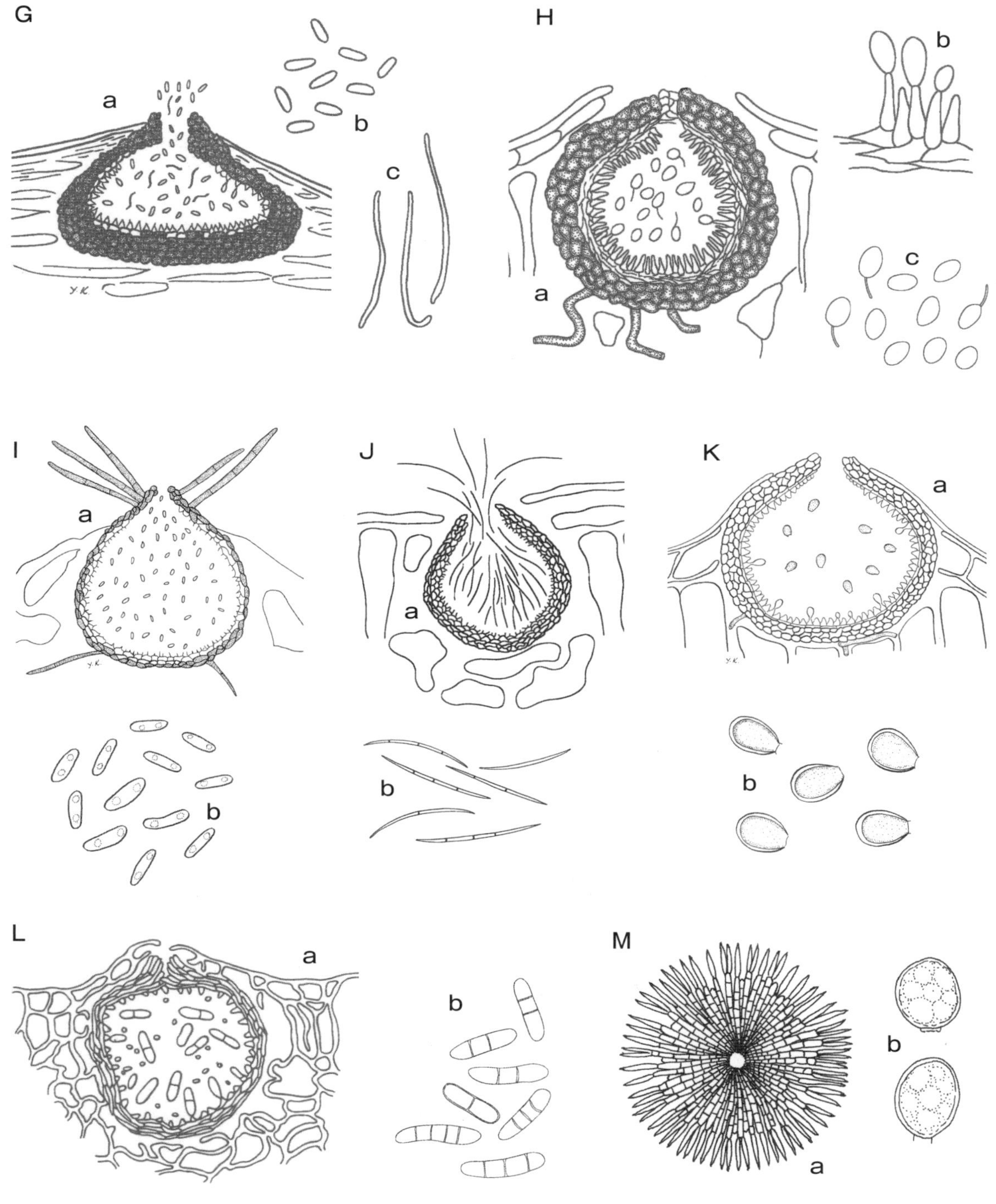

図 1.115（続） 分生子果不完全菌類；主な分生子殻菌類
G. *Phomopsis* 属（*P. vexans*）：a. 分生子殻断面 b. 分生子（α胞子） c. 分生子（β胞子）
H. *Phyllosticta* 属（*P. ampelicida*）：a. 分生子殻断面 b. 分生子殻壁の一部 c. 分生子
I. *Pyrenochaeta* 属（*P. terrestris*）：a. 分生子殻断面 b. 分生子
J. *Septoria* 属（*S. abeliceae*）：a. 分生子殻断面 b. 分生子
K. *Sphaeropsis* 属（*Sphaeropsis* sp.）：a. 分生子殻断面 b. 分生子
L. *Stagonospora* 属（*S. maackiae*）：a. 分生子殻断面 b. 分生子
M. *Tubakia* 属（*T. subglobosa*）：a. 分生子殻上面 b. 分生子 〔A・DHJ・L＝小林享夫 E・GI＝我孫子和雄 M＝勝本 謙〕

淡黄色、両端鈍頭の円筒形、長楕円形ないし倒棍棒形、真直～やや湾曲、２～数か所に横隔壁を有す。種は分生子殻、分生子の形態、宿主により類別される。

【*Tubakia* 属】（図 1.115 M，1.127）

テレオモルフは *Dicarpella* 属。菌糸には隔壁がある。分生子殻は葉表面に生じ、盾状で、中央の孔口から放射状に広がり、傘状～扁平な円錐状、周囲は裂片状、中心に柱状の基脚をもち外殻は黒褐色、放射状の菌糸様組織からなり、その先端は離れて尖る。分生子形成細胞は、基脚部上端の周囲および殻壁下面から生じる。分生子は出芽型に単生し、無色～淡褐色または灰褐色～緑褐色、単胞、類球形～倒卵形、平滑。種によっては小型分生子を形成する。種は分生子殻、分生子、小型分生子の形態、宿主に基づいて類別される。

c. 観察材料：

Apiocarpella quercicola Tak. Kobayashi & K. Sasaki（図 1.116 ①②）＝コナラ円斑(まるはん)病

〔形態〕分生子殻は類球形、褐色～暗褐色、高さ 88 - 113μm、幅 65 - 113μm。分生子は無色～淡褐色、倒卵形～長円形、基部付近の横隔壁により不均等２室、22.5 - 32.5 × 15 - 25μm。

＊小林享夫・佐々木克彦（1975）日菌報 16：230 - 244.

〔症状と伝染〕コナラ円斑病：葉に淡褐色～褐色、直径 1 - 3 mm 大の小円斑が多数生じ、のち病斑中央は灰褐色～灰色となる。病斑は１葉に100個を超えることも多く、葉枯れを起こす。病斑中央には小黒点（分生子殻）が１～数個形成される。病原菌は病落葉中で越年して伝染源となる。生育期には分生子が雨の飛沫とともに伝播する。

Ascochyta aquilegiae (Roumeguére & Patouillard) Saccardo（図 1.117 ① - ⑥）

＝デルフィニウム（チドリソウ）褐色斑点(かっしょくはんてん)病

〔形態〕分生子殻は淡褐色～褐色、亜球形～フラスコ形で、孔口を有し、120 - 320 × 100 - 280μm。分生子は無色、円筒形～楕円形、表面平滑、横隔壁により 1 - 4 室（主に２室）となり、8 - 22 × 4 - 5μm、PDA 上では分生子の大きさ 10 - 18 × 4 - 6μm、厚壁胞子は亜球形～広楕円形、数珠状に連鎖し、淡オリーブ褐色、長径 5.5 - 10μm、培地上の菌叢は生育緩慢で、暗灰褐色～暗オリーブ色、周縁は不整形。菌糸生育適温は 23 - 25℃。

＊佐藤豊三（1997）四国植防 34：63 - 68.

〔症状と伝染〕デルフィニウム褐色斑点病：主として下位部の茎葉に小さな褐点斑を多数生じる。葉ではほぼ円形、また、茎では縦長の紡錘形に拡大し、長径 3 - 5 mm 大の褐色斑となる。古くなった病斑上には、微小な暗褐色点（分生子殻）が盛り上がるように散生する。病原菌は罹病茎葉残渣中に生存して、これが第一次伝染源となる。生育期には分生子が灌水などの飛沫とともに飛散し、周辺の株に伝染する。

Ascochyta cinerariae F. Tassi ＝シネラリア褐斑(かっぱん)病

A. fabae Spegazzini ＝ソラマメ褐斑病

A. phaseolorum Saccardo ＝オクラ・ダイズ・ピー

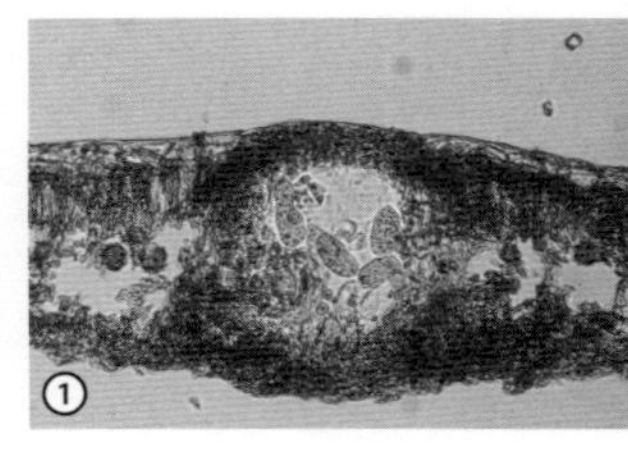

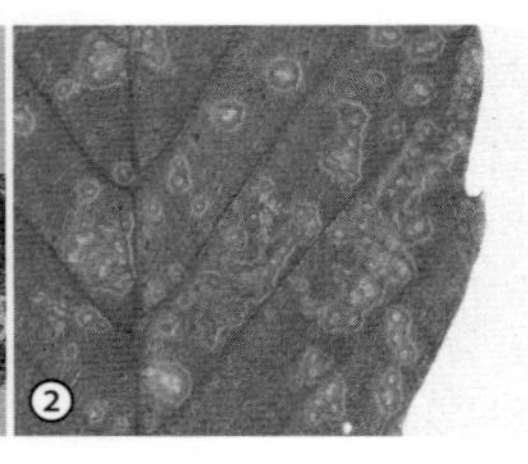

図 1.116　*Apiocarpella* 属　〔口絵 p 049〕

Apiocarpella quercicola：
①分生子殻（断面）と分生子
②コナラ円斑病の症状

マン・ナス・ケイトウ輪紋病

A. pinodes L.K. Jones〔テレオモルフ *Mycosphaerella pinodes* (Berkeley & A. Bloxam) Vestergren〕
=エンドウ褐紋病

A. pisi Libert =エンドウ褐斑病

Ascochyta sp.（ラッカセイ汚斑病菌）
=ラッカセイ汚斑病

Diplodia cercidis-chinensis Togashi & Tsukamoto
=ハナズオウ枝枯病

D. diversispora Kabát & Bubák
=ハギ類 枝枯病（図 1.56 参照）

Lasiodiplodia theobromae (Patouillard) Griffon & Maublanc（図 1.118 ① - ⑨）
=ラッカセイ茎腐病、ナシ ボトリオディプロディア枝枯病、バナナ・パパイア・マンゴー軸腐病、インドゴムノキ枝枯病

〔形態〕分生子殻は黒色の子座中に生じ、暗褐色～黒色、亜球形、高さ 135 - 251μm、幅 143 - 267μm。側糸は長さ 50μm に及ぶ。分生子は、はじめ無色、楕円形～広楕円形、単胞、分生子殻から噴出後に成熟して暗褐色、2胞となり、18.5 - 34×10 - 19.5μm。培地上の菌糸生育は 10 - 37℃で認められ、適温は 30℃付近。培養菌叢は白色のち褐色となる。

＊竹内 純（2007）東京農総研研報 2：1 - 106.

〔症状と伝染〕マンゴー軸腐病：枝では暗褐色

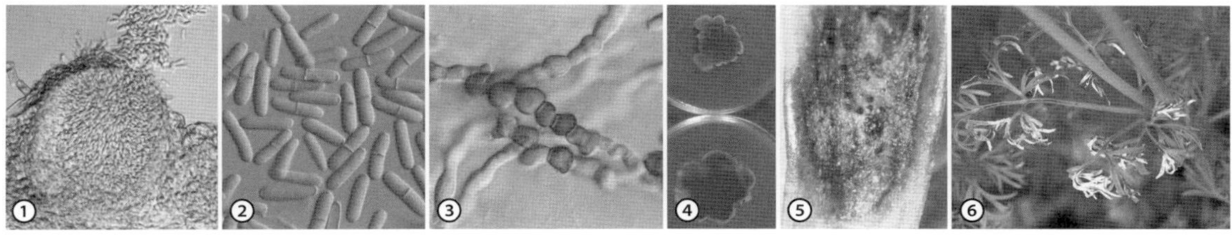

図 1.117　*Ascochyta* 属　〔口絵 p 049〕
Ascochyta aquilegiae：①分生子殻（断面）と分生子　②分生子　③厚壁胞子　④培養菌叢（PDA；下は裏面）
⑤⑥デルフィニウム（チドリソウ）褐色斑点病の症状　〔① - ⑥佐藤豊三〕

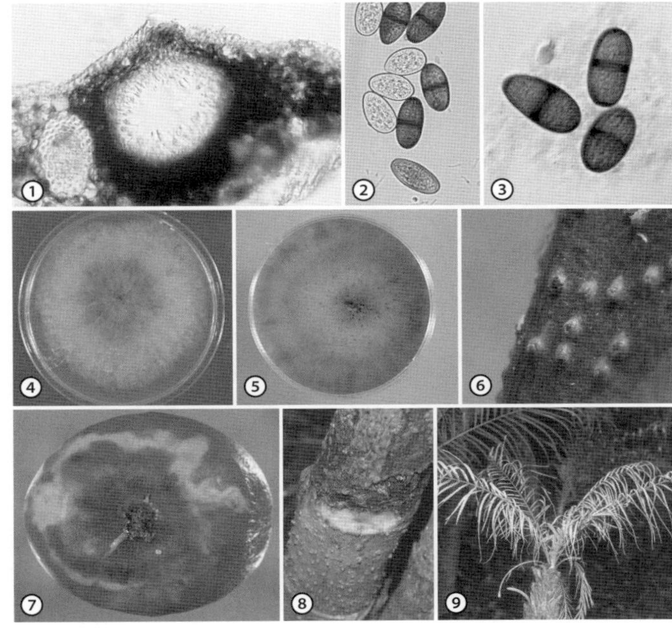

図 1.118　*Lasiodiplodia* 属　〔口絵 p 050〕
Lasiodiplodia theobromae：
①分生子殻（断面）
②無色分生子と有色分生子の混在
③成熟した2胞分生子
④⑤培養菌叢（PDA；④ 25℃ 2 日後
⑤同 5 日後）
⑥マンゴー枝の分生子殻
⑦マンゴー軸腐病の症状
⑧ツピタンサスの幹腐れ症状
⑨フェニックス黒葉枯病の症状
〔①③⑧⑨竹内 純　②④ - ⑦小野 剛〕

〜赤褐色の陥没斑が生じ、内部の材質は灰褐色となり、病斑が枝や幹を取り囲むと、上部は萎凋枯死する。病斑の樹皮下には微小黒点（分生子殻）を生じ、のち隆起して樹皮面がサメ肌状になる。果実の症状は収穫後に現れる。はじめ果梗周辺から褐色または茶褐色の水浸状病斑を生じ、その後、黒変して軟化腐敗する。黒色腐敗部には微小黒点が多数形成され、白色ないし黒緑色の分生子塊を噴出し、また、高湿下では灰色、ビロード状の気中菌糸が蔓延する。本菌は枯れ枝や有機物上で腐生的に生存できる。分生子が雨や風により、剪定痕や樹皮の亀裂などの傷病部に伝播し、感染する。

Macrophomina phaseolina (Tassi) Goidánich（図 1.119 ① - ④）＝スイカ・サツマイモ・インゲンマメ・ダイズ・キク・ユーカリ類炭腐病、グミ・樹木類 微粒菌核病

〔形態〕分生子殻は暗褐色、球形、単生〜群生し、直径 100 - 200μm。分生子形成細胞は無色短歯形、5 - 13 × 4 - 6 μm。分生子は無色、楕円形〜倒卵形、平滑、14 - 30 × 5 - 10μm。菌核は黒色で、球形、卵形、楕円形など多様、平滑堅固、直径 0.1 - 1mm（培地上では 50 - 300μm）。発病適温は 35 - 39℃と高温性。多犯性。

＊横山竜夫（1978）菌類図鑑（下） p 1170 - 1171.

〔症状と伝染〕スイカ炭腐病：主に地際の茎に灰白色で、やや銀色を帯びた病斑を生じ、表皮が裂けて、炭粉状の微小菌核が現れる。被害株の根は腐敗消失し、株枯れを起こす。微小菌核は土壌中で２年以上生存が可能であり、伝染源として重要である。また、種子内に菌糸が侵入して、種子伝染する。

Phoma exigua Desmaziéres（図 1.120 ① - ⑦）＝レタス株枯病（var. *exigua*)、モンステラ・ユキノシタ斑葉病、アサガオ・アジサイ輪紋病、ヒメツルニチニチソウ黒枯病（*P. exigua* var. *inoxydabilis* Boerema & Vegh）

〔形態〕分生子殻は褐色〜暗褐色、亜球形〜扁球形で、高さ 94 - 218μm、幅は 109 - 254μm。分生子は殻内に多数生じ、無色、楕円形〜円筒形、通常単胞、3.8 - 10.2 × 2.4 - 3.6μm、１ - ２隔壁の分生子が混在する。本菌は MA・PDA 培地などでよく生育し、分生子殻および分生子も豊富に形成される。MA 培地上の菌叢は、中央

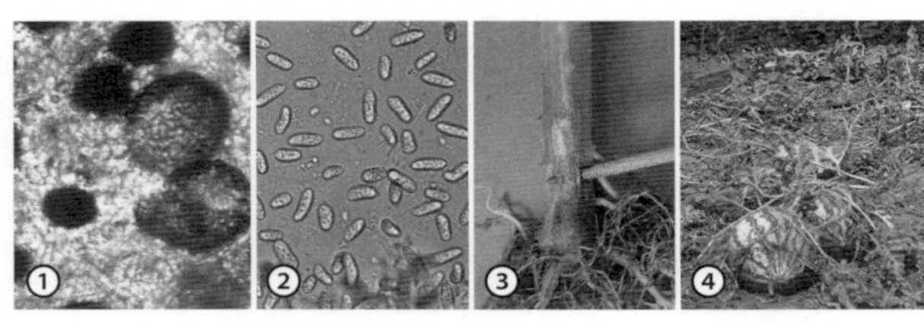

図 1.119　*Macrophomina* 属　〔口絵 p 050〕
Macrophomina phaseolina：
①分生子殻（断面）と分生子　②分生子
③スイカ地際茎の症状　④スイカ炭腐病の被害状況
〔① - ④藤永真史〕

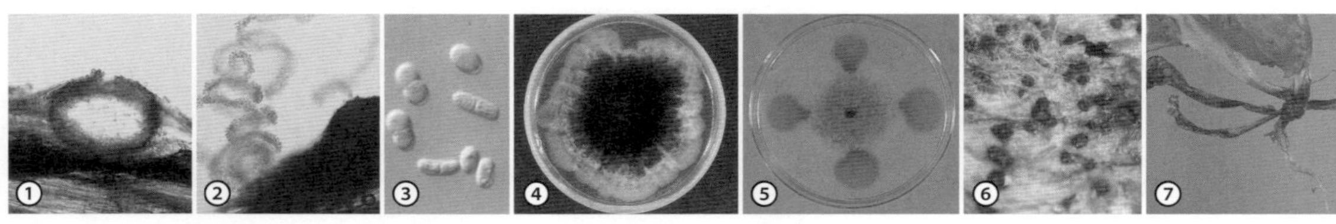

図 1.120　*Phoma* 属　〔口絵 p 051〕
Phoma exigua：①分生子殻の断面　②分生子の噴出　③分生子　④レタス分離菌の培養菌叢（PDA）
⑤ NaOH 添加による培地の発色（MA）　⑥⑦レタス株枯病の症状　〔① - ⑦竹内 純〕

が暗褐色で周辺が白色、菌糸生育適温は25℃付近。多犯性。

＊竹内 純（2007）東京農総研研報 2：1 - 106.

〔症状と伝染〕レタス株枯病：葉柄基部や下葉の葉縁、根が暗緑色～黒色、水浸状に腐敗し、その後、病勢が上位葉ないし結球葉にまで進展すると、被害株はやがて萎凋枯死する。病斑部には微小な黒点（分生子殻）が多数形成される。罹病株残渣とともに、分生子殻の形で越冬して第一次伝染源となり、生育期には分生子が水滴や雨の飛沫とともに伝播する。

Phoma wasabiae Yokogi ＝ワサビ墨入（すみいり）病

Phomopsis asparagi（Saccardo）Bubák（図 1.121 ①-⑤）＝アスパラガス茎枯病

〔形態〕分生子殻は茎の表皮下に形成され、黒褐色、扁球形を呈し、直径 100 - 180μm。分生子（α胞子）は無色、単胞、紡錘形で、2.5 - 4 × 1.5 - 2.7μm、糸状のβ胞子は 11 - 21 × 1.5 - 2.5μm。罹病茎上の分生子殻で越冬し、翌春に分生子（α胞子）を飛散する。

＊守川俊幸ら（1990）日植病報 56：126 - 127.

〔症状と伝染〕アスパラガス茎枯病：茎に赤褐色～淡褐色で、縦長の紡錘状病斑を生じる。病斑が茎を取り囲むと、そこから上部はやがて萎凋枯死する。病斑上には小黒点（分生子殻）が輪状に形成される。常発しやすく、激しい場合には株枯れや集団枯死をもたらす。罹病茎上の分生子殻で越冬し、春季に分生子（α胞子）を形成して伝染する。生育期もα胞子の飛散により感染を繰り返す。

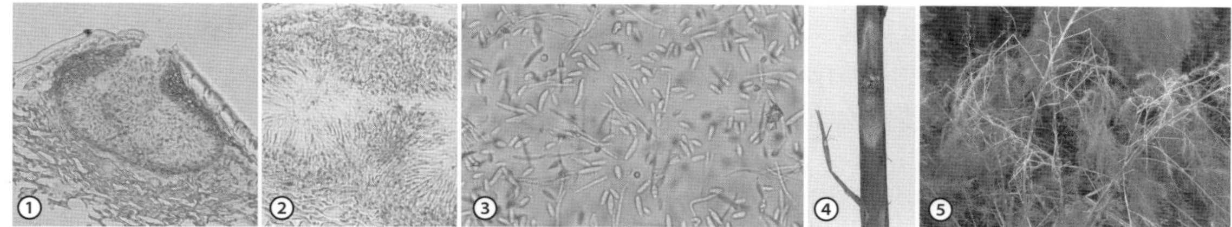

図 1.121　*Phomopsis* 属　〔口絵 p 051〕

Phomopsis asparagi：①分生子殻（断面）と分生子　②同（拡大）　③α胞子（紡錘形）とβ胞子（糸状）　④⑤アスパラガス茎枯病の症状　〔①-③守川俊幸〕

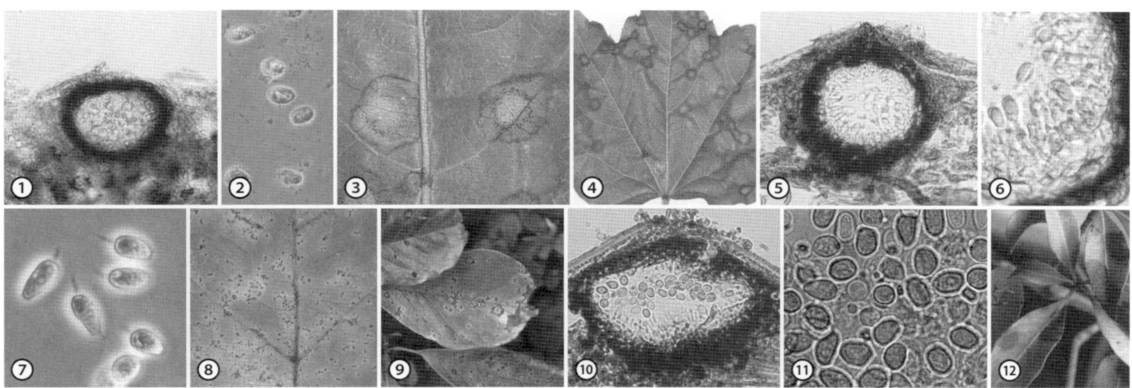

図 1.122　*Phyllosticta* 属　〔口絵 p 052〕

Phyllosticta ampelicida：①分生子殻（断面）と分生子　②分生子　③④ツタ褐色円斑病の症状

P. concentrica：⑤分生子殻（断面）と分生子　⑥殻内の分生子形成細胞と分生子　⑦分生子　⑧⑨コブシ斑点病の症状

Phyllosticta sp.（アセビ褐斑病菌）：⑩分生子殻（断面）と分生子　⑪分生子　⑫アセビ褐斑病の症状　〔①②⑤⑦小林享夫〕

Phomopsis citri H.S. Fawcett〔テレオモルフ *Diaporthe citri* F.A. Wolf〕＝カンキツ類黒点病

P. tanakae Tak. Kobayashi & Sakuma〔テレオモルフ *Diaporthe tanakae* Tak. Kobayashi & Sakuma〕＝セイヨウナシ・リンゴ胴枯病

P. vexans (Saccardo & P. Sydow) Harter ＝ナス褐紋病

Phyllosticta ampelicida（Engelman）Aa（図 1.122 ①-④）＝ツタ褐色円斑病

〔形態〕分生子殻は暗褐色、球形〜亜球形、直径 70 - 100μm。分生子は無色、単胞、倒広卵形〜広楕円形、7 - 9.5 × 6 - 7.5μm、分生子頂部には無色、粘質の付属糸を 1 本有する。付属糸の長さ 3.5 - 8.5μm。

＊小林享夫・佐々木克彦（1975）日植病報 41：117.

〔症状と伝染〕ツタ褐色円斑病：葉に褐色の不整円斑が多数生じ、病斑上には微小黒点（分生子殻）を輪状に群生する。5 月下旬頃から激しく落葉を起こす。病原菌は罹病落葉上で越冬すると考えられる。生育期には分生子が水滴や雨の飛沫とともに伝播、感染する。

Phyllosticta concentrica Saccardo〔シノニム *P. kobus* Hennings〕（図 1.122 ⑤-⑨）＝コブシ斑点病

〔形態〕分生子殻は暗褐色、球形〜亜球形、直径 117 - 269μm。分生子は無色、単胞、倒広卵形〜広楕円形、9 - 17 × 6.5 - 10.5μm。分生子頂部には無色、粘質の付属糸を 1 本有する。付属糸の長さ 6.5 - 22μm。

＊堀江博道ら（1998）森林防疫 47：206 - 210.

〔症状と伝染〕コブシ斑点病：葉にはじめ多数の褐色小点が生じ、のち拡大融合して葉枯れを起こす。病斑形成後の早い時期に分生子殻が現れる。病原菌は罹病落葉上で越冬すると考えられる。生育期には分生子が水滴や雨の飛沫とともに伝播、感染する。

Phyllosticta sp.（アセビ褐斑病菌）（図 1.122 ⑩-⑫）＝アセビ褐斑病

Pyrenochaeta lycopersici R.W. Schneider & Gerlach（図 1.123 ①-⑦）＝トマト褐色根腐病

〔形態〕分生子殻の形態は属の特徴を参照、直径 175μm に及ぶ。剛毛はまばらに生じ、長さは 150μm、幅は 10μm、2 - 3 隔壁。分生子柄は 20 - 35 × 3μm、3 - 5 隔壁。分生子は無色、単胞、楕円形、5 - 7 × 1.5μm。培地上の菌糸生育適温 22 - 24℃付近。暗黒下の培養では菌糸のみが生育し、光照射下で分生子殻を形成する。発病適温は地温 15 - 18℃。

＊ Sutton（1980）The Coelomyces p 394 - 397.

〔症状と伝染〕トマト褐色根腐病：根のみが侵される。被害株は萎凋を伴って、下葉から黄化や枯れ上がりが進み、ついには株全体が枯死する。地下部は細い根が腐敗消失し、ゴボウ根状を呈した直根や太い支根が残る。罹病根の褐変

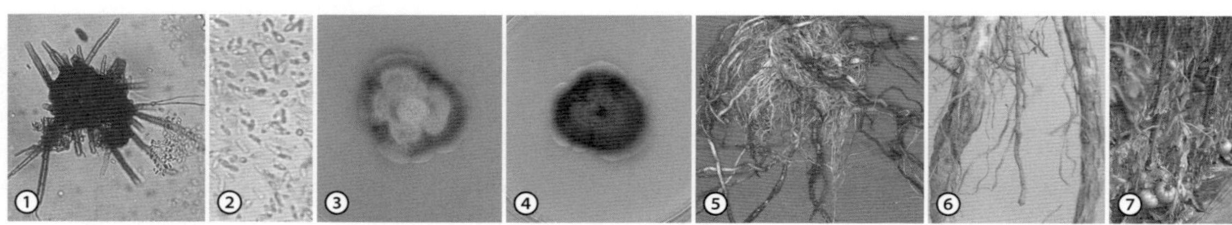

図 1.123　*Pyrenochaeta* 属　〔口絵 p 053〕

Pyrenochaeta lycopersici：①分生子殻　②分生子　③④培養菌叢（PDA；④裏面）　⑤-⑦トマト褐色根腐病の症状

〔①②⑥飯嶋 勉　③④竹内 純　⑤近岡一郎〕

部分には多数の亀裂が入り、表皮がコルク化する。茎の地際部が黒褐色に変色し、ややくびれることがある。病原菌は罹病根残渣とともに土壌中で生存して伝染源となる。

Pyrenochaeta terrestris (H.N. Hansen) Gorenz, J.C. Walker & Larson
＝トマト・タマネギ・ネギ紅色根腐病

Septoria abeliceae Hirayama ＝ケヤキ白星病
S. astericola Ellis & Everhart ＝シオン黒斑病

Septoria azaleae Voglino（図 1.124 ①②）
＝ツツジ類 褐斑病
〔形態〕分生子殻は褐色〜暗褐色、亜球形、32 - 110 × 48 - 170μm。分生子は無色、円筒状〜糸状、両端鈍頭、平滑、真直〜やや湾曲、隔壁は 1 - 3 個まれに 6 - 7 個あり、大きさ 9 - 22 × 2 - 3μm。培養菌叢は黒色で、生育はきわめて遅く気中菌糸も乏しい。菌叢周縁は不整、中央部が盛上がり、分生子殻の形成を経て微小白色粘塊（分生子の集塊）を多数生じる。分生子発芽および菌糸生育適温は 24℃付近。
＊小林享夫（1998）日本植物病害大事典 p 948.
〔症状と伝染〕ツツジ類 褐斑病：葉に小葉脈で区切られた、淡褐色〜暗褐色の角斑を多数生じ、のちに病斑周辺から黄変し、やがて葉面全体が変色して早期落葉を起こす。古くなった病斑上には微小な黒点（分生子殻）が多数形成され、湿潤時には白色粘塊（分生子塊）が滲み出る。病原菌は罹病（落）葉上で越冬し、生育期には分生子殻から溢れ出た分生子が、雨の飛沫とともに飛散して伝染する。

Septoria chrysanthemella Saccardo ＝キク黒斑病
S. obesa Sydow & P. Sydow ＝キク褐斑病（ *S. chrysanthemella* との異同について検討を要す）
S. violae Westendorp（図 1.124 ③ - ⑥）
＝スミレ類 斑点病

Sphaeropsis sp.（ザクロ褐斑病菌）（図 1.125 ① - ⑤）＝ザクロ褐斑病
〔形態〕分生子殻は球形〜類球形、殻壁は暗褐色で、高さ 87 - 100μm、直径 82 - 113μm。分

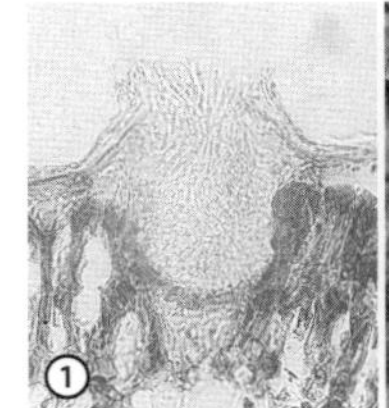

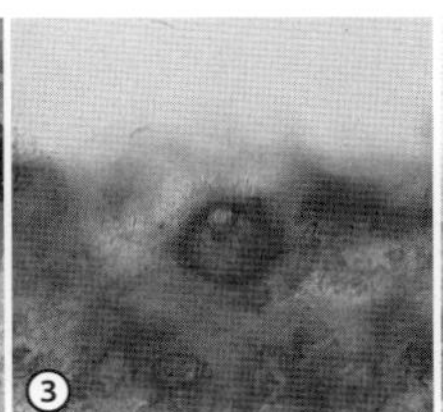
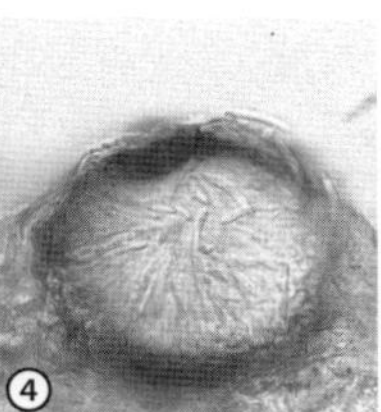
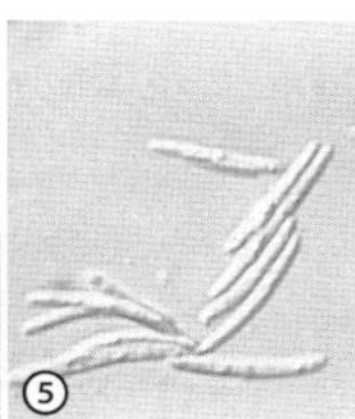
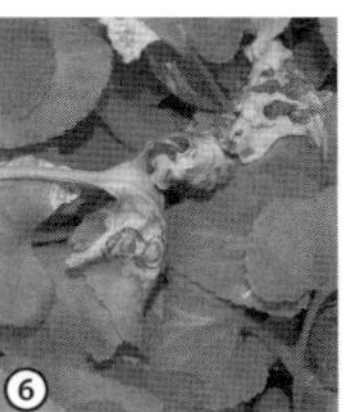

図 1.124　*Septoria* 属　〔口絵 p 053〕
Septoria azaleae：①分生子殻（断面）と分生子　②オオムラサキツツジ褐斑病の症状
S. violae：③罹病部の分生子殻　④分生子殻の断面　⑤分生子　⑥スミレ類 斑点病の症状　〔①小林享夫　③ - ⑥竹内 純〕

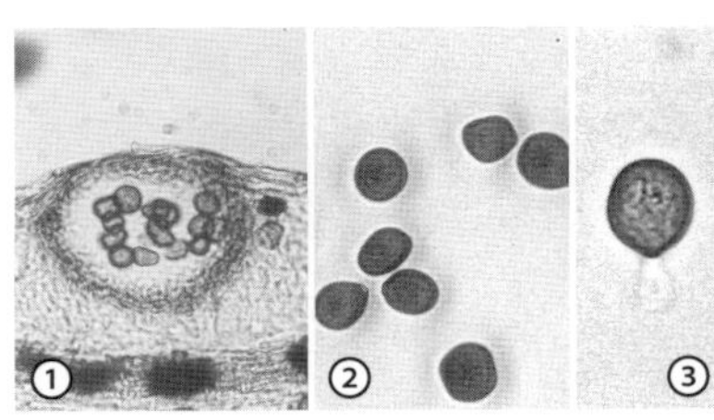
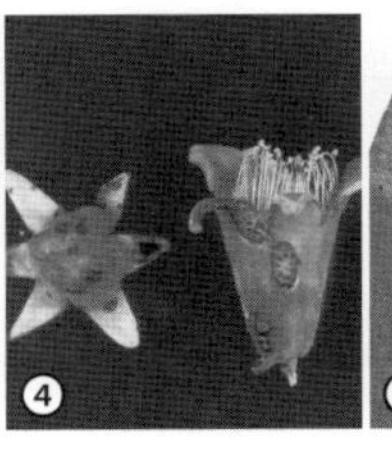
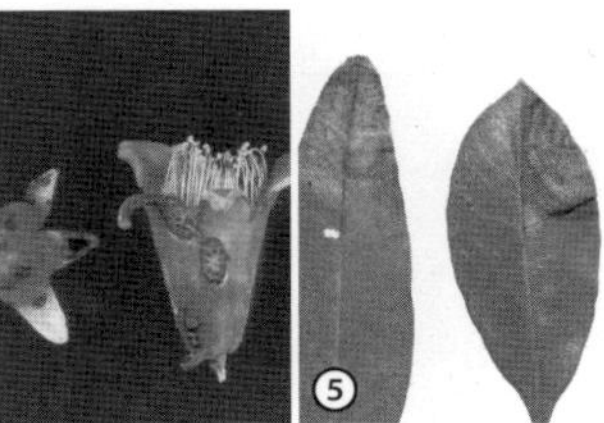
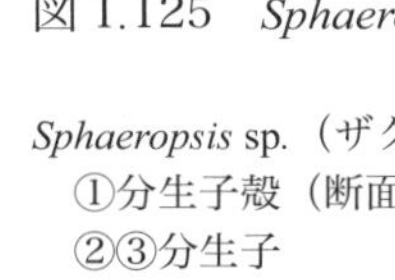

図 1.125　*Sphaeropsis* 属　〔口絵 p 054〕
Sphaeropsis sp.（ザクロ褐斑病菌）：
①分生子殻（断面）と分生子
②③分生子
④⑤ザクロ褐斑病の症状
〔② - ④小林享夫〕

生子形成細胞は無色、レモン形、7.5 - 10 × 5 - 7.5μm。分生子は淡褐色～褐色、単胞、球形～卵形、厚壁で、12.5 - 17.5 × 11.5 - 15μm。

＊堀江博道・小林享夫 (1977) 日植病報 43：118.

〔症状と伝染〕ザクロ褐斑病：葉の先端部や周縁から褐色斑が生じ、徐々に拡大する。しばらくすると罹病葉は黄化して早期落葉を起こす。果実に灰褐色、周縁暗褐色で、やや凹んだ不整斑を生じる。病斑上には小黒点（分生子殻）が同心円状に形成される。病原菌は罹病落葉において、分生子などが生存して最初の伝染源になると推測される。生育期には分生子が雨の飛沫とともに飛散して伝染する。

Stagonospora curtisii (Berkeley) Saccardo（図 1.126 ① - ⑤）＝アマリリス・ハマオモト赤斑病、スイセン斑点病、リコリス葉枯病

〔形態〕分生子殻は類球形～扁球形、殻壁は淡褐色～黒褐色の厚壁細胞からなり、膜質、直径 110 - 175μm。分生子は無色、円筒形で両端鈍頭、真直～やや湾曲、1 - 4 個の横隔壁を有し、大きさ 10.8 - 27.3 × 4 - 9 μm。培地上の菌糸生育適温は 25℃。

＊高野喜八郎 (1998) 日本植物病害大事典 p 669.

〔症状と伝染〕アマリリス赤斑病：葉先や葉身部に褐色～赤褐色、類円形～長楕円形あるいは紡錘形の斑点を生じる。病斑には同心輪紋があり、黒褐色の小点（分生子殻）を散生する。病斑の周辺には黄色のハローが現れる。花茎の病斑はやや隆起し、赤褐色の斑点が連なった条斑となり、病斑のある側に湾曲したり、矮化し、ときには亀裂を生じる。また、苞、花、球茎、根にも発生することがある。病斑部の分生子殻内には、通年にわたって分生子が存在し、雨滴の飛沫とともに飛散して伝染する。ヒガンバナ科植物に発生する。

Stagonospora euonymicola Tak. Kobayashi & H. Horie（図 1.126 ⑥⑦）＝ニシキギ円星病

S. maackiae Tak. Kobayashi ＝イヌエンジュ灰斑病

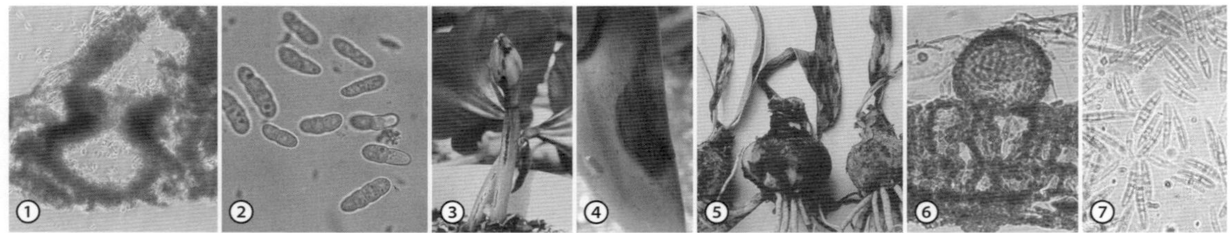

図 1.126 *Stagonospora* 属 〔口絵 p 054〕

Stagonospora curtisii：①分生子殻の断面 ②分生子 ③ - ⑤アマリリス赤斑病の症状

S. euonymicola（ニシキギ円星病菌）：⑥分生子殻の断面 ⑦分生子 〔①小林享夫 ②④牛山欽司 ③⑤高野喜八郎〕

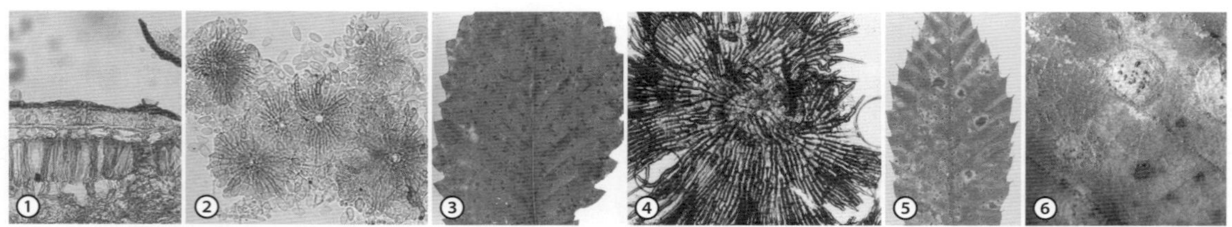

図 1.127 *Tubakia* 属 〔口絵 p 055〕

Tubakia dryina：①分生子殻の断面 ②分生子殻の上面と分生子 ③ミズナラすす葉枯病の症状

T. japonica：④分生子殻と分生子 ⑤⑥クリ斑点病の症状 〔④⑥金子 繁 ⑤小林享夫〕

Tubakia dryina (Saccardo) B. Sutton（図 1.127 ①-③）＝クリ・カシ類・ナラ類 すす葉枯（はがれ）病

〔形態〕分生子殻は盾状、中央の孔口から放射状に広がり、傘状～扁平な円錐状となり、直径 30 - 80μm。分生子は淡褐色、単胞、楕円形～類球形で、10 - 15 × 5 - 8μm。小型分生子は無色～淡黄色、単胞、紡錘形、5 - 10 × 1 - 2μm。

＊小林享夫（1998）日本植物病害大事典 p 1132.

〔症状と伝染〕ナラ類 すす葉枯病：葉に淡褐色～淡灰褐色、10 - 30mm 大の円斑～不整斑を生じ、病斑表面に小黒点（分生子殻）を多数形成する。病原菌は罹病落葉上で越冬し、生育期には分生子が雨の飛沫とともに飛散して伝染すると考えられる。

Tubakia japonica (Saccardo) B. Sutton（図 1.127 ④-⑥）＝クリ斑点病

〔形態〕分生子殻は黒褐色、扁平で、直径 50 - 180μm、分生子は無色～淡黄色、球形～広楕円形、二重壁、40 - 55 × 35 - 45μm。小型分生子は 5 - 10 × 1 - 2μm。

＊内田和馬（1998）日本植物病害大事典 p 863 - 864.

〔症状と伝染〕クリ斑点病：葉に 3 - 5 mm 大で輪郭の明瞭な、褐色～黄褐色の小円斑を多数生じ、早期落葉を起こす。病斑表面には微小な黒点（分生子殻）を散生する。病原菌は罹病落葉上で越冬し、生育期には分生子が雨の飛沫とともに飛散して伝染すると考えられる。

Tubakia subglobosa (T.Yokoyama & Tubaki) B.Sutton ＝アラカシすす葉枯病

2　分生子層菌類

a. 所属：分生子果不完全菌類

b. 特徴（図 1.128 - 136）：

分生子層は形成部位（表皮細胞内、角皮と表皮細胞の間、葉の表・裏など）、基層が子座状か、側糸を含むかなど；分生子は形成様式（図 1.114）、形態（図 1.3）、隔壁数、着色の有無などの識別点に基づいて属種を検索する。

【*Asteroconium* 属】（図 1.129）

テレオモルフは未詳。菌糸は隔壁をもつ。分生子層は皿状で、表皮細胞下に生じるが、のち表面に現れる。分生子柄は分生子層に並立して生じ、無色、単胞で短い。分生子は全出芽型に形成され、無隔壁、4 本の円錐状の突起によって星形を呈し、無色であるが、集団で白色粉状となる。分生子の形態から容易に判別できる。

【*Colletotrichum* 属】（図 1.128 A, 1.130）

テレオモルフは *Glomerella* 属（図 1.54）。菌糸には隔壁がある。分生子層は表皮下に生じ、皿状～レンズ状、分生子柄を表面に並列する。褐色の剛毛を生じることがある。分生子柄は無色で短く、先端に分生子を単生する。分生子は無色、単胞。種は分生子の形態（真直または湾曲、先端が鈍頭あるいは尖頭）、菌糸からの付着器の形態、宿主範囲などで類別する。近年、遺伝子解析に基づく種の精査が進み、新分類や種の分割などが提案されている。本属菌による病気の多くは「炭疽病」と命名され、その病原菌は炭疽病菌（植物炭疽病菌）と総称される。

〈参考〉佐藤豊三・森脇丈治（2009）植物炭疽病菌（1）日本微生物資源学会誌 25：27 - 32.；同（2）同誌 25：97 - 104.

【*Cylindrosporium* 属】（図 1.128 B, 1.131）

テレオモルフは *Pyrenopeziza* 属。菌糸には隔壁がある。分生子層は皿状～扁平状で表皮下に生じ、のち角皮を破って表面に現れる。分生子層の表面にフィアライド状の分生子形成細胞が並立して形成される。分生子は内生出芽・フィアロ型に生じ、糸状～円筒状、真直あるいは S 字状、数個の横隔壁を有し、無色であるが、集団では白色粘塊となる。

【*Entomosporium* 属】（図 1.128 C, 1.132）

テレオモルフは *Diplocarpon* 属（図 1.76）。

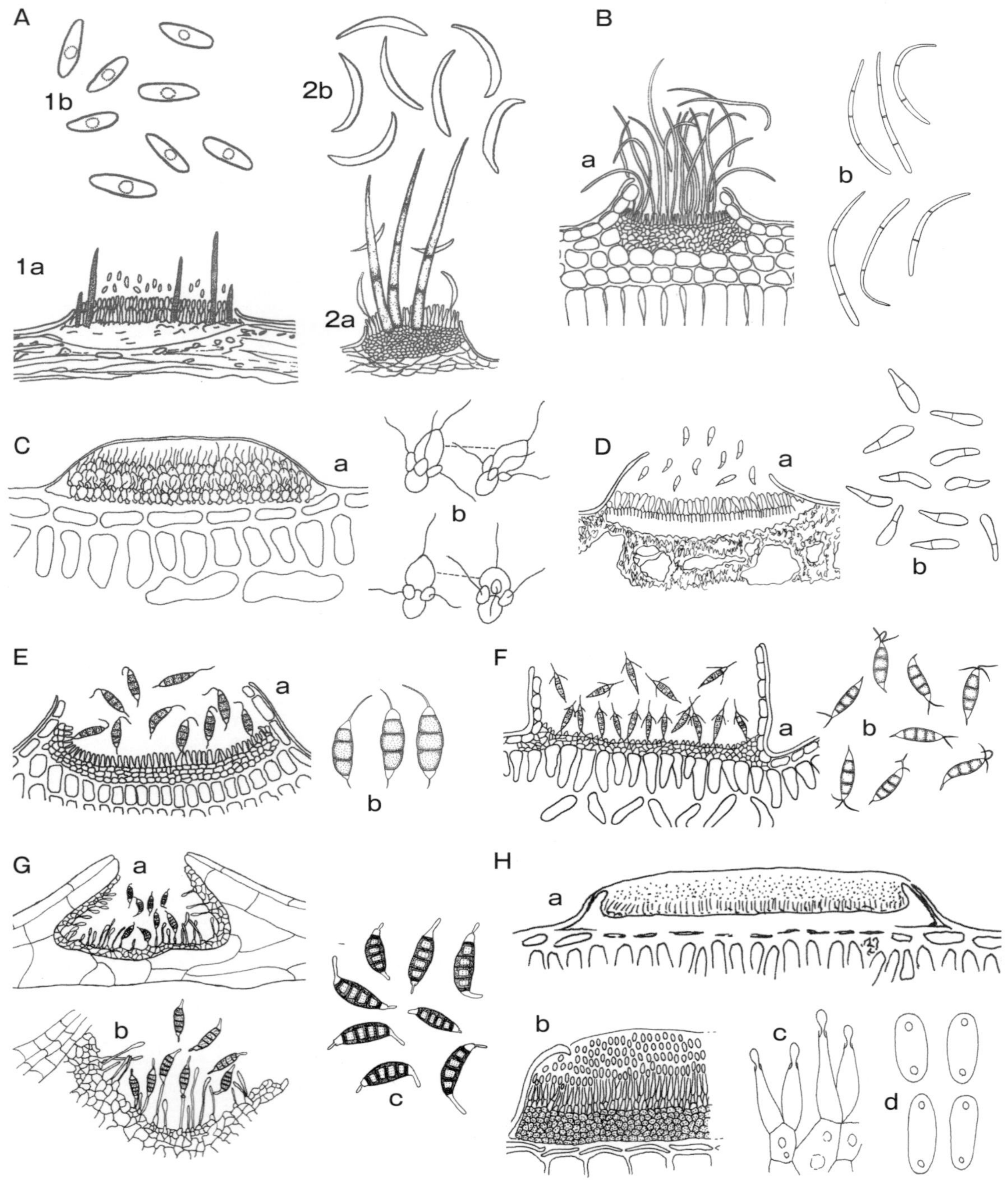

図 1.128　分生子果不完全菌類；主な分生子層菌類

A. *Colletotrichum* 属　(1. *C. lagenarium*；2. *C. truncatum*)：a. 分生子層断面　b. 分生子
B. *Cylindrosporium* 属（*C. spiraea-thunbergii*）：a. 分生子層断面　b. 分生子
C. *Entomosporium* 属（*E. mespili*）：a. 分生子層断面　b. 分生子
D. *Marssonina* 属（*M. daphnes*）：a. 分生子層断面　b. 分生子
E. *Monochaetia* 属（*M. monochaeta*）：a. 分生子層断面　b. 分生子
F. *Pestalotiopsis* 属（1. *P. montellica*；2. *P. adusta*）：a. 分生子層断面　b. 分生子
G. *Seiridium* 属（*S. unicorne*）：ab. 分生子層断面　c. 分生子
H. *Sphaceloma* 属（*S. ampelinum*）：a. 分生子層断面　b. 分生子層の一部　c. 分生子形成細胞　d. 分生子

〔AD＝我孫子和雄　BF＝小林享夫　E＝金子 繁　G＝田端雅進　H＝勝本 謙〕

菌糸には隔壁がある。分生子層は皿状、分生子柄は無色、短筒状で、昆虫形～マウス形の分生子を単生する。特徴的な形態の分生子に拠って同定は容易である。かつて本属には、7種が記載されていたが、形態学的、病原学的検討により、*E. mespili* 1種に統合された。

【*Marssonina* 属】（図 1.128 D，1.133）

テレオモルフは *Diplocarpon* 属（図 1.76）、*Drepanopeziza* 属。菌糸には隔壁がある。分生子層は皿状、分生子柄は無色、棍棒形で、分生子を単生する。分生子は無色、楕円形～棍棒形、基部近くの横隔壁により不等2室となる。種は分生子柄および分生子の形態と大きさ、宿主などにより分類される。

【*Pestalotiopsis* 属】（図 1.128 F，1.134）

テレオモルフは *Pestalosphaeria* 属（図 1.82）。菌糸には隔壁がある。分生子層は表皮下に埋生し、皿状～杯状、のち表皮を破り裸出する。湿潤時には黒色の分生子粘塊を巻きひげ状に押し出す。分生子は横に4隔壁を有して、5細胞からなり、中央3細胞は有色（淡褐色～黒褐色）、頂部細胞に2～4本の付属糸、基部細胞に1本の内生付属糸（尾毛）を有する。分生子の大きさ、付属糸の数・位置・分岐の有無および有色3細胞の着色程度などに基づいて、種が類別される。なお、属・種の改変が進められている。

【*Seiridium* 属】（図 1.128 G，1.135）

テレオモルフは *Blogiascospora* 属、*Lepteutypa* 属など。菌糸には隔壁がある。分生子層は皿状～椀状。分生子はアネロ型に形成され、紡錘形で、真直ないしやや湾曲し、5横隔壁により6室、中央4室は淡褐色～暗褐色、頂部と基部の細胞は無色で、ふつうは各1本の付属糸を有する。種は分生子の形態、付属糸の有無と長さなどにより類別される。

本属は *Monochaetia* 属に含めていたが、同属は以下の3属に分けられた。

Monochaetia 属：付属糸が分生子柄に内生し、有色細胞3個。

Seiridium 属：同上で、有色細胞 4個。

Seimatosporium 属：付属糸が分生子柄の壁に沿うように外生し、有色細胞2 - 4個。

【*Sphaceloma* 属】（図 1.128 H，1.136）

テレオモルフは *Elsinoë* 属（図 1.77）。菌糸には隔壁がある。分生子層は皿状～浅い盤状で、表皮下に生じ、のち表皮が破れて裸出する。分生子柄は不明瞭で、無色、単条、短円筒形。分生子は頂生し、無色、単胞、小型楕円形、表面平滑。分生子の特徴が少ないため、形態による類別は難しい。

c. 観察材料：

Asteroconium saccardoi Sydow & P. Sydow

＝タブノキ白粉（はくふん）病（図 1.129 ① - ③）

〔形態〕分生子層は幅 0.5 - 1.5mm。分生子柄は無色、真直、17 - 31 × 2 - 2.5μm。分生子は無色、4か所に突起を有し、星形～テトラポット形で、隔壁はなく、中央に大きな油滴が1個あり、17 - 20 × 12 - 17μm。

＊周藤靖雄（1998）日本植物病害大事典 p 1102.

〔症状と伝染〕タブノキ白粉病：初夏、新葉や葉柄、若い緑枝に 0.5 - 1.5mm 大で黄色、水膨

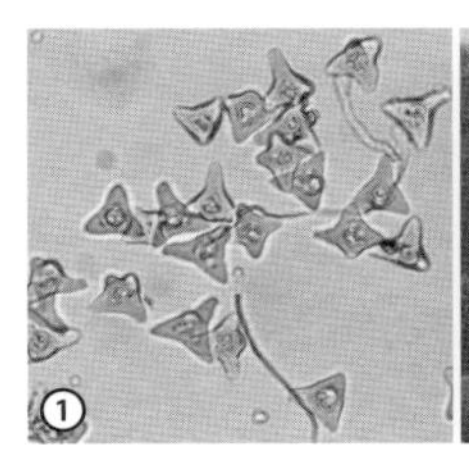

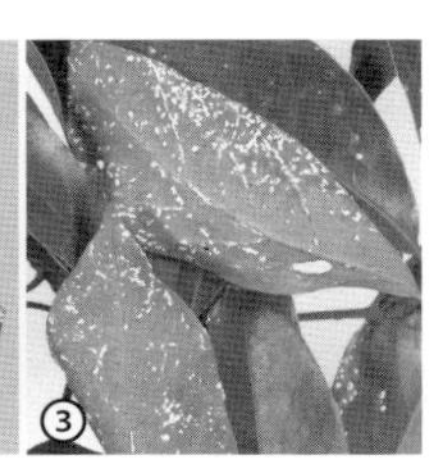

図 1.129　*Asteroconium* 属 〔口絵 p 055〕
Asteroconium saccardoi：
① 分生子
②③タブノキ白粉病の症状

れ状の小突起が多数生じ、激しい場合は葉や新梢がよじれる。病斑はその状態で越年し、翌春になると、突起部に白粉が集塊となって現れ、のち病斑部は枯れて黒変する。春季～初夏にかけて、越冬罹病枝葉上に生じた分生子が当年葉の展開時に飛散し、新葉に感染する。

Colletotrichum acutatum J.H. Simmonds（図 1.130 ① - ⑤）＝イチゴ・シュンギク・キンセンカ・コスモス・スイートピー・トルコギキョウ・ホトトギス・ビワ・リンゴ炭疽（たんそ）病

〔形態〕菌糸は無色～褐色。分生子層は皿状～レンズ状、直径 50μm - 1mm。剛毛は黒褐色、長さ 34 - 88μm。分生子は無色、単胞、真直、紡錘形、両端が尖るのが基本であるが、長楕円形～円筒形、両端鈍頭などの分生子が混在する場合も多く、8 - 17 × 2.5 - 6μm。分生子形成量は宿主上、培地上とも豊富である。菌糸から形成される付着器は淡褐色～灰褐色、厚壁、楕円形～倒卵形、単純で、8 × 6μm 前後。培地上での菌糸生育は良好、適温は 25 - 27℃、菌叢表面は淡灰色～灰色、裏面は淡紅色～暗紅色、あるいはクリーム色～暗灰色。多犯性。

＊竹内 純 (2007) 東京農総研研報 2：1 - 106.

〈参考〉佐藤豊三・森脇丈治 (2013) 広義 *Colletotricum acutatum* の種分割と炭疽病の病原再同定. 植物防疫 67：113 - 120.

〔症状と伝染〕トルコギキョウ・スイートピー炭疽病：茎・葉に不整形の褐色斑点や枯れを生じる。湿潤時には、病患部に橙色粘質の分生子塊が多数形成される。病原菌が植物に潜在感染し、あるいは罹病株残渣内で生存して伝染源となる。生育期には病斑上に形成された分生子が灌水や雨の飛沫とともに飛散し、伝播する。

Colletotrichum dematium (Persoon) Grove

＝ガザニア・ギボウシ類・ナルコユリ・ヤブラン・ブナ炭疽病

〔形態〕病斑上および培地上の分生子層には暗褐色で長い剛毛が多数生じる。分生子は無色、単胞、鎌形に湾曲し、両端が尖り、その大きさは 9 - 29.5 × 2.5 - 5μm。付着器は暗褐色、切り込みがある多様な形態で、7.5 - 30 × 5 - 14μm。培地上の菌糸は 10 - 37℃で生育し、適温は 25 - 30℃。多犯性。

＊竹内 純 (2007) 東京農総研研報 2：1 - 106.

Colletotrichum gloeosporioides（Penzig）Penzig & Saccardo〔テレオモルフ *Glomerella cingulata* (Stoneman) Spaulding & H. Schrenk〕（図 1.53、1.54 ① - ⑯、1.130 ⑥）

＝デンドロビウム・ファレノプシス*・アオキ*・ホソバヒイラギナンテン*・リンゴ*・レイシ炭疽病、チャ* 赤葉枯（あかはがれ）病（* はテレオモルフが確認されている宿生植物）

〔形態〕PDA 培地上の菌叢は灰褐色～暗灰褐色で、小黒点が所々に群生する。接種病斑上および培地上の分生子層には、比較的大型で多数の剛毛が生じる。分生子はフィアロ型に形成され、無色、単胞、楕円形～長楕円形、大きさは 12 - 20 × 4.5 - 7.5（平均 16.3 × 5.2）μm。付着器は褐色～暗褐色、棍棒形、ときに切れ込みを生じ、大きさ 7.5 - 17 × 5 - 10.5（平均 12 × 7.5）μm である。

＊ p 148 - 156 参照. 竹内 純 (2007) 東京農総研研報 2：1 - 106.

〈参考〉*C. gloeosporioides* は種複合体と位置付けられており、複数の領域の遺伝子解析に基づいた種の再分類が提唱されている。

Colletotrichum higginsianum Saccardo

＝アブラナ科野菜 炭疽病（図 1.130 ⑦ - ⑪）

〔形態〕菌糸は無色～褐色、隔壁部でややくびれ、幅 1.9 - 3.8μm、厚壁の菌糸も生じる。分生子層は小型で、直径 8 - 14μm。剛毛は黒褐色、長さ 42 - 90μm。分生子は無色、単胞、真直～やや湾曲、紡錘形～米粒形、先端はやや先細り、鈍頭、7 - 18 × 2.5 - 5.8μm。培地上の菌糸生育は良好で、適温 25℃。分生子を豊富に形成する。分生子発芽適温は 25℃。付着器は淡褐色、円形〜長円形。

＊堀江博道・菅田重雄（1988）東京農試研報 21：189 - 237.

〈参考〉森脇丈治ら（2004）JGPP. 68：307 - 320.；
従来、アブラナ科植物のみに病原性が確認されていたが、他科の植物とも相互感染することが明らかにされている。また、遺伝子解析の結果に基づき、本種を *Colletotrichum destructivum* O'Gara に統合し、寄生性の特徴から分化型を設けることが提案されている。

〔症状と伝染〕コマツナ炭疽病：葉にはじめ淡緑色、のち灰褐色、直径 1 - 2 mm 程度の小斑点を多数形成する。湿潤が続くと病斑が急激に拡大し、水浸状に腐敗する。病原菌は罹病葉残渣とともに、あるいはアブラナ科雑草やホトケノザなどに寄生して伝染源になると考えられる。生育期には分生子が雨滴の飛沫とともに伝染する。発生の年次変動が激しく、梅雨が長く冷夏の年には発病が多い。

Colletotrichum liliacearum（Schweinitz）Ferraris（図 1.130 ⑫ - ⑯）＝エビネ・ギボウシ類・ジャノヒゲ・ハラン・ユリ類 炭疽病

C. lindemuthianum（Saccardo & Magnaghi）Scribner ＝インゲンマメ炭疽病

Colletotrichum orbiculare (Berkeley & Montagne) Arx〔シノニム *C. lagenarium*（Passerini）Ellis & Halsted〕（図 1.130 ⑰ - ㉑）
＝ウリ科野菜 炭疽病

〔形態〕病斑上の分生子層や培地上の子座様菌糸塊には、暗褐色の長い剛毛が生じる。分生子は無色、単胞、楕円形〜紡錘形で、14 - 15 × 4.5 - 6 µm。付着器は豊富に形成され、褐色、棍棒形、切り込みがある多様な形状で、9 - 10 × 5 - 6 µm。培養菌叢上には、厚壁で暗褐色の菌糸を豊富に生じ、表面は灰色粉状となる。培地上の菌糸生育温度範囲は 6 - 32℃、適温は 23℃。

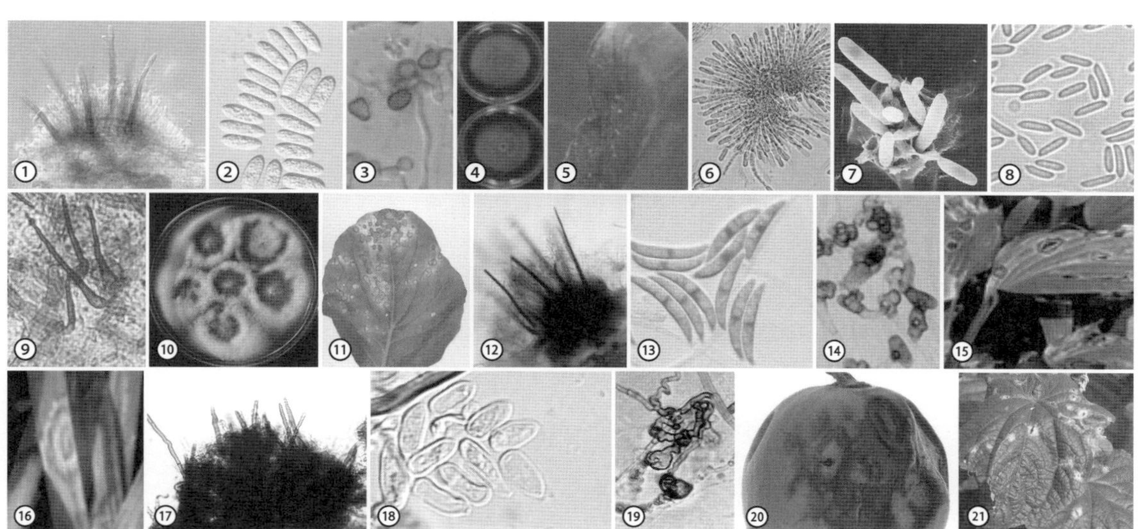

図 1.130　*Colletotrichum* 属　〔口絵 p 056〕

Colletotrichum acutatum：①分生子層（分生子と剛毛）　②分生子　③菌糸上の付着器　④培養菌叢（PDA）　⑤スイートピー炭疽病の葉の症状

C. gloeosporioides：⑥ WA 培地上での分生子形成

C. higginsianum：⑦病斑上の分生子（SEM 像）　⑧分生子　⑨剛毛　⑩培養菌叢（PDA）　⑪コマツナ炭疽病の症状

C. liliacearum：⑫分生子層（分生子と剛毛）　⑬分生子　⑭菌糸上の付着器　⑮コバノギボウシ炭疽病の症状　⑯ジャノヒゲ炭疽病の症状

C. orbiculare：⑰分生子層（分生子と剛毛）　⑱分生子　⑲菌糸上の付着器　⑳メロン炭疽病の症状　㉑キュウリ炭疽病の症状

〔① - ④⑫ - ⑲㉑竹内 純〕

ウリ科植物のみに病原性がある。

＊ Sutton（1980）The Coelomyces p 523 - 537.

〔症状と伝染〕キュウリ・メロン炭疽病：若い葉に周囲が淡褐色、中央部が灰黄色で、不整円形の小斑を生じ、のち拡大して中央部が破れ、激しい場合は葉枯れ症状を呈する。果実では不整円形の凹んだ病斑が形成される。茎には紡錘形、淡褐色の病斑が現れ、のち白化し、ときには茎枯れを起こす。病斑上に微小な黒点（分生子層）を豊富に生じ、湿潤時には淡黄色、粘質の分生子塊が多産される。露地栽培のものに発生が多い。病原菌は罹病株残渣とともに越年して伝染源になると考えられる。また、農業資材に罹病残渣のかけらや分生子などが付着して伝播する。生育期には分生子が灌水や雨の飛沫により飛散し、伝染する。

Colletotrichum spinaciae Ellis & Halsted
＝ホウレンソウ炭疽病

C. trichellum（Fries）Duke ＝ヘデラ炭疽病

C. truncatum（Schweinitz）Andrus & W.D. More
＝ダイズ・スイートピー・ニセアカシア炭疽病

Cylindrosporium spiraeae-thunbergii Miura ex Tak. Kobayashi（図 1.131 ① - ⑤）
＝ユキヤナギ褐点(かってん)病

〔形態〕分生子層は無色～淡褐色、皿状、直径 70 - 125μm。分生子柄は無色、単条で、6.5 - 9 × 2 - 2.5μm。分生子は無色、細長い倒棍棒形～糸状で常に湾曲し、1 - 6 隔壁、18 - 68 × 2 - 3.5μm。

＊ Kobayashi, T. *et al.*（1979）日菌報 20：325 - 337.

〔症状と伝染〕ユキヤナギ褐点病：春季、展開直後の新葉に暗褐色～褐色で、1 - 2 mm 大の小斑点を 1 葉あたり数十から 100 個以上生じる。病斑上には小黒点（分生子層）を多数形成し、湿潤時には白色の粘質物（分生子の集塊）が滲み出る。病斑周辺から黄化し、激しい落葉を起こす。病原菌は罹病落葉上で越冬し、春季の第一次伝染源になると考えられる。生育期には分生子が雨滴とともに伝播し、蔓延する。

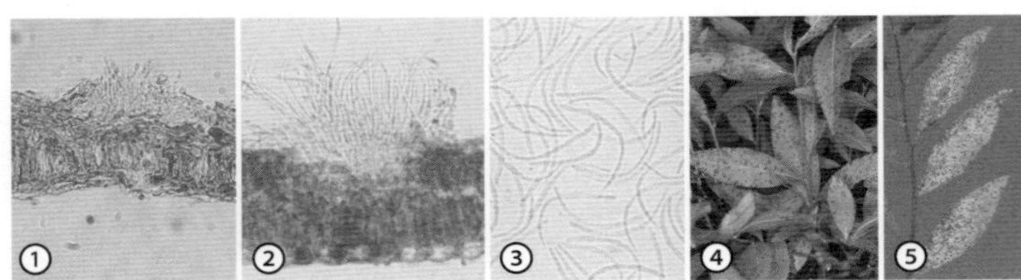

図 1.131　*Cylindrosporium* 属
〔口絵 p 057〕
Cylindrosporium spiraeae-thunbergii：
①②分生子層の断面　③分生子
④⑤ユキヤナギ褐点病の症状
〔②③小林享夫〕

図 1.132　*Entomosporium* 属〔口絵 p 057〕
Entomosporium mespili：
①分生子層の断面
②分生子層上の分生子（SEM 像）
③分生子　④分生子の発芽（WA 上）
⑤培養菌叢（麦芽培地）
⑥ - ⑪ごま色斑点病の症状と被害（⑥ビワ
⑦シャリンバイ　⑧セイヨウサンザシ
⑨ - ⑪ベニカナメモチ）

Entomosporium mespili（de Candolle）Saccardo〔テレオモルフ *Diplocarpon mespili*（Sorauer）B. Sutton〕（図 1.132 ①-⑪）
＝ビワ・マルメロ*・カナメモチ・ザイフリボク・シャリンバイ・セイヨウサンザシごま色斑点(いろはんてん)病（*テレオモルフ確認植物）

〔形態〕分生子は無色、大小の 4-6 細胞からなり、昆虫〜マウス様、基部の細胞を除くすべての細胞に各 1 本の付属糸がある。付属糸を除く分生子全体の大きさは 17-22×10-11.5μm（平均値の範囲）。PDA や麦芽などの培地で培養できる。菌糸生育の適温は 22°C、1 か月培養で直径 2 cm、厚さ 3-4 mm 程度。宿主はバラ科ナシ亜科に限定されている。

＊堀江博道（1986）東京農試研報 19：1-91.

〔症状と伝染〕カナメモチごま色斑点病：葉、若い枝に中央部が灰褐色、周囲が赤褐色、類円形の斑点を生じ、その中央部に黒色、かさぶた状の小黒点（分生子層）を散生する。落葉が激しく、苗木や生垣では株枯れを起こす。病斑上の小黒点から分生子の白色粘塊が押し出され、雨の飛沫とともに分生子が飛散する。降雨が連続すれば、3 月から秋季まで感染を繰り返す。他にシャリンバイ、セイヨウサンザシ、ビワなどに発生し、相互に伝染する。

Marssonina brunnea（Ellis & Everhart）Magnus
＝ポプラ類 マルゾニナ落葉(らくよう)病

Marssonina daphnes（Desmazières & Roberge）Magnus（図 1.133 ①-④）＝ジンチョウゲ黒点(こくてん)病

〔形態〕分生子層は表皮下に生じ、幅 250-620μm、高さ 80-150μm。分生子は無色、ヘチマ形、長紡錘形〜長楕円形、2 胞で基部近くに隔壁があり、靴底のように見える。分生子の大きさは 20-37.5×6.3-10μm。PSA 上でははじめ酵母状、のち白色〜淡黄色、古くなると黒色部を生じ、気中菌糸はほとんどなく、分生子の形成は良好。菌糸生育の適温は 16-24°C。

＊日野隆之ら（1977）植物防疫 31：165.

〔症状と伝染〕ジンチョウゲ黒点病：葉、若い枝、花蕾、花弁に小黒点斑を多数生じ、すぐにかさぶた状となり、病斑中央部には汚白色の粘質物（分生子の集塊）が形成される。病葉はすぐに黄変、落葉し、新出葉も次々と罹病、落葉を繰り返すため、樹勢は衰弱し、株枯れを起こす。病斑上には分生子層および分生子が周年存在する。早春から分生子が形成され、雨の飛沫とともに飛散して感染する。

Marssonina rosae（Trail）Sawada〔テレオモルフ *Diplocarpon rosae* F.A. Wolf〕（図 1.74）
＝バラ黒星(くろほし)病（*Diplocarpon rosae* の項を参照）

Monochaetia monochaeta（Desmazières）Allescher
＝クリ・ナラ類 葉枯(はがれ)病

Pestalotiopsis acaciae（Thümen）K. Yokoyama & S. Kaneko ＝カキ葉枯病、カシ類・クリ・ナラ類 ペスタロチア病

P. disseminata（Thümen）Steyaert ＝マツ類 ペスタロチア葉枯病（ペスタロチア病）

P. distincta（Guba）K. Yokoyama（図 1.134 ①②）
＝シイノキ ペスタロチア病

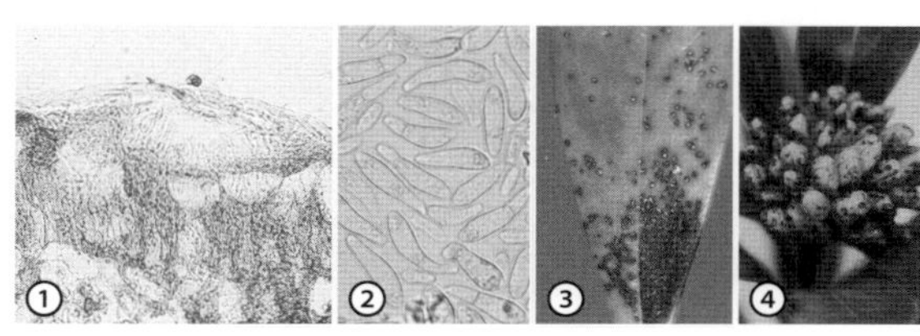

図 1.133　*Marssonina* 属　〔口絵 p 057〕
Marssonina daphnes：
①分生子層（断面）と分生子　②分生子
③④ジンチョウゲ黒点病の症状（③葉　④花蕾）
〔①小林享夫〕

Pestalotiopsis glandicola (Castagne) Steyaert
(図 1.134 ③) ＝マツ類 ペスタロチア葉枯病（ペスタロチア病）

〔形態〕分生子は倒卵形、18 - 25 × 6.8 - 9μm、横隔壁により５室で、両端細胞は無色、中央３細胞は有色で、そのうち上部２細胞が暗茶色〜黒褐色、下部細胞がオリーブ色、有色３細胞合計の長さ 13 - 17μm、頂部の付属糸は頂部細胞の先端部付近から開散性に２ - ３本生じ、長さ 15 - 34μm、基部の内生付属糸は長さ２ - ８ μm。

〔症状と伝染〕マツ類 ペスタロチア葉枯病：葉に黄色〜黄褐色の病斑が、まだら模様のように生じ、激しい葉枯れを起こして落葉する。病斑上には小黒点（分生子層）が散生する。分生子層が成熟して適度な湿度を得ると、分生子の集塊が押し出されて、黒色のひげのように見える。生育期にはこの分生子が雨滴とともに飛散し、伝染する。病原菌は植物組織内に潜在感染していることもあると推察される。

Pestalotiopsis maculans (Corda) Nag Raj
〔シノニム *P. guepinii* (Desmazières) Steyaert〕
(図 1.134 ④ - ⑩) ＝サザンカ・ツバキ・ツツジ類 ペスタロチア病

〔形態〕分生子は紡錘形、大きさ 19 - 27.5 × 6 - 8.5μm、５室からなり、両端細胞は無色、中央３細胞は淡茶色〜暗茶色、有色３細胞合計の長さ 13 - 19μm、頂部の付属糸は、頂部細胞の先端部から１ - ３本生じ、長さ 10 - 22μm、基部の内生付属糸は、長さ 1.5 - ３μm。PDA 上の培養菌叢は白色、灰色ないし淡褐色、表面は粉状となる。培地上の生育は良好で、菌叢上には分生子塊が光沢のある黒色、粘質の集塊となって形成される。

〔症状と伝染〕ツツジ類 ペスタロチア病：葉に円形〜不整形で、褐色〜灰白色の病斑を生じる。しばしば葉縁から拡大して、葉枯れを起こす。病斑上には小黒点（分生子層）が散生、あるいは同心円状に鎖生する。分生子層が成熟すると、適度な湿度を得て、分生子の塊が押し出され、黒色の突起（分生子角）が角（つの）やひげのように見える。

Pestalotiopsis montellica (Saccardo & Voglino) Tak. Kobayashi ＝ズミ ペスタロチア病

〔形態〕分生子は楕円形〜倒卵形、16 - 19 × 7 - ９μm、５室からなり、両端細胞は無色、中央３細胞は同色の淡褐色〜茶色、有色３細胞合計

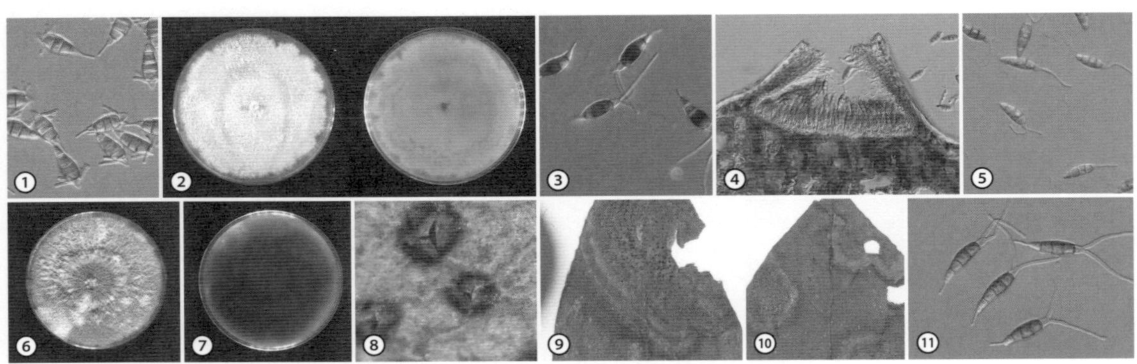

図 1.134　*Pestalotiopsis* 属　〔口絵 p 058〕
Pestalotiopsis distincta：①分生子　②培養菌叢（PDA；左が表面　右が裏面）
P. glandicola：③分生子
P. maculans：④分生子層の断面　⑤分生子　⑥⑦培養菌叢（PDA；⑥表面　⑦裏面）
⑧ツバキ病斑上の分生子層　⑨ヨドガワツツジ ペスタロチア病の症状　⑩トウゴクミツバツツジ ペスタロチア病の症状
P. theae：⑪分生子
〔① - ⑦⑪小野泰典〕

の長さ 11.5 - 14μm、頂部の付属糸は頂部細胞の先端部から 2 - 8 本生じ、長さ 8 - 14μm、基部の内生付属糸は長さ 3 - 9 μm。

Pestalotiopsis theae Sawada（図 1.134 ⑪）
＝カキ輪紋葉枯（りんもんはがれ）病、チャ輪斑（りんはん）病

Seiridium unicorne (Cooke & Ellis) B. Sutton
（図 1.135 ① - ⑥）＝サワラ・ネズ・ヒノキ・ビャクシン類 樹脂胴枯（じゅしどうがれ）病

〔形態〕分生子層は盃状～椀状で、樹皮上に開口し、直径 300 - 1,250μm、高さ 150 - 750μm。分生子は紡錘形、真直～やや湾曲、表面平滑、横隔壁によって 6 室に分れ、両端細胞は無色、中間 4 室は同一色で、はじめ淡オリーブ色のち褐色～暗褐色、付属糸を除く大きさ 22.5 - 30 × 7.5 - 10μm、有色細胞合計の長さ 15 - 22.5μm。付属糸は両端に各 1 本生じ、いずれも分生子の同じ側に湾曲し、長さ 12.5μm。

＊佐々木克彦・小林享夫（1975）林試研報 271：27 - 38.（図版付）

〔症状と伝染〕ヒノキ・ビャクシン類 樹脂胴枯病：若齢の枝が発病しやすく、陥没した病斑を生じ、初期にはしばしば病患部から樹脂が漏出する。やがて病患部は癌腫状を呈し、枝折れや上部枝葉の枯死を起因する。生垣では枯れが目立って美観を損なう。病患部に形成された分生子が、雨の飛沫とともに飛散して伝染する。

Sphaceloma ampelinum de Bary〔テレオモルフ *Elsinoë ampelina* (de Bary) Shear〕
（図 1.77 ① - ⑥）＝ブドウ黒（こく）とう病

Sphaceloma araliae Jenkins〔テレオモルフ *Elsinoë araliae* S. Yamamoto〕（図 1.136 ① - ④）
＝ウド・タラノキ・ヤツデそうか病

〔症状と伝染〕タラノキ・ヤツデそうか病：新梢には縦長の病斑がやや凹んで形成され、茎枝の伸育とともに捩れたり、変形する。葉では、葉脈に沿って灰白色の小斑が連続して生じる。

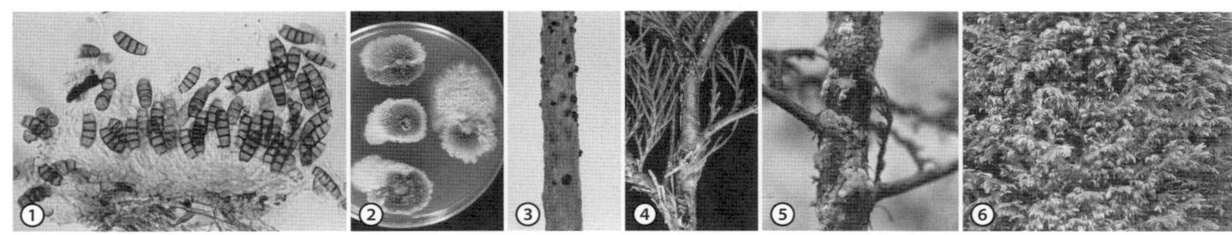

図 1.135　*Seiridium* 属　〔口絵 p 058〕

Seiridium unicorne：①分生子層と分生子　②培養菌叢（組織分離；PDA）　③接種によるヒノキ枝上の分生子塊　④罹病枝から樹脂の流出（ローソンヒノキ）　⑤乾固した樹脂（ヒノキ）　⑥ローソンヒノキ樹脂胴枯病の症状

〔① - ⑤佐々木克彦〕

図 1.136　*Sphaceloma* 属　〔口絵 p 059〕

Sphaceloma araliae：①②タラノキそうか病の症状　③④ヤツデそうか病の症状

Sphaceloma sp.：⑤ - ⑦アジサイ類 そうか病の症状　〔⑤ - ⑦小野 剛〕

葉の伸育が妨げられ、新葉は湾曲や捩れなど奇形となり、激しいと葉枯れ症状を起こす。

Sphaceloma sp.（アジサイそうか病菌；図 1.136 ⑤ - ⑦）＝アジサイ類 そうか病

〔症状と伝染〕アジサイ類 そうか病：新葉の展開直後から、葉に褐色～紫褐色で、2 mm 前後の円形小斑点が多数生じる。これらは雨滴のたまりやすい葉脈上に沿って連続的に形成されることが多く、やがて病斑が融合し、病斑中央部が灰白色となる。葉柄や茎では灰白色で、かさぶた状の病斑を生じ、植物の生育に伴って湾曲する。とくに新葉は激しく侵され、病斑部と健全部の生育が不均衡となるために、萎縮や奇形などの症状を起こして、観賞価値が大きく低下する。ヤマアジサイ、エゾアジサイ、コアジサイなどの被害が大きいが、セイヨウアジサイでは病斑をほとんど形成しない。生育時には分生子が風雨により飛散し、伝染する。梅雨期を中心として蔓延しやすい。

＊小野 剛ら（2010）日植病報 76：41.

3　糸状不完全菌類

a. 特徴（図 1.137 - 161）：

分生子柄および分生子形成細胞は、菌糸または菌糸組織から分化する。分生子柄をつくらずに分生子形成細胞を生じる種類もある。また、菌糸が集まって子座を形成したり、密に結束した分生子柄束、あるいは組織化した厚い分生子褥（じょく）から分生子柄（分生子形成細胞）を叢生（そうせい）するものもある。分生子は形成様式（図 1.114）、形態（図 1.3）、隔壁の有無とその数などを観察し、属種を検索する。なお、糸状不完全菌類に含まれるが、*Cercospora* 属およびその関連属菌類、無胞子菌類については別項に示した。

【*Alternaria* 属】（図 1.137 A, 1.138）

テレオモルフは *Lewia* 属とされてはいるが、*Alternaria infectoria* とその近縁種のみに記録されている。菌糸は無色～褐色で、隔壁を有する。主として病斑上に表生する菌糸から分生子柄を形成する。分生子柄は褐色で、シンポジオ型に伸長し、ポロ型に分生子を形成する。分生子は褐色を呈し、主に倒棍棒形、卵形、長楕円形、紡錘形など多型であり、縦横に隔壁をもつ石垣状の分生子である。分生子は種によって単生または連鎖し、表面は平滑あるいは小いぼ状突起があり、先端に糸状の嘴部（beak）を形成するものもある。本属はきわめて多様な形態種を包含しており、分子系統解析によっても多系統であることが示唆されていることから、今後、他の近縁属とともに、分類学的に再編される可能性がある。

【*Aspergillus* 属】（図 1.139）

テレオモルフは *Eurotium* 属など。菌糸は隔壁をもつ。分生子柄は栄養菌糸上に直立し、隔壁はなく、やや厚壁で、先端に球形の頂嚢を形成する。頂嚢の全面あるいは上部にメトレを生じ、さらに、とっくり状のフィアライドを形成する。種によってはメトレを欠き、頂嚢から直接フィアライドを生じる。分生子は無色～有色で、平滑あるいは粗面、フィアライド頂端から内生出芽・フィアロ型に連生する。種によって各器官の形態・色調、培養基の着色状態、培養的性質などが異なる。

【*Botrytis* 属】（図 1.137 B, 1.140）

テレオモルフは *Botryotinia* 属（図 1.64）。菌糸は淡褐色～淡黄褐色で、隔壁がある。分生子は分生子柄の枝頂部に全出芽型、ブドウの房状に多数生じ、無色～淡黄褐色で、楕円形～倒卵形、単胞。菌核は小型不定形、黒色～黒褐色を呈する。種は分生子と分生子柄先端部の形態、培地上の菌叢の形状、菌核（形成）の有無と形状などにより類別される。

【*Corynespora* 属】4. *Cercospora* 属およびその関連属菌類の項（p 240）を参照。

【*Curvularia* 属】（図 1.137 D，1.141）

テレオモルフは *Cochliobolus* 属。菌糸は淡褐色〜褐色で、隔壁がある。宿主上では暗褐色の小型子座を形成するか、あるいは子座を欠く。分生子柄は褐色〜暗褐色で、直立し、単条、真直または屈曲して膝状に曲がる。分生子は出芽型・シンポジオ型に単生し、紡錘形、円筒形、棍棒形、楕円形などで、通常は３隔壁もしくは数隔壁によって多室となり、淡褐色〜暗褐色、あるいは室により濃淡があり、両端は円頭、表面は平滑または細かい疣を生じ、種により顕著に湾曲し、あるいは基端にへそ（hilum）をもつ。種は子座の有無、分生子の形態などに基づいて類別される。

【*Cylindrocarpon* 属】（図 1.137 E，1.142）

テレオモルフは *Neonectria* 属（図 1.31）。菌糸は無色、隔壁をもつ。分生子柄は無色で、菌糸の側面から生じ、単条または１〜数回分岐、あるいは先端で多数回分岐する。分生子形成細胞は円筒形で、カラーがあり、フィアロ型に大型分生子を生じる。大型分生子は無色、円筒形〜紡錘形で、真直またはやや湾曲、両端は円頭状、１ないし多数の横隔壁のある多室で、表面は平滑。種により小型分生子を形成する。種は分生子の形態から分類される。

【*Fusarium* 属】（図 1.137 F，1.143）

フンタマカビ綱（核菌綱）、ボタンタケ目の *Gibberella* 属、*Haematonectria* 属など、多くの属に対応するアナモルフである。 菌糸は無色で隔壁を有する。本属に所属する多くの植物病原菌は、高栄養培地上で菌糸を旺盛に形成し、綿毛状となる。菌叢は白色、橙色、青紫色など多様な色調を呈する。植物体上や培地上では、ときにスポロドキアと呼ばれる、分生子柄と分生子の集塊が観察される。分生子形成細胞はフィアライド型で、先端から、分生子が主に擬頭状または連鎖状となって形成される。分生子柄は acremonium 様ないし verticillium 様で、数回分岐する。分生子には、鎌形で多隔壁があり、脚胞をもつ大分生子（大型分生子）と、主に類球形〜楕円形で、単胞ないし２胞の小分生子（小型分生子）の２型がある。厚壁胞子は菌糸上に頂生または間生し、ときには連鎖する。

【*Gonatobotryum* 属】（図 1.137 G，1.144）

テレオモルフは不詳。菌糸には隔壁がある。子座は厚壁細胞からなる。分生子柄は隔壁を有し、数本〜十数本が叢生、先端および中間部に膨大部があり、その表面に輪生する小突起に分生子を連生する。各器官とも淡褐色。我が国では *G. apiculatum* のみが記録されている。

【*Haradamyces* 属】（図 1.145）

レオティオ亜綱、ビョウタケ目のアナモルフ属である。茶碗型で多細胞、中心細胞を欠く分散体で特徴づけられる。

【*Penicillium* 属】（図 1.137 H，1.146）

テレオモルフは *Eupenicillium* 属、ならびに *Talaromyces* 属など。菌糸は無色から種により特徴的に着色し、隔壁を有す。分生子柄は菌糸から直立し、単生または束状、一般に先端部にペニシリを生じる。ペニシリは分岐回数により単輪生、複輪生、三輪生、四輪生に分けられ、各分岐は先端から、フィアライド（分生子形成細胞)、メトレ、ラムリー、ラミーと区別する。フィアライドはフラスコ形、ほこ先形など、先端にカラーを生じる。分生子はフィアライドより連続形成され、単胞、類球形、楕円形、短紡錘形などで、表面平滑あるいは細かい刺や疣状の突起を生じる。分生子柄および分生子の集塊は、灰緑色などの粉塊となる。種は各器官の形態、ペニシリの枝分かれの回数、色調、選択培地における培養特性などにより類別される。

【*Plectosporium* 属】（図 1.147）

テレオモルフは *Plectoshaerella* 属。菌糸は無色で、隔壁をもつ。分生子形成細胞はフィアライド、アデロフィアライドで、その頂部には分生子が擬頭状に集塊する。分生子は多油滴、無

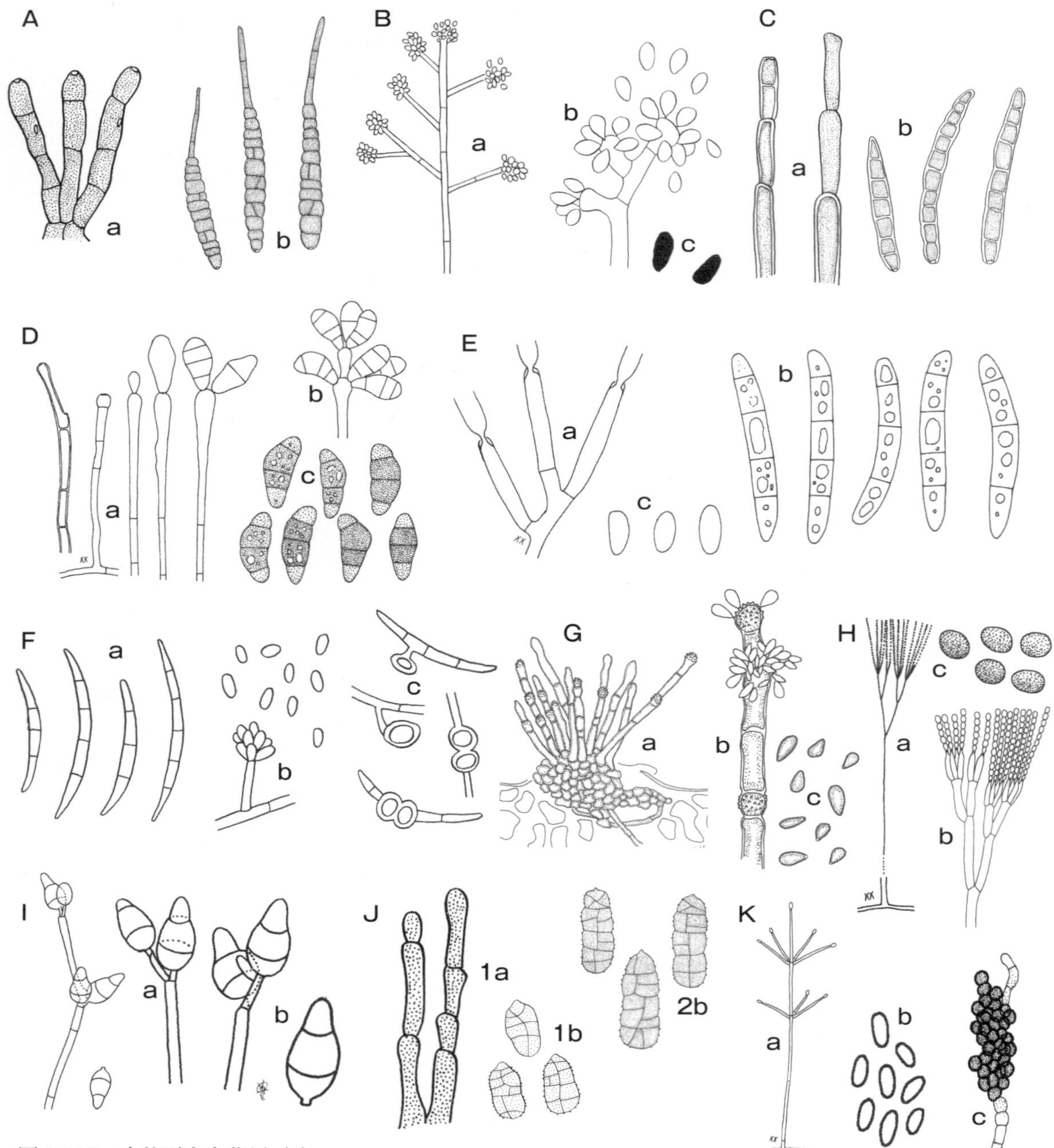

図 1.137　糸状不完全菌類（1）

A. *Alternaria* 属（*A. brassicae*）：a. 分生子柄　b. 分生子
B. *Botrytis* 属（*B. cinerea*）：a. 分生子柄　b. 分生子柄と分生子　c. 菌核
C. *Corynespora* 属（*C. melongenae*）：a. 分生子柄　b. 分生子
D. *Curvularia* 属（*C. lunata*）：a. 分生子柄　b. 分生子柄頂部　c. 分生子
E. *Cylindrocarpon* 属（*C. heteronema*）：a. 分生子形成細胞　b. 大型分生子　c. 小型分生子
F. *Fusarium* 属（*F. oxysporum*）：a. 大型分生子　b. 小型分生子柄と分生子　c. 厚壁胞子
G. *Gonatobotryum* 属（*G. apiculatum*）：a. 子座と分生子柄　b. 分生子柄と分生子　c. 分生子
H. *Penicillium* 属（*P. italicum*）：a. 分生子柄とペニシラ　b. ペニシラ　c. 分生子
I. *Pyricularia* 属（*P. oryzae*）：a. 分生子柄と分生子　b. 分生子
J. *Stemphylium* 属（1. *S. solani*，2. *S. lycopersici*）：a. 分生子柄　b. 分生子
K. *Verticillium* 属（*V. dahliae*）：a. 分生子柄　b. 分生子　c. 微小菌核

〔ABCEJ ＝我孫子和雄　DFHK ＝勝本 謙　I ＝佐藤豊三〕

色、楕円形、平滑、0～1隔壁で、有隔壁の分生子の混在比率は、菌種により異なる。本属では隔壁を有する分生子が比較的多数形成されること、ならびに分生子形成細胞の形状により、*Acremonium* 属などの類似属と区別される。

【*Pyricularia* 属】（図 1.137 I, 1.148）

テレオモルフは *Magnaporthe* 属。菌糸は隔壁を有す。分生子柄は淡褐色、薄壁で、気孔より単生または少数が束生し、真直ないし屈曲し、先端付近でジグザグ状となる。分生子形成細胞は、分生子を出芽により形成する。分生子はシンポジオ型で、頂端と側面に単生し、無色～淡オリーブ褐色、倒洋梨形～倒棍棒形、表面平滑で、1 - 3（主に 2）個の隔壁をもち、しばしば基部に突出したへそを有す。

【*Stemphylium* 属】（図 1.137 J, 1.149）

テレオモルフは *Pleospora* 属。菌糸は淡褐色～黒褐色で、隔壁がある。分生子柄は褐色で、先端の分生子形成細胞は球状に肥厚し、分生子離脱後にその内側から貫生し、再伸長すると、再びその先端に分生子を形成する。この属徴により、本属の同定は比較的容易である。分生子は全出芽型で単生し、淡褐色～暗褐色、石垣状で球形～俵形、表面は粗面であることが多い。種により、先端に乳頭状突起を有するもの、あるいは中央隔壁および 2 - 3 程度の横隔壁部分で、明瞭にくびれるものもある。本属には約 50 種が記載されている。

【*Verticillium* 属】（図 1.137 K, 1.150）

テレオモルフは Plectosphaerellaceae に属する。菌糸は無色で、隔壁がある。分生子柄は菌糸から直上し、少数の隔壁があり、種により基部が黒褐色に着色し、上部で柄が輪生するか、あるいは分生子形成細胞が数か所で輪生する。頂端に分生子を単生、あるいは擬頭状、集塊状に生じる。分生子は無色またはやや着色し、単胞、類球形、楕円形、長楕円形、円筒形など、真直またはやや湾曲、表面は平滑。種により、暗色の休眠菌糸、厚壁胞子群、黒色の微小菌核（小型菌核）を形成する。

【*Zygophiala* 属】（図 1.151）

菌糸は隔壁をもつ。特徴のある分生子柄および分生子を形成するので、他の属とは容易に区別できる。本病菌は果実や枝の表面にあるワックスを栄養源として生育する表生菌であり、現在までに 120 種以上の宿主植物が報告されている。1属1種で、本属の病原菌を「すす点病菌」と称し、本属菌による多くの病気は「すす点病」と命名されている。

b. 観察材料：

Alternaria alternata (Fries) Keissler（図 1.138 ①-⑤）＝イチゴ・ナシ黒斑病、トマト アルターナリア茎枯病、ラッカセイさび斑病、リンゴ斑点落葉病、インパチエンス アルタナリア斑点病、サルビア・ゼラニウム褐斑病、ポインセチアほう枯病

〔形態〕分生子は卵形～倒棍棒形で、先端あるいは側面から二次分生子柄を形成し、通常は長い分生子連鎖を生じる。本種は様々な基質から普遍的に分離されるが、イチゴ黒斑病菌およびリンゴ斑点落葉病菌など、宿主特異的毒素を産生する7つの菌群も含み、これらを本種の病原型 (pathotype) として扱う（それぞれ独立した形態種とする考え方もある)。分生子の連鎖様式や大きさなどは、それぞれで少しずつ異なる。イチゴ黒斑病菌では、分生子は 4 - 9 連鎖するが、ふつう側鎖を生じず、大きさは 12 - 65.5 × 5.5 - 15.5μm。分生子柄の幅は 3 - 4.5μm。PDA 培地における菌糸生育は、25℃・1週間で直径 8 cm 程度である。

Alternaria brassicae (Berkeley) Saccardo
＝カブ・キャベツ・ダイコン・ナタネ・ハクサイ・ルタバガ・ワサビ・ワサビダイコン・ツケナ類 黒斑病

A. brassicicola（Schweinitz）Wiltshire
＝キャベツ・ブロッコリー・ルタバガ黒(くろ)すす病、ダイコン・ハクサイ・ハボタン黒斑病

A. dauci（J.G. Kühn）J.W. Groves & Skolko
＝ニンジン黒葉枯病(くろはがれびょう)

A. iridicola（Ellis & Everhart）J.A. Elliott
＝イリス（アイリス）類 さび斑病、ヒオウギ黒斑病

Alternaria porri（J.B. Ellis）Ciferri（図 1.138 ⑥ - ⑩）＝タマネギ・ネギ・ニンニク・リーキ黒斑病

〔形態〕分生子は通常単生するが、培地上ではまれに連鎖する。分生子本体は長楕円形～円筒形で、先端には無色の糸状嘴部を有し、これは *A. solani* や *A. dauci* などときわめて類似した形態である。分生子全長は 109.3 - 275.5μm、分生子本体は 58.8 - 110.5 × 11.3 - 30μm、嘴部は 48 - 165 × 2 - 5.5μm で、分岐することもある。分生子柄の幅は 6.3 - 7.5μm。PDA 培地における菌糸生育は、25℃・1週間で直径 8cm 程度であり、培地中には通常橙色～赤色の色素を分泌する。宿主範囲はネギ属に限定的である。

〔症状と伝染〕ネギ黒斑病：葉および花茎に発生する。はじめやや凹んだ楕円形、淡黄色～緑白色の病斑を生じ、徐々に拡大して中央部が紫色を帯びる。病斑が古くなると黒褐色の同心輪紋となり、その上にはすす状の菌体（分生子）が豊富に観察できる。生育期には分生子が雨風により飛散する。葉枯病の症状と類似するが、病斑上の分生子の先端が本病菌は尖り、葉枯病菌（アナモルフは *Stemphyllium* 属）は丸味を帯びることから、高倍率のルーペ観察で両病害を区別できる。

Alternaria solani Sorauer ＝ジャガイモ夏疫病(なつえきびょう)

Aspergillus flavus Link ＝カンキツ類 こうじかび病

Aspergillus niger Tieghem（図 1.139 ① - ⑧）

図 1.138 *Alternaria* 属 〔口絵 p 059〕
Alternaria alternata：
①分生子 ②分生子柄 ③イチゴ黒斑病の症状
④⑤トマト アルターナリア茎枯病の症状
A. porri：
⑥分生子 ⑦分生子柄
⑧ - ⑩ネギ黒斑病の症状
（①②⑥⑦；V8 培地上）
〔①②⑥ - ⑧西川盾士 ③三澤知央 ⑨星 秀男〕

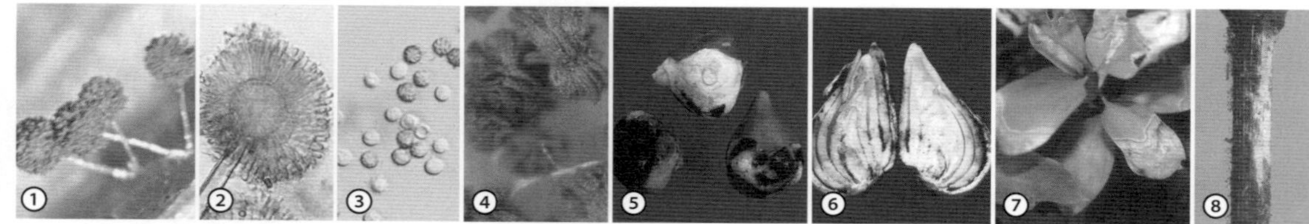

図 1.139 *Aspergillus* 属 〔口絵 p 060〕
Aspergillus niger：①②分生子の集塊 ③分生子 ④培養菌叢（PDA） ⑤⑥チューリップ黒かび病の症状 ⑦⑧ルスカスこうじかび病の症状
〔① - ④⑦⑧竹内 純 ⑤⑥向畠博行〕

=スイセン・チューリップ・ヒアシンス黒かび病、カンキツ類・マンゴー・モモ・ルスカス（イカダバルスカス）こうじかび病

〔形態〕分生子柄は上方向に褐色が強まり、長さ 350 - 3,300×11.7 - 19.5μm。分生子柄先端部は、分生子の集塊により擬頭状になる。頂嚢は球形、直径 33.8 - 74.1μm。メトレは頂嚢全面に生じ、褐色、15.6 - 28.6×4.6 - 7.8μm。メトレ先端のフィアライドは、円筒形〜アンプル形、7.2 - 14.3×2 - 3.9μm。分生子はフィアロ型に生じ、単胞、球形で、はじめ無色、平滑、のちに褐色〜暗褐色、表面に小突起を散生し、直径 2.6 - 4.6μm。培養菌叢は、各種培地において生育良好である。好高温性で、菌糸生育・分生子形成適温は 35℃。（以上の数値はルスカス分離菌による）タマネギや球根類には褐色で 0.8 - 1.2mm 大の菌核を形成する。多犯性。

＊竹内 純（2007）東京農総研研報 2：1-106.

〔症状と伝染〕チューリップ黒かび病：主に鱗茎の付傷部から感染して暗褐色に腐敗し、病患部には黒色の菌叢を生じる。激しい場合は根部にも発病が見られる。罹病鱗茎上に生じる菌核や組織内の菌糸等が最初の伝染源となり、分生子飛散により蔓延する。球根貯蔵中に高温多湿条件が続くと多発する。

ルスカスこうじかび病：葉や茎に紡錘形〜楕円形の大型病斑が現れ、周辺部は黄化し、のち葉の腐敗や葉枯れを起こす。根茎が腐敗すると株枯れを生じ、蔓延した場合には集団的に枯死することもある。生育期には分生子飛散により伝播する。

Botrytis byssoidea J.C. Walker =タマネギ・ネギ菌糸腐敗病（きんしふはい）、ニラ白斑葉枯病（はくはんはがれ）

Botrytis cinerea Persoon（図 1.140 ① - ⑦）

=イチゴ・キュウリ・トマト・ナス・レタス・アサガオ・インパチエンス・ガーベラ・シクラメン・シャクヤク・スイートピー・スミレ類・ゼラニウム・バラ類・プリムラ・ベゴニア・ペチュニア・ポインセチア・カンキツ類・アジサイ 灰色かび病（はいいろ）

〔形態〕分生子柄は淡褐色で樹枝状に分岐し、小枝の先端に分生子を房状に形成する。分生子は無色〜淡褐色、卵形〜楕円形で、8.4 - 12.8×6.7 - 10.1μm。培地上では黒色、不定形、数

図 1.140　*Botrytis* 属　〔口絵 p 060〕

Botrytis cinerea：①②分生子柄上の分生子（① SEM 像）③シクラメン灰色かび病の症状 ④ペチュニア灰色かび病の症状 ⑤⑥トマト灰色かび病の症状 ⑦培養菌叢（PDA）

B. elliptica：⑧分生子柄および分生子 ⑨培養菌叢（PDA） ⑩⑪サクユリ葉枯病の症状

B. squamosa：⑫分生子柄および分生子 ⑬分生子柄上部の特徴 ⑭分生子の集塊 ⑮培養菌叢（PDA） ⑯⑰ネギ小菌核腐敗病の症状

〔①牛山欽司 ⑥近岡一郎 ⑧⑨古川聡子 ⑫ - ⑰竹内妙子〕

mm 大の菌核をよく形成する。菌糸生育適温は23～25℃付近。多犯性。

＊高野喜八郎（1998）日本植物病害大事典 p 900；竹内 純（2007）東京農総研研報 2：1 - 106.

〔症状と伝染〕シクラメン灰色かび病：花弁にはじめ褪色した染み状の小斑点を多数生じ、のち病斑部は褐変する。花柄や葉柄基部に発生すると軟化腐敗して萎れ、罹病柄は容易に抜ける。茎の罹病部には灰色～淡褐色、粉状の分生子の集塊が豊富に形成される。

イチゴ灰色かび病：果実、蕾、萼、果梗、葉柄、葉などに発生するが、果実の被害がもっとも大きい。果実では褐色～暗褐色、水浸状の病斑を生じて軟化腐敗し、多湿時、そこに灰色の菌叢が密生する。開花後の花殻が付着していると、その部分が侵入口となりやすい。生育期は分生子の飛散によって伝播する。

トマト灰色かび病（一般症状およびゴーストスポット）：主に果実や葉に発生するが、茎や葉柄にも症状を現すことがある。果実発病は咲き終わった花弁から病原菌が侵入して起こることが多く、はじめ淡褐色水浸状病斑を生じ、急速に拡大して軟化腐敗する。茎葉においても、落下した花殻が付着した部分、あるいは他の原因で枯損した部位から発病し、円形～楕円形の褐色大型病斑を形成することがかなりある。また、病斑が茎の周囲を取り囲むと、罹病部より上方は萎れて枯死する。いずれの病斑上にも多湿時、灰色の菌叢（分生子柄と分生子の集塊）が密生する。また、ゴーストスポットは、通常の果実腐敗を起こす病原菌と同一菌の感染により発生する、進行停止型病斑である。果面に輪状のぼやけた褪色斑を生じるが、病斑は途中で拡大を停止し、果実が腐敗したり、病斑上に分生子を形成することもない。

Botrytis elliptica（Berkeley）Cooke（図 1.140 ⑧ - ⑪）
＝ホトトギス・ユリ類 葉枯病

〔症状と伝染〕ユリ類 葉枯病：茎葉や花蕾に水浸状、類円形～不整形の褐色斑を生じ、拡大融合して葉枯れや茎枯れ、開花不良を起こす。病原菌は罹病株残渣とともに土壌中で生存して第一次伝染源になると考えられる。生育期には分生子が飛散して伝播する。

Botrytis squamosa J.C. Walker（図 1.140 ⑫ - ⑰）
＝タマネギ・ネギ小菌核腐敗病、ニラ白斑葉枯病

〔形態〕分生子柄は真直、円筒形で、柄上部には褐色の分枝をもち、その先端部に特徴のある concertina-like collapse を形成する。分生子は無色で卵形～倒卵形、単胞、15 - 28 × 11 - 18μm。菌核は暗褐色～黒色、不整形で 2 - 5mm。菌糸生育適温は 10 - 24℃。

＊ Takeuchi, T. *et al.*（1998）日植病報 64：129 - 132.

〔症状と伝染〕ネギ小菌核腐敗病など：葉鞘、鱗茎にはじめ汚白色の小斑点が生じ、やがて周縁の不明瞭な水浸状大型病斑となり、萎れを伴う。激しいと葉枯れや葉鞘・鱗茎の腐敗を起こす。湿潤条件下では、病斑全面および葉鞘内部に綿毛状の菌叢（分生子柄と分生子の集塊）が目視できる。ネギでは葉鞘腐敗部に縦の亀裂を生じ、内葉が突出する。病患部表面には、暗褐色～黒色の小菌核を多数形成する。ニラでは葉身に白色、紡錘形の小斑点が多数生じ、のち枯死する。

Corynespora cassiicola（Berkeley & M.A. Curtis）C.T. Wei：4. *Cercospora* 属およびその関連属菌類の項を参照。

Curvularia gladioli Boerema & Hamers
＝グラジオラス赤斑病

C. lunata（Wakker）Boedijn（図 1.141 ① - ④）
＝シバ カーブラリア葉枯病

Curvularia trifolii（Kauffman）Boedijn f.sp. *gladioli* Parmelee & Luttrell（図 1.141 ⑤ - ⑧）
＝アシダンセラ赤斑病

〔形態〕分生子は淡褐色で、３隔壁をもち、第３細胞で顕著に曲がり、基部には明瞭なへそ状の突起（hilum）があり、大きさは 20 - 30 × 7.5 - 15.5μm。培地上の菌糸生育適温は 30°C付近。なお、本菌の学名には *Curvularia gladioli* が提案されている。

＊高野喜八郎（1998）日本植物病害大事典 p 534.

〔症状と伝染〕アシダンセラ赤斑病：葉にはじめ類円形～紡錘形、のち雲形～不整形で、中央部は淡褐色、周縁が赤褐色の病斑を生じる。花茎では濃褐色、縦長の溝状病斑となる。また、球茎では外皮に黒斑が形成され、しばらくすると病斑上には黒色の菌体（分生子柄および分生子）が現れ、発生が多い場合にはすす状に見える。病原菌は罹病茎葉や罹病球茎の組織内に、菌糸の形態で越冬し、第一次伝染源となる。生育期には分生子が雨滴や灌水の飛沫とともに飛散して伝播する。

Cylindrocarpon destructans（Zinssmeister）Scholten（図 1.142 ① - ⑪）＝ダイコン黒しみ病、ボタン・シャクヤク・マンリョウ根黒斑病（ねこくはん）、フリージア・ユリ類 りん片先腐病（ぺんさきぐされ）

〔形態〕２型の分生子を形成する。小型分生子は無色、単胞、卵形～長楕円形、 7 - 12 × 4μm。大型分生子は長円筒形、片側にやや湾曲し、両端が丸く、33 - 40 × 4 - 7 μm。菌糸の中間部に形

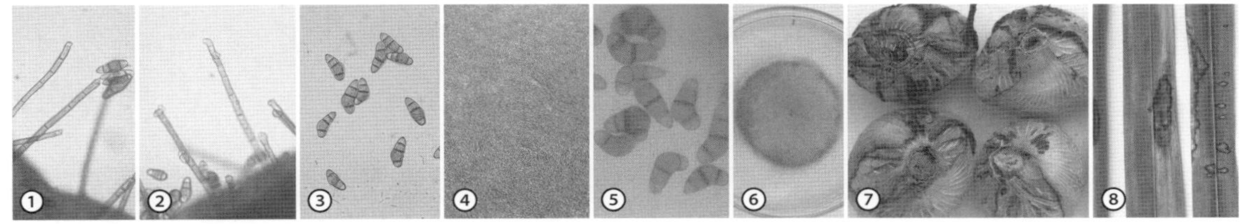

図 1.141　*Curvularia* 属　〔口絵 p 061〕
Curvularia lunata：①②分生子柄と分生子　③分生子　④カーブラリア葉枯病の症状（コウライシバ）
C. trifolii f.sp. *gladioli*：⑤分生子　⑥培養菌叢　⑦⑧アシダンセラ赤斑病の症状　〔① - ④田中明美　⑤ - ⑧高野喜八郎〕

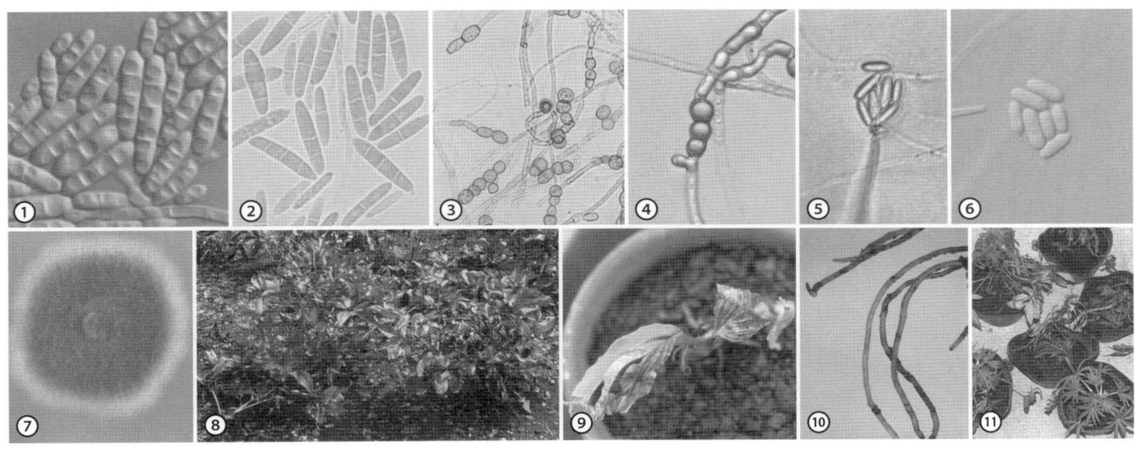

図 1.142　*Cylindrocarpon* 属　〔口絵 p 061〕
Cylindrocarpon destructans：①②大型分生子　③④厚壁細胞　⑤⑥小型分生子　⑦培養菌叢（PDA）
⑧シャクヤク根黒斑病の症状　⑨⑩エビネ根黒斑病の症状　⑪クリスマスローズ類（ヘレボルス）根黒斑病の症状
〔①④ - ⑥⑪竹内 純〕

成される厚壁細胞は球形～楕円形、淡褐色～黄褐色、7 - 14 × 5 - 7μm。PDA 培地での培養菌叢はベージュ色～淡褐色、表面は緬毛状。菌糸生育適温は 20℃。多犯性。

＊竹内 純（2007）東京農総研研報 2：1 - 106.

〔症状と伝染〕シャクヤク根黒斑病：根が侵される。被害株は地上部の生育が著しく不良となり、徐々に黄変萎凋し、のち株枯れを起こす。主根や支根には、暗褐色のやや凹んだ病斑が帯状、断続的に生じる。細根は黒変し、腐敗消失する。病原菌は土壌中で、罹病根残渣とともに生存して伝染源となる。

Cylindrocarpon heteronema（Berkeley & Broome）Wollenweber
〔テレオモルフ *Neonectria galligena*（Bresàdola）Rossman & Samuels〕
＝リンゴ・カンバ類 がんしゅ病

Drechslera tritici-repentis（Diedicke）Shoemaker
〔テレオモルフ *Pyrenophora tritici-repentis*（Diedicke）Drechsler〕＝コムギ黄斑病

Fusarium avenaceum（Frees）Saccardo
＝イネ・アワ苗立枯病、ラッキョウ赤枯病、ソラマメ・カーネーション・ストック立枯病、リンゴ水腐病

F. cuneirostrum O'Donnell & T. Aoki〔シノニム *F. solani*（Martius）Saccardo f.sp. *phaseoli*（Burkholder）W.C. Snyder & H.N. Hansen〕
＝インゲンマメ根腐病

Fusarium oxysporum Schlechtendal（図1.143 ① - ⑰）＝各種植物 萎黄病・萎凋病など

〔形態〕培地上では旺盛に菌糸を伸長し、はじめ白色綿毛状の菌叢となり、のちに一部または全体が、淡青紫色ないしピンク色に着色する。

図 1.143　*Fusarium* 属　〔口絵 p 062〕

Fusarium oxysporum：①気中菌糸に形成された小型分生子　②大分生子　③④小分生子と大分生子　⑤⑥厚壁胞子　⑦培養菌叢（PDA）　⑧⑨ナツシロギク萎凋病の症状　⑩キャベツ萎黄病の症状　⑪イチゴ萎黄病の症状　⑫⑬トマト萎凋病の症状（⑬導管褐変）　⑭⑮トマト根腐萎凋病の症状　⑯メロンつる割病の症状　⑰ホウレンソウ萎凋病の症状

〔① - ⑨廣岡裕吏　⑪近岡一郎　⑫ - ⑮星 秀男　⑯⑰牛山欽司〕

菌叢上には、青色のスポロドキアをしばしば生じる。卵形～楕球形の小分生子（小型分生子）は大きさ 5 - 18 × 2 - 4 μm で、短い分生子柄から擬頭状に形成される。鎌形で脚胞をもつ大分生子（大型分生子）は主に 3 - 5 隔壁があり、16 - 43 × 3 - 4 μm、スポロドキアから形成されることが多い。厚壁胞子は直径約 9 μm、頂生または間生で、ときに連鎖する。本種のテレオモルフは、野外では未記録であるが、分子系統解析の結果から、gibberella 様の子嚢殻を形成する菌群に含まれる。また、本種には多数の分化型が記録されている（表 1.4）。

＊廣岡裕吏ら（2008）日植病報 74：7 - 12.

〔症状と伝染〕各種植物 萎黄病・萎凋病・つる割病など：茎葉の黄化、葉の成長の偏り、全身萎凋、根の腐敗、維管束（導管）の褐変、茎の裂開、株全体の枯死などを起こす。多くの分化型が知られており、それぞれ限られた属種の植物のみに感染する。病原菌は罹病植物残渣とともに、主として厚壁胞子の形態で土壌中に長期間生存し、感染可能な植物の栽培に伴って菌糸を伸長し、根端部から侵入して発病に至る。

Fusarium oxysporum f. sp. *conglutinans*（Wollenweber) W.C. Snyder & H.N. Hansen（図 1.143 ⑩）＝キャベツ・コマツナ萎黄（いおう）病

F. oxysporum f. sp. *cucumerinum* J.H. Owen（図 2.49 ⑦）＝キュウリつる割（われ）病

F. oxysporum f. sp. *fragariae* Winks & Y.N. Williams（図 1.143 ⑪）＝イチゴ萎黄病

F. oxysporum f. sp. *lycopersici*（Saccardo）W.C. Snyder & H.N. Hansen（図 1.143 ⑫⑬）＝トマト萎凋（いちょう）病

F. oxysporum Schlechtendal f. sp. *melonis*（Leach & Currence）W.C. Snyder & H.N. Hansen（図 1.143 ⑯）＝メロンつる割病

F. oxysporum f. sp. *radicis-lycopersici* Jarvis & Shoemaker（図 1.142 ⑮、図 2.49 ⑫⑬）＝トマト根腐萎凋（ねぐされいちょう）病

F. oxysporum f. sp. *rapae* J. Enya, M. Togawa, T. Takeuchi & T. Arie ＝カブ・コマツナ萎黄病

F. oxysporum f. sp. *raphani* W.B. Kendrick & W.C. Snyder（図 2.21 ① - ③）＝ダイコン萎黄病

Fusarium oxysporum f. sp. *spinaciae*（Sherbakoff）W.C. Snyder & H.N. Hansen（図 1.143 ⑰）＝ホウレンソウ萎凋病

〔症状と伝染〕ホウレンソウ萎凋病：被害株は下葉から黄化萎凋し、しだいに内側の葉に進んで生育不良となり、やがて枯死する。罹病株の主根および側根の先端部、あるいは側根基部から茶褐色～黒褐色になり、根・葉柄基部の導管は褐変する。激しい場合は主根・側根の全体が腐敗を起こし、部分消失する。病原菌は罹病株残渣とともに、あるいは厚壁胞子が土壌中で長期間生存して伝染源となる。

Gonatobotryum apiculatum（Peck）S. Hughes

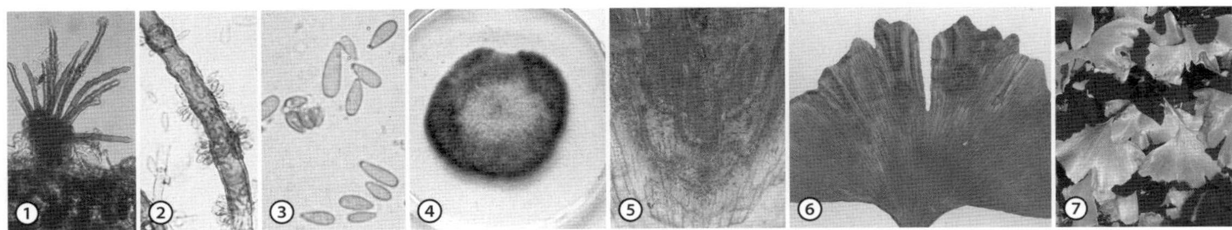

図 1.144　*Gonatobotryum* 属　〔口絵 p 063〕

Gonatobotryum apiculatum：①子座と分生子柄　②分生子柄中間部の膨らみと分生子形成　③分生子　④培養菌叢（PDA）⑤ - ⑦イチョウすす斑病の症状　〔②③小林享夫〕

（図 1.144 ① - ⑦）＝イチョウすす斑病、マンサク円星病

〔形態〕子座は褐色、直径 25 - 88μm。分生子柄は叢生し、暗褐色～黄色、先端部と中間の数か所が膨大し、長さ 72 - 238μm。分生子は膨大部に多数生じ、淡黄色～淡褐色、倒卵形～砲弾形、5 - 15 × 2.5 - 5 μm。培地上の菌糸生育は良好で、適温は 22 - 26℃。

＊堀江博道（1998）日本植物病害大事典 p 899.

〔症状と伝染〕イチョウすす斑病：葉縁から基部に向かって淡褐色、扇形～くさび形の病斑が進展する。病斑部の表裏面上には、すす状の小点（子座、分生子柄、分生子）が同心状に形成される。生垣では激しい葉枯れを起こす。病原菌は罹病落葉中で越年して第一次伝染源になると考えられる。また、土壌中の有機物などに腐生して生存することも可能である。生育期の伝染は分生子の飛散による。

Haradamyces foliicola Masuya, Kusunoki, Kosaka & Aikawa（図 1.145 ① - ⑫）

＝チャ・サザンカ・ツバキ・ハナミズキ輪紋葉枯病

〔形態〕麦芽エキス寒天培地上のコロニーは、はじめ白色のち濃緑色、PDA 上では薄褐色で周辺は粗、気中菌糸を生じるが、豊富でない。生育適温は 22 ～ 26℃の範囲にある。テレオモルフは未確認。アナモルフは、茶碗形～円盤形の分散体を葉等の基質上、培地上に形成するが、培地上では BLB 照射下で形成誘導できる。分散体は白色～クリーム色で、古くなると灰色～暗褐色、二層からなり、内側は複数回分岐し、連鎖する球形～亜球形の細胞（8 - 16μm）、外側は柵状に並列する末端細胞で構成される。末端細胞は 20 × 6.5μm 前後で、先端には 2 つの突起があり、その突起部から菌糸が伸長して感染する場合もあれば、小型分生子柄が形成されることもある。小型分生子柄は Myrioconium 型、褐色、先端が箒状に分岐し、分生子形成細胞は明瞭な襟を有するフィアライド型で、大きさ 18 × 5 μm 前後、小型分生子は褐色、球形で 2 - 3 μm。培地上に黒色不定形の菌核を形成する。多犯性で、60 種以上の植物の葉への感染が報告されている。感染した葉は、菌の分散体を中心として同心円状に壊死する。壊死斑上には無色の菌核状構造物が埋没して形成され、そこから分散体を生じる。分散体の飛散能力は低いため、被害は狭い範囲にまとまって現れる。

図 1.145　*Haradamyces* 属

〔口絵 p 063〕

Haradamyces foliicola：① - ⑤罹病葉上に形成された菌体（分散体；④ SEM 像）　⑥子座と分生子柄
⑦培養菌叢（2％麦芽エキス寒天培地）　⑧病斑からの組織分離による菌叢（PDA）　⑨⑩ハナミズキ輪紋葉枯病の症状
⑪⑫ツバキ輪紋葉枯病の症状

〔①③⑤ - ⑦升屋勇人　④渡辺京子〕

＊Masuya, H. *et al.*（2009）Mycological Research 113：173 - 181.

〔症状と伝染〕ハナミズキ輪紋葉枯病：病斑ははじめ淡褐色～褐色で、のち緩やかな輪紋を生じる。病斑は拡大融合して葉枯れ状となるが、長く樹上に着葉する。激しい場合には枝枯れを起こす。病斑上に生じる菌体（分散体）が診断のポイントとなる。越冬後に枯死枝先端から分散体が形成されて伝染源となり、生育期には分散体が直接飛散し、感染する。サザンカ・ツバキでは発病後間もなく激しく落葉し、その後の新出葉も罹病して落葉するため、樹勢が著しく衰弱する。

Penicillium digitatum Persoon ex Saccardo（図 1.146 ①-⑤）＝カンキツ類 緑(みどり)かび病

〔形態〕分生子柄は、一般に長さ 75 - 150μm、表面は平滑、先端に複輪生あるいは三輪生のペニシリをもつ。ラミーは長さ 20 - 30μm、メトレは長さ 15 - 25μm、フィアライドはアンプル形～円筒形で、長さ 10 - 15(- 20)μm、分生子は大きく、楕円形～円筒形 6 - 8 (-15) × 2.5 - 5 (- 6)μm、表面平滑、連鎖する。

＊Pitt（2000）A laboratory guide to common *Penicillium* species p 140.

Penicillium italicum Wehmer（図 1.146 ⑥ - ⑩）＝トウモロコシ・カンキツ類 青(あお)かび病

〔形態〕分生子柄は一般に長さ 200 - 400μm、平滑、先端に三輪生のペニシリをもつ。ラミーは 1 ～ 2 本、長さ 20 - 25μm。メトレはしばしば先端部で膨らみ、長さ 12 - 16μm。フィアライドはほぼ円筒形、先端で急に細くなり円筒形の長い頸をもち、長さ 10 - 14μm。分生子ははじめ円筒形、成熟して楕円形～亜球形、長さ 3 - 5 μm、表面平滑、連鎖する。MEA 上の菌叢は菌糸生育部で白色、分生子形成部で灰緑色を呈し、培地の裏面は淡灰色～黄褐色。菌糸生育適温は18 - 27℃、分生子形成適温 23 - 25℃。

＊Pitt（2000）A laboratory guide to common *Penicillium* species p 142.

〔症状と伝染〕カンキツ類 青かび病：果実病害。罹病部は水浸状となり、すぐに白色のち灰色～淡青色の菌叢を生じ、軟化腐敗を起こす。生育期、秋季に受けた擦れ傷や吸蛾類の食害痕から感染する。貯蔵中には、収穫時の果実の付

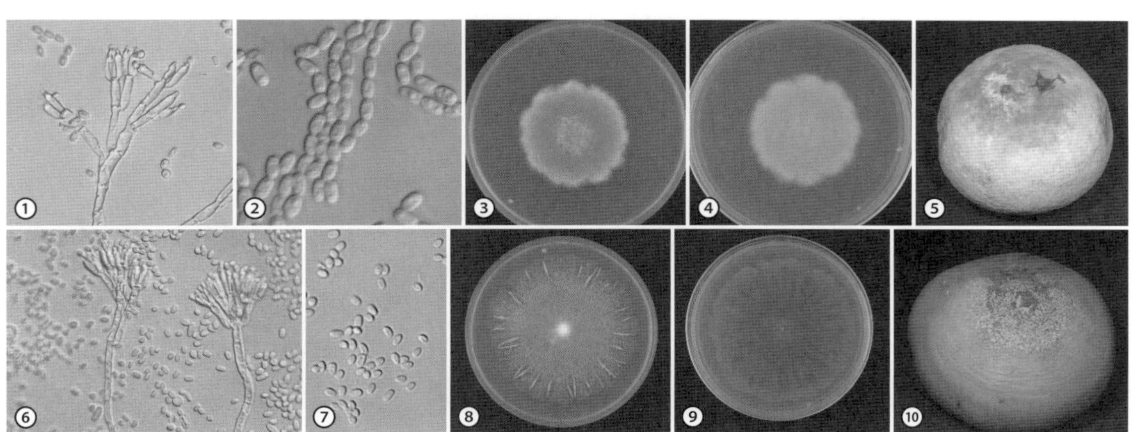

図 1.146　*Penicillium* 属　〔口絵 p 064〕

Penicillium digitatum：①分生子柄，メトレ，分生子　②分生子　③④培養菌叢（PDA；③表面，④裏面）⑤カンキツ'温州ミカン'緑かび病の症状（接種）

P. italicum：⑥分生子柄，メトレ，分生子　⑦分生子　⑧⑨培養菌叢（PDA；⑧表面　⑨裏面）⑩カンキツ'温州ミカン'青かび病の症状（接種）

〔①-④⑥-⑨小野泰典　⑤⑩竹内 純〕

傷部や圧迫痕から発病しやすく、保存容器の中で隣接果実へと拡がる。土壌中の有機物等での腐生生存も可能で、常在菌である。分生子は風により飛散する。

Plectosporium tabacinum (J.F.H. Beyma) M.E. Palm, W. Gams & Nirenberg（図 1.147 ① - ⑧）
=カボチャ白斑病、ダイコン円形褐斑病、トマト・クルクマさび斑病

〔形態〕分生子柄は単純な円筒形で、先端細胞がフィアライドまたはアデロフィアライドとなり、先端にカラーを有し、富栄養培地上で先端が捻転する。分生子は分生子柄頂部からフィアロ型に生じ、擬頭状の集塊となり、無色、楕円形、平滑、0 - 1 隔壁、多数の油滴をもち、5.5 - 11.5 × 3 - 5μm、長径と短径の比は約 2：1。培地上の菌叢は粘質、肌色。

＊竹内 純（2007）東京農総研研報 2：1 - 106.

〔症状と伝染〕クルクマさび斑病：はじめ苞、花茎および葉に水浸状の微小斑を多数生じ、やがて 1 - 4 mm 大、褐色〜暗褐色、鉄錆状の病斑となり、周囲は黄化する。その後、病斑周辺部から淡褐色〜褐色となり、乾燥枯死する。多湿時、病斑上には薄い白色の菌叢（分生子柄と分生子塊）を生じる。地上部の発病は分生子が雨滴の飛沫とともに飛散して起こる。また、地際茎などの発病には、土壌伝染した病原菌が関与していると推定される。

Pyricularia oryzae Cavara（図 1.148 ① - ⑥）
=イネいもち病

〔形態〕病斑上に灰緑色の分生子柄と分生子が生じる。分生子柄は単生、または数本束生し、線状で数個の隔壁があり、先端部は無色で、ジグザグ状に屈曲し、基部はオリーブ色〜暗オリーブ色で、大きさ 80 - 100 × 4 - 6μm、先端部に分生子を頂生または側生する。分生子は無色〜淡オリーブ色、洋梨形〜倒棍棒形、ふつう 2 隔壁を有し、基部には脚胞があり、大きさはほぼ 14 - 40 × 6 - 13μm の範囲にある。付着器は暗褐色、ほぼ球形で、直径は 7 - 10μm。テレオモルフは *Magnaporthe oryzae* B.C. Couch とされる

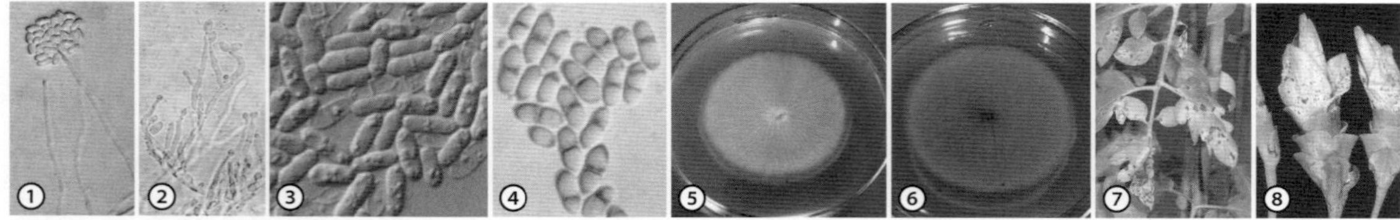

図 1.147　*Plectosporium* 属　〔口絵 p 064〕
Plectosporium tabacinum：①分生子柄と分生子塊（WA 上）②フィアライド，カラー，分生子（PDA 上）③分生子（同）④ 2 細胞性の分生子（同）⑤⑥培養菌叢（PDA；⑤表面、⑥裏面）⑦トマトさび斑病の症状 ⑧クルクマさび斑病の症状
〔① - ⑧竹内 純〕

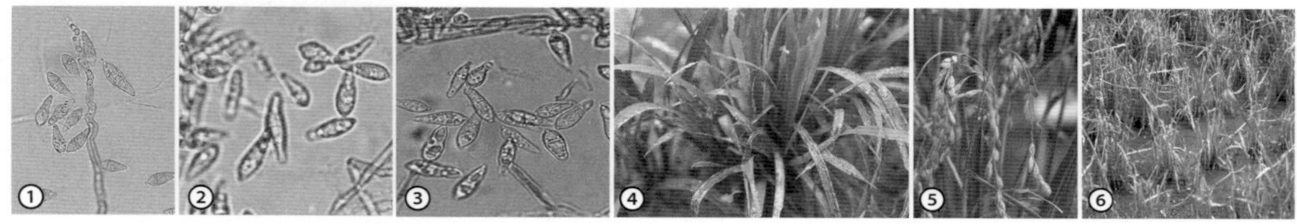

図 1.148　*Pyricularia* 属　〔口絵 p 065〕
Pyricularia oryzae：①②分生子柄と分生子（PDA 上）③分生子（同）④ - ⑥イネいもち病の症状　〔③ - ⑤近岡一郎〕

が、圃場のイネ上では確認されていない。

＊大畑貫一（1989）稲の病害 p 295 - 356.

〈参考〉日本植物病名目録第２版（2012）ではイネいもち病菌に *Pyricularia grisea* を充て、*P. oryzae* をシノニムとしている。同目録には、他にエンバク、オオムギ、コムギ、サヤヌカグサ類、チモシー、トウモロコシ、ハトムギ、フェスク、ブロムグラス、ベルベットグラス、マコモ類、ライグラス、リードカナリーグラスに *P. grisea* による、いもち病が登載されている。なお、いもち病菌分類の経緯については、中馬いずみ（2013；国際植物命名規約に伴ういもち病菌属名に関する議論の現状。第 13 回植物病原菌類談話会講演要旨集 p 26-29.）を参照。

〔症状と伝染〕イネいもち病：葉にはじめ円形～楕円形、灰緑色の斑点を生じ、のち紡錘形で中心が灰緑色、周囲が褐色の病斑となり、その周縁を黄色の部分が環状に取り囲む。進展が早いと、周囲が不明瞭な病斑が葉脈に沿って拡大する。穂や籾では、淡褐色～褐色の病斑を生じる。発生部位によって、葉いもち、首いもち、枝梗いもち、節いもち、籾いもち、葉節いもちなどと呼ばれ、首いもち、枝梗いもち、籾いもちを総称して穂いもちという。被害稲わらや保菌種子が主な第一次伝染源となる。生育期には分生子によって伝播する。分生子の形成適温は 25 - 28℃で、感染には葉面の湿潤状態が 10 時間以上必要である。イネの最重要病害。

Pyricularia zingiberis Y. Nisikado
＝ショウガいもち病

Stemphylium botryosum Wallroth〔テレオモルフ *Pleospora tarda* E.G. Simmons〕（図 1.149 ① - ④）＝ネギ・タマネギ・ニンニク・リーキ・アカクローバー・アルファルファ葉枯(はがれ)病、アスパラガス・フロックス斑点(はんてん)病、テンサイステンフィリウム斑点病、ホウレンソウ白斑(はくはん)病、レタス灰斑(はいはん)病、トウガラシ・ピーマン黒かび病、ニラ褐色葉枯(かっしょくはがれ)病

〔形態〕分生子は褐色～暗褐色、卵形～類球形あるいは広楕円形、大きさは 20 - 41.3×13.8 - 27μm。横隔壁数は 1 - 3（- 7）で、ふつう中央横隔壁部で明瞭にくびれる。縦隔壁数は 0 - 3。分生子表面には疣状の構造が認められる。分生子柄の大きさは 24.5 - 75.5×5.5 - 8μm。罹病組織内および培地上には偽子嚢殻を形成する。宿主範囲は広いと考えられる。

〔症状と伝染〕ネギ葉枯病：葉にはじめ黄色～淡褐色、紡錘形の病斑を生じ、のち上下に拡大して、連続的な縦長の病斑を形成する。病斑部で葉折れを起こしやすく、また、病斑部から上方は枯れる。古い病斑表面には、すす状の菌叢（分生子柄と分生子）が密生する。罹病葉中に偽子嚢殻または菌糸の形態で越年し、成熟した子嚢胞子が第一次伝染源になると考えられる。生育期の伝染は分生子の飛散による。

Stemphylium lycopersici (Enjoji) W. Yamamoto

図 1.149 *Stemphylium* 属 〔口絵 p 065〕
Stemphylium botryosum：
①②分生子 ③分生子柄
④ネギ葉枯病の症状
S. vesicarium：
⑤⑥分生子 ⑦分生子柄
⑧⑨シュッコンアスター斑点病の症状
（菌体はいずれも V8 培地上）
〔① - ⑦西川盾士 ⑧⑨市川和規〕

＝トマト・カランコエ斑点病、トウガラシ黒かび病・白斑病、キキョウ・スターチス・スミレ類・ゼラニウム葉枯病、トルコギキョウ褐斑病

S. solani G.F. Weber ＝トマト斑点病

Stemphylium vesicarium (Wallroth) E.G. Simmons〔テレオモルフ *Pleospora allii* (Rabenhorst) Cesati & De Notaris〕(図 1.149 ⑤ - ⑨)
＝ネギ・リーキ・スミレ類 葉枯病、シュッコンアスター斑点病

〔形態〕分生子は長楕円形～俵形、淡褐色～褐色、大きさは 30.5 - 58×10.5 - 25μm。横隔壁数は 3 - 7 で、通常 3 か所の主要な横隔壁で明瞭にくびれる。縦隔壁数は 1 - 3。分生子の表面には疣状の構造が認められる。分生子柄の大きさは 40 - 68.8×6.3 - 7.5μm。培地上ではしばしば赤色色素を分泌し、偽子嚢殻を容易に形成する。宿主範囲は広いと考えられる。

〔症状と伝染〕シュッコンアスター斑点病：葉や茎では中心部が褐色で、周囲が暗褐色、不整形の壊死斑が現れ、これら病斑の拡大融合により葉枯れ症状となる。花や萼にも茎葉と同様の褐色の斑点症状が生じる。多発すると下葉から枯れ上がり、株の枯死あるいは開花不良を起こす。病原菌は罹病植物残渣とともに土壌中で越年し、第一次伝染源になる。生育期には病斑上に形成された分生子が飛散し、伝播する。

Verticillium dahliae Klebahn（図 1.150 ① - ⑬）
＝イチゴ萎凋病、ジャガイモ・オクラ・トマト・ナス・ガーベラ・キキョウ・キク・ルドベキア・バラ類 半身萎凋病、ダイコン バーティシリウム黒点病、ハクサイ黄化病

〔形態〕分生子柄は無色、基部も着色せず、1 - 6 本のフィアライドを 1 - 5 段輪生する。分生子は無色、単胞まれに 2 胞、1.2 - 8.5×1.2 - 4.8（平均 4.6×4.0）μm。菌核は小型で、暗褐色～黒色、亜球形～球形、39 - 98×26 - 61μm。培養菌叢は暗灰色～黒色、菌糸生育適温は 25℃。判別植物に対する寄生性から菌群やレースが類別される。多犯性。

＊飯嶋 勉 (1983) 東京農試研報 16：63 - 128.；
竹内 純 (2007) 東京農総研研報 2：1 - 106.

〔症状と伝染〕ナス・トマト半身萎凋病：被害株は、下葉の片側基部から黄化や萎凋が始まっ

図 1.150　*Verticillium* 属　〔口絵 p 066〕

Verticillium dahliae：①②フィアライドの輪生　③分生子　④厚壁細胞　⑤植物組織内の菌糸　⑥植物組織内の微小菌核　⑦培地上の微小菌核　⑧培養菌叢（PDA）
⑨ - ⑬半身萎凋病の症状（⑨⑩トマト　⑪ナス　⑫キキョウ　⑬ルドベキア）
〔②③⑤⑥⑧⑫⑬竹内 純　④⑦⑨⑩飯嶋 勉〕

て、葉縁が巻き、徐々に上葉へ進展する。やがて、下葉から枯れ上がって、激しく落葉し、果実の着生や肥大が不良となり、著しい生育遅延を起こすが、株全体が枯死することはまれである。下部の茎や葉柄の導管部は淡褐色～褐色に変色するが、初期の変色程度は軽微でわかりにくく、かつ片側に偏っている。罹病株の落葉や根部に形成された微小菌核が、土壌中に長期間生存して伝染源となる。移植・定植時の根傷みや、線虫などにより根の損傷により、病原菌の侵入が容易になり、発病が激化する。

Zygophiala jamaicensis E.W. Mason（図 1.151 ①-④）＝ウメ・カキ・カンキツ類・スモモ・ナシ・ブドウ・ブルーベリー・モモ・リンゴ・カーネーション・イチョウ・カシ類・サクラ類・ササ類・タケ類・ナラ類 すす点病

〔形態〕菌糸は無色。分生子柄は表生菌糸より直立分岐し、単条で、16 - 37 × 4 - 8 μm、1隔壁を有し、下部細胞は暗褐色、らせん状の円筒形、上部細胞は短く、無色、頂端に2個の無色、円錘形の分生子形成細胞を有する。分生子は無色、平滑、中央部の横隔壁により2室となり、隔壁部でくびれ、12 - 26 × 4 - 10μm、基部に顕著な分離痕がある。培養菌叢型には平滑、灰褐色で菌糸の伸長が早く、小菌核様黒粒が多数形成されるものと、菌叢が密で起伏が多く、不整形、灰褐色で生育が遅く、小菌核様黒粒の形成が無～少のものがある。小菌核様黒粒は薄い円盤形～楕円体形、黒褐色で2 mm 以下。菌糸は6 - 28℃で生育し、適温は 20 - 25℃。多犯性。

＊那須英夫（2006）植物病原アトラス p 221.

〔症状と伝染〕リンゴすす点病：果実や枝に針頭大、暗黒色の隆起した小点が円状に多数生じる。この小点ははじめ光沢があって、ハエの糞が付着したような症状を呈する。菌は表生し、宿主組織内深くに侵入することはないが、小点は指でこすってもよく落ちない。しばしば、すす斑病（*Gloeodes pomigena*）と併発する。病原菌は多数の植物の果実や枝梢にも寄生し、そこで越冬して相互に伝染源となる。晩春、菌叢内に生じた分生子の飛散によって伝染する。ブドウではとくに黄緑色ブドウで目立ち、品質が著しく低下する。また、加温栽培ブドウでは果粉が消失するだけの場合が多い。

4　*Cercospora* 属および関連属菌類

a. 所属：糸状不完全菌類

b. 特徴（図 1.152 - 59，表 1.10）：

「*Cercospora* 属およびその関連属菌類」は旧来の *Cercospora* 属および形態的に類似の属種の総称である。宿主限定性の種が多く、宿主植物（主に属）ごとに種名が与えられ、日本産種は約 350 種である。近年、形態学的な再検討や遺伝子解析の結果に基づき、分類が再編され、種の転属が相次いでいる。該当の属種の形態的特徴を概括すると、菌体は有色（淡褐色、淡オリーブ色など）または無色、植物組織内に子座を形成し、そこから真直ないし屈曲した分生子柄が立ち上がる。分生子は主に針状、円筒形もしくは倒棍棒形である。テレオモルフの多くは *Mycosphaerella* 属（*Ramularia* 属菌のテレオモル

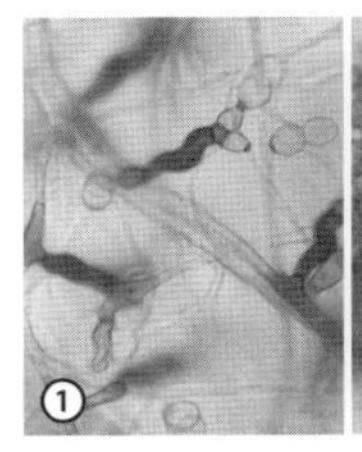
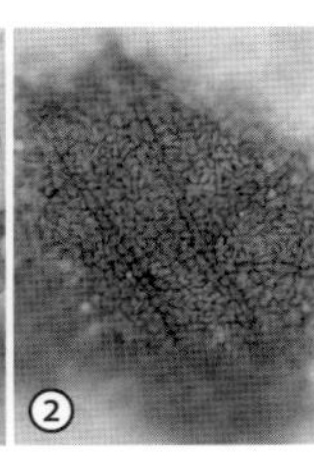
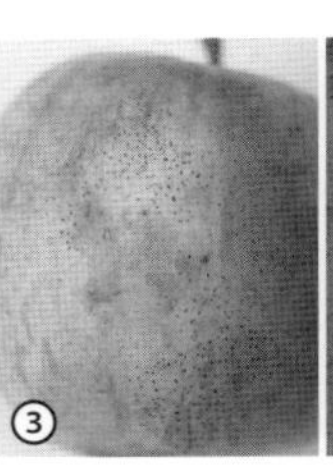

図 1.151　*Zygophiala* 属　〔口絵 p 067〕
Zygophiala jamaicensis：
①培地上の分生子柄と分生子
②果実上の小菌核様の菌糸組織
③リンゴ果実の症状
④ブドウ果粒の症状　〔①-④那須英夫〕

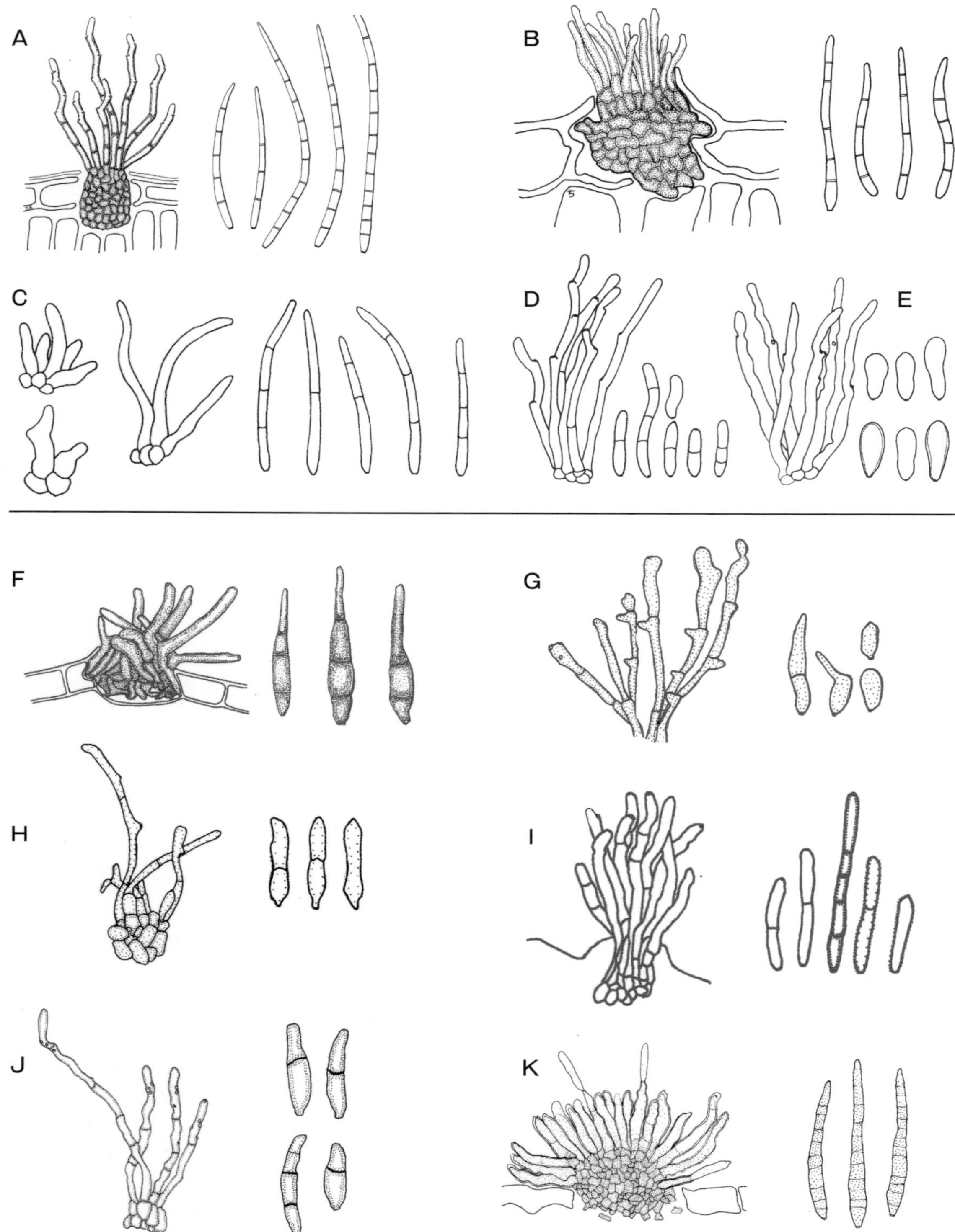

図 1.152　糸状不完全菌類（2）*Cercospora* 属およびその関連属の形態（子座，分生子柄，分生子）
A. *Cercospora* 属　B. *Pseudocercospora* 属　C. *Pseudocercosporella* 属　DE. *Ramularia* 属（D. *Ramularia* 属　E. *Ovularia* 属）
F - K. *Passalora* 属（F. *Cercosporidium* 属　G. *Fulvia* 属　H. *Mycovellosiella* 属　I. *Phaeoramularia* 属
JK. 典型的な *Passalora* 属）　〔構成：中島千晴；図：AF＝小林享夫，BGHJ＝中島千晴，C - EI＝中島英理夏，K＝本橋慶一〕

フ）様（mycosphaerella-like）である。主に植物の葉に褐変部や斑点を生じるため、多くが褐斑病など、病斑色の特徴や斑点に由来する名が付けられている。ルーペなどの拡大鏡下で、分生子柄と分生子からなる菌叢が病斑上に観察される。所属が再整理された代表的な例としては、トマト葉かび病菌が *Fulvia* 属から *Passalora* 属へ転属された。これらにより、*Passalora* 属は形態的に多様な属種を含むことになった。

【*Cercospora* 属】（図 1.152 A, 1.153）

菌糸は隔壁をもつ。褐色の数細胞からなる小型の子座を形成する。分生子柄は子座から生じて、淡色〜褐色、直立し、隔壁を欠くか、または隔壁をもち、真直あるいは屈曲する。分生子形成細胞はシンポジオもしくはパーカーレント（貫生：分生子を形成した場所を貫ぬいて伸長する型）に伸長し、頂生ないし間生。分生子は単生、まれに連鎖し、無色〜淡色、多数の隔壁を生じ、長円筒状〜糸状、真直〜やや湾曲、平滑。分生子離脱痕および分生子の基部は厚壁化する。各器官の形態や宿主などにより類別される。宿主範囲が限定されるとの仮定のもと、宿主の属を異とするごとに病原菌の新種名が与えられてきたが、現在、種の概念の再検討が行われつつあり、日本産 *Cercospora* 属種の多くは *Pseudocercospora* 属など、他属へ移されている。

【広義 *Cladosporium* 属】

近年、本属は *Cercospora* 属と同様に、その分類が再編された。環境中には普遍的に存在する菌類で、広義 *Cladosporium* 属のテレオモルフは *Mycosphaerella* 属、*Venturia* 属などとされてきたが、狭義 *Cladosporium* 属では davidiella-like に限定される。日本産植物寄生種のほとんどが再検討されていないため、今後の学名の変遷を注視する必要がある。広義の本属は、菌糸は隔

表 1.10　各種の斑点性病害を起こす *Cercospora* 属および関連属菌類の簡易分類検索表

1	− 菌体（子座・分生子柄・分生子）はすべて無色	2
	− 菌体のいずれかが有色	4
2	− 分生子は連鎖し，円筒形，両端に分離痕，0 - 1（2）隔壁	*Ramularia*
	− 分生子は連鎖しない，針状から長円筒形	3
3	− 分生子柄上の離脱痕と分生子基部の分離痕は薄壁	*Pseudocercosporella*
	− 分生子柄上の離脱痕と分生子の分離痕は厚壁	*Cercosporella*
4	− 菌体のうち，分生子が無色ないし極淡色，針状，分離痕は厚壁，分生子柄は疎生し，離脱痕は厚壁化	*Cercospora*
	− 菌体のすべてが有色	5
5	− 枝状分生子（分生子からさらに枝分かれし，分生子を分化させる）を生じ，連鎖，0 - 1 隔壁，円形，レモン形，円筒形，子座は欠くか，小型	広義 *Cladosporium*
	− 枝状分生子を生じない	6
6	− 分生子を求頂的（先端の分生子ほど若い），内生出芽的に連鎖，円筒形〜倒棍棒形	*Corynespora*
	− 全出芽型に分生子を形成するが，連鎖しない	7
7	− 分生子柄上の離脱痕と分生子の分離痕は薄壁，子座を形成または欠く，葉面性の菌糸（外生菌糸；external hyphae）を伸長し，そこから短い分生子柄を形成することがある	*Pseudocercospora*
	− 分生子柄上の離脱痕と分生子基部の分離痕は明瞭，やや肥厚するか厚壁化する	8
8	− 分生子は単生，卵形〜倒卵形，0 - 1 隔壁	*Asperisporium*
	− 分生子は単生もしくは連鎖，分生子の壁は厚くなることが多い，円筒から倒棍棒状，0 - 多隔壁	*Passalora*（含 旧 *Cercosporidium*, *Fulvia*, *Mycovellosiella*, *Phaeoramularia*）

(注)「斑点性病害」は葉や茎などに斑点を形成する病気の総称
本表に掲載した属以外にも形態的に類似し，系統的に近縁な関連属菌があるが，ここでは省略した

壁をもち、暗緑色～暗褐色。分生子柄は単生または叢生し、頂部で反復分枝する。分生子は全出芽・シンポジオ型に形成され、青白色～暗褐色、表面は平滑または全面に疣状突起をもち、１－４室で多くは２室、長く連鎖し、しばしば途中で分枝する。大型の分生子を形成する種では単生し、直立またはやや曲がり、先端部に小柄を生じる。各器官の形態、分生子の隔壁数、表面の疣の有無、気中菌糸の特徴、分子系統により種が類別される。

【*Corynespora* 属】（図 1.154）

テレオモルフは corynesporasca 様とされる。菌糸は褐色で隔壁がある。子座様組織は発達しない。分生子柄は真直またはわずかに湾曲し、淡オリーブ色～褐色、表面は平滑、節部でくびれる。分生子は内生出芽・ポロ型に頂生、単生または短い鎖生、オリーブ褐色～褐色、倒棍棒形～円筒形、多数の横隔壁をもち、平滑あるいは全面に細かい疣がある。種は各器官の形態、分生子の単生・鎖生、子座様組織の有無、宿主範囲などにより類別される。

【*Passalora* 属】（図 1.152 F‐G，1.157）

テレオモルフは mycosphaerella 様。子座は欠く、または小型～大型。分生子柄は子座もしくは遊走菌糸から形成され、疎生あるいは叢生、分生子形成細胞を兼ねる。分生子形成細胞はシンポジオもしくはパーカーレントに伸長し、分生子を全出芽で単生または連鎖して形成する。分生子は淡褐色～淡オリーブ褐色、単細胞から多隔壁、円筒形～倒棍棒形、真直かやや湾曲、平滑ないし粗面。分生子離脱痕および分生子の基部は薄い、またはへそ状に突起する。種は宿主、各器官の形態、着色の有無や、形成部位などにより類別される。近年、属の定義が再整理され、*Mycovellosiella* 属、*Cercosporidium* 属を含む大きな一群となった。

【*Pseudocercospora* 属】（図 1.152 B，1.159）

テレオモルフは mycosphaerella 様。子座は欠くか、もしくは小型～大型まで、形態的に幅が広い。植物組織表面上に外生菌糸をもつものがある。分生子柄は子座あるいは外生菌糸から形成され、単生～叢生し、分生子形成細胞を兼ねる。分生子形成細胞はシンポジオもしくはパーカーレントに伸長し、分生子は全出芽で単生。分生子離脱痕は薄壁。分生子はオリーブ色～オリーブ褐色、多細胞、円筒形～倒棍棒形、真直かやや湾曲し、平滑ないし粗面。種は各器官の形態、形成部位、宿主などにより類別される。我が国では、広義 *Cercospora* 属の中で種数がもっとも多い属である。

【*Pseudocercosporella* 属】（図 1.152 C，1.159）

テレオモルフは mycosphaerella 様。菌糸は無色で隔壁がある。子座は無色で擬柔組織状。分生子柄は真直もしくは緩やかに屈曲、叢生し、分生子形成細胞を兼ね、分生子離脱痕は薄壁、シンポジオに伸長する。分生子は全出芽で単生、無色～淡色、多細胞、円筒～倒棍棒形、真直かやや湾曲、平滑。種は各器官の形態、宿主

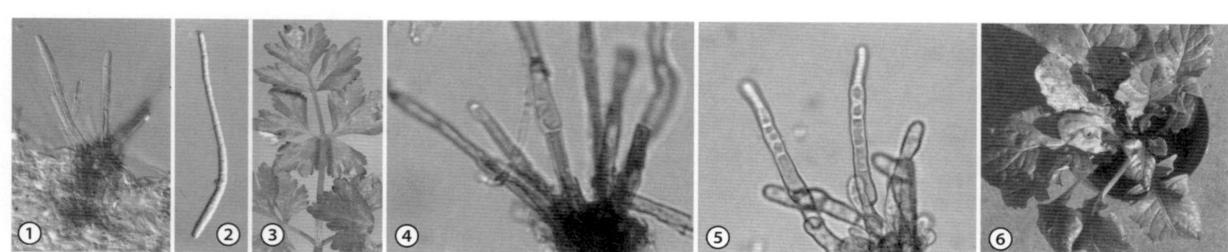

図 1.153　*Cercospora* 属

〔口絵 p 067〕

Cercospora apii：①子座　②分生子　③セルリー斑点病の症状

C. gerberae：④子座　⑤子座上の分生子形成　⑥ガーベラ紫斑病の症状

〔①②中島千晴　④⑤竹内 純〕

の種類などにより類別される。類似の形態をもつ *Cercosporella* 属とは、分生子柄上および分生子基部の離脱痕が薄壁である点で区別できる。

c. 観察材料：

Cercospora apii Fresen.（図 1.153 ①-③）＝セルリー斑点病

〔形態〕子座は小型で、褐色の厚壁細胞数個からなる。分生子柄は 5 - 20 本叢生し、オリーブ褐色、1 - 4 隔壁があり、真直または屈曲し、30 - 176 × 3.5 - 6 µm、分生子離脱痕は小型で明瞭。分生子は無色～淡オリーブ色、倒棍棒形、長円筒形、または糸状で S 字形に湾曲し、上部は先細り、5 - 18 隔壁をもち、30 - 170 × 3.5 - 6 µm、基部は明瞭で、暗色厚壁、突出しない。培地上の分生子形成は困難であるが、発芽適温は 28℃。菌糸生育適温 25 - 30℃。

＊Shin & Kim（2001）*Cercospora* and allied genera from Korea p 29.

〔症状と伝染〕セルリー斑点病：葉、葉柄および茎に淡褐色～褐色、不整形～長円形または紡錘形の斑点を生じ、病斑周囲には暗色の縁どりがある。多発時には激しい葉枯れを生じる。罹病残渣中に子座や菌糸の形で越年し、分生子を形成して第一次伝染源となる。生育期には分生子が雨滴や水滴などとともに伝播する。種子伝染の可能性もある。

Cercospora asparagi Sacc. ＝アスパラガス褐斑病

C. capsici Heald & F.A. Wolf ＝トウガラシ斑点病

C. corchori Sawada ＝モロヘイヤ黒星病

Cercospora gerberae Chupp & Viégas（図 1.152 ④-⑥）＝ガーベラ紫斑病

〔症状と伝染〕ガーベラ紫斑病：葉に淡褐色の円斑～不整斑を生じ、病斑上にはすすかび状の菌体（分生子柄と分生子の集塊）を産生する。病原菌は罹病葉中で越年して伝染源となり、生育期には分生子が飛散して伝播する。本種は広義の *Cercospora apii* とされている。

Cercospora kikuchii (Tak. Matsum. & Tomoy.) M.W. Gardner ＝ダイズ紫斑病

Cercospora sojina Hara ＝ダイズ斑点病

Cercosporella virgaureae (Thüm.) Allesch. ＝アキノキリンソウ白粉病

Cladosporium colocasiae Sawada ＝サトイモ汚斑病

Corynespora cassiicola (Berk. & M.A. Curtis) C.T. Wei（図 1.154 ①-⑦）＝キュウリ・メロン・セントポーリア・アジサイ褐斑病

〔形態〕分生子柄は基部細胞が膨らんで直立、真直～やや湾曲、淡褐色～褐色、1 - 5 隔壁で、220 - 570 × 5 - 10µm、頂端が膨らみ、分生子を生じる。分生子着生痕があり、分生子離脱後に断続的に伸長するため、数か所に膨らみをもつ

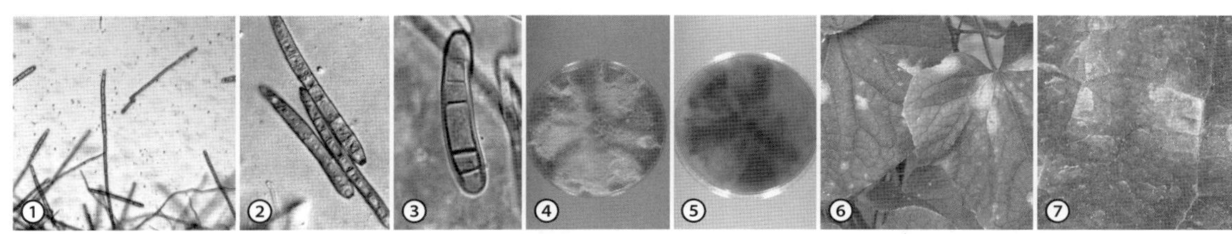

図 1.154　*Corynespora* 属　〔口絵 p 068〕

Corynespora cassiicola：①病斑上の分生子柄と分生子　②③分生子　④⑤培養菌叢（PDA；④表面　⑤裏面）⑥⑦キュウリ褐斑病の症状　〔①-⑤竹内 純〕

ことがある。分生子は単生または鎖生、変異に富み、無色、淡オリーブ色〜褐色、円筒形〜倒棍棒形、真直〜湾曲、上部は先細り、先端は丸く、1 - 20 隔壁があり、19 - 336 × 7 - 19μm。連鎖した分生子間には、無色で細い棒状の介在細胞を有す。菌糸生育適温は 28 - 30℃付近にある。培養菌叢は綿状〜ラシャ状を呈し、灰色〜暗灰色。多犯性。

＊挟間 渉（1993）大分農技セ特別研報 2：1 - 105.；竹内 純（2007）東京農総研研報 2：1 - 106.

〔症状と伝染〕キュウリ・メロン褐斑病：葉にはじめ淡褐色で円形の小斑点が生じ、のち拡大して灰褐色、直径 5 - 10mm となるが、キュウリでは径 2 cm を超える大型の不整円斑となることもある。病斑上には黒褐色〜灰色、すす状の菌叢（分生子柄と分生子）を粗生する。病原菌は罹病葉残渣中に菌糸の形で越年して伝染源となる。また、農業資材に罹病残渣のかけらや分生子などが付着して伝播する。生育期には分生子が飛散して感染を繰り返す。

Graphiopsis chlorocephala Trail（図 1.155 ① - ⑤）
＝シャクヤク斑葉（はんよう）病・ボタンすすかび病

〔形態〕分生子柄は黄褐色、3 - 7 隔壁をもち、数本が束生し、先端に分生子を鎖生または連生し、27 - 73 × 4 - 5μm。分生子は淡褐色〜淡緑褐色、楕円形、卵形ないし紡錘形、はじめ単胞、のちに横隔壁を生じて、多くは 2 胞となり、ときに 3 胞を含み、10 - 13 × 4 - 4.5μm。我が国では本種に対し *Cladosporium paeoniae* が用いられてきたが、転属異名化された。

＊小林享夫（1998）日本植物病害大事典 p 917.

〔症状と伝染〕シャクヤク斑葉病：葉や茎に暗褐色〜紫褐色の小斑点が生じ、やがて周縁の明瞭な輪紋状の大型病斑となる。激しいと葉枯れを起こす。湿潤条件下では、病斑全面に暗緑黒色の菌体（分生子柄と分生子の集塊）が形成される。罹病落葉とともに菌体が越冬し、最初の伝染源となる。生育期には分生子が雨や風で飛散し、伝染する。ボタンすすかび病は同一病原菌に起因する病害である。

Paracercospora egenula (Syd.) Deighton
〔シノニム *Pseudocercospora egenula* (Syd.) U. Braun & Crous〕（図 1.156 ① - ④）
＝ナス褐色円星（かっしょくまるほし）病

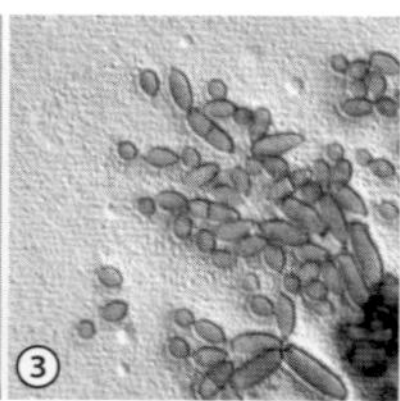

図 1.155　*Graphiopsis* 属　〔口絵 p 068〕
Graphiopsis chlorocephala：①②分生子柄と分生子　③分生子　④シャクヤク斑葉病の症状　⑤ボタンすすかび病の症状
〔②小林享夫〕

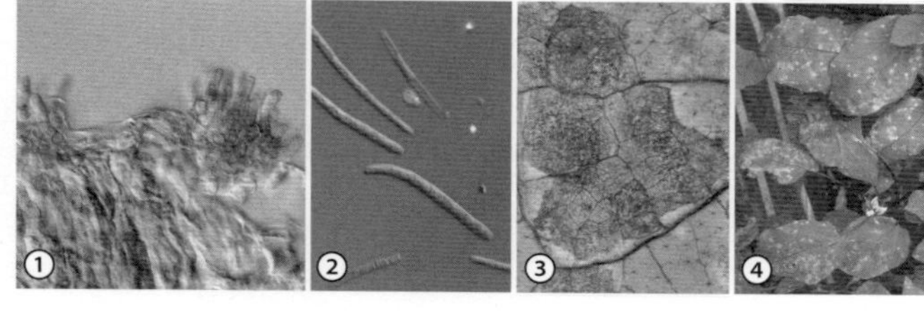

図 1.156　*Paracercospora* 属　〔口絵 p 069〕
Paracercospora egenula：
①子座の断面　②分生子
③④ナス褐色円星病の症状
〔①②中島千晴〕

〔症状と伝染〕ナス褐色円星病：葉に淡褐色、円形～楕円形、周縁は褐色、数 mm 大の小斑点が多数生じる。病斑全面に暗褐色の微小点（子座）が形成され、のち暗灰色の菌叢（分生子柄と分生子の集塊）が密生する。古い病斑はしばしば破れて穴があく。病斑が重なると葉枯れを起こし、落葉する。病原菌は罹病葉の残渣中で生存し、越冬後に分生子を形成して感染する。生育期には分生子が雨滴とともに伝播する。

Passalora arachidicola (Hori) U. Braun
　＝ラッカセイ褐斑病

P. bougainvilleae (Munt. - Cvetk.) R.F. Castañeda & U. Braun ＝ブーゲンビレア円星病

Passalora fulva (Cooke) U. Braun & Crous〔シノニム *Fulvia fulva* (Cooke) Cif.〕（図 1.157 ① - ⑧）
　＝トマト葉かび病

〔形態〕気孔の直下に小型の子座を形成し、気孔から分生子柄を数本束生する。分生子柄は淡褐色～緑褐色、単条か分枝、真直または屈曲、隔壁を生じ、連鎖途中で分岐し、各細胞は上方が太く、隔壁部近くで片側に膨大部を生じ、基部にへそがある。分生子形成細胞は頂生または間生、円筒形～棍棒形、出芽型。分生子ははじめ無色、単胞で、成熟すると両端の丸い円筒形～楕円形、淡褐色～淡緑褐色、横隔壁を生じて主に２胞あるいは３ - ４胞となり、隔壁部でくびれ、14 - 38 × 5 - 9 μm、１個または数個が頂生またはその周囲に生じ、鎖生する。培地上の菌糸生育は 5 - 30℃で認められ、適温は 23℃付近にある。菌叢はベージュ色～灰桃色で、綿毛状を呈し、生育は遅い。品種により寄生性が異なるレースが存在する。

＊石井正義（1998）日本植物病害大事典 p 477.

Passalora personata (Berkeley & M.A. Curtis) S.A. Khan & M. Kamal〔テレオモルフ *Mycosphaerella berkeleyi* W.A. Jenkins〕（図1.157 ⑨ - ⑪）＝ラッカセイ黒渋病

〔形態〕菌糸はオリーブ色。子座はよく発達して、直径 100μm 前後に及び、分生子柄を多数叢生する。分生子柄は淡黄褐色～褐色、0 - 3 隔壁、26 - 120 × 3.5 - 7 μm、分生子離脱痕は幅 1.5μm。分生子は淡黄褐色～褐色、倒棍棒形、真直～湾曲、上部は先細り、1 - 7 個の隔壁をもち、大きさは 21 - 92 × 4 - 10μm、着生痕はへそ状に突起し、暗色。

〔症状と伝染〕ラッカセイ黒渋病：葉に 3 - 5 mm 大で黒褐色、円形～不整形の小斑点を生じ、拡大融合すると不整形の大型病斑になる。葉裏に小黒点（子座）が輪紋状に形成される。葉柄や茎では長円形～紡錘形の病斑を現す。下葉から褐変、落葉する。罹病株残渣中に菌糸もしく

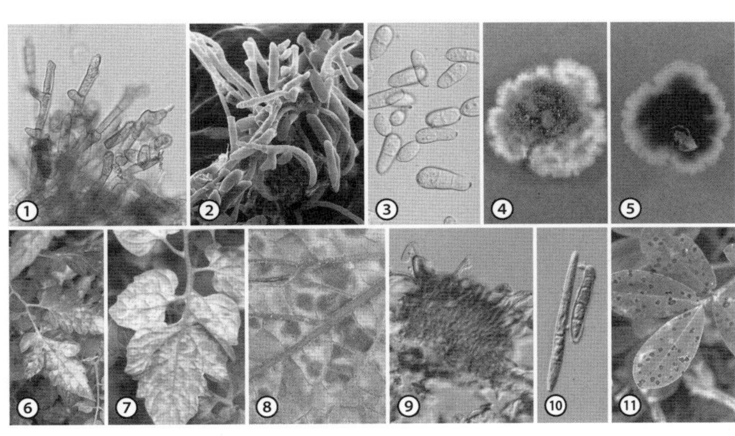

図 1.157　*Passalora* 属〔口絵 p 069〕
Passalora fulva：
　①②分生子柄と分生子（② SEM 像）
　③分生子
　④⑤培養菌叢（④表面　⑤裏面）
　⑥ - ⑧トマト葉かび病の症状
P. personata：
　⑨子座　⑩分生子
　⑪ラッカセイ黒渋病の症状
〔②⑨⑩中島千晴　⑪古川聡子〕

は子座の形で生存し、越冬後に分生子を生じて第一次伝染源となる。生育期には分生子が雨滴などとともに伝播する。

Passalora nattrassii（Deighton）U. Braun & Crous
＝ナスすすかび病

〔症状と伝染〕ナスすすかび病：葉に淡褐色、円形～不整形の斑点を生じ、裏面には白色のち灰褐色の菌叢（分生子柄と分生子の集塊）が密生する。病斑周辺は葉色が淡くなる。多発すると葉全体が黄化して葉枯れを起こす。罹病葉残渣中に菌糸もしくは子座の形で越年後、分生子を形成して伝播する。生育期には分生子が飛散して伝染を繰り返す。多湿条件下の施設栽培で発生が多い。

Pseudocercospora cercidis-chinensis H.D. Shin & U. Braun ＝ハナズオウ角斑病

P. fukuokaensis（Chupp）X.J. Liu & Y.L. Guo
＝エゴノキ褐斑病

P. fuligena (Roldan) Deighton ＝トマトすすかび病

Pseudocercospora handelii（Bubák）Deighton
（図 1.158 ①-⑥）
＝ツツジ類・シャクナゲ類 葉斑病

〔形態〕菌糸は無色、幅 2 - 4 µm。子座は、葉表の表皮細胞内に生じ、発達して表面に現れ、オリーブ褐色、亜球形で、直径 20 - 50µm。分生子柄は 10 - 40 本叢生し、無色～淡オリーブ色、単条～ジグザグ状、9 - 32 × 2.5 - 4 µm、分生子離脱痕は薄壁。分生子は無色～淡オリーブ色、倒棍棒形～円筒形、上部は先細り、4 - 11 隔壁、50 - 132 × 2.5 - 3.5µm。

＊Shin & Kim（2001）*Cercospora* and allied genera from Korea　p 192.

〔症状と伝染〕シャクナゲ類 葉斑病：葉にはじめ褐色～暗褐色で、小葉脈に区切られた小斑が生じ、のち拡大して中央部が淡褐色、周縁が褐色の不整形病斑となる。ときには葉縁に連続斑が生じ、葉枯れ状を呈することもある。湿潤時には葉表の病斑全面に灰緑色の分生子の集塊が被う。罹病葉はすぐに落葉することはなく、長く枝に着生している。罹病葉残渣中に子座の形で生存し、越冬後に分生子を形成して感染する。生育期には分生子が雨滴などとともに飛び散って伝播する。

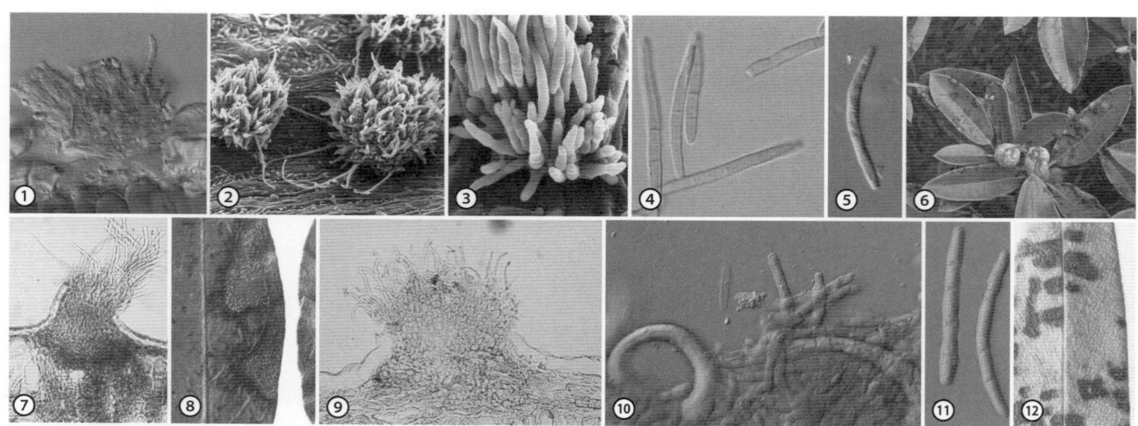

図 1.158　*Pseudocercospora* 属　　〔口絵 p 070〕

Pseudocercospora handelii：①子座　②③子座，分生子柄，分生子（SEM 像）　④⑤ 分生子　⑥セイヨウシャクナゲ葉斑病の症状

P. kalmiae：⑦子座　⑧カルミア褐斑病の症状

P. kurimensis：⑨子座　⑩菌糸と分生子柄　⑪分生子　⑫キョウチクトウ雲紋病の症状　〔①-③⑤⑩⑪中島千晴〕

Pseudocercospora kaki Goh & W.H. Hsieh
　＝カキ角斑落葉（かくはんらくよう）病

P. kalmiae（Ellis & Everh.）Braun（図 1.158 ⑦⑧）
　＝カルミア褐斑病

P. kurimensis（Fukui）U. Braun（図 1.158 ⑨ - ⑫）
　＝キョウチクトウ雲紋（うんもん）病

P. leucothoës（B.H. Davis）Deighton
　＝アメリカイワナンテン紫斑（しはん）病

P. ocellata（Deighton）Deighton
　＝チャ褐色円星病

P. punicae（Henn.）Deighton ＝ザクロ斑点病

P. pyracanthae (Katsuki) C. Nakash. & Tak. Kobay.
　＝ピラカンサ褐斑病

P. violamaculans（Fukui）C. Nakash. & Tak. Kobay.
　＝シャリンバイ紫斑病

P. weigeliae（Ellis & Everh.）Deighton
　＝ハコネウツギ類 灰斑（はいはん）病

Pseudocercosporella capsellae（Ellis & Everh.）Deighton〔シノニム *Cercosporella brassicae*（Fautrey & Roum.）Höhn.〕（図 1.159 ① - ⑤）
　＝カブ・コマツナ・サントウサイ・ハクサイ白斑（はくはん）病

〔形態〕子座は厚壁細胞からなり、偽柔組織状で小型、無色。分生子柄は 2 - 8 本生じ、無色、真直、16 - 40 × 3 - 4µm、分生子離脱痕は薄壁。分生子は無色、倒棍棒形～糸状、 0 - 7 隔壁、隔壁部でくびれず、上部は先細りして先端は鈍頭、基部は裁断状、薄壁、16 - 78 × 2 - 3.5µm。

＊ Shin & Kim（2001）*Cercospora* and allied genera from Korea p 235.

〔症状と伝染〕サントウサイ白斑病：葉に淡褐色～灰褐色、周囲が水浸状の斑点が生じ、のち拡大して直径 2 cm 大、円形～不整円形の病斑となる。病斑部は薄くなって破れやすい。多発時には、病葉が火であぶったように萎れて枯れる。罹病葉残渣中に菌糸もしくは子座の形で生存し、越冬後に分生子を形成して感染する。生育期には分生子が雨滴や水滴などとともに飛散して伝播する。冷涼な降雨が続き、肥切れを起こした晩秋期に多発しやすい。

Ramularia pratensis Sacc. ＝ギシギシ白粉病

5　無胞子菌類

a. 所属：糸状不完全菌類

b. 特徴：

　分生子の形成が確認されていない、アナモルフの種類を包括する。このうち、*Rhizoctonia* 属および *Sclerotium* 属は、植物病原菌としてとくに重要な位置を占める。

【*Rhizoctonia* 属】（図 1.160 A, 1.161）

　テレオモルフは担子菌類の *Thanatephorus* 属。菌糸は隔壁をもち、無色～褐色で、多くはほぼ直角に分岐し、分岐部はややくびれ、側枝菌糸は分岐部の近くに隔壁を生じる。かすがい連結は認められない。種により菌糸の途中に厚壁細

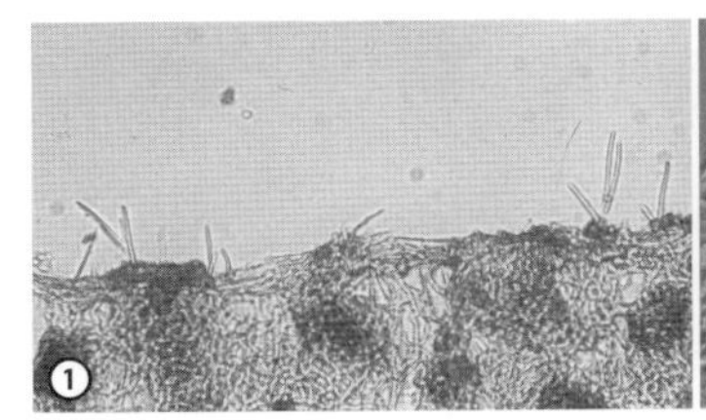
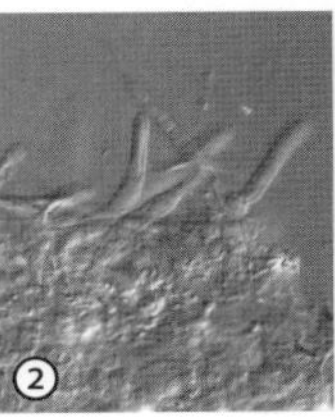
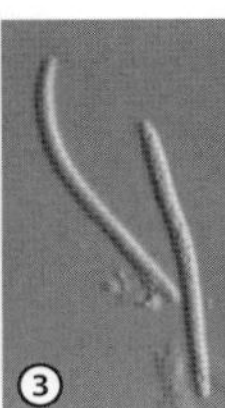

図 1.159　*Pseudocercosporella* 属　〔口絵 p 070〕
Pseudocercosporella capsellae：①②子座と分生子　③分生子　④サントウサイ白斑病の症状　⑤コマツナ白斑病の症状
〔②③中島千晴〕

胞を連鎖する。菌核は不定形、白色～黒褐色で外皮と内層に分化しない。種は菌糸の太さ、厚壁細胞の形態、菌糸細胞中の核数などにより類別され、病原性や発病部位などもその目安となる。また、培養型や菌糸融合群による種・系統の識別法が確立しているが、さらに、近年は遺伝子解析に基づき、テレオモルフを含めた新分類体系が複数提案されている。

【*Sclerotium* 属】（図 1.160 B，1.162）

テレオモルフは子嚢菌類の *Sclerotinia* 属および *Myriosclerotinia* 属、担子菌類の *Athelia* 属および *Typhula* 属。分生子の形成が確認されずに、菌核を生じる菌をまとめた属である。菌核は黒色または褐色で、大きさや形態は種により異なる。菌糸にかすがい連結が認められるものがある。なお、*S. cepivorum*（ネギ黒腐菌核病菌）は子嚢菌類に、*S. rolfsii*（白絹病菌）は担子菌類に包含されるなど、本属に所属する菌類の種間には、系統関係は反映されていない。

c. 観察材料：

Rhizoctonia solani J.G. Kühn（苗立枯病菌、葉腐病菌、くもの巣病菌）（図 1.161 ① - ⑬）

＝ゴボウ黒あざ病、ダイコン根腐病、ホウレンソウ・スターチス株腐病、レタスすそ枯病、ガザニア葉腐病、カーネーション茎腐病、ハナショウブ紋枯病、デルフィニウム・マツバギク立枯病、シバ葉腐病（ラージパッチ）、リンゴ・セイヨウナシ・樹木類くもの巣病、各種植物の苗立枯病

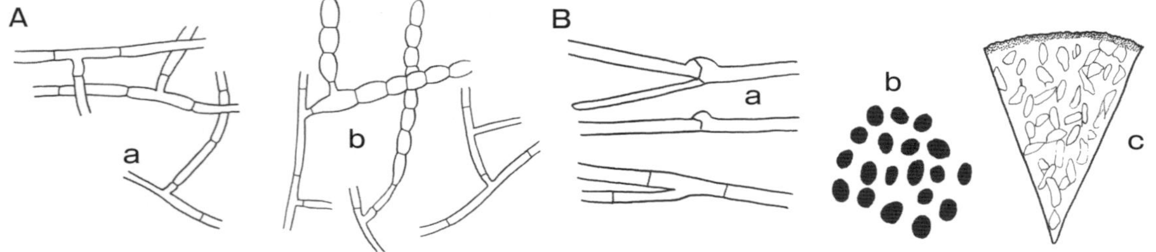

図 1.160　無胞子菌類

A. *Rhizoctonia* 属（a：*R. solani*　b：*R. fragariae*）：a. 菌糸　b. 菌糸と厚壁胞子

B. *Sclerotium* 属（*S. cepivorum*）：a. 菌糸（クランプがある）　b. 菌核　c. 菌核の横断面　〔AB ＝我孫子和雄〕

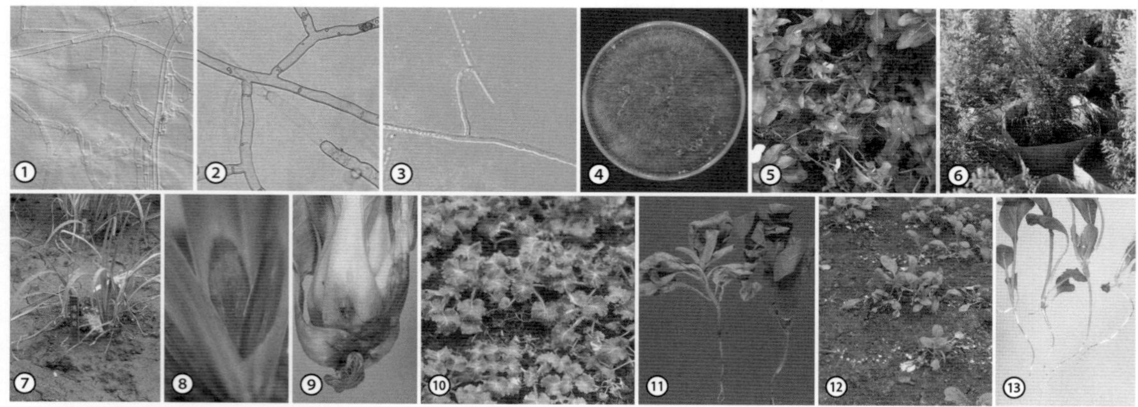

図 1.161　*Rhizoctonia* 属　〔口絵 p 071〕

Rhizoctonia solani：①②菌糸　③菌糸融合　④培養菌叢（PDA）　⑤葉腐れ症状（ニチニチソウ葉腐病）
⑥くもの巣症状（モントレートサイプレスくもの巣病）　⑦⑧茎枯れ症状（ハナショウブ紋枯病）
⑨尻腐れ症状（チンゲンサイ尻腐病）　⑩ - ⑬苗立枯れ症状（⑩プリムラ苗立枯病　⑪ストック苗立枯病
⑫⑬コマツナ苗立枯病）

〔① - ④⑦⑧竹内 純　⑥星 秀男〕

〔形態〕菌糸は無色〜褐色、幅 5 - 14μm と太く、壁は厚い。菌糸先端細胞の隔壁の下でほぼ直角に分岐し、分岐点でややくびれ、ドリポア隔壁を生じる。分生子などの胞子形成はみられない。菌糸の 1 細胞あたりの核数は 3 - 11 個。菌核は褐色〜暗褐色で、直径 1 - 4.3mm。培地上の菌糸生育は良好で、生育適温 25℃。

＊竹内 純（2007）東京農総研研報 2：1 - 106.

〔症状と伝染〕ニチニチソウ葉腐病：地際の葉に、はじめ暗灰色、水浸状の病斑を生じ、急速に拡大して周辺の葉も軟化腐敗状を呈する。病葉は綴られるように重なり合う。罹病部には扁平な菌核状物を生じる。罹病株の残渣中または有機物に繁殖した菌糸・菌核が伝染源となる。胞子は形成せず、菌糸により伝染する。なお、マット状の子実体上に、担子器および担子胞子を観察した記録がある。

モントレートサイプレスくもの巣病：主に下部の枝葉から水浸状に褐変し、徐々に上位の枝葉へ進展し、やがて枝枯れや株枯れを起こす。湿潤時には、くもの巣状の無色〜淡褐色の菌糸が、褐変した枝葉を中心に絡み付くように伸長する。病患部にはベージュ色〜褐色で、不整形の菌糸塊を形成する。

コマツナ苗立枯病：幼苗の地際茎（胚軸）の一部がくびれるように黒褐変するとともに、腐敗して倒伏枯死する。激しい場合には集団枯死を起こす。

Sclerotium cepivorum Berkeley

＝ネギ・タマネギ黒腐菌核病

Sclerotium rolfsii Saccardo〔テレオモルフ *Athelia rolfsii*（Curzi）C.C. Tu & Kimbrough〕（図 1.162 ①-⑦）＝各種植物の白絹病

〔形態〕菌糸は無色で隔壁を有し、かすがい連結を生じ、主軸菌糸の幅は 5 - 9.5μm。菌核ははじめ白色の緩やかな菌糸塊として生じ、のち淡黄色〜茶褐色、球形〜類球形、表面は平滑、堅固で、直径 0.8 - 1.9mm（PDA 培地上では 1.5 - 1.9mm）、菌核の断面は皮層が茶褐色、内部の組織は白色〜淡褐色。PDA 培養菌叢は白色で、菌叢上には菌核が多量に形成される。菌糸生育は 10 - 35℃で認められ、最適生育温度は 30℃付近。本種はきわめて多犯性で、各種野菜・花卉類などに白絹病を起こす。

＊竹内 純（2007）東京農総研研報 2：1 - 106.

〔症状と伝染〕ギボウシ類 白絹病：はじめ地際の茎や葉の地面に接する部分が水浸状に腐敗し、すぐに株全体が黄変・萎凋し、倒伏する。罹病部やその周辺の地表面には、光沢のある白色絹糸状の菌糸束が豊富に伸長し、やがて白色の緩い小球が多数形成され、のち淡黄色〜茶褐色で、ナタネ種子状の堅牢な菌核となる。胞子は形成せず、菌核が土壌中で長期間生存して伝染源となる。菌核は直接発芽したのち、周辺の未熟有機物上で繁殖して蔓延する。

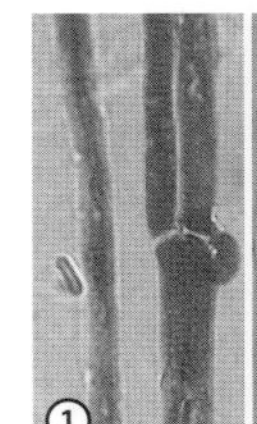
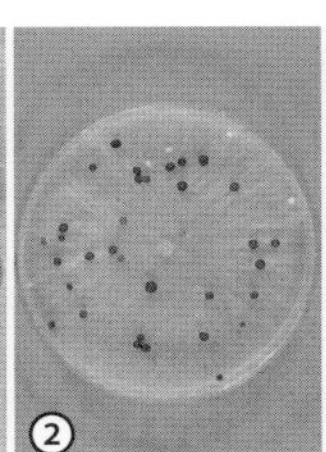
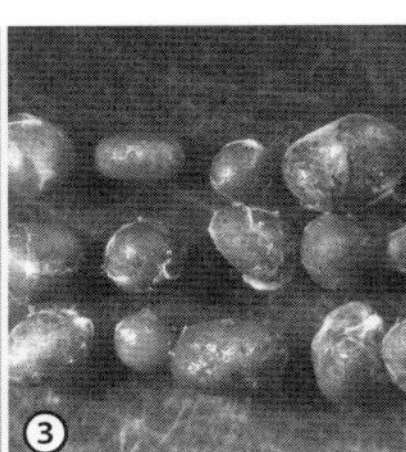
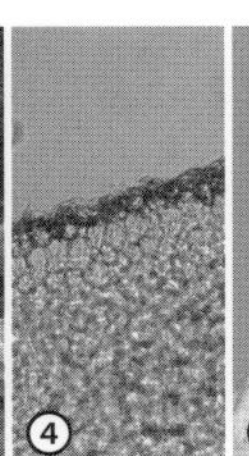
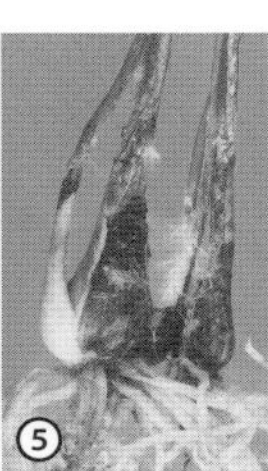

図 1.162　*Sclerotium* 属　〔口絵 p 071〕

Sclerotium rolfsii：①菌糸　②培養菌叢（淡黄色〜茶褐色の菌核を形成；PDA）　③菌核の形状　④菌核の断面　⑤-⑦白絹病の症状（⑤キルタンサス　⑥サンダーソニア　⑦ギボウシ類）　〔④-⑥竹内 純〕

ノート 1.4

日本人が学名になった事例

日本人の名が菌類の学名（属名）になった例をみてみよう。

〔***Sawadaea* 属**〕（図 1.36）：

うどんこ病菌の 1 属である。この属名は澤田兼吉（さわだかねよし）（1883 ～ 1950）に由来する。澤田は第二次世界大戦前に、台湾を拠点とした菌類調査報告（全 11 編）を、また、戦後は東北地方の菌類の記載（没後、7 編刊行）を通して、幾多の新種を記載した。

植物・菌類学者、宮部金吾（札幌農学校植物学研究室初代教授）は澤田に因（ちな）んで *Sawadaea* 属を創設した。本属はカエデ類に寄生するうどんこ病菌であり、最新のうどんこ病菌の系統分類体系においても認知されている、日本特有の属である。その特徴のひとつは、子嚢殻の付属糸が冠状に多数生じ、二叉、三叉に分岐し、先端は渦状またはカギ状に巻くことにある。

〔***Tubakia* 属**〕（図 1.127）：

椿（つばき）　啓介（けいすけ）（1924 ～ 2005）はサッカルド（P.A. Saccardo）の形態に基づく古典的な分類体系を見直すとともに、子嚢菌類のアナモルフ世代（不完全世代）の分生子形成様式に着目し、共同研究者とともに「Hughes - Subramanian - Tubaki の分類体系」を確立した。菌学者サットン（B.C. Sutton）はその功績を讃え、*Tubakia* 属を創設した。本属の分生子殻壁は西洋の盾（たて）を彷彿させる特異な構造である。

ノート 1.5

分類検索表とその使い方

生物の種や分類群などは主に形態や形質の差異を基に分けられる。その同定や分類を実施するにあたって、その作業を的確で効率的に進めるための補助手段として使用されるのが「検索表」（key，identification key）である。一般に形態の差異を示す用語や文章を二者択一の選択肢として設定し、次々と選びながら最終的に目的の生物の分類群を特定できるように作成されている。本章では主に病原菌の分類学的所属（科、属など）を特定するための検索表を掲載しているので「分類検索表」と表記した。

分類検索表を二者択一で進む場合、観察していなかった項目やはっきりと区別しがたい項目に行きあたることがある。そこで間違えると、まったく目的と異なる種や分類群にたどり着いてしまう。これを避けるためには常に元に戻り、確認しながら進むことが必要である。それは、サンプル上の菌類が各世代を示しているとは限らず、また、分類群の中でも種の胞子などの形態には、形成条件によって大きな変異幅を生じる場合が、しばしば認められるからである。対象とする菌の属や種が推定できるならば、検索表の末尾にある属種から、分類検索表を遡りながら、観察した形質を確認する方法を試してみることにも利用価値がある。

本書では代表する属とその代表種を図示しているが、例えば、*Colletotrichum* 属（炭疽病菌の不完全世代）では分生子の形態は鎌形、紡錘形、楕円形、両端の円い円柱形など、種により様々である。分類検索表や図版などは、その目的を考慮して幅広い視点で活用する必要がある。

■ 植物病名の索引

＊本索引は「植物別の病名」および「一般病名」（植物名のない総称としての病名）からなる．
＊数値（植物病名・病原体等の索引）は該当のページ，斜体はカラー写真掲載（口絵）ページ，太字は解説などの主要ページを示す．

【植物別の病名】

■ 植物病名の索引

■ 植物病名の索引

〔マ〕

〔ヤ〕

〔ラ〕

【一般病名】

□ 病原体等の索引

（上巻 p 002〜249；下巻 p 270〜480）

＊本索引は「病原菌の属種」「菌類の和名（個別和名，総称和名）」「細菌」「ウイルス・ウイロイド」「線虫」および「昆虫・ダニ類」からなる．数値は「植物病名の索引」の説明を参照．

【菌類の属種】

【菌類の和名】

〔個別和名〕

〔総称和名〕

【細　菌】

【ウイルス・ウイロイド】

【線　虫】

【昆虫・ダニ類】

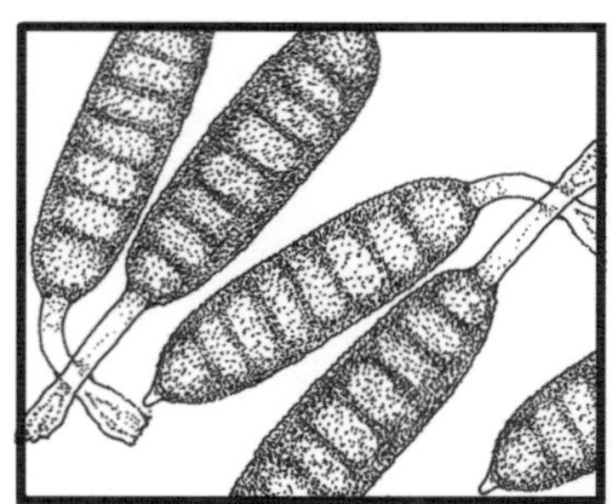
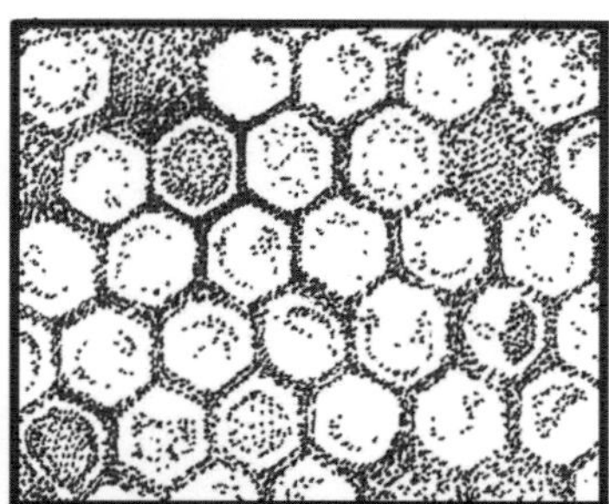
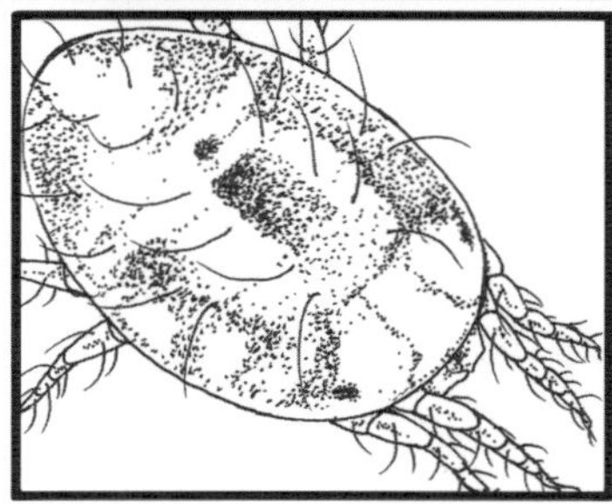

植物医科学叢書　既刊本

No. 2　植物医科学実験マニュアル
－植物障害の基礎知識と臨床実践を学ぶ－
（2016 年 1 月発行）

No. 3　樹木医ことはじめ
－樹木の文化・健康と保護、そして樹木医の多様な活動－
（2016 年 9 月発行）

No. 4　植物医科学の世界
－植物障害の診断を極め、食料・環境の未来を拓く－
（2017 年 4 月発行）

カラー図説　植物病原菌類の見分け方　上下巻　増補改訂版
～身近な菌類病を観察する～

上巻　第Ⅰ編　植物病原菌類の所属と形態的特徴

〈分売不可〉
2018 年 3 月 31 日 初版発行

＊本書は「カラー図説　植物病原菌類の見分け方　上下巻」（2014 年 2 月 14 日　初版発行）の増補改訂版になります。
増補改訂版の刊行にあたり、下巻「Ⅱ-11」を増補し、それに合わせてカラー口絵と索引を充実させました。

編　者　堀江博道（法政大学 植物医科学センター）
発行者　島田和夫
発行元　一般財団法人 農林産業研究所
発売元　株式会社大誠社
〒 162-0813
東京都新宿区東五軒町 5-6
電話 03-5225-9627
印刷所　株式会社誠晃印刷

ISBN978-4-86518-074-9